Axure RP 原型设计实践（Web+App）

谢星星　李应玲　等编著

机 械 工 业 出 版 社

本书是一本通过大量案例介绍Axure RP原型设计的教程。全书分为三篇，分别为Axure RP基础、Axure RP高级功能和Axure RP原型设计实践。包括产品原型设计、Axure RP概述、基础元件、高级元件、元件交互、母版、Axure Share共享原型、团队项目、输出文档、Web原型设计实践、App原型设计实践、菜单原型设计实践、整站原型设计——温馨小居共13章内容，附录部分对原型设计中的众多常见问题专门进行了解答。

本书主要面向产品经理、需求分析师、架构师、用户体验设计师、网站策划师、交互设计师、产品助理等，以及高校计算机及相关专业师生。

图书在版编目（CIP）数据

Axure RP原型设计实践（Web+App）/ 谢星星等编著. —北京：机械工业出版社，2018.9（2021.8重印）

ISBN 978-7-111-60871-4

Ⅰ. ①A…　Ⅱ. ①谢…　Ⅲ. ①网页制作工具　Ⅳ. ①TP393.092.2

中国版本图书馆CIP数据核字（2018）第208232号

机械工业出版社（北京市百万庄大街22号　邮政编码　100037）

策划编辑：王　斌　　责任编辑：王　斌

责任校对：张艳霞　　责任印制：单爱军

北京虎彩文化传播有限公司印刷

2021年8月第1版・第3次印刷

184mm×260mm・21印张・512千字

标准书号：ISBN 978-7-111-60871-4

定价：99.00元

电话服务	网络服务
客服电话：010-88361066	机　工　官　网：www.cmpbook.com
010-88379833	机　工　官　博：weibo.com/cmp1952
010-68326294	金　　书　　网：www.golden-book.com
封底无防伪标均为盗版	机工教育服务网：www.cmpedu.com

前言

岁月如白驹过隙，大学毕业后，在IT领域摸爬滚打已有十余年，从事过开发、项目管理、架构设计、产品设计和售前等方面的工作，这几年则主要专注于产品设计和软件架构设计。在产品设计方面接触过很多产品原型设计工具，而唯独Axure RP这款产品原型设计工具，让我感觉使用起来最为得心应手。

一、写作初衷

接触并开始使用Axure RP后，我就迅速成为一名“布道者”，不遗余力地把这个好用的原型设计工具介绍给大家，出版过 Axure RP 7 的图书，写过相关的博客，在 51CTO 学院（http://edu.51cto.com/lecturer/10087349.html）发布的Axure RP 7的线上课程，在不到3年的时间内，积累了接近4万的用户访问量，受到了大家的一致好评。

写作本书的初衷很简单。

- ✓ Axure RP对于产品原型设计来说有更多有趣、有用的“玩儿”法。
- ✓ 通过这几年的培训和工作积累，我又有了很多想讲解给大家看的案例，而且，通过这几年来对培训学员的了解，针对大家在哪些方面存在疑问有了更深刻的了解。

二、Axure RP——产品原型设计利器

我钟爱Axure RP并不是平白无故的，因为它是一款当之无愧的产品原型设计利器。“利器在手，天下我有”。虽然，产品原型设计工具五花八门，但是，Axure RP却在业界深受大家的喜爱，个人觉得主要有以下四个方面的原因。

- ✓ **酷炫设计不费吹灰之力**：结合基础元件，以及高级元件如动态面板元件、内联框架元件和中继器元件等，利用事件交互，可以很容易地实现看似复杂、酷炫的动态设计效果。
- ✓ **高级功能锦上添花**：Axure RP提供了诸多高级功能，如母版、Axure Share共享原型、团队项目支持和输出多种格式文档等，切合实际设计场景，更让其变得不可替代。
- ✓ **为App原型设计提供良好支持**：在移动互联网飞速发展的今天，Axure RP对基于移动互联网的App原型设计的良好支持也是大家喜爱它的一大原因。Axure RP可以很轻松地进行场景模拟和真实模拟，并允许用户定义自适应视图，以适应不同的屏幕大小。
- ✓ **原型十分逼真**：使用Axure RP设计出来的产品高保真原型十分逼真，甚至可以达到“以假乱真”的程度，视觉的元素和逼真的效果能很快抓住大家的眼球，让用户的原型脱

颖而出。

三、本书主要内容

本书分为三篇，分别为：Axure RP 基础、Axure RP 高级功能和 Axure RP 原型设计实践。

✓ **Axure RP 基础**：本篇首先简要介绍产品原型设计的概念和常用的工具，然后详细讲解 Axure RP 的基础知识，如安装和汉化、工作界面介绍、基础元件、高级元件和元件交互等内容。

✓ **Axure RP 高级功能**：在基础篇基础上更上一层楼，详细讲解 Axure RP 的高级应用知识，如母版、Axure Share 共享原型、团队项目和输出文档等内容。

✓ **Axure RP 原型设计实践**：这部分内容为案例集锦篇，详细讲解百度、天猫商城、京东、网易、微信、QQ 等知名网站或 App 的酷炫或实用案例，并通过一个整站综合案例将所有知识点融会贯通，将 Axure RP 的知识点应用到实践中去。

四、本书特色

✓ **专家导学**：知识全面，覆盖 Axure RP 的各个知识点，如基础元件、高级元件、页面事件、元件事件、用例、函数、动作和变量等知识，以及母版、Axure Share 共享原型、团队合作开发和输出文档等高级应用知识。

✓ **注重实践**：数十个 Web 和 App 案例精讲，覆盖各大知名互联网公司案例，注重工程实践，满足 Web 和 App 产品原型设计的不同读者的需求。

五、读者对象

本书主要面向产品经理、需求分析师、架构师、用户体验设计师、网站策划师、交互设计师、产品助理等，以及高校计算机及相关专业师生。

阅读本书，读者不但能掌握 Axure RP 的用法，更重要的是能通过诸多 Web 和 App 原型设计实践案例将各知识点用于实际产品设计过程，让你快速上手，火速深入，打造成产品原型设计高手指日可待。

六、前路漫漫长相伴

产品设计是一条曲折的蜿蜒小道，首先不说光 Axure RP 的高级使用就难有止境，而且，产品原型设计工具的使用也只是产品设计领域中的一小部分，所以，产品设计人员成长的道路，路漫漫其修远兮，不过值得庆幸的是，有那么多小伙伴一路同行！

希望有更多的小伙伴们，能成为优秀的产品经理，在当今的移动互联网时代取得成功！

七、勘误和支持

由于作者的水平有限，编写的时间也很仓促，书中难免会出现一些错误或不准确的地方，不妥之处恳请读者批评指正。

本书的修订信息会发布在笔者的技术博客中，地址为 http://www.blogjava.net/amigoxie。

该博客会不定期更新书中的遗漏之处，当然，也欢迎读者将遇到疑惑或书中的错误在博客留言中提出。如果您有更多的宝贵意见，也欢迎发送邮件至笔者的邮箱（xiexingxing1121@126.com），期待得到您的真挚反馈。

本书基于 Axure RP 8，它是 Axure RP 迄今为止最成功的版本。Axure RP 9 测试版即将面世，但是，Axure RP 发展到现在，产品已基本成型，版本并不重要，重要的是学习思路和方法，让工具发挥其应有的作用。

八、致谢

首先要感谢我的家人，感谢他们不断给我信心和力量，是他们的鼓励和背后默默的支持，让我坚持写完了这本书。

感谢我的朋友李应玲等人和我一起完成了本书第 10 章、第 11 章和第 13 章的案例，以及这 3 章的部分书稿，本书的成功出版离不开你们的默默耕耘。

感谢机械工业出版社的王斌（IT 大公鸡）等编辑，他们也是本书出版的幕后功臣。总之，本书的出版离不开众多小伙伴的辛苦付出。

感谢关注我 51CTO 学院的学员朋友，技术博客的众多 IT 朋友，我所编著的所有 IT 图书的读者，以及鼓励过我的各位 IT 同仁，你们的肯定是我持续写下去的动力。

谢星星（阿蜜果）

2018 年 4 月于武汉

目录

前言

第一篇　Axure RP 基础

第二篇 Axure RP 高级功能

第一篇　Axure RP 基础

从本篇开始，将为大家介绍 Axure RP 基础知识，本篇内容理论与实践知识并重，主要包括如下五部分内容。

1）产品原型设计：优秀的产品原型设计工具非常多，Axure RP 只是其中热门的一款，本章将对墨刀、Mockplus、Tustinmind、Balsamiq、Mockups 这几款产品原型设计工具进行简要介绍。

2）Axure RP 概述：讲解 Axure RP 的入门知识，包括安装和汉化，以及对其工作界面的七大区域进行详细讲解。并简要介绍即将面市的 Axure RP 9。

3）基础元件：讲解 Axure RP 的基础元件，如矩形元件、图片元件、占位符元件、按钮元件、标签元件、热区元件、表单元件、表格元件和流程图元件等，也将讲解组合元件、元件形状和元件操作等基本功能。

4）高级元件：很多产品原型设计工具的基础元件都大同小异，Axure RP 的强大之处在于其功能强大、方便易用的高级元件，本章讲解三款高级元件：动态面板元件、内联框架元件和中继器元件，并将讲解如何下载、自定义和使用第三方元件库。

5）元件交互：要完成动态效果，需要依赖交互功能，Axure RP 提供页面事件和元件事件实现交互功能。事件可以包含多个用例、动作、变量和函数，本章将一一为读者讲解。

第 1 章 产品原型设计

产品原型设计是产品经理的一把利剑，也是产品团队各角色之间沟通交流的润滑剂，本书重点核心内容是为读者详细讲解 Axure RP 这款功能强大的原型设计工具，在介绍 Axure RP 之前，本章先为大家介绍什么是产品原型设计？有哪些好用的原型设计工具可供选择。

1.1 什么是原型设计

原型设计是产品或者创意的最初模型，可以让用户提前体验产品，供开发团队之间交流设计构想、展示复杂交互的方式。原型设计是产品经理、交互设计师、项目经理、开发工程师和测试工程师沟通的最好工具。

可建立三种基本原型。

1）在纸张上手绘的图纸，可简易可复杂。

2）使用绘图软件如 Photoshop 创建的位图。

3）带有交互的可执行文件。

在很多项目或产品中，需要按上述顺序使用全部三种原型，有的项目或产品只需要出位图和带有交互式的可执行文件。

在本书中，讲解的是如何通过 Axure RP 快速设计流程图、低保真线框图和高保真原型，低保真线框图如图 1-1 所示。

高保真原型带有逼真的显示效果和界面交互效果，除一般不进行后台数据存储和查询外，几乎可以与真实的最终产品完全相同，达到以假乱真的效果，高保真原型案例图如图 1-2 所示。

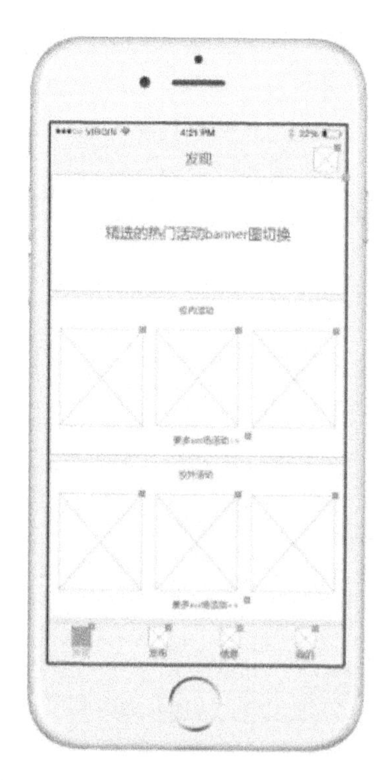

图 1-1　Axure RP 设计的低保真线框图

图 1-2　Axure RP 设计的高保真原型案例图

1.2　原型设计工具一览

产品原型设计工具林林总总有数十种之多，比较知名的如 Axure RP、墨刀、Mockplus、Justinmind 和 Balsamiq Mockups 等，它们各有千秋。其中，Axure RP 针对大中型团队建设项目的产品原型设计特别方便，墨刀支持在线原型设计，Justinmind 专为移动应用而生，具有很多方便移动应用设计的功能。“工欲善其事，必先利其器”，大家可以选择使用一种或两种原型设计工具，而 Axure RP 作为原型设计工具中功能最强大的一款，应当必须掌握。

1.2.1　Axure RP

Axure RP 是美国 Axure Software Solution 公司旗舰产品，是一款专业的快速原型设计工具，让负责定义需求和规格、设计功能和界面的产品设计人员能够快速地创建应用软件或 Web 网站的线框图、流程图、原型和需求规格说明文档。作为专业的原型设计工具，它能快速、高效地创建原型，同时支持多人协作设计和版本控制管理。

Axure RP 是一款专业快速原型设计工具。Axure（发音：Ack-sure），代表美国 Axure 公司，RP 则是 Rapid Prototyping（快速原型）的缩写。

Axure RP 的使用者主要包括商业分析师、信息架构师、产品经理、IT 咨询师、用户体验设计师、交互设计师和UI 设计师等。另外，架构师和开发工程师也可以使用 Axure RP。Axure RP 是一款付费软件，提供试用版，其官方网站为：https://www.axure.com/，如图 1-3 所示。

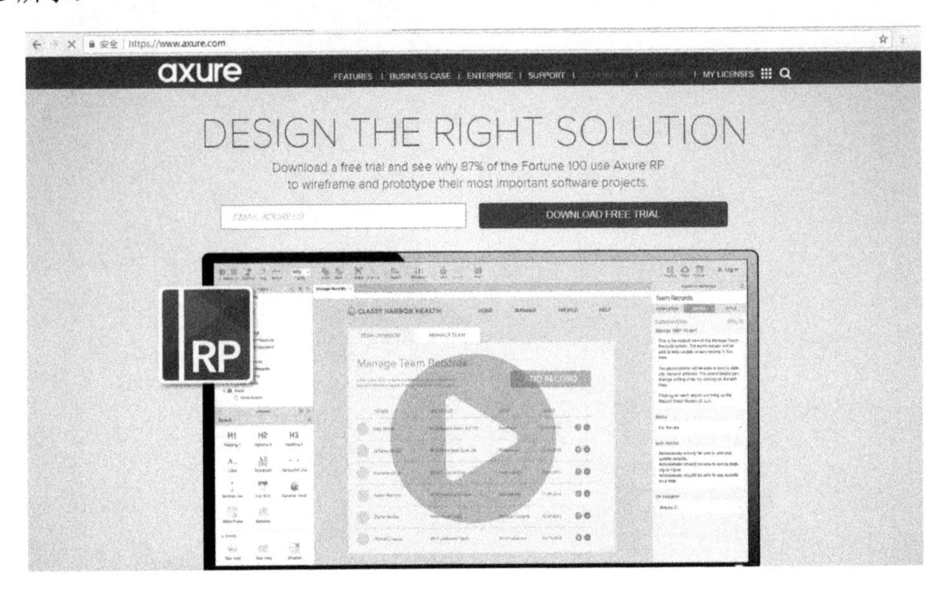

图 1-3　Axure RP 官方网站

Axure RP 8 的设计界面如图 1-4 所示。

图 1-4　Axure RP 8 设计界面

1.2.2　墨刀

墨刀是一款在线原型设计工具。借助于墨刀，创业者、产品经理及 UI/UX设计师能够快速构建移动应用产品原型，并向他人演示。

作为一款专注移动应用的原型工具，墨刀把全部功能都进行了模块化，用户也能选择页面切换特效及主题，操作方式也相对简便，大部分操作都可通过鼠标拖动来完成。现在，墨刀已实现了云端保存、手机实时预览和在线评论等功能。

墨刀的官方网站为：https://modao.cc，如图 1-5 所示。

图 1-5　墨刀官方网站

墨刀提供免费版、个人版、协同版、团队版和企业版几个软件版本，其年费如图 1-6 所示。

图 1-6　墨刀年费

墨刀的在线编辑设计页面如图 1-7 所示。

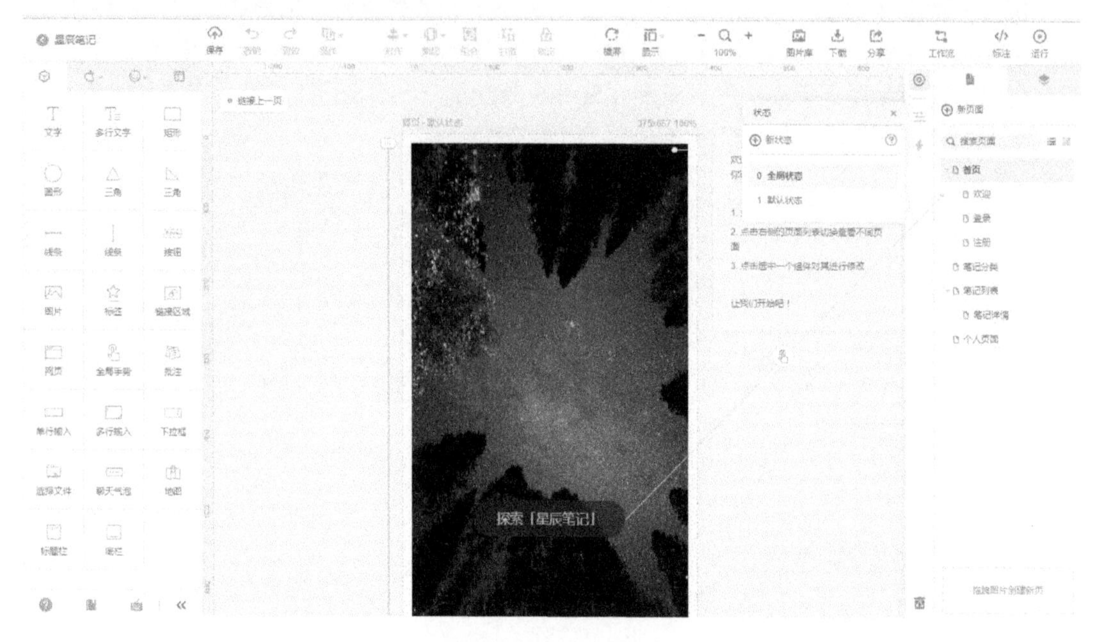

图 1-7　墨刀设计界面

1.2.3　Mockplus

Mockplus（摩客）是一款简洁快速的原型设计工具。适合软件团队、个人在软件开发的设计阶段使用。Mockplus 低保真、无须学习、快速上手、功能够用，并能够很好地表达自己的设计。“关注设计，而非工具”是它的设计理念，拿来就上手，上手就设计，设计就可以表达创意。

从设计上，Mockplus 采取了隐藏、堆叠、组合等方式，把原本复杂的功能，经过了精心安排。上手很容易，但随着使用，功能层层递进，会发现更多适合自己的、有用的功能。新手不会迷惑，熟手可以够用，达芬奇说，“至简即至繁”，这一原则易说难做，Mockplus 始终贯彻这一理念。

Mockplus 的官方网站地址为：https://www.mockplus.cn/，首页如图 1-8 所示。

Mockplus 3.3 版本的设计界面如图 1-9 所示。

1.2.4　Justinmind

Justinmind 是由西班牙 Justinmind 公司出品的原型制作工具，可以输出 HTML 页面。与目前主流的交互设计工具 Axure、Balsamiq Mockups 等相比，Justinmind 更为专注于设计移动终端上的 App 应用。

Justinmind 的可视化工作环境可以让使用者轻松快捷地创建带有注释的高保真原型。不用进行编程，就可以在原型上定义简单连接和高级交互。

图 1-8 Mockplus 官方网站

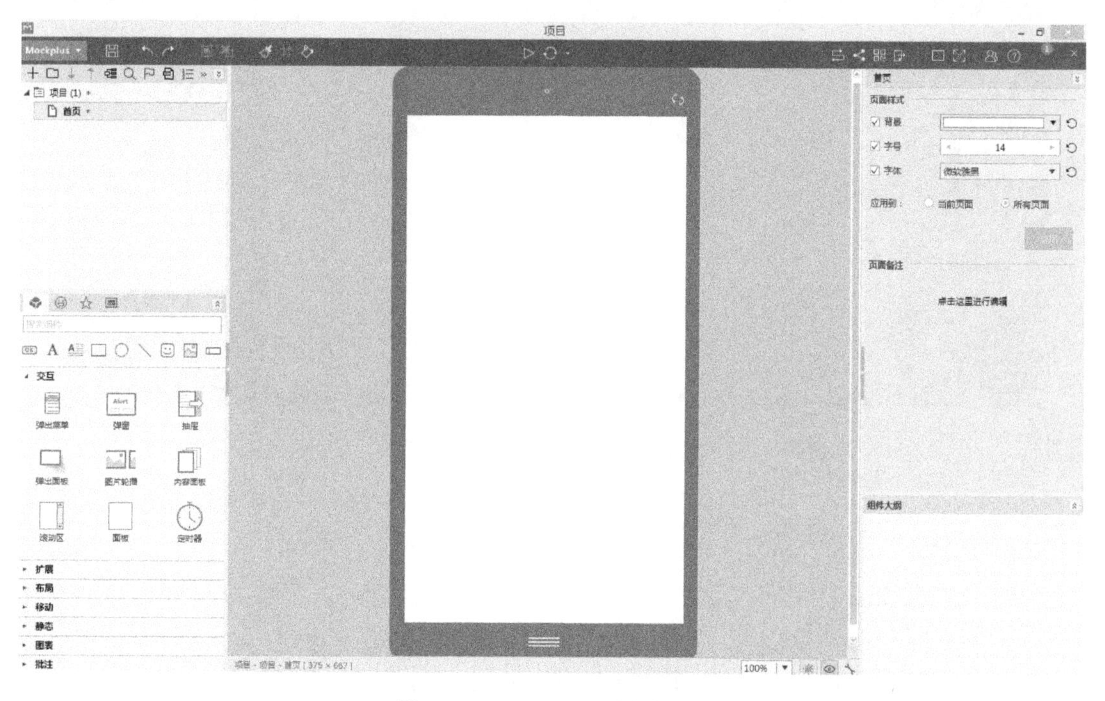

图 1-9 Mockplus 3.3 设计界面

Justinmind 的口号是“为移动设计而生”，官方网站地址为：https://www.justinmind.

com/，如图 1-10 所示。

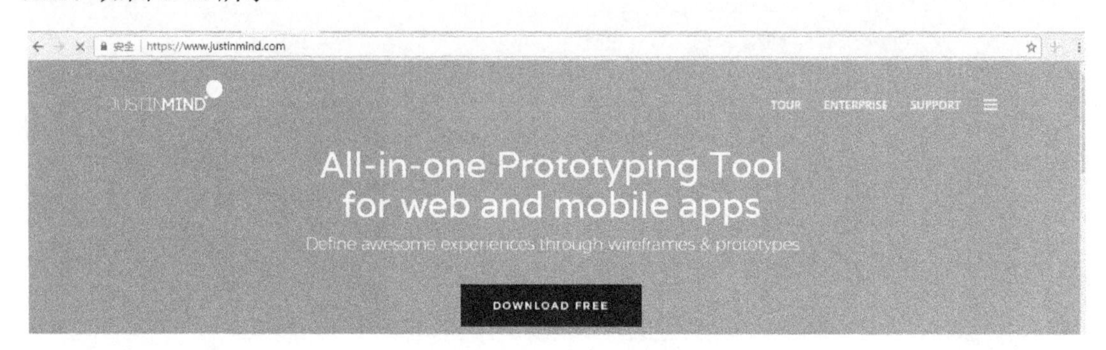

图 1-10　Justinmind 官方网站

Justinmind 设计界面如图 1-11 所示。

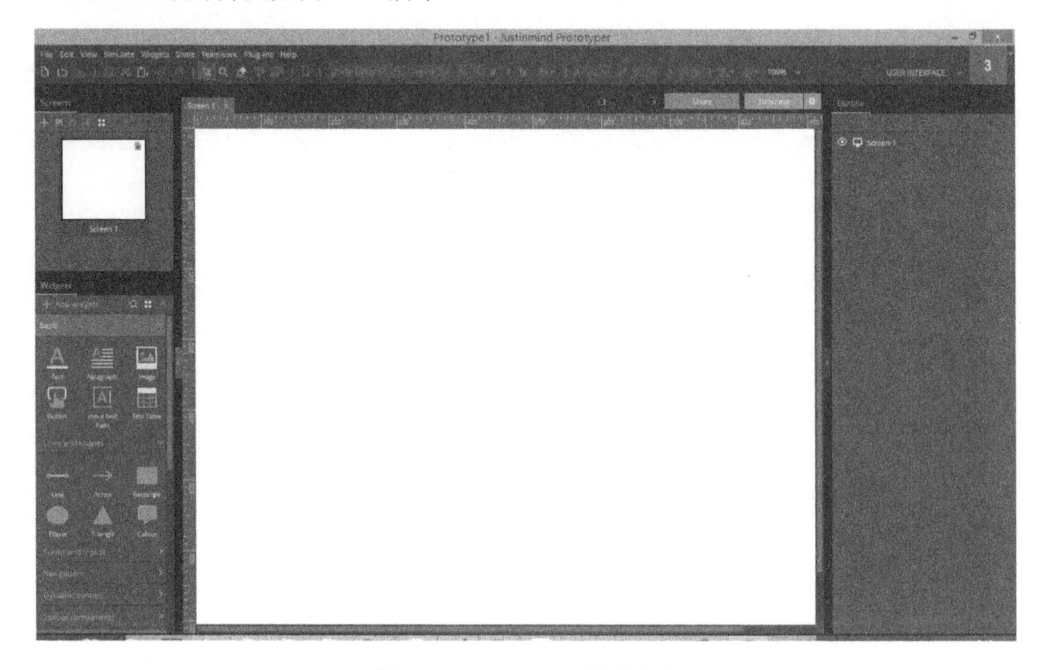

图 1-11　Justinmind 设计界面

1.2.5　Balsamiq Mockups

Balsamiq Mockups 是一种软件工程中快速原型设计软件，可以作为与用户交互的一个界面草图，一旦客户认可，可以作为美工开发 HTML 的原型使用。

Balsamiq Mockups 由美国加利福利亚的 Balsamiq 工作室（2008 年 3 月创建）推出，于 2008 年 6 月发行了第一个版本，它的使命是帮助人们更好、更容易地设计软件产品。

Balsamiq Mockups 官方网站地址：https://balsamiq.com/，首页如图 1-12 所示。

Balsamiq Mockups 的设计界面如图 1-13 所示。

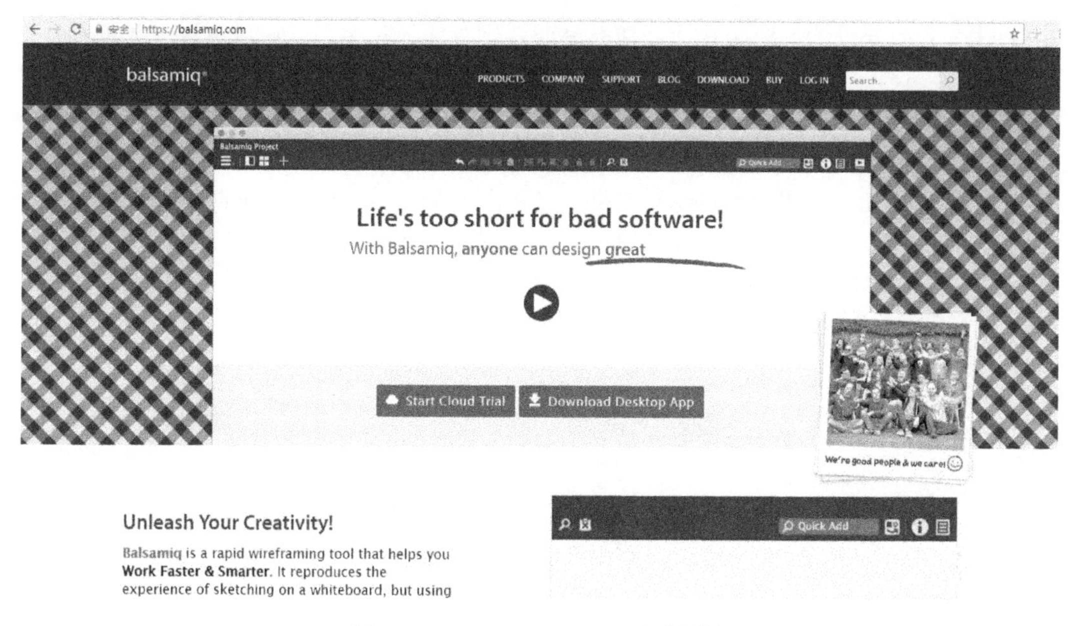

图 1-12　Balsamiq Mockups 官方网站

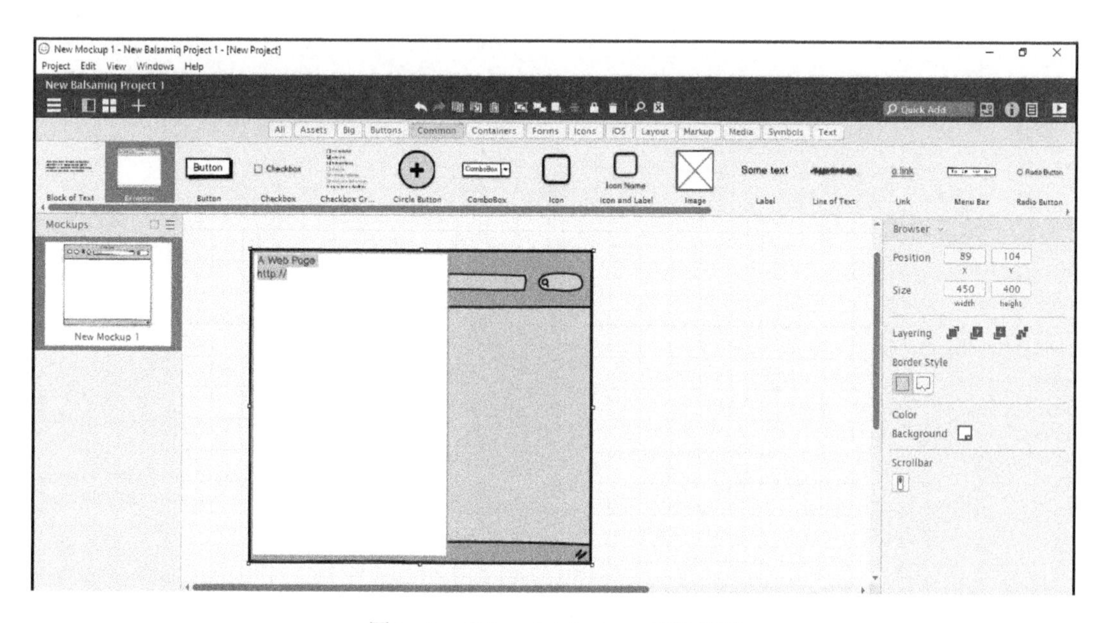

图 1-13　Balsamiq Mockups 设计界面

1.3　本章小结

本章简要介绍了什么是原型设计，并介绍了主要的产品原型设计工具。主要内容总结如下：

1）什么是原型设计：原型设计是指产品或者创意的最初模型，可以通过产品原型让用户提前体验产品、交流设计构想、展示复杂交互的方式。也是团队各角色，以及与团队外相关角色交流的利器。因为与实际开发产品相比，所耗费时间少，而且成本低廉。因此，产品原型设计被广泛应用在产品开发过程中。

2）原型设计工具一览：“工欲善其事，必先利其器”，有多种方便易用的产品原型设计工具，各有千秋，有的功能全面和强大，有的支持在线设计，有的为移动应用而生。本章介绍了 Axure RP、墨刀、Mockplus、Justinmind 和 Balsamiq Mockups 这五款原型设计工具。

第 2 章 Axure RP 概述

本章将简单介绍 Axure RP 这款专业的原型设计工具，并讲解如何安装 Axure RP 8，为了方便读者理解，本书采用的是 Axure RP 8 的汉化版，所以，本章还将讲解如何在 Windows 版和 Mac 版操作系统下实现 Axure RP 8 的汉化。另外，还将重点讲解 Axure RP 8 工作界面的 7 大设计区域：菜单栏和工具栏、页面面板、元件库面板、母版面板、页面设计面板、检视面板和概要面板。并且介绍即将面市的 Axure RP 9。

2.1 Axure RP 8 介绍

Axure RP 是一款专业的快速原型设计工具。到目前为止 Axure RP 有 8 个主要版本.。其中，2016 年 4 月发布的 Axure RP 8 是迄今最成功的产品，在该版本中，功能变得更加易用，交互效果能更加简单地实现。

与 Axure RP 7 相比，Axure RP 8 的功能变化主要体现在如下五个方面：

1）主界面改变：Axure RP 8 版本界面大大简化，“检视”面板替换了在 Axure RP 7 版本的“页面属性”面板、“元件交互和注释”面板、“元件属性和样式”面板。

2）页面事件改变：Axure RP 8 版本新增“窗口向上滚动时”和“窗口向下滚动”两个页面事件。

3）元件事件：Axure RP 8 版本新增“旋转时”事件、“尺寸改变时”事件、“选中改变时”事件、“选中时”事件、“取消选中时”事件、“载入时”事件和“载入时”事件 7 个事件。

4）动作：Axure RP 8 版本主要新增“旋转”动作、“设置尺寸”动作、“设置自适应视图”动作和“设置不透明”动作等。

5）函数：Axure RP 8 版本新增“透明度”（opactiy）和“旋转”（rotation）这两个函数。

2.2 Axure RP 8 安装和汉化

本书采用的是经过汉化的 Axure RP 8 团队版，Axure RP 的官方网站下载地址为：https://www.axure.com/。

Axure RP 的安装非常简单，只需要按照安装向导逐步进行即可。需要注意的是，安装后是英文版本，实现汉化需要安装汉化包。笔者采用的 Axure RP 汉化包由小楼老师原创发布，Axure 中文网根据大家的使用习惯在小楼老师汉化包版本基础上进行了一些优化。

首先退出正在运行中的 Axure RP 8（如果正在使用），将汉化包.rar 文件解压，得到 lang 文件夹，然后将其复制到 Axure RP 8 安装目录。默认安装 Axure RP 8 后是没有 lang 文件夹的，所以要复制进去。

2.2.1 Windows 操作系统下汉化版安装

将 lang 文件夹复制到 Axure RP 8 安装目录下，不同版本 Windows 操作系统下汉化后的 Axure RP 8 安装目录结构类似。

如果是 32 位操作系统，复制后目录为：

```
C://Program Files/Axure/Axure RP Pro 8.0/lang/default
```

如果是 64 位操作系统，复制后目录为：

```
C:// Program Files (x86)/Axure/Axure RP Pro 8.0/lang/default
```

启动 Axure RP 8 后如果可看到简体中文界面，说明已成功汉化。

2.2.2 Mac 操作系统下汉化版安装

如果采用的是 Mac 版操作系统，在应用程序文件夹里找到 Axure RP 8.app 程序，然后右键选择“显示包内容”，然后依次打开 Contents/Resources 文件夹，将 lang 文件夹复制到这个目录下即可。

启动 Axure RP 8 如果可看到简体中文界面，说明已成功汉化。

2.3 Axure RP 8 工作界面

打开经过汉化的 Axure RP 8 团队版，其工作界面包括 7 大区域，如图 2-1 所示。

2.3.1 菜单栏和工具栏

Axure RP 8 菜单栏的“文件”和“编辑”菜单比较直观，与 Office 系列软件的操作类似，具有自解释的特点，所以，在此只重点讲解一下 Axure RP 8 特有的菜单。

1. “布局”菜单

该菜单项主要用于进行页面元件的布局。

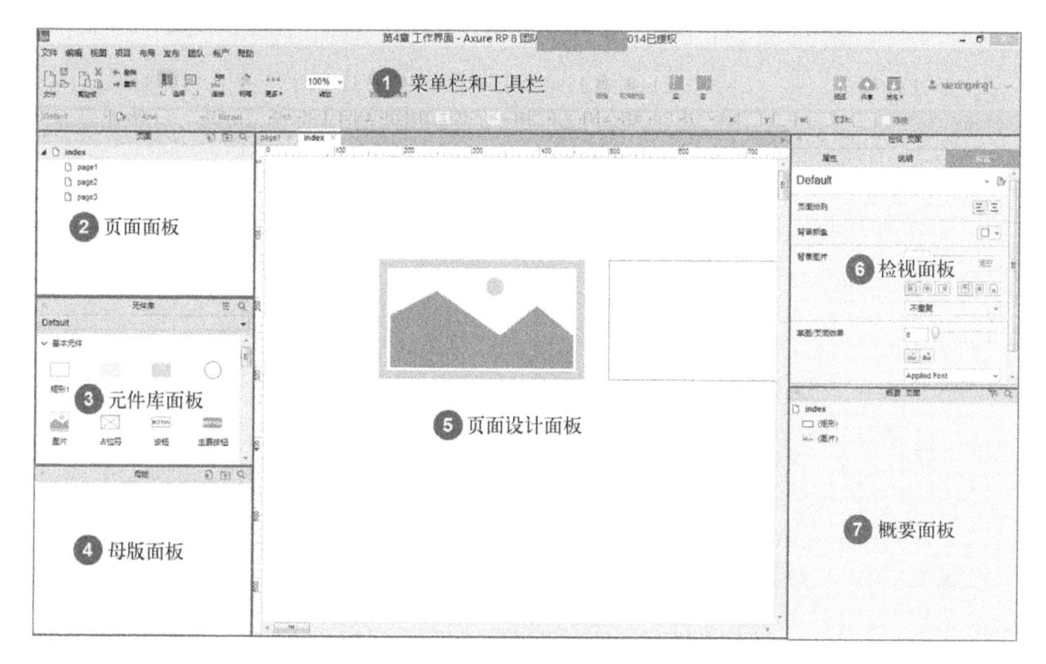

图 2-1　Axure RP 8 团队汉化版工作界面

1）将多个元件变成一个组：选择多个元件后，在菜单栏选择“布局”→“组合”命令，或者使用〈Ctrl+G〉快捷键，取消组合可使用“布局”→“取消组合”命令，或者使用〈Ctrl+Shift+G〉快捷键。

2）将某个元件置为顶层/底层：可选择某个元件后，在菜单栏选择“布局”→“置为顶层”命令，或使用〈Ctrl + Shift +]〉快捷键。

如当前有三个不同颜色原型元件，其中绿色圆形元件位于最下方，如图 2-2 所示。

选择图 2-2 最下方的绿色圆形，在菜单栏选择“布局”→“置为顶层”命令，或使用〈Ctrl + Shift +]〉快捷键，可将绿色圆形的元件放置在最上方，操作后效果如图 2-3 所示。

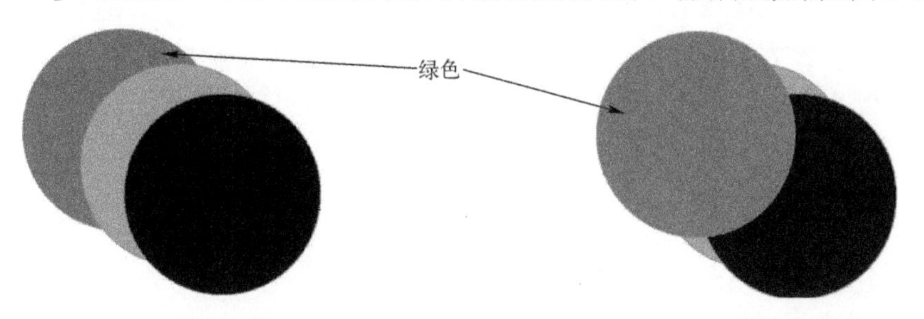

图 2-2　三个圆形元件　　图 2-3　将绿色圆形置为顶层

将某个元件置为底层的方法与此类似，不过选择的是“布局”→“置为底层”命令，或使用〈Ctrl + Shift + [〉快捷键。

3）将某个元件上移/下移一层：可选择某个元件后，在菜单栏选择“布局”→“上移一层”命令，或使用〈Ctrl +]〉快捷键。例如选择图 2-2 绿色圆形元件进行该操作，可将该元件上移一层，此时它位于灰色和蓝色圆形的元件之间，操作后如图 2-4 所示。

将某个元件下移一层的方法与此类似，不过选择的是菜单栏的“布局”→“下移一层”命令，或使用〈Ctrl + [〉快捷键。

4）设置元件对齐方式：选择多个元件后，在菜单栏可选择“布局”→“对齐”命令，Axure RP 8 提供 6 种对齐方式，可选择多个元件后按照想要的方式进行对齐操作，如图 2-5 所示。

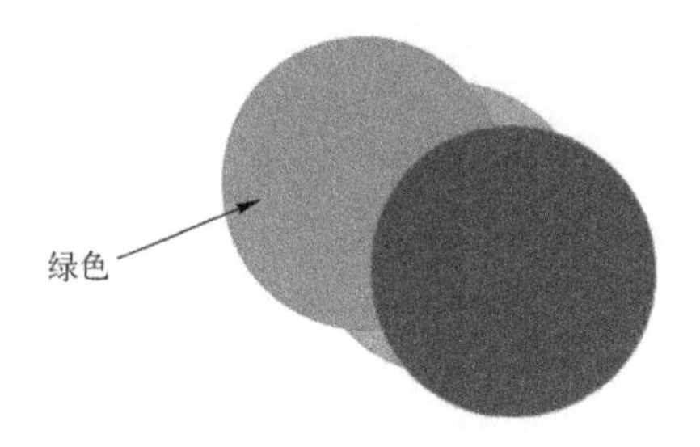

图 2-4　将绿色圆形元件上移一层

左对齐	Ctrl+Alt+L
左右居中	Ctrl+Alt+C
右对齐	Ctrl+Alt+R
顶部对齐	Ctrl+Alt+T
上下居中	Ctrl+Alt+M
底部对齐	Ctrl+Alt+B

图 2-5　Axure RP 8 的 6 种对齐方式

5）设置元件分布方式：包括水平方向平均分布和垂直方向平均分布方式，选中多个元件后，在菜单栏可分别选择“布局”→“分布”→“水平分布”命令和“布局”→“分布”→“垂直分布”命令进行操作。当垂直方向的多个元件进行垂直分布操作后，元件之间的垂直距离相同。当水平方向的多个元件进行水平分布操作后，元件之间的水平距离相同。

6）锁定/解锁元件的位置和大小：为了在操作其他元件时不影响某个元件，可将该元件设置为锁定状态，在菜单栏选择“布局”→“锁定”→“锁定位置和尺寸”命令，或使用〈Ctrl + K〉快捷键操作，锁定后的元件暂时不能移动位置。可在菜单栏使用“布局”→“锁定”→“解除锁定位置和尺寸”命令，或使用〈Ctrl + Shift + K〉快捷键。

7）将元件设置为母版：若某个或多个元件需要多次被使用，为了一次修改，处处更新，可将它们设置为母版。可在选择某个元件后，在菜单栏选择“布局”→“转换为母版”命令，母版内容将在后续章节详细讲解。

8）将元件设置为动态面板：若某个元件创建后发现有多种不同状态，需要根据不同的事件切换不同状态或调整面板大小，可将该元件设置为动态面板。可在选择某个元件后，在菜单栏选择“布局”→“转换为动态面板”命令，动态面板内容将在后续章节详细讲解。

2. “发布”菜单

该菜单主要用于预览、设置预览参数、生成 HTML 文件、将工程发布到 Axure Share 和生成 Word 说明书等操作。

下面对“发布”菜单下的常用操作进行介绍。

1）设置预览参数：在菜单栏选择“发布”→“预览选项”命令，或者使用〈Ctrl + F5〉快捷键，打开“预览选项”对话框，如图 2-6 所示。

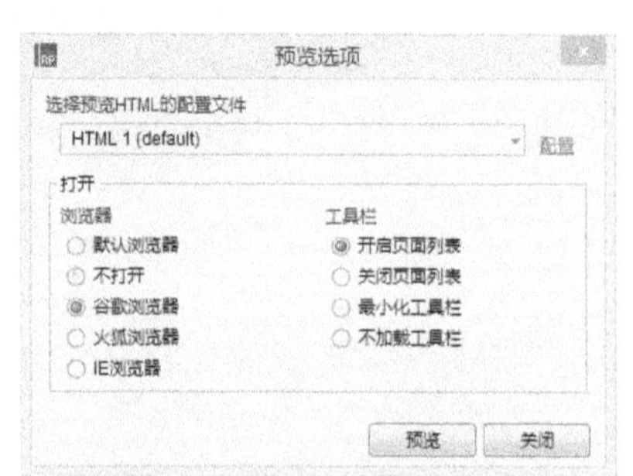

图 2-6　预览选项对话框

其中：

- 选择预览 HTML 的配置文件：设置预览的 HTML 配置器，可单击“配置”按钮配置更多高级选项，如手机终端设备的配置。
- “打开”→“浏览器”：用于设置浏览器，可使用默认的浏览器，也可选择不打开浏览器，还可从本系统安装的浏览器中选择，如 IE 浏览器、火狐浏览器或谷歌浏览器等，建议使用谷歌或火狐浏览器。若选择的是“默认浏览器”时，使用〈F5〉快捷键预览时将使用默认浏览器打开。
- “打开”→“工具栏”：用于设置预览时，有开启、关闭、最小化、不加载工具栏。

2）预览：在菜单栏选择“发布”→“预览”命令，或者使用〈F5〉快捷键，可按照设置的预览参数预览原型，预览效果如图 2-7 所示。

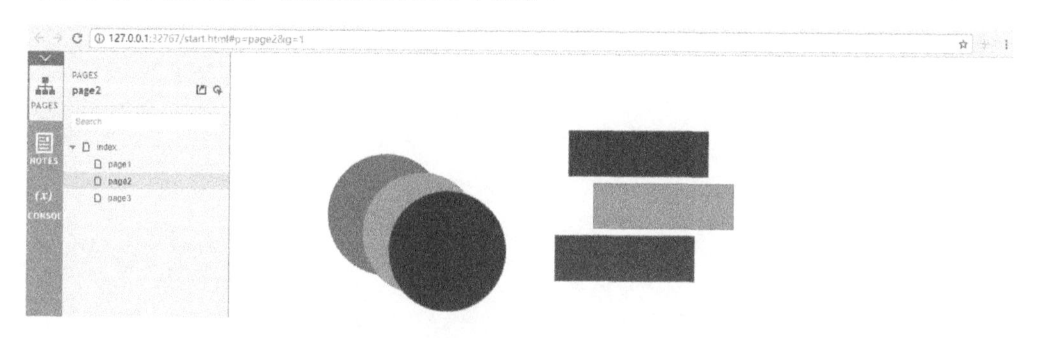

图 2-7　预览产品原型

3）生成 HTML 文件：在菜单栏选择“发布”→“生成 HTML 页面”命令，或者使用〈F8〉快捷键，打开“生成 HTML”对话框，如图 2-8 所示。

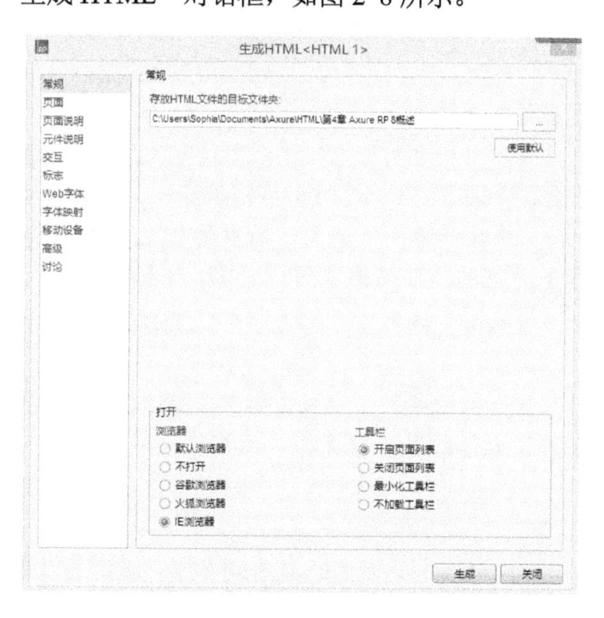

图 2-8　生成 HTML 页面对话框

生成 HTML 文件的内容后续将会有专门的章节进行讲解，在此不再赘述。

4）发布项目到 Axure Share：Axure RP 提供 Axure 的共享官网，可将本地的原型项目上传。在菜单栏选择“发布”→“发布到 Axure Share”命令，或者使用〈F6〉快捷键，“发布到 Axure Share”对话框如图 2-9 所示。

单击图 2-9 的“发布”按钮，开始将项目的文件上传到 Axure 共享发布服务器，上传成功后会提示访问地址。发布到 Axure Share 的知识后续将会有专门章节进行讲解，在此不展开讲解。

2.3.2 页面面板

“页面”面板使用树形结构显示整个项目的页面列表，如图 2-10 所示。

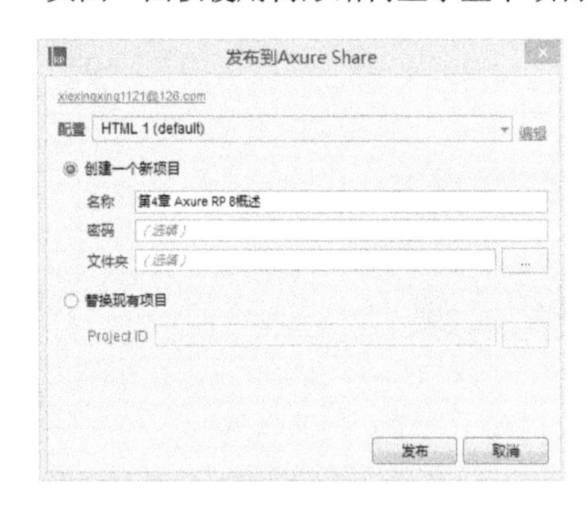

图 2-9　发布到 Axure Share（用户已登录状态）对话框

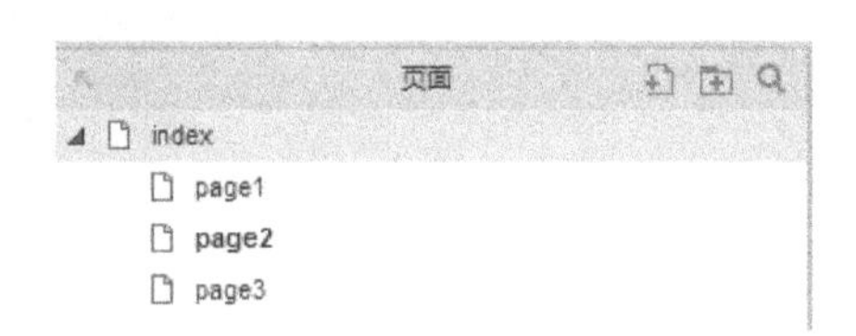

图 2-10　页面面板

与 Axure RP 7.0 相比，“站点地图”面板变更为“页面”面板，“页面”面板没有什么大的改变，主要的就是去掉了移动（↑、↓、→、←）和删除的图标。

“页面”面板的常用操作如下。

1．新建页面

单击“页面”面板工具栏的“ ”（添加页面）图标，可在所选择的页面后添加同级页面。也可选择某个页面后，选择“添加”菜单，可选择“文件夹”（在同级下方添加一个文件夹）、“上方添加”（在上方添加一个同级页面）、“下方添加”（在下方添加一个同级页面）和“子页面”（创建一个下级页面）四种方式创建页面或文件夹。

2．新建文件夹

单击页面面板区域工具栏的“ ”（添加文件夹）图标，可在所选择的节点后添加同级文件夹，也可选择某个页面后单击右键选择“添加”→“文件夹”命令创建一个新的文件夹。

3．编辑页面

在“页面”面板的树形菜单双击某页面，接着就会在“页面设计”面板显示该页面，并为可编辑状态。

4．重命名页面/文件夹

选择某个页面或文件后，接着单击左键进入重命名状态，或者选择后单击右键，选择“重命名”命令。

5．删除页面/文件夹

选择某个页面或文件夹后，单击“删除”键，如果带有子页面，将弹出删除提示框，在该提示框中单击“是”按钮后会将当前页面以及其子页面全部删除。

6．调整页面/文件夹顺序

若想改变同级页面或文件夹的先后顺序，或者将某个页面以及其子页面上升或下降一级，选中某页面或文件夹后右击，在出现的快捷菜单中选择“移动”，可进行上移、下移、降级和升级操作。

2.3.3 元件库面板

Axure RP 8 提供丰富的元件库，大部分都与 HTML 元素对应，如图片、按钮、表格、下拉列表、文本标签、文本段落、文本框、多行文本框、复选框、单选按钮、提交按钮、标题、表格和内联框架等元件。

最能体现 Axure RP 8 强大之处的元件包括：热区、动态面板、内联框架和中继器元件。其他特有的元件包括：矩形元件、椭圆元件、占位符元件、垂直菜单、水平菜单、树状菜单、水平线、垂直线元件和标记元件等。另外，Axure RP 8 还可加载官方或第三方的元件库，如苹果手机的诸多元件，提供良好的扩展功能。

元件的内容将会在第 3 章和第 4 章详细讲解，在此不再展开讲解。

2.3.4 母版面板

一般将需要重复使用的模板或内容定义为母版，如网站的页头、页尾或导航等。通过使用母版，如果母版行为元件不是设置为“脱离母版”，在需要进行修改时，只需要对母版进行修改，所有使用该母版的地方都会被同步修改，从而减少重复工作量。

某个模块定义好后，选中所需要的一到多个元件，右击选择“转换为母版”菜单，或者使用菜单栏的“布局”→“转换为母版”命令，打开创建母版对话框输入母版名称后，将该模块转换为母版。也可在母版面板单击（添加母版）图标添加母版。

母版的内容将会在第 6 章详细进行讲解，在此不做过多展开。

2.3.5 页面设计面板

“页面设计”面板区域是用于显示页面内容的区域，这些内容也被用于生成 HTML 文件或 PRD 文档。在默认情况下，不显示网格，只显示标尺，可在“页面设计”面板区域右击选择“栅格和辅助线”→“显示网格”可将网格显示出来，该区域如图 2-11 所示。

在页面设计面板区域右击后，可看到“栅格和辅助线”菜单下有多个选项，如图 2-12 所示。

单击“网格设置”选项可设置网格间距（默认为 10 个像素）。

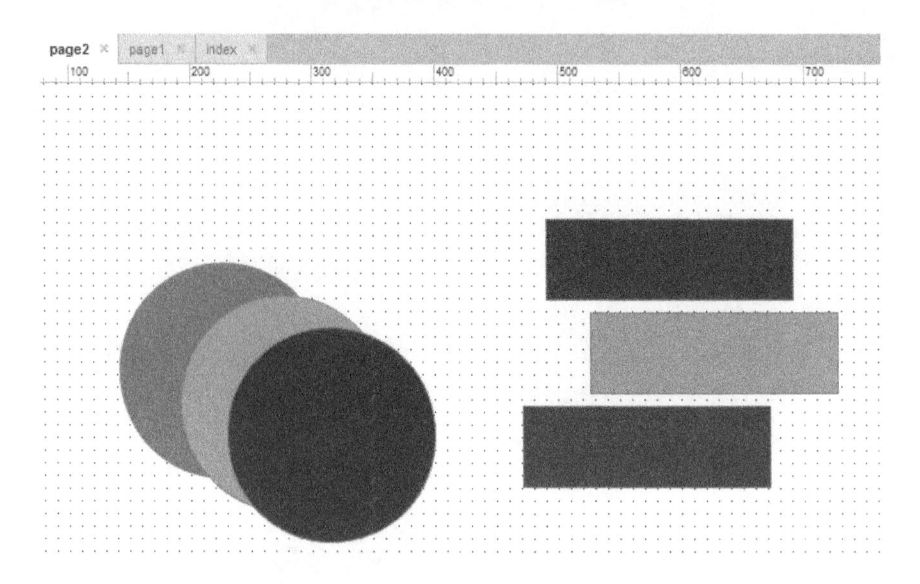

图 2-11　显示网格的页面设计面板

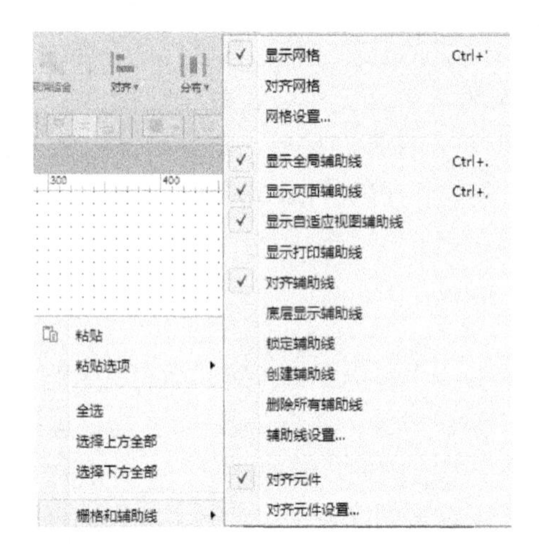

图 2-12　“栅格和辅助线”子菜单项

在页面设计面板区域，需要重点掌握 3 个要点。

1．页面辅助线

辅助线主要用于对齐元件，也可设置编辑区域，例如可设置 640×480 的编辑区域，要求设计人员在此区域内进行设计。辅助线又分为页面辅助线和全局辅助线。

按住鼠标左键，在横向标尺区域往内容区域拖动，将会拉出一条水平辅助线，在纵向标尺区域往内容区域拖动，拉出一条垂直辅助线。页面辅助线默认为绿色，如图 2-13 所示。

2．全局辅助线

通过在横向和纵向标尺处拉出的是页面辅助线，只会在当前页面显示，若想在所有页面显示某些辅助线，可采用全局辅助线，全局辅助线默认为玫红色，有两种创建方法。

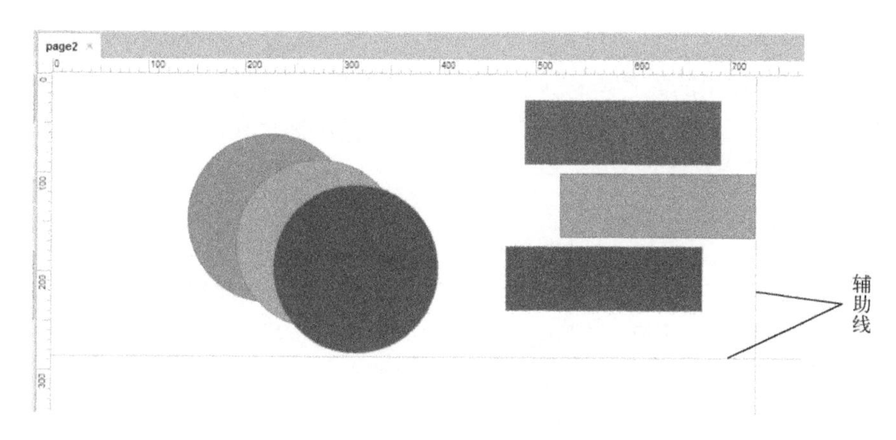

图 2-13　创建页面辅助线

1）横向和纵向标尺按住〈Ctrl〉键拉出全局辅助线：该方法与页面辅助线创建方法类似，只在按住鼠标进行拖动时需要同时按住〈Ctrl〉键，这是创建单条全局辅助线的好方法。

2）使用创建辅助线对话框：该方法常被用于同时创建多条全局辅助线，可在某个页面设计区域右击，在菜单栏选择“栅格和辅助线”→“创建辅助线”命令，之后打开的创建辅助线对话框如图 2-14 所示，在该对话框中选中“创建为全局辅助线”选项，创建的辅助线即为在该原型所有页面显示的全局辅助线。

设置后的全局辅助线，如图 2-15 所示，可看到“页面设计”面板区域被分为两列，每列的宽度为 60 像素，每列的间距宽度为 20 像素，边距 10 像素。

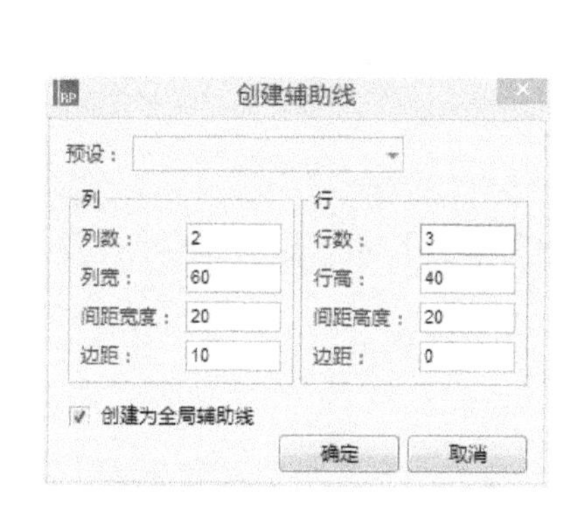

图 2-14　创建全局辅助线对话框

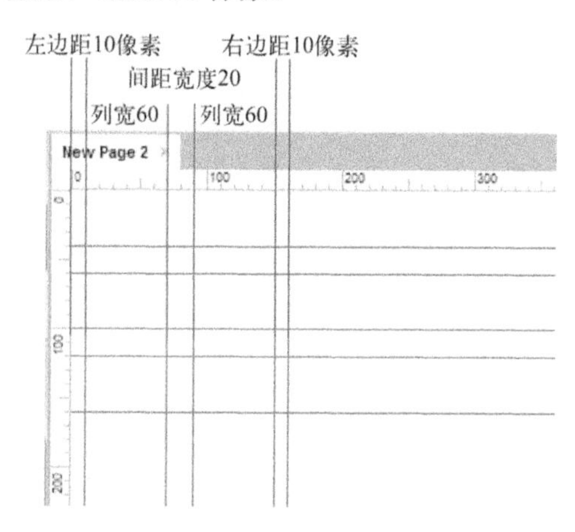

图 2-15　创建全局辅助线效果图

“行”的设置与此类似，不过辅助线为水平线。可在任何页面选择全局辅助线后，按〈Delete〉删除键，或右击选择“删除”命令将其删除。

3．元件坐标

“页面设计”面板其余的 100、200、300 等刻度都是像素，左上角的坐标为 X0;Y0（注：本书统一采用此种方式表示横纵坐标），在进行原型设计时，左上角相当于浏览器的左上角，为了尽可能贴近真实，设计人员在进行设计时需要注意网站和 App 的宽度和高度。

“页面设计”面板中的元件坐标是在“检视面板”的“样式”选项卡→位置尺寸中显示的“X 轴坐标”和“Y 轴坐标”，其数值分别是元件横向标尺和纵向标尺的像素值（以元件的左上角坐标为基点进行计算）。

2.3.6 检视面板

“检视”面板替换了在 Axure RP 7.0 版本中的“页面属性”面板、“元件交互和注释”面板和“元件属性和样式”面板三个面板。“检视”面板默认显示页面属性相关设置，当选择某个元件时，该面板将显示元件属性相关设置。

在默认情况下，属性和样式都是针对页面进行设置的，如图 2-16 所示。

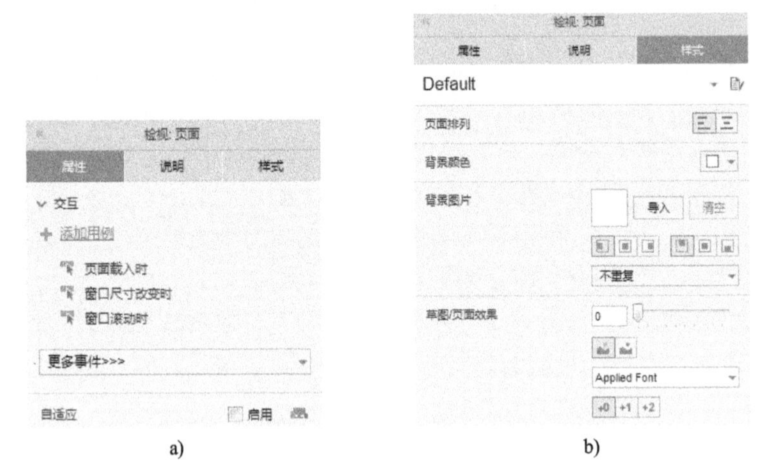

a) b)

图 2-16 默认检视面板的属性和样式选项卡

a) 属性选项卡 b) 样式选项卡

例如选择某个图片元件时，“检视”面板的“属性”和“样式”选项卡将切换为该元件的属性和样式，可对其样式如尺寸、填充、阴影、圆角半径等进行设置，还可设置图片、交互用例等属性信息，如图 2-17 所示。

2.3.7 概要面板

“概要”面板替换了原来的“元件管理”面板，与之不同之处去掉了新增动态面板状态、移动（↑、↓）、删除元件图标。

“概要”面板显示当前页面所有元件名称以及其状态，如图 2-18 所示。

可在如图 2-18 所示的“概要”面板中对动态面板元件（如“State1”）进行管理，包括设置面板状态、编辑全部状态、设为隐藏、自动调整为内容尺寸等操作。选择某个动态面板后单击鼠标右键显示操作菜单项可执行相应操作，如图 2-19 所示。

还可对某个动态面板元件进行状态操作，选择某个状态如 State1 后，单击鼠标右键进行添加、复制、编辑、删除状态、上移下移和删除操作，如图 2-20 所示。

a)　　　　　　　　b)

图 2-17　图片元件的属性和样式选项卡

a) 图片元件属性　b) 图片元件样式

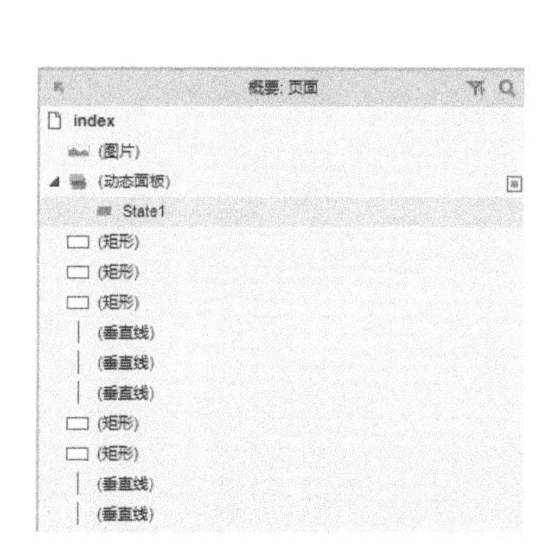

图 2-18　概要面板

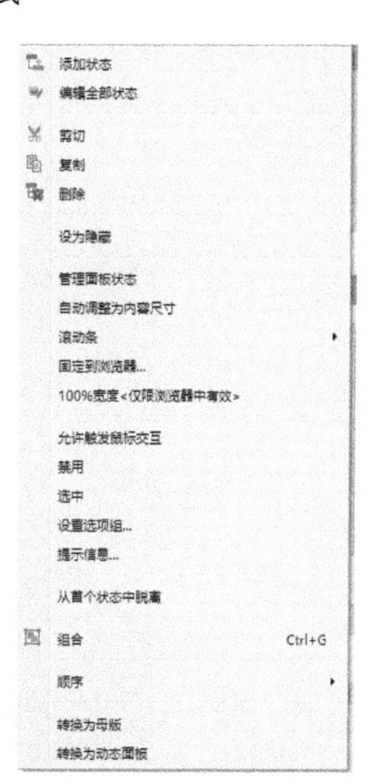

图 2-19　概要面板的动态面板快捷操作

可单击如图 2-18 所示的“概要”面板面板中操作栏的（排序与筛选）图标对显示元件进行过滤，如图 2-21 所示。大家可根据具体要求选择对应的子菜单项。如选择“母版”后将只显示所有的母版。

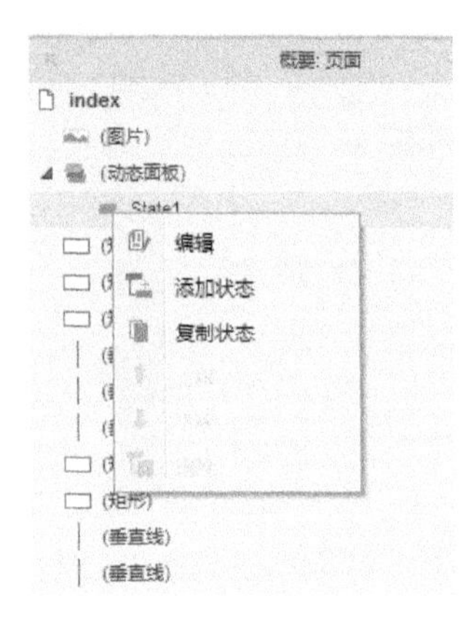

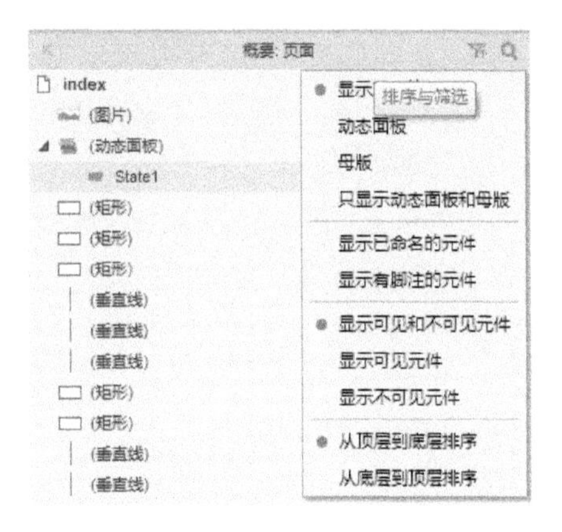

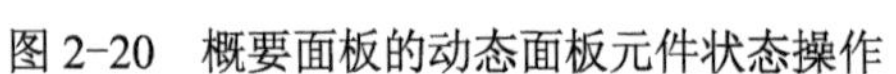
图 2-20　概要面板的动态面板元件状态操作

图 2-21　概要面板的排序和筛选操作

2.4　Axure RP 9 预览

Axure RP 在 2018 年 5 月迎来自己的 16 岁生日，在这 16 年间，Axure RP 已经发布了八个主要版本，其中 Axure RP 8 是迄今为止最成功的产品。Axure RP 9 Beta 测试版即将发布，在此为大家简要介绍一下这个最新版的 Axure RP。

Axure RP 9 Beta 测试版的设计界面参考如图 2-22 所示。

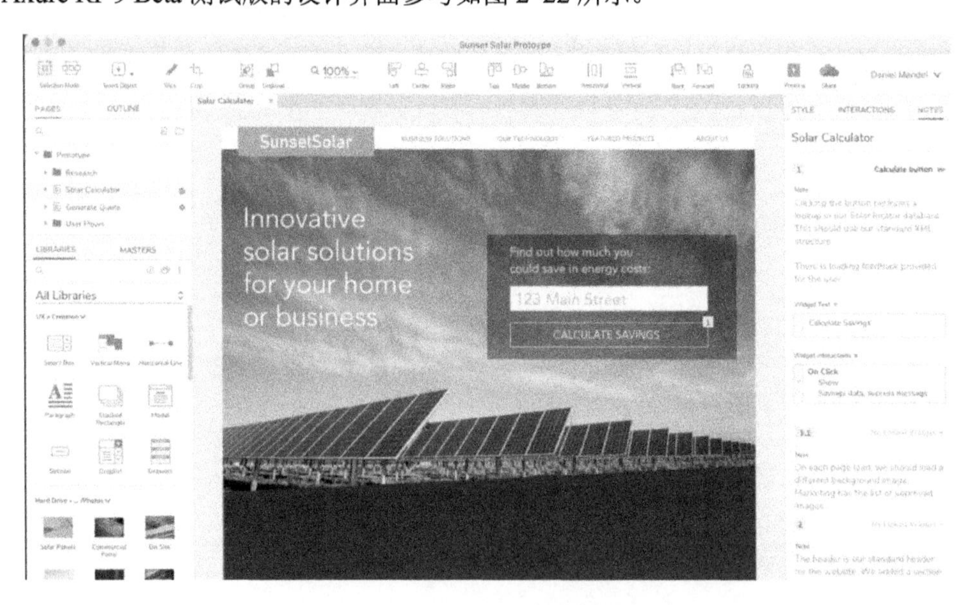

图 2-22　Axure RP 9 参考设计页面

与 Axure RP 8 相比，Axure RP 9 具有如下新功能或新特性：

1．更快的加载速度

基于包含 100 页文档的 RP 文件进行测试，Axure RP 9 加载文件与元件库的速度是 Axure RP 8 的一倍。

2．提升效率，聚焦交互

新的交互生成器已被全面重新设计和优化，从基本的链接，到复杂的、有条件的交互流程，能够让设计人员在更少的时间内让产品原型面世。新的交互面板如图 2-23 所示。

3．功能优化，细节面面俱到

1）**文字排版的优化：**包括字符间距、删除线和上标。

2）**新型颜色拾取器：**具有辐射状和 HSV 拾取器的新型颜色选择器，如图 2-24 所示。

图 2-23　Axure RP 9 新的交互面板

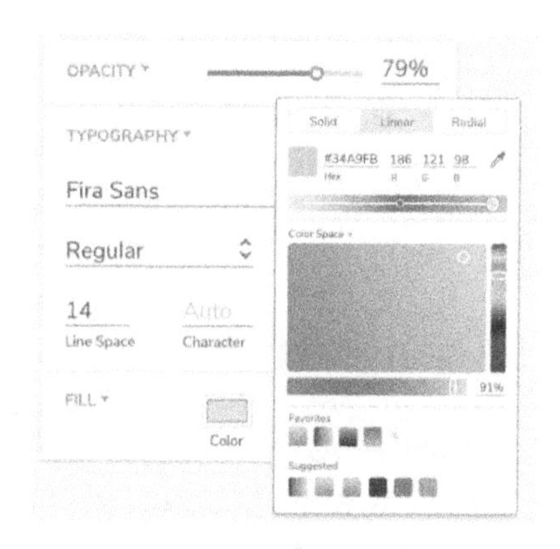

图 2-24　Axure RP 9 新型颜色拾取器

3）**图像滤波器：**图像可作为形状背景，增加了图像滤波器，可以在原型中保持更好的图像质量。

4）**其他优化功能：**更智能地捕捉和距离引导，单键绘制快捷方式，以及更精确的矢量编辑。

4．便捷呈现原型全貌

采用最新的原型播放器展示设计出来的产品原型，为浏览器进行了优化，并为现代工作流程设计。提供了更为丰富的交互效果，同时为业务解决方案提供全面的文档。呈现原型全貌的特性如图 2-25 所示。

5．控制文档

确保解决方案被正确和完整地创建。可以为原型添加说明信息，并可将说明信息分配给某个元素，并在屏幕上加以体现。随着解决方案的进展，更新文档变得更加容易。准备好后可以向开发者提供一个全面的、基于浏览器的规范。控制文档参考页面如图 2-26 所示。

6．更高效地工作

新版 Axure RP 9 通过改进的元件库管理、简化的自适应视图、更灵活的和可重用的母版和动态面板元件的编辑，可以用来更有效地工作。

图 2-25　Axure RP 9 呈现原型全貌

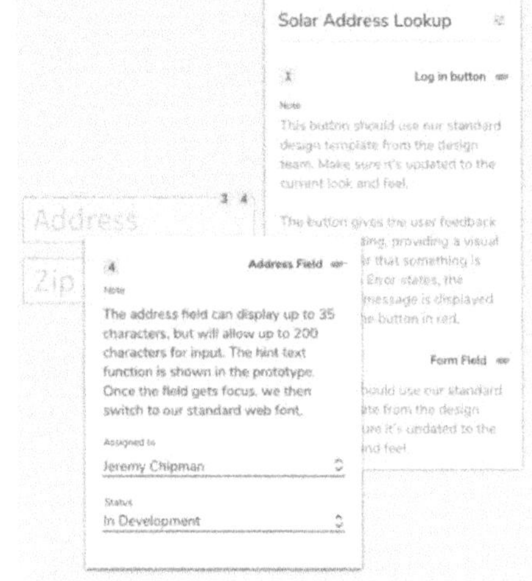

图 2-26　控制文档优化

2.5　本章小结

本章主要介绍 Axure RP 的基本概况，包括以下几方面内容。

1）**Axure RP 8 介绍**：Axure RP 是一个专业的快速原型设计工具，能快速、高效地创建原型，同时支持多人协作设计和版本控制管理。

2）**Axure RP 8 安装和汉化**：本书采用的是经过汉化的 Axure RP 8 团队版，汉化包由小楼老师原创发布，Axure 中文网根据大家的使用习惯在小楼老师版本基础上进行了一些优化。

3）**Axure RP 8 工作界面**：Axure RP 8 的工作界面在 7.0 版本的基础上，更加简洁明了，分为工具栏和菜单栏、“页面”面板、“元件库”面板、“母版”面板、“页面设计”面板、“检视”面板和“概要”面板 7 个设计区域。

4）**Axure RP 9 的介绍**：介绍 Axure RP 9 的工作界面，及新功能，新特性。

第3章 基础元件

本章讲解Axure RP 8中的基础元件，这些基础元件在产品原型设计过程中使用得非常广泛。但是，这些基础元件相对动态面板元件、中继器元件、内联框架元件和自定义元件而言，操作很简单，使用门槛很低，但同时它们也是一些高级元件使用的基础。本章给大家详细讲解常用基础元件，如矩形元件、图片元件、占位符元件和热区元件等，以及与HTML页面中的表单元素对应的文本框元件、多行文本框元件和下拉列表元件等。另外，还将详细讲解水平菜单元件、垂直菜单元件、树状菜单元件、表格元件和流程图元件等相对复杂的元件，并讲解如何组合多个元件，以及设置元件形状和进行元件操作等知识。

3.1 常用基础元件

Axure RP 提供了很多基础元件，其中，矩形元件、占位符元件、图片元件、按钮元件、文本标签元件和热区元件等，都是非常简单也是使用非常广泛的元件。本节对这些常用基础元件进行详细讲解。

1．矩形元件

矩形元件是原型设计中最基础的一个元件，矩形元件一般用于表示一整块区域。在Axure RP 8中的“元件库”面板将三种元件拖到“页面设计”面板，如图3-1所示。

图3-1 三种矩形元件

在Axure RP 8中，矩形元件并不只是用来表示矩形的，在“页面设计”面板区域加入矩形元件后，可以选中该元件，单击右上角的灰色小圆球，可将其转换为别的形状。例如选择

图 3-1 中的左侧矩形元件，之后单击左上角的灰色小圆球，可选择将长方形切换为圆形、心型、箭头、星星型、三角形等形状，也可以转换为自定义形状，如图 3-2 所示。

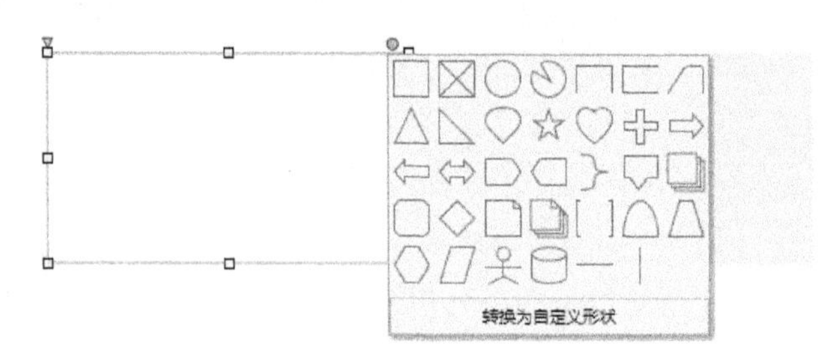

图 3-2　修改矩形元件形状

可通过“检视”面板设置矩形元件的如下信息。

1）元件名称：在面板顶部设置。

2）元件属性：可在“检视”面板的“属性”选项卡设置事件（鼠标单击时、鼠标移入时、鼠标移出时等）、文本链接、形状、交互样式（鼠标悬停时样式、鼠标按下时样式、选中时样式、禁用时样式）、元件提示和选项组名称等。

3）元件样式：可在“检视”面板的“样式”选项卡设置矩形元件的 X 轴坐标、Y 轴坐标、宽度、高度、圆角角度、自动适合文本宽度、自动适合文本高度、填充颜色、边框颜色和字体等样式信息。

4）元件说明：可在“检视”面板的“说明”选项卡设置元件的说明信息。

2．图片元件

在 Axure RP 8 中，能导入任意尺寸的 JPG、GIF 和 PNG 图片，并且 Axure RP 软件还提供切图功能，能对大图片进行切图。

在“元件库”面板选择图片元件拖动到“页面设计”面板后，双击“页面设计”面板的图片元件图标，打开图片选择对话框，选择某个图片后单击“打开”按钮，对于较大的图片，会有如图 3-3 所示的提示图片是否优化的对话框。

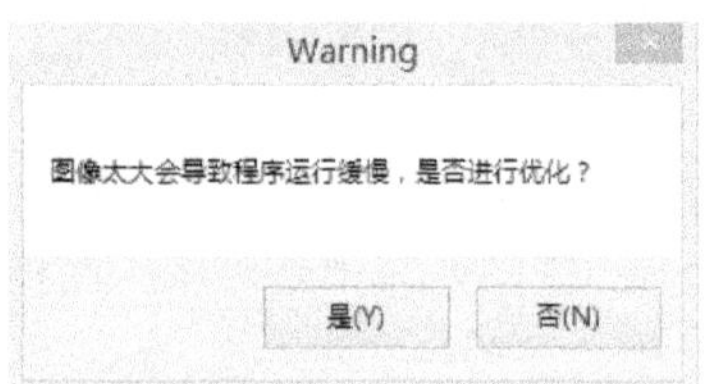

图 3-3　大图是否优化的提示对话框

在图 3-3 中选择“是”按钮后将对图片进行压缩优化，并在“页面设计”面板缩放图片大小。如果是 GIF 图片，不要选择优化图片，优化后将变成静态图片。

可通过“检视”面板设置图片元件的如下信息。

1）元件名称：在面板顶部设置。

2）元件属性：与矩形元件类似，不同之处在于可在这里设置图片元件的导入图片，或清空图片信息。

3）元件样式：与矩形元件类似。

4）元件说明：可通过“说明”选项卡设置。

可在“检视”面板设置图片的大小，也可直接在“页面设计”面板选择某个图片元件后，将鼠标移动到图形元件的 8 个小方块某一个，调整图片的宽度和高度。如果想宽度和高度等比缩小，可将鼠标移动到左上角、右上角、左下角或右下角的 4 个小方块，当鼠标改变形状时，在拖动时同时按住〈Shift〉键进行等比缩小操作。进行等比缩小时，所选择的点的对角位置保持不变。

3．占位符元件

占位符元件一般用在低保真线框图设计时。如果暂时没想好放置什么元件，或者图片区域暂时没有设计好图片时，使用占位符元件占位。可以对占位符元件的大小、位置等信息进行调整。事件、属性和样式设置与矩形元件无异。可以从“元件库”面板按住鼠标拖动一个占位符元件到“页面设计”面板，占位符元件如图 3-4 所示。

通过“检视”面板设置的占位符元件的信息与矩形元件类似，在此不再赘述。

4．按钮元件

按钮元件与矩形元件类似，不过默认带有圆角和文本。在 Axure RP 8 的“元件库”面板中，有 3 个按钮元件，分别为：BUTTON（按钮元件）、BUTTON（主要按钮元件）和 BUTTON（链接按钮元件）。将按钮元件、主要按钮元件和链接按钮元件从左往右拖动到“页面设计”面板后，如图 3-5 所示。

图 3-4　占位符元件　　　　图 3-5　3 种按钮元件

按钮元件的“检视”面板与矩形元件类似，也不再赘述。

5．一级/二级/三级标题元件

拖动“元件库”面板的一级标题元件、二级标题元件和三级标题元件到“页面设计”面板后，双击相应标题元件可设置该元件的文本内容，如图 3-6 所示。

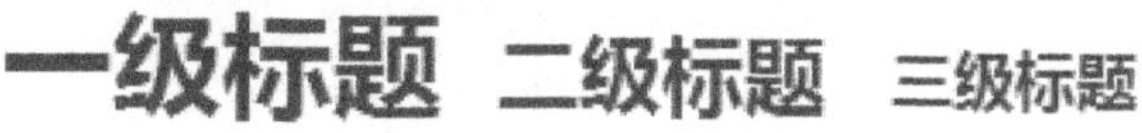

一级标题　二级标题　三级标题

图 3-6　一级、二级和三级标题元件

6．文本标签元件

在“元件库”面板拖动文本标签元件到“页面设计”面板后，双击可设置文本标签元件的文字内容。图 3-7 所示为文本标签元件默认字体、颜色和字号。

一般需要设置文本标签元件字号、字体颜色、字体、加粗、斜体和下划线等信息，可在“检视”面板的“样式”选项卡进行设置，也可在工具栏进行设置，该部分工具栏如图 3-8 所示。

7．文本段落元件

在“元件库”面板拖动文本段落元件到“页面设计”面板后，双击可设置文本段落元件的文字内容。如图 3-9 所示，文本段落元件更改了默认文字，使用的是默认字体、颜色和字号。

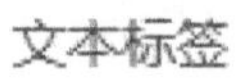

文本标签

图 3-7　文本标签元件

Normal　14　B　I　U　A

图 3-8　使用工具栏快速设置文本标签的样式

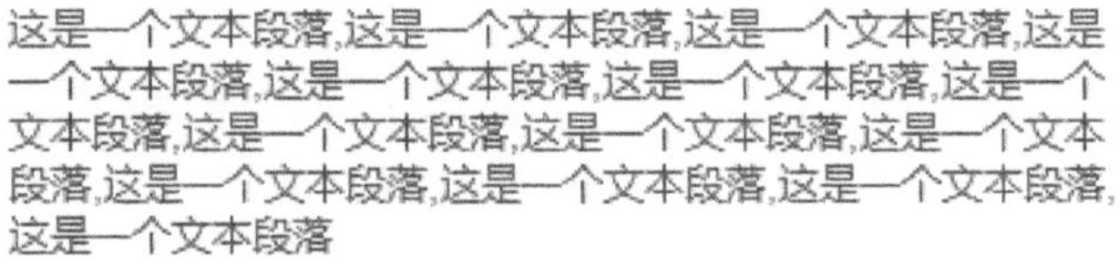

这是一个文本段落,这是一个文本段落,这是一个文本段落,这是一个文本段落,这是一个文本段落,这是一个文本段落,这是一个文本段落,这是一个文本段落,这是一个文本段落,这是一个文本段落,这是一个文本段落,这是一个文本段落,这是一个文本段落

图 3-9　文本段落元件

8．水平线/垂直线元件

水平线元件用于绘制水平线，常用来做上下分隔线，如页头、内容区域和页尾。可设置线条颜色、粗细、宽度和坐标等信息。

垂直线元件用于绘制垂直线，常用来做纵向的分隔线，如左侧、内容区域和右侧的分栏，可设置线条颜色、粗细、高度和坐标等信息。

在“元件库”面板拖动一个水平线元件和垂直线元件到“页面设计”面板，效果如图 3-10 所示。

9．热区元件

可在页面任何一个区域，也可在某个元件上方放置一到多个热区元件，如可在文本标签元件、按钮元件、矩形元件、图片元件等的某个区域上方添加热区元件。热区元件在“页面设计”面板呈淡黄色，但是在实际页面中并不显示，主要用于设置交互事件。例如在图片上的 4 个角设置了 4 个热区元件，如图 3-11 所示。

图 3-10　水平线/垂直线元件

图 3-11　热区元件案例

选中某个热区元件后，可在右侧“检视”面板的“属性”选项卡设置该元件的鼠标单击时、鼠标移入时、鼠标移出时、鼠标双击时、尺寸改变时、显示时和隐藏时等交互事件，来实现相对复杂的产品原型设计效果。

3.2　表单元件

Axure RP 8 中的表单元件与 HTML 页面非常类似，例如文本框元件对应 input 元素，多行文本框元件对应 textarea 元素等。

1．文本框元件

与 HTML 页面的 input 元素相对应，文本框元件有多种文本类型，包括：Text（普通文本）、密码、邮箱、Number（数字）、Phone Number（电话号码）、Url（URL 地址）、查找、文件、日期、Month（月份）和 Time（时间）。

有些文本类型在网页浏览器中并没有明显地体现出不同之处，如 Email、Number、Phone Number、Url 等，主要体现在通过手机终端浏览时会有所不同。

选择文本框元件后，输入文字内容，可编辑文本输入框的默认内容，并能通过右侧“检视”面板设置文本的颜色、字体和字号等信息。并可如 HTML 的 input 元件一样，设置是否为“只读”或“禁用”。

在“元件库”面板拖动多个文本框元件到“页面设计”面板，并在“检视”面板的“属性”选项卡中设置不同的文本类型，如图 3-12 所示。

文本框元件的“检视”面板与矩形元件大同小异，如果需要设置文本的提示信息，例如图 3-12 中“请输入邮箱”的提示信息，当用户没有输入内容时，该文本框显示“请输入邮箱”，当用户开始输入内容（默认设置），或者文本框获得焦点后，“请输入邮箱”的提示信息将被清除。

在 Axure RP 8 中，可通过“检视”面板的“属性”选项卡中的“提示文本”属性设置提示文本，并可单击“提示样式”按钮，打开提示文本样式设置对话框进行设置，例如设置字体颜色和字体尺寸等信息。另外，还可设置文本框的最大输入长度，设置信息如图 3-13 所示。

图 3-12　不同文本类型的文本框元件

图 3-13　设置文本框元件的提示文本和提示文本样式

2．多行文本框元件

多行文本框元件与 HTML 的 textarea 元素对应，与文本框元件不同之处在于它可以输入多行文本，其余设置与文本框元件类似。从“元件库”面板拖动一个多行文本框元件到“页面设计”面板，并设置其默认文本内容后，如图 3-14 所示。

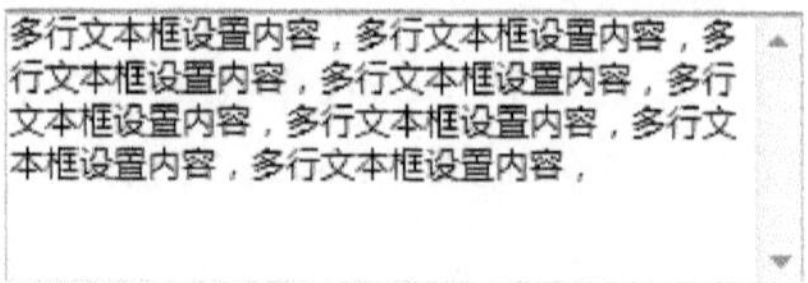

同样可以设置多行文本框元件的提示文本、提示文本样式、隐藏提示触发时机（输入文本或获取焦点时）和最大长度等信息，方法与文本框元件类似，不再赘述。

图 3-14　多行文本框元件

3．下拉列表框元件

下拉列表框元件只允许用户从下拉列表中选择，不允许用户输入，与 HTML 的 select 元素类似。从“元件库”面板拖动一个下拉列表框元件到“页面设计”面板，并双击该元件，打开“编辑列表选项”对话框，可设置下拉列表选项，如图 3-15 所示。

在“编辑列表选项”对话框中，单击“+”按钮可单个添加下拉列表选项，单击“添加多个”按钮，打开“添加多个”对话框，如图 3-16 所示。在图 3-16 中单击“确定”按钮，此时，“编辑列表选项”对话框如图 3-17 所示。

在图 3-17 中，选择某个选项（如“湖南省”）后，可单击工具栏的“↑”（上移）、“↓”（下移）、“×”（删除单个选项）和“⁞×”（删除所有选项）操作，并可勾选某个选项将其设置为默认选项。单击“编辑列表选项”对话框的“确定”按钮，选项设置完毕，此时，“页面设计”面板区域的下拉列表框元件如图 3-18 所示。

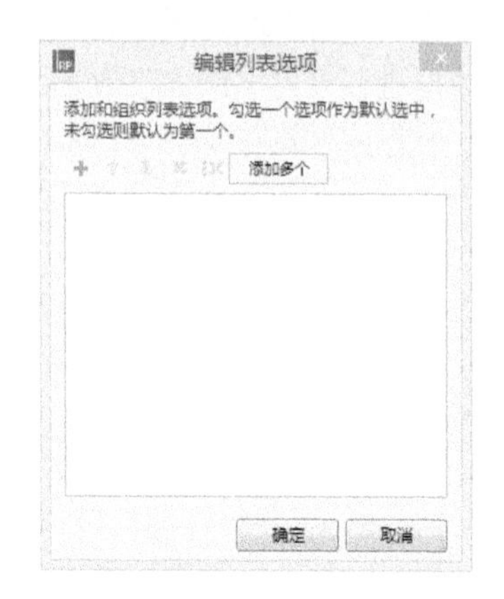

图 3-15　编辑列表选项对话框

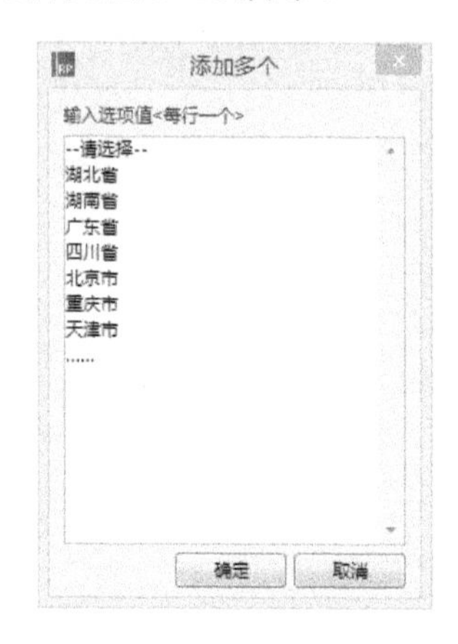

图 3-16　为下拉列表添加多个选项

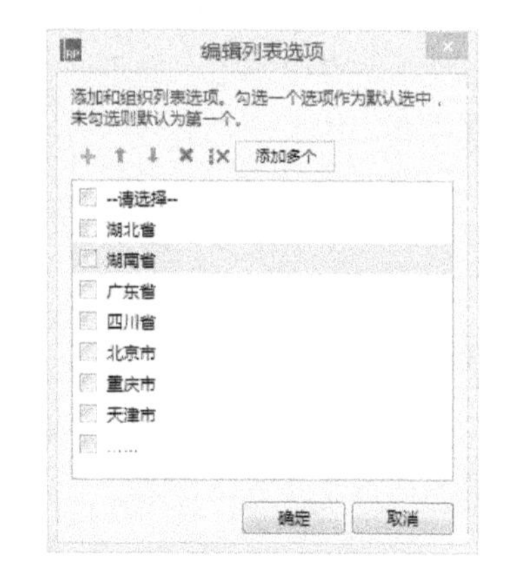

图 3-17　编辑列表选项对话框（设置了下拉选项）

可在“检视”面板的“属性”选项卡设置下拉列表框元件的事件（选项改变时、获取焦点时或失去焦点时等）、列表项、提交按钮和元件提醒等信息，如图 3-19 所示。

图 3-18　下拉列表框元件

4. 列表框元件

列表框元件用于提供用户多选的选项，一般用在想让用户看到所有的选项，或者多个选项允许同时选择时，例如用户选择旅游过的省份等。从“元件库”面板拖动一个列表框元件到“页面设计”面板，并双击该元件，打开“编辑列表选项”对话框可设置下拉列表选项，该对话框与下拉列表框元件的“编辑列表选项”对话框类似。

在“页面设计”面板区域设置列表框元件，如图 3-20 所示。

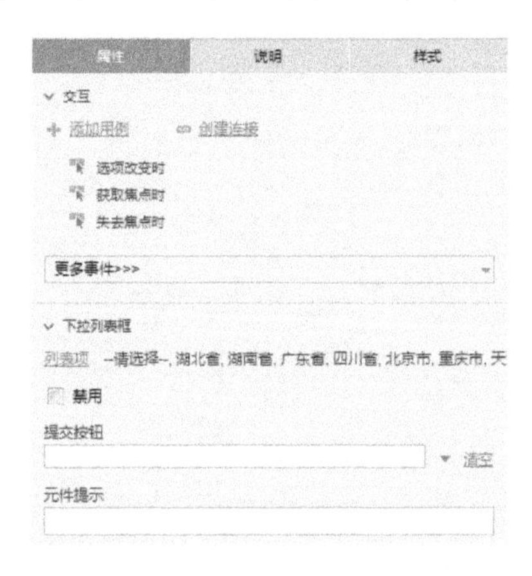

图 3-19　设置下拉列表框元件属性

图 3-20　列表框元件

5. 复选框元件

复选框元件也可以用于用户选择多个内容，达到列表框元件类似的效果。从“元件库”面板拖动多个元件到“页面设计”面板区域后，双击可编辑内容。如图 3-21 所示，拖动了 7 个复选框元件到“页面设计”面板，并将文本内容分别设置为：湖北省、湖南省、广东省、四川省、北京市、重庆市和天津市。

☐湖北省　☐湖南省　☐广东省　☐四川省　☐北京市　☐重庆市　☐天津市

图 3-21　复选框元件

复选框元件的基本操作如下。

1）选中复选框： 若想设置某个选项默认为选中状态，可选择某个选项后，在“检视”面板的“属性”选项卡，勾选“选中”属性，将复选框设置为选中状态。

2）取消选中复选框： 若想设置某个选项默认为取消选中状态，可选择某个选项后，在“检视”面板的“属性”选项卡，取消勾选“选中”属性，将复选框设置为未选中状态。

3）启用复选框： 默认时，复选框元件是启用状态，若想设置为禁用，可选择某个选项后，在“检视”面板的“属性”选项卡，取消勾选“禁用”属性，将复选框设置为启用状态。

4）禁用复选框： 默认时，复选框元件是启用状态，若想设置为禁用，可选择某个选项后，在“检视”面板的“属性”选项卡，勾选“禁用”属性，将复选框设置为禁用状态。

5）调整复选框靠左或靠右对齐： 设置复选框在文字左侧还是右侧，默认时在左侧。可选择某个选项后，在“检视”面板的“属性”选项卡，在“对齐按钮”属性，可选择“右”将复选框设置到文字的右侧，在“对齐按钮”属性选择“左”，可将复选框设置到文字的左侧。

6．单选按钮元件

单选按钮元件只允许用户从多个选项中选择一个，对应 HTML 页面中的 radio 元素。如选择性别，以及在购买商品后选择收货地址等。

例如，从“元件库”面板区域拖动 3 个单选按钮元件到“页面设计”面板，并双击设置其文字分别为：保密、男和女，如图 3-22 所示。

在默认情况下，所有单选按钮元件都无分组，因此不同的单选按钮元件都是可以选中的，如图 3-23 所示。因为 Axure RP 8 并不知道哪些单选按钮元件是一组的，因此，需要手动将一个组的单选框组件设置为同一个单选按钮组。

○保密　○男　○女

图 3-22　单选按钮元件案例

◉保密　◉男　○女

图 3-23　未设置分组的单选按钮元件

同时选中多个单选按钮元件，例如选中图 3-22 所示的 3 个单选按钮元件，之后在“检视”面板的“属性”选项卡，设置“设置单选按钮组名称”为“genderGroup”，如图 3-24 所示。

并且双击勾选“保密”单选按钮元件为选中状态，此时，使用〈F5〉键查看预览效果，可看到默认选项为“保密”，并且，当更改选项为“男”时，可看到原选项“保密”自动被设置为取消选择状态。

7．提交按钮元件

提交按钮元件用于接受用户单击时提交表单，从“元件库”面板区域拖动一个提交按钮元件到“页面设计”面板，如图 3-25 所示。

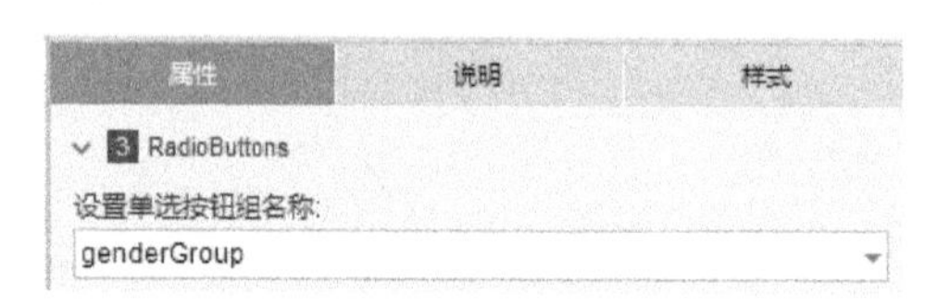

图 3-24　设置单选按钮组

图 3-25　提交按钮元件

可在“检视”面板的“属性”选项卡设置提交按钮元件的事件，只支持“鼠标单击时”“移动时”“尺寸改变时”“显示时”“隐藏时”和“载入时”事件。

需要注意的是，其他的表单元件，包括：文本框元件、多行文本框元件、下拉列表框元件、列表框元件、复选框元件和单选按钮元件，都可以在“检视”面板的“属性”选项卡设置这些元件的“提交按钮”属性。

3.3　水平/垂直菜单元件

水平菜单元件用于创建一个多级别的水平菜单。水平菜单一般用于一级导航菜单，从

“元件库”面板拖动一个水平菜单元件到“页面设计”面板，如图 3-26 所示。

选择图 3-26 的水平菜单元件的第一列“文件”后，可在“检视”面板的“属性”选项卡中对其进行属性设置，如图 3-27 所示。

文件	编辑	视图

图 3-26　水平菜单元件

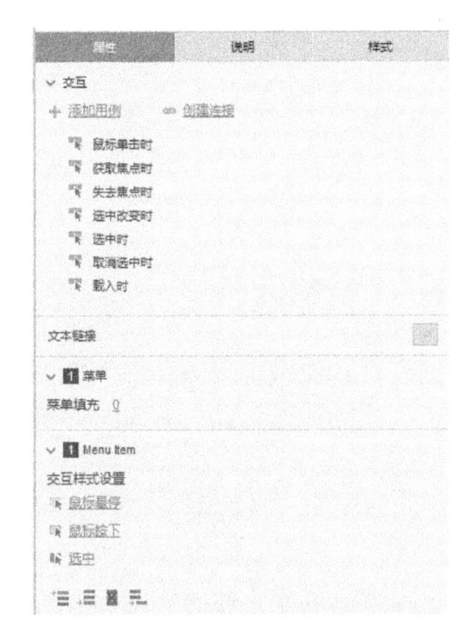

图 3-27　设置水平菜单元件属性

在该选项卡中，可设置该元件的“鼠标单击时”“获得焦点时”“失去焦点时”“选中改变时”“选中时”“取消选中时”和“载入时”事件，并可通过下方的操作按钮进行操作：“ ”按钮用于在该列的前方添加菜单项，“ ”按钮用于在该列的后方添加菜单项，“ ”按钮用于删除菜单项，“ ”按钮用于添加子菜单项，选中菜单项直接输入文字可设置菜单项名称，例如通过使用这些操作按钮可设置如图 3-28 所示的水平菜单。

秒杀	优惠券	PLUS会员	闪购	拍卖	京东服饰	京东超市	生鲜	全球购	京东金融

图 3-28　使用水平菜单元件设置水平菜单

垂直菜单元件用于创建一个多级别的垂直菜单。垂直导航作为导航也很常见。一般用在二级、三级导航菜单中，从“元件库”面板拖动一个垂直菜单元件到“页面设计”面板，如图 3-29 所示。

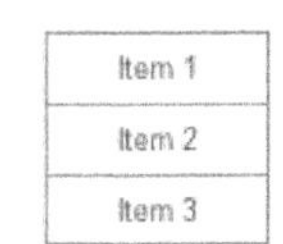

图 3-29　垂直菜单元件（默认）

选择图 3-29 的垂直菜单元件的第一行“Item 1”后，可在“检视”面板的“属性”选项卡设置其事件和其余属性信息，并可进行添加菜单项、添加子菜单项和删除子菜单项等操作，并可选中某行后，输入文字信息设置菜单项名称。

例如通过利用“检视”面板的相应操作设置出如图 3-30 所示的垂直菜单。

水平菜单元件和垂直菜单元件操作起来相对不便，在此仅做功能性的介绍，后续我们实现一级菜单或二级、三级菜单时，采用的是另外的方式实现设计。

图 3-30　使用垂直菜单元件设置垂直菜单

3.4　树状菜单元件

树状菜单元件常用来表示带有树状形状的图，例如项目的组织结构图。从“元件库”面板拖动一个树状菜单元件到“页面设计”面板，如图 3-31 所示。

图 3-31　树状菜单元件（默认）

选中树状菜单元件的某个节点，例如“Item 1”，此时，“检视”面板的“属性”选项卡如图 3-32 所示。

可设置树状菜单元件的“鼠标单击时”“获取焦点时”“失去焦点时”“选中改变时”“选中时”“取消选中时”和“载入时”事件，也可设置展开/折叠的图标，并可进行“ ”（在上方添加节点）、“ ”（在下方添加节点）、“ ”（添加子节点）、“ ”（删除节点）、“ ”（上移）、“ ”（下移）、“ ”（右移）和“ ”（左移）操作。

可通过如上操作设置图 3-33 所示的树状菜单元件。

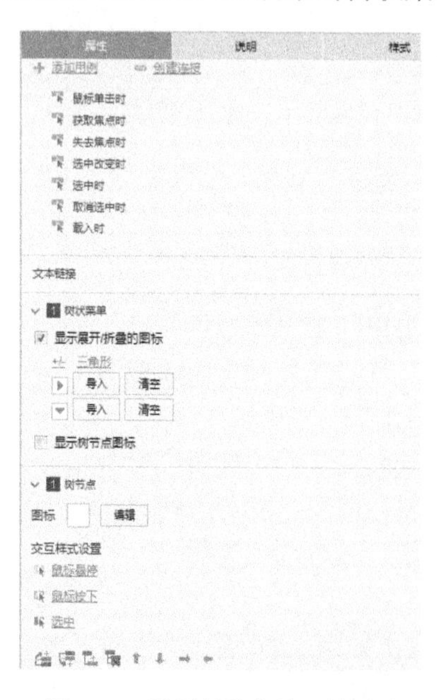

图 3-32　设置树状菜单元件属性

▾ 项目经理
　　张某某
▾ 开发人员
　　张三
　　李四
　　王五
▾ 测试人员
　　曹六

图 3-33　树状菜单元件

3.5　表格元件

表格元件用于定义表格化数据，与 HTML 的 table 元素对应。表格一般带有表头和数据行。从“元件库”面板拖动一个表格元件到“页面设计”面板，默认创建一个 3 行 3 列的表格，如图 3-34 所示。

可在“页面设计”面板选择某个单元格后，右击，选择快捷菜单，可进行图 3-35 所示的“上方插入行”“下方插入行”“删除行”和“删除列”等操作，也可在“检视”面板的“属性”选项卡进行相应操作。可在“检视”面板的“样式”选项卡设置填充颜色、字体、文字颜色和字号等信息，例如可以添加一个如图 3-36 所示的表格元件。

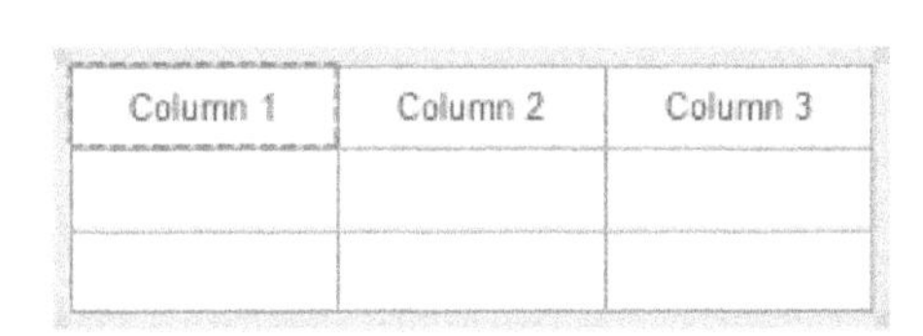

图 3-34　表格元件

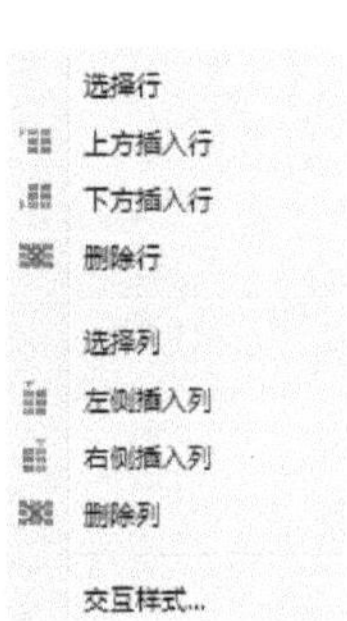

图 3-35　表格操作快捷菜单

登录名	昵称	姓名	性别	邮箱
aaa	amigoxie	阿蜜果	女	amigoxie@126.com
bbb	xxx	谢星星	女	xxx@126.com

图 3-36　表格元件

3.6　标记元件

在 Axure RP 8 中，新增了标记元件，包括页面快照、水平箭头、垂直箭头、便签等元件，如图 3-37 所示。标记元件在原型设计中起辅助作用，页面快照元件可以理解为页面内容的一个缩略显示，水平箭头和垂直箭头元件与基础元件中的水平线元件和垂直线元件相比，默认带有箭头，便签 1、便签 2、便签 3 和便签 4 元件针对原型设计进行说明或备注使用，提供 4 种背景色的便签，其实就是 4 个正方形矩形元件，只是预留了背景颜色等属性。

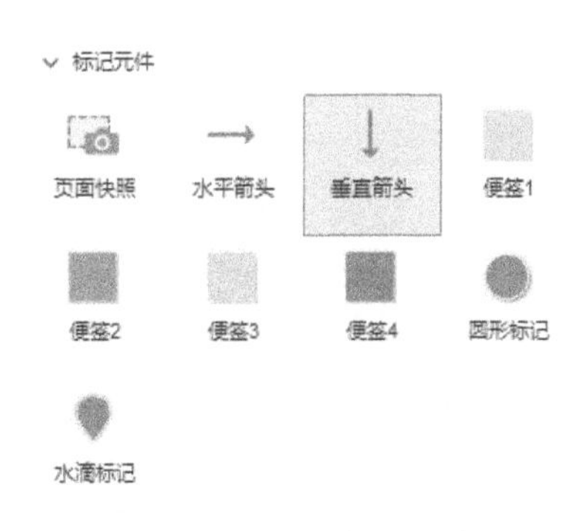

图 3-37　所有标记元件

3.7 流程图元件

通过软件需求分析，按照业务实际操作步骤用图形的方式直观地表现出来的图就是流程图，流程图元件用于绘制业务流程图，在“元件库”面板上方的下拉列表中选择“Flow”，可显示流程图元件的图标，如图 3-38 所示。

图 3-38 所有流程图元件

常见的流程图元件有矩形（表示动作）、菱形（表示条件）、圆角矩形（表示结束节点）、斜角矩形（表示开始节点）、角色、数据库和文件等。

3.8 组合元件

在主界面的“概要”面板可显示组合元件，将多个元件组合在一起叫作组合元件，拆开是使用取消组合对象功能，组合元件的好处在于可以将多个元件当作一个元件来进行操作。在“概要面板”中还可以修改组合名称、隐藏组合、显示组合操作。不仅如此，还可以在整个组合上添加交互动作。

在“页面设计”面板，拖入按钮元件、两个文本标签元件，之后选中这三个元件，右击选择“组合”选项，并设置该组合的名称为“组合案例”，如图 3-39 所示。

此时，在“概要”面板可看到该组合信息，如图 3-40 所示。勾选该组合的右侧勾选框，表示显示该组合，取消勾选表示隐藏该组合。

选中该组合，在“检视”面板的“属性”选项卡可设置该组合的名称、交互事件等信息，如图 3-41 所示。

图 3-39　组合元件

图 3-40　概要面板中的组合元件

图 3-41　设置组合元件属性

3.9　自定义元件形状

在 Axure RP 8 版本中，矩形元件新增了一些新的图形。在“元件库”面板中，将矩形元件拖动到“页面设计”面板，可在“检视”面板的“属性”选项卡选择形状，也可以单击元件右上角小黑点进行设置。

设置默认形状的内容在讲解矩形元件时已讲解过，这里要讲解的是 Axure RP 8 新增的可以设置自定义形状、水平翻转和垂直翻转等功能。

1. 将元件转换为自定义形状

从“元件库”面板拖入一个椭圆形元件到“页面设计”面板，之后选中该元件，单击右上角的小圆点，在形状设置对话框选择“转换为自定义形状”选项，用户就可以编辑该元件的形状了。

单击工具栏内的图标，在该元件上可增加、移动、删除节点，拖动节点就可以改变形状，操作参考如图 3-42 所示。

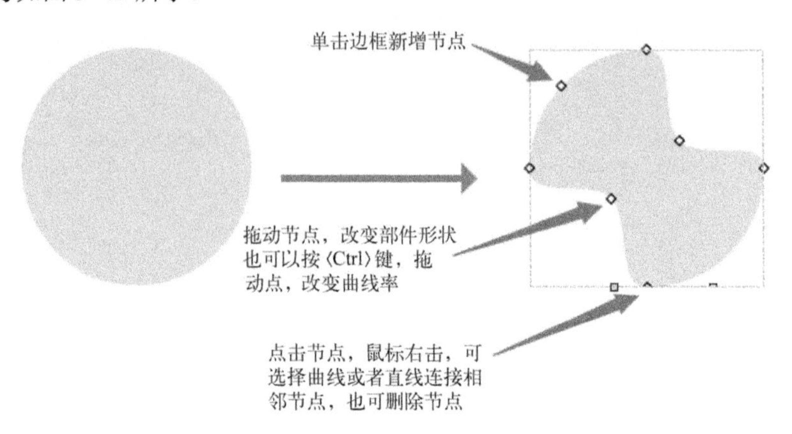

图 3-42　将元件设置为自定义形状

2．水平翻转

从“元件库”面板拖动两个文件元件到“页面设计”面板，选择右侧的文件元件后，右击选择“改变形状”→“水平翻转”命令，进行水平翻转操作，如图 3-43 所示。

3．垂直翻转

从“元件库”面板拖动两个文件元件到“页面设计”面板，选择右侧的文件元件后，右击选择“改变形状”→“垂直翻转”命令，进行垂直翻转操作，如图 3-44 所示。

图 3-43　将元件水平翻转操作　　图 3-44　将元件垂直翻转操作

4．合并

从“元件库”面板拖动 4 个椭圆形元件到“页面设计”面板，将右侧的黄色椭圆形元件（在下方）和绿色椭圆形（在上方）选中后右击选择“改变形状”→“合并”命令，操作结果如图 3-45 所示。

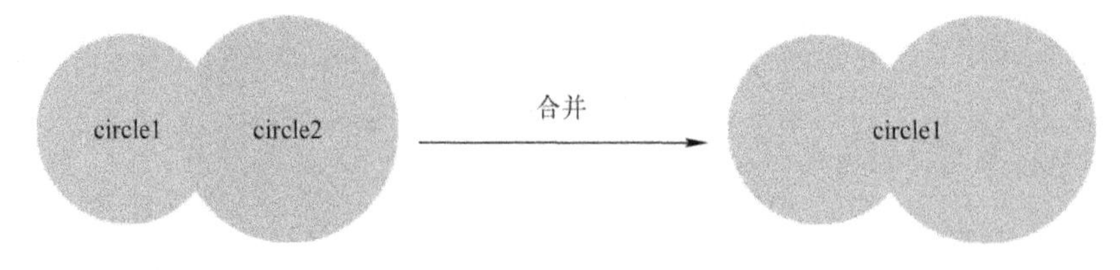

图 3-45　元件合并

5．去除

操作方式与合并类似，去除操作选择的是“改变形状”→“去除”命令，此时，去除操作结果如图 3-46 所示。

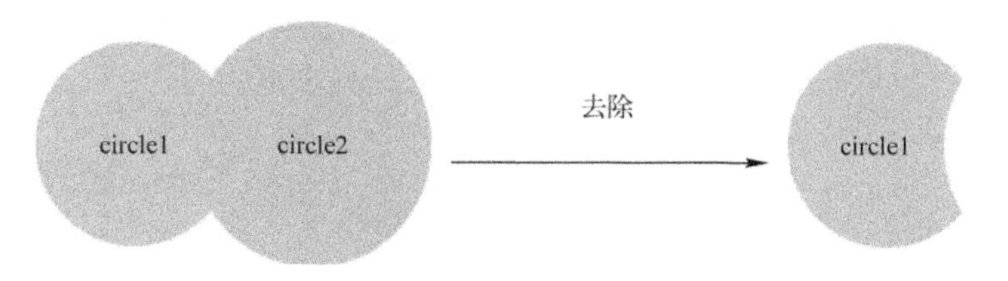

图 3-46 元件去除

6. 相交

操作方式与合并类似，去除操作选择的是“改变形状”→“相交”命令，此时，相交操作结果如图 3-47 所示。

图 3-47 元件相交

7. 排除

操作方式与合并类似，去除操作选择的是“改变形状”→“排除”命令，此时，排除操作结果如图 3-48 所示。

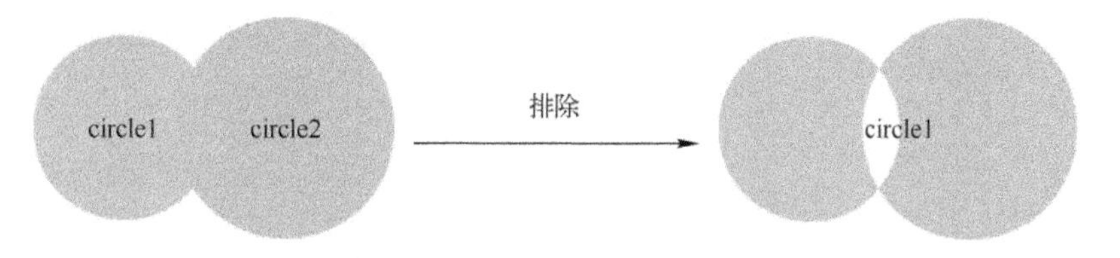

图 3-48 元件排除

8. 结合

操作方式与合并类似，去除操作选择的是“改变形状”→“结合”命令，此时，结合操作结果如图 3-49 所示。

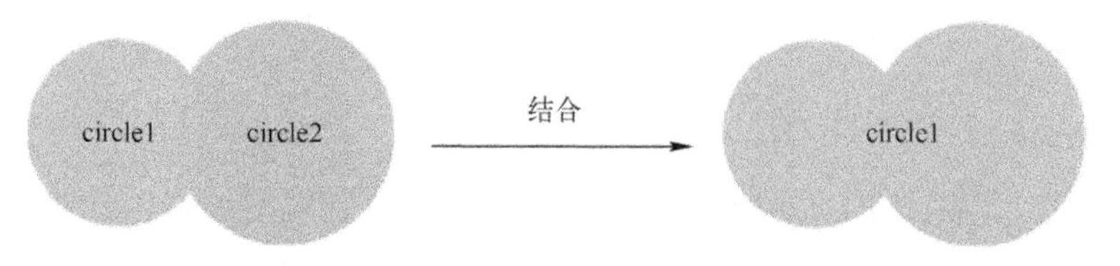

图 3-49 元件结合

9．分开

在图 3-49 的基础上再进行分开操作，结合所形成的形状与合并相同，但又略有不同，因为分开是针对结合所形成的形状而言的，分开结果如图 3-50 所示。

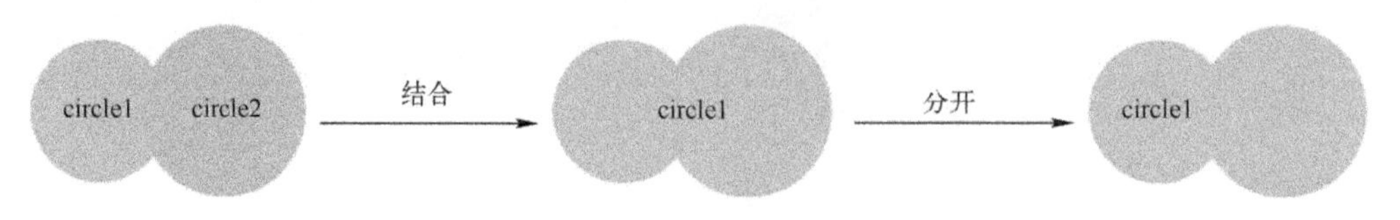

图 3-50　元件分开

3.10　元件操作

选中元件后，元件一般都在各个角带有 8 个小矩形方块，一个黄色倒三角形和一个灰色小圆点，如选中一个矩形元件选中后，效果如图 3-51 所示。

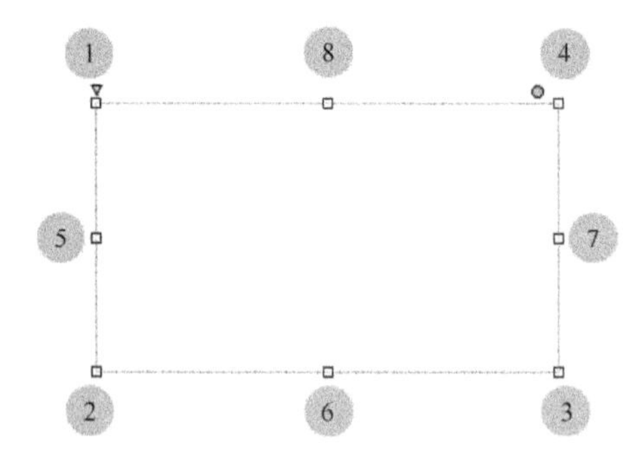

图 3-51　矩形元件被选中时

内容如下。

1．左上角黄色倒三角形

当选择左上角的“▿”（黄色倒三角形）图标，并进行拖动，可设置该矩形元件的圆角弧度，也可通过“检视”面板的“样式”选项卡的“圆角半径”属性进行设置。

2．右上角灰色圆点

当单击右上角的“●”（灰色圆点）图标时，可将元件设置为默认形状或自定义形状。也可通过“检视”面板的“属性”选项卡的“选择形状”属性，将元件设置为默认形状或自定义形状。

3．1～4 号小矩形

可将鼠标移动到 1 ～ 4 号的小矩形位置，当鼠标变成双向箭头，并显示元件的 X 轴坐标、Y 轴坐标、高度和宽度时进行拖动，可缩放矩形元件的高度和宽度。双击这 4 个小矩形，可将矩形缩放到适应当前文本大小。

4．5 号和 7 号小矩形

可将鼠标移动到⑤和⑦号的小矩形位置，并显示元件的 X 轴坐标、Y 轴坐标、高度和宽度时进行拖动，可缩放矩形元件的宽度。双击这两个小矩形，可将矩形缩放到适应当前文本宽度。

5．6 号和 8 号小矩形

可将鼠标移动到⑥和⑧号的小矩形位置，并显示元件的 X 轴坐标、Y 轴坐标、高度和宽度时进行拖动，可缩放矩形元件的高度。双击这两个小矩形，可将矩形缩放或者到适应当前文本高度。

6.〈Shift〉和 1～4 号小矩形

可将鼠标移动到①～④号的任何小矩形位置，待鼠标变成双向箭头后，同时按住〈Shift〉键进行操作，可对矩形、图片等元件进行等比缩小或放大，操作时对角矩形的位置将保持不变。

7.〈Ctrl〉和 1～4 号小矩形

可将鼠标移动到①～④号的小矩形位置后，待鼠标变成旋转形状后，同时按住〈Ctrl〉键，可对矩形和图片等元件进行旋转操作。

3.11　本章小结

本章详细讲解了 Axure RP 8 中的基础元件。主要内容包括：

1）常用基础元件：本部分详细讲解了使用很广泛，操作又非常简单的常用基础元件，包括：矩形元件、图片元件、占位符元件、按钮元件、标题元件、文本标签元件、文本段落元件、水平线元件、垂直线元件和热区元件。

2）表单元件：与 HTML 页面的表单的各个要素对应，Axure RP 8 中也有对应的元件。该类表单元件包括：文本框元件、多行文本框元件、下拉列表框元件、列表框元件、复选框元件、单选按钮元件和提交按钮元件。

3）相对复杂的元件：详细讲解水平菜单元件、垂直菜单元件、树状菜单元件、表格元件、标记元件和流程图元件等相对复杂的元件。

4）组合元件：可以将多个元件进行组合操作，并可在“概要”面板进行隐藏和显示组合元件操作。

5）自定义元件形状：可以将元件设置为默认形状，也可以转换为自定义形状，还可以进行水平翻转、垂直翻转、合并、去除、相交、排除、结合和分开这几种改变形状操作。

6）元件操作：选中矩形元件等元件后，将会看到 8 个小矩形、1 个灰色圆形和 1 个黄色倒三角形。可以通过这 10 个点改变元件宽度、高度、圆角弧度、设置形状和旋转操作，在改变元件宽度和高度时，可进行等比放大或缩小操作。

第4章 高级元件

学完上一章的基础元件后，在本章将介绍高级元件的基础知识。Axure RP 8 的强大之处就在于提供了动态面板元件、内联框架元件和中继器元件等功能强大、应用灵活的高级元件，这些元件也是笔者尤其钟爱的元件，后续章节讲解的诸多案例有 80%都与这些高级元件有关。另外，Axure RP 8 还允许载入已有的第三方元件库，甚至可以允许大家自定义自己的元件库，可将这些自定义元件应用在日常的原型设计过程。

4.1 动态面板元件

动态面板元件是在 Axure RP 8 中笔者最钟爱的元件，而且，也是展现 Axure RP 8 强大之处的核心元件，笔者后面给大家讲解的大部分案例或多或少都与动态面板元件有关。

动态面板元件之所以强大，是因为它可以定义诸多状态，并可设置默认状态，而且可以通过交互事件动态切换状态和调整大小，所以很多的动态交互效果都可以通过动态面板元件实现。动态面板元件的不同状态都可以定义不同内容，默认显示的是动态面板元件的第一个状态的内容，也可在“概要”面板将某个动态面板元件置为不可见。

从“元件库”面板将动态面板元件拖入到“页面设计”面板，如图 4-1 所示。

在 Axure RP 8 的“页面设计”面板中，动态面板元件显示为淡蓝色背景，可双击该元件，在“面板状态管理”对话框，或者在“概要”面板设置它的不同状态，并能对不同状态的内容进行编辑。“面板状态管理”对话框如图 4-2 所示。

可单击“动态面板管理”对话框的“+”（添加）按钮添加新状态，单击“↑”（上移）按钮将选中的状态上移，单击“↓”（下移）按钮将选中的状态下移，单击“×”（移除状态）按钮删除选中状态。选中某个状态后进行单击，可设置该状态的名称，可将状态更改为容易理解的名称。若想编辑某个状态，如编辑 State1 状态，可在该处双击 State1 状态，进入该状态的编辑页面，如图 4-3 所示。

大家可以看到，该编辑界面有一个蓝色虚线方框，表示的是动态面板元件的宽度和高度，即该状态可以显示的区域都在蓝色虚线方框内部。如果该动态面板元件在“检视”面板的“属性”选项卡中选中“自动调整为内容尺寸”属性，此时，蓝色虚线方框将会去掉，而且，动态面板元件的尺寸将自动根据所选择状态的内部内容的宽度和高度进行调整。

图 4-1　动态面板元件案例（默认）

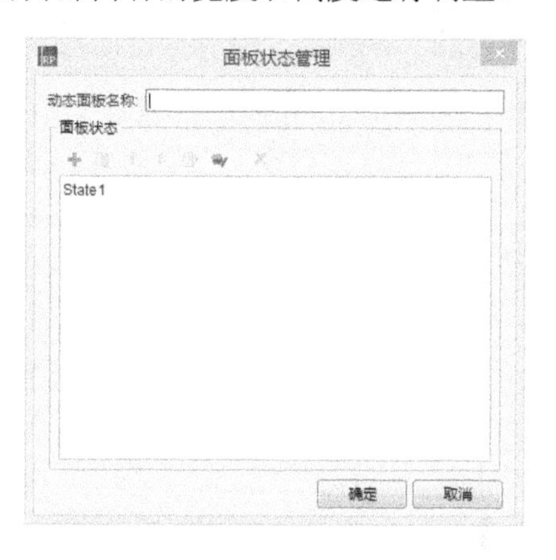

图 4-2 “面板状态管理”对话框

选择刚创建的动态面板元件，在“检视”面板头部将名称设置为：imgPanel，在“检视”面板的“样式”选项卡将宽度和高度分别设置为 370 像素和 240 像素。通过双击动态面板元件进入“面板状态管理”对话框，设置 img1、img2 和 img3 三个状态，其中 img1 为第一个状态。接着，在右下方的“概要”面板单击 img1 状态进入状态编辑界面，在其中复制一张宽度为 370 像素和 240 像素的图片，左上角坐标在状态编辑界面为 X0:Y0。按照同样的方法将另外两张同样大小的图片复制到 img2 和 img3 状态。

设计完成后，切换到主页面，此时，在“概要”面板该元件信息如图 4-4 所示。

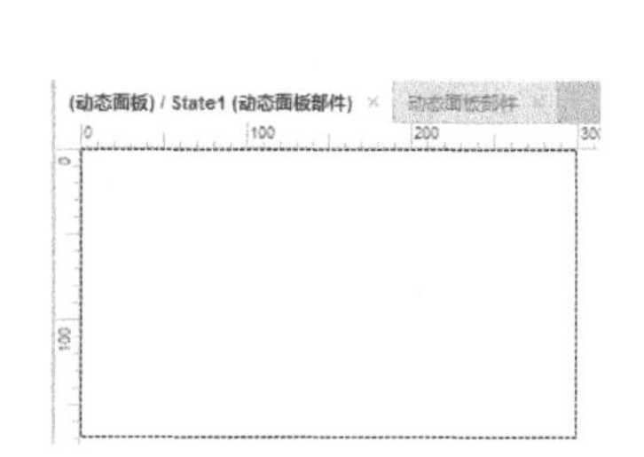

图 4-3　编辑动态面板元件的 State1 状态

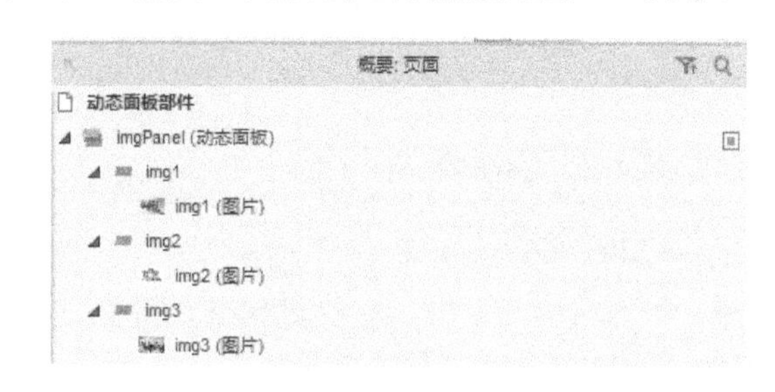

图 4-4　设计完成的 imgPanel 动态面板元件

“检视”面板中该元件的右上角有一个小矩形，可将 imgPanel 元件设置为显示或隐藏，默认是勾选状态，即需要进行显示，如果想隐藏，可取消勾选。也可在“概要”面板中选择某个动态面板元件的某个状态（如 State1）后，单击进行重命名操作，或者右键单击选择快捷菜单中的菜单项，进行添加、复制、删除、上移和下移状态，选中某个状态后右击可选择快捷菜单，如图 4-5 所示。

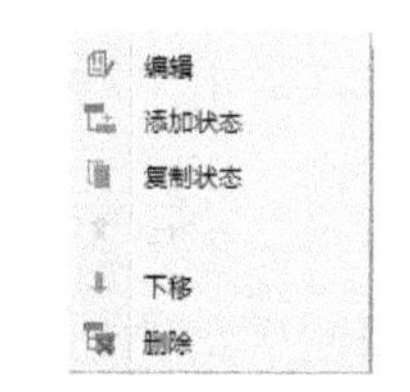

图 4-5　概要面板动态面板元件快捷菜单

4.2 内联框架元件

与 HTML 页面中的 iFrame 元素对应，内联框架元件用于在一个页面中嵌入另一个页面。在 Axure RP 8 中，可以使用内联框架元件引入任何一个 http://开头的地址，如网站地址、图片地址和 Flash 地址等，也可引用本工程或本地计算机中的某个页面。

在“元件库”面板拖动一个内联框架元件到“页面设计”面板，如图 4-6 所示。

双击图 4-6 所示的内联框架元件，或者选择该元件后，右击选择“设置框架目标”菜单项，可在“链接属性”对话框设置该内联框架元件所指向的地址，可指定本项目内文件，也可指定外部 URL 地址，还可指定本地计算机内文件，如图 4-7 所示，在此指定的是一个外部地址：http://jd.com/，即京东的首页访问地址，单击“确定”按钮完成设置。

图 4-6　内联框架元件（默认）

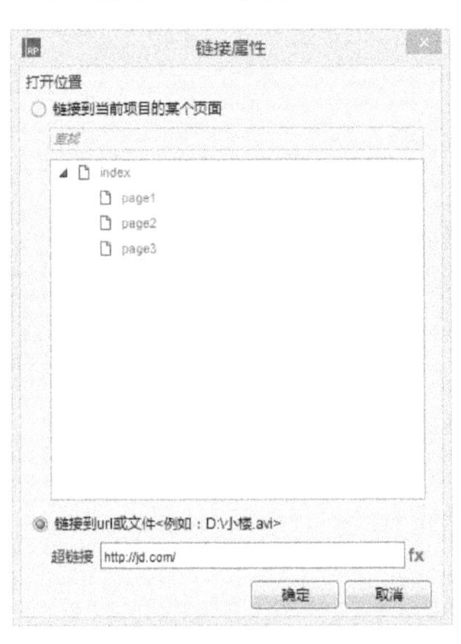

图 4-7　设置内联框架元件链接属性

设置完成后，选择菜单栏的“发布”→“预览”命令，或者使用〈F5〉快捷键，可查看预览效果，设置为外部地址 http://jd.com/，并在“检视”面板的“样式”选项卡“宽度”和“高度”都为 600 像素时，预览效果如图 4-8 所示。

与 HTML 页面中的 iFrame 框架元素类似，内联框架元件也能设置是否显示边框，在默认情况下显示边框，选择该元件后，右击选择“切换边框可见性”，可设置隐藏/显示边框。也可以在选中内联框架元件后，在“检视”面板的“属性”选项卡，通过勾选或取消勾选“隐藏边框”属性，设置隐藏或显示边框。

还需注意的是，内联框架元件还可设置滚动条属性。可右击该元件，然后选择“滚动条”菜单项进行设置，有 3 个选项：“自动显示滚动条”（默认选项，根据实际情况确定是否显示滚动条）、“一直显示”（不管引用的内容如何，总是显示滚动条）和“从不显示滚动条”。也可在“检视”面板的“属性”选项卡，通过“框架滚动条”属性的下拉列表中的 3

个选项任选其一。

图 4-8　内联框架元件设置为外部地址

4.3　中继器元件

中继器元件是自 Axure RP 7 起推出的新元件，与动态面板元件一样经常被用于实现复杂的交互功能。中继器操作相对复杂，创建后需要编辑内部每一组数据项的内部布局，可设置包括多少数据列（一般与内部布局的可设置的动态元素个数对应），也可设置中继器包括的数据行的内容；并可通过每项载入时事件，将数据行的内容赋值给每一组数据项内部的元件，还可设置每行显示多少组数据项。

当然，中继器的强大之处还在于，在各事件中，可设置中继器的动作（添加排序、移除排序、添加筛选、移除筛选、设置当前显示数量、设置每页项目数量、设置数据集，例如添加行、标记行、取消标记、更新行和删除行）对中继器进行内部操作，因为这些功能，中继器元件比表格元件强大很多，完全可以替代表格元件完成更复杂的功能。该部分内容会在后续的案例中进行详细讲解。

1．创建中继器元件

从“元件库”面板拖动一个中继器元件到“页面设计”面板，并在“检视”面板将该元件命名为 productRepeater，如图 4-9 所示。

2．编辑中继器元件内部内容

双击创建的 productRepeater 中继器元件，可进入中继器元件的内部设计界面，默认其内部有一个矩形元件，可以自行创建内容。可以从“元件库”面板拖动 1 个矩形元件、1 个图片元件、1 个文本框元件到中继器内部界面，并分别命名为：rect1、dressImg 和 nameLabel 3 个元件的位置分别为：X0;Y0、X0;Y1 和 X10;Y304，3 个元件的大小分别为：W228;H342、W226;H293 和 W164:H20（注：W 表示宽度，单位为像素，H 表示高度，单位也是像素，本书后续表示元件大小时，皆为这种表示方式）。编辑完成后，中继器内部如图 4-10 所示。

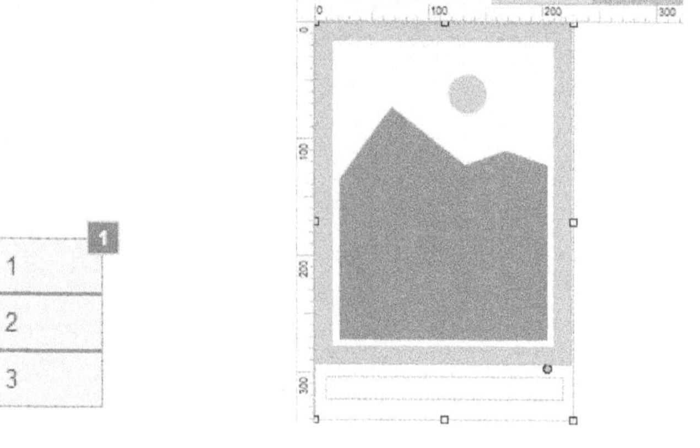

图 4-9　中继器元件（默认）　　图 4-10　中继器元件编辑页面

3．设置中继器元件数据行和数据列

切换回主页面，单击选择 productRepeater 中继器，之后在“检视”面板的“属性”选项卡可看到中继器元件数据行和数据列的设置页面，如图 4-11 所示。

因为 productRepeater 中继器内部有两个需要动态复制的元件，1 个图片元件（商品图片）和 1 个文本框元件（商品名称），所以，给这个中继器设置两列，分别为 productImg 和 productName。准备 6 张图书图片作为商品图片，尺寸为宽度 226 像素，高度为 293 像素。

将第一列 productImg 的所有行的文字内容清空，之后单击第一行的第一列的单元格后，右击选择“导入图片”命令，选择我们已经准备好的图片“商品图片 1”，之后选择第一行第二列的 productName，设置该行的商品名称为“快速阅读术”，全部内容设置完成后，中继器元件的数据行和列的界面如图 4-12 所示。

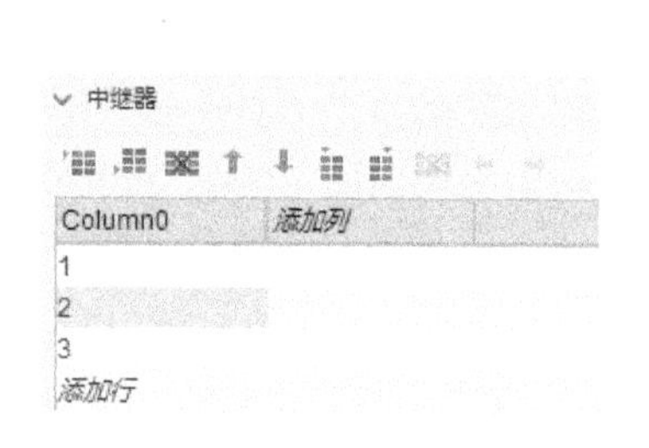

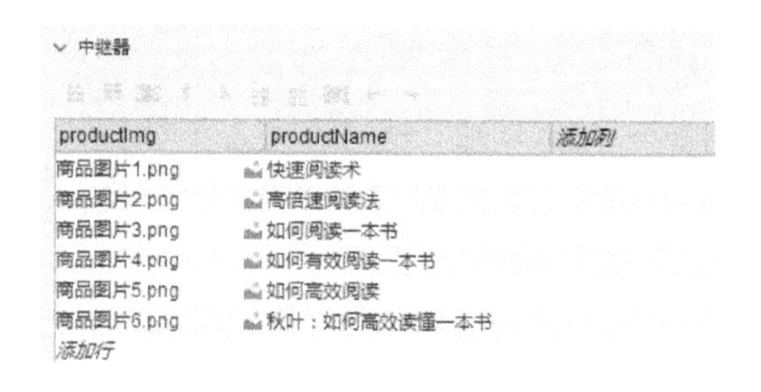

图 4-11　中继器元件设置数据行和列（默认）　　图 4-12　中继器元件添加 6 行 2 列

4．设置中继器的每项加载时事件

为了让我们设置的 2 列 6 行的数据作用于 productRepeater 中继器元件，需要设置“每项加载时”事件。在主页面选中 productRepeater 中继器元件，之后在“检视”面板的“属性”选项卡设置“每项加载时”事件（事件内容后续会有章节详细讲解，在此了解即可），将数据项的内容赋值给中继器内部的 dressImg 和 nameLabel 元件，如图 4-13 所示。

此时，在“页面设计”面板可看到显示效果，如图 4-14 所示。

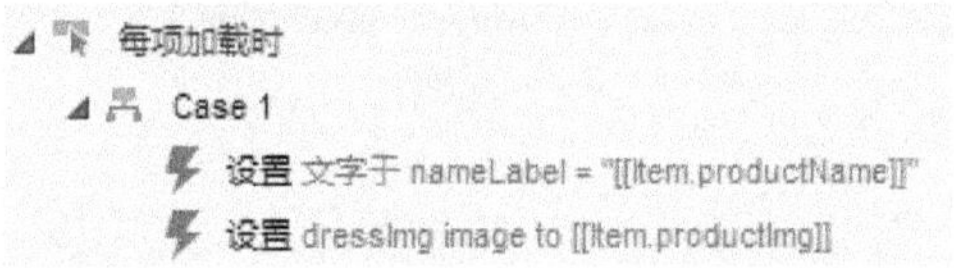

每项加载时
Case 1
设置 文字于 nameLabel = "[[Item.productName]]"
设置 dressImg image to [[Item.productImg]]

图 4-13　设置中继器元件每项加载时事件

中继器元件
快速阅读术
高倍速阅读法

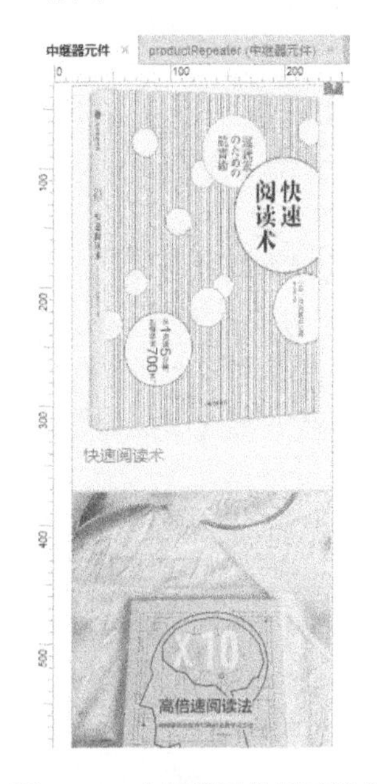

图 4-14　中继器元件显示效果

5．设置中继器元件显示效果

中继器元件默认是每一行都分行显示，如果想设置为每行 3 个商品，此时，可以选中中继器元件后，在“检视”面板的“样式”选项卡，设置“布局”属性为“水平布局”，勾选“网格排布”，并设置“每排项目数”为 3，设置完成后，使用菜单栏的“发布”→“预览”命令，或者按〈F5〉快捷键查看预览效果，如图 4-15 所示。

PAGES
中继器元件
index
快速阅读术
高倍速阅读法
如何阅读一本书
如何有效阅读一本书
如何高效阅读

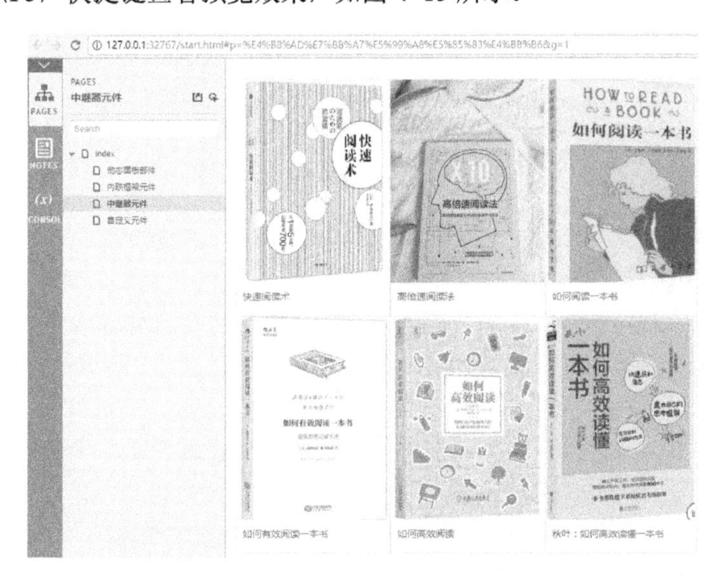

图 4-15　中继器元件案例预览效果

4.4 第三方元件库

Axure RP 8 允许从官方下载第三方元件库，允许本地计算机载入 Axure RP 的元件库（.rplib 或.rplibprj 后缀文件），允许从 Axure Share 共享原型库选择目录导入元件库，也允许自定义元件库。

1．从官网下载元件库

在“元件库”面板单击“下载元件库”可下载元件库，会通过 Axure RP 8 自动打开浏览器访问官网地址：https://www.axure.com/download-widget-libraries，也可直接去 Axure RP 官网 https://www.axure.com/support/download-widget-libraries 网址下载元件库，如图 4-16 所示。

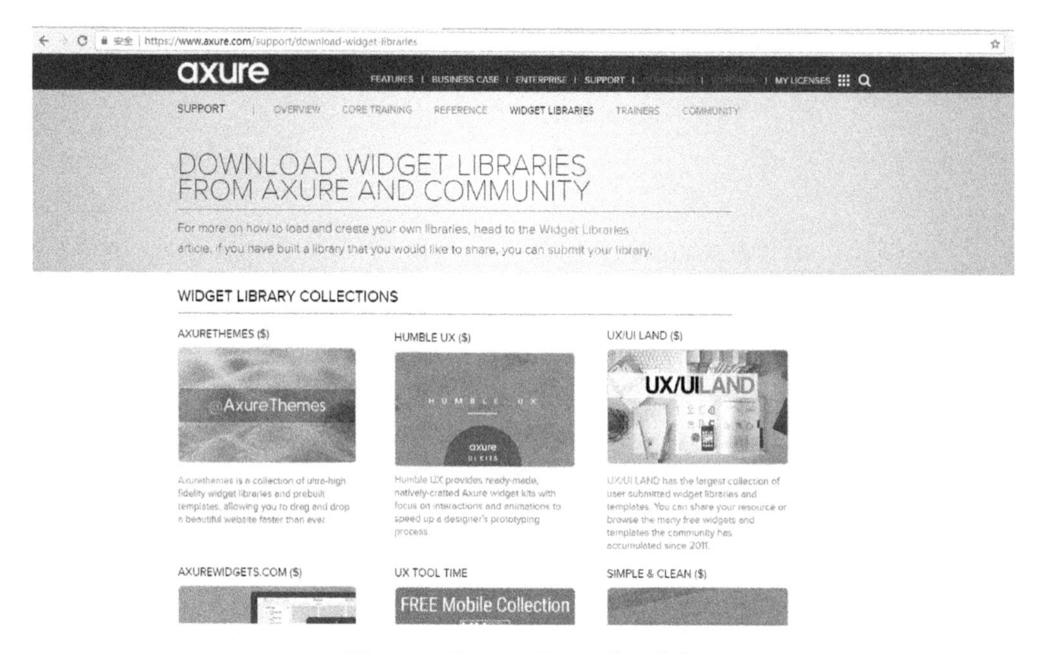

图 4-16　从 Axure 官网下载元件库

有些元件库是付费元件库，读者可以根据自己需要进行下载操作。

2．从本地计算机载入元件库

在“元件库”面板单击“载入元件库”可从本地计算机载入元件库，载入文件必须是后缀为.rplib 或.rplibprj 的文件。例如读者可以导入本章案例库的“三星 S5 元件库.rplib”。导入成功后效果如图 4-17 所示。

可以像使用默认元件库一样从导入的元件库中拖动元件到“页面设计”面板。

3．从 Axure RP 共享库导入元件库

在“元件库”面板单击“从 Axure Share 载入元件库”可从登录的 Axure Share 账号导入元件库，有关 Axure Share 共享原型的内容后续将会有专门的内容讲解，如图 4-18 所示。

图 4-17　导入本地元件库

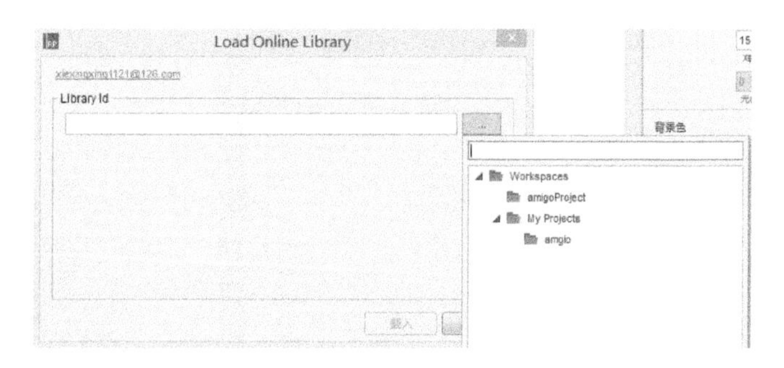

图 4-18　载入 Axure Share 元件库

4. 自定义元件库

如果默认的元件库和网上的元件库不满足要求，我们也可自定义元件库，可以将一些常用功能设置为自定义元件，如手机背景、状态条、按钮、分享等，并将自定义元件设置到自定义元件库。

（1）创建自定义元件库

以创建三星 S5 元件库为例，首先准备手机背景和状态条，在 Axure RP 8 的“元件库”面板单击“创建元件库”菜单项，弹出保存自定义元件库对话框，选择保存路径，并输入元件库名称保存自定义元件库。

此时，Axure RP 8 会打开新的 Axure RP 8 设计界面，用于编辑自定义元件库，如图 4-19 所示。

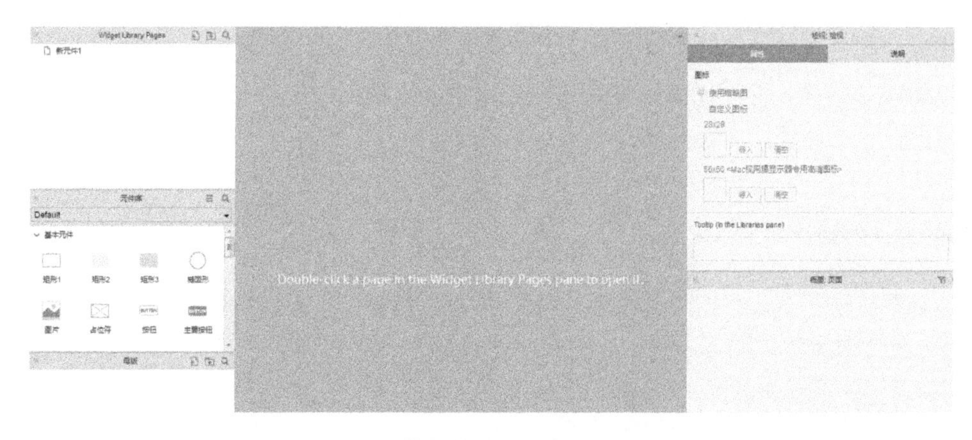

图 4-19　编辑自定义元件库（默认）

（2）添加和编辑自定义元件

在左上角的“元件库页面”面板创建两个页面，分别为手机背景和手机状态条。这两个页面的编辑和之前设计页面类似，可以将基础元件拖入到“页面设计”面板，例如可在这两个页面分别将前期准备好的两个图片放置其中，设置完成后效果如图 4-20 所示。

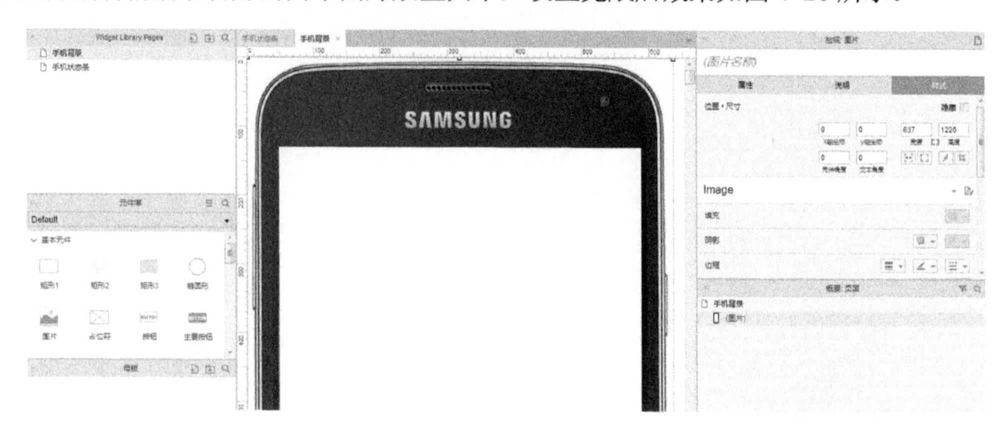

图 4-20　编辑自定义元件库

（3）使用自定义元件

编辑完成后单击“保存”，之后再进入之前的 Axure RP 8 的设计页面，在“元件库”面板单击刷新“≡”后选择“刷新元件库”，如图 4-21 所示。

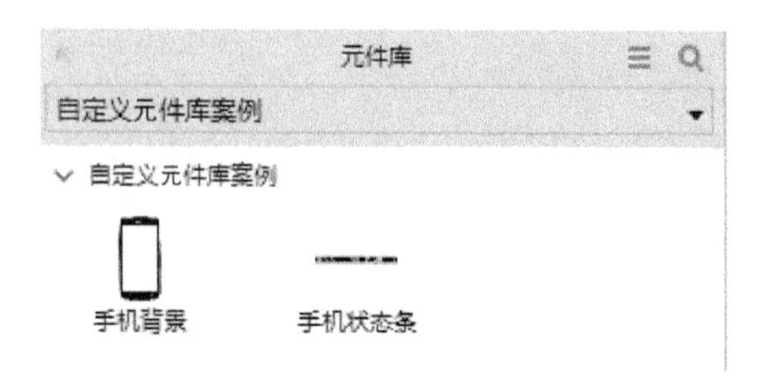

图 4-21　使用自定义元件库

可以像操作基础元件一样操作自定义元件库中的元件，例如将元件从“元件库”面板拖动到“页面设计”面板，并设置样式和属性等信息。

4.5　本章小结

本章详细讲解了 Axure RP 8 中的高级元件。主要包括以下内容。

1）动态面板元件：动态面板元件之所以好用，是因为它除了具有默认的显示状态外，还允许定义多个状态，配合后续讲解的元件交互，是实现诸多动态交互功能的不二之选。例如用来设计首页幻灯、二三级导航等功能。

2）内联框架元件：内联框架元件允许在原型设计过程中引用外部 URL 地址（如优酷的某个视频地址），也允许引入本地计算机的某个文件（如 D 盘的某个报表案例的 HTML 文件），还允许引用本项目的页面。

3）中继器元件：中继器元件也非常强大，它可以定义数据行和列，也可定义每行显示的数据项数量，结合后续元件交互章讲解的内容，可以看到 Axure RP 8 还针对中继器元件提供了很多动作，包括添加排序、移除排序、添加筛选、移除筛选、设置当前显示数量、设置每页项目数量和设置数据集。因此，中继器元件可用来设置动态的表格，例如商品信息列表、活动信息列表等。

4）第三方元件库：当基础元件无法满足要求时，提供从官网下载元件库、从本地计算机载入元件库、从 Axure RP 共享库导入元件库和设置自定义元件库等功能。

第 5 章 元件交互

作为原型设计方面的 Axure RP 8 是口碑很好的设计工具，除了因为它具有丰富的基础元件库，具有包括动态面板元件、内联框架元件和中继器元件等功能强大的高级元件，还有一个非常重要的原因，是因为它具有强大的元件交互功能。提供了几十种乃至上百种页面事件和元件事件，而且，不同元件的事件还根据元件的特点稍有不同。事件与用例、动作、变量和函数等息息相关，本章重点讲解页面事件、元件事件，以及与之相关的用例、动作、变量和函数等知识，并通过一个“简易时钟”案例将这些知识点融会贯通。

5.1 页面事件

当在“页面设计”面板未选中任何元件时，我们在“检视”面板的“属性”选项卡看到的是页面事件，默认显示出来的有 3 个常用页面事件：“页面加载时”事件、“窗口尺寸改变时”事件和“窗口滚动时”事件。

若想定义某个页面事件，如“页面加载时”事件，可在“检视”面板的“属性”选项卡双击该事件，进入“用例编辑器”对话框，双击后，默认添加一个用例，可为某一个事件添加多个不同的用例。

设置页面事件的步骤如下。

5.1.1 打开用例编辑器

首先，在“页面设计”面板单击空白区域，不选中任何元件，在“检视”面板的“属性”选项卡中选择需要设置的页面事件，例如双击“页面加载时”事件，打开“用例编辑器”对话框，详见本章的“用例”章节。

5.1.2 选择页面事件的触发条件

在“用例编辑器”对话框单击“添加条件”按钮，进入该用例的“条件设立”对话框，如定义该用例在全局变量OnLoadVariable等于0，椭圆形元件上文字的值等于“4”时触发，“条件成立”对话框如图5-1所示。

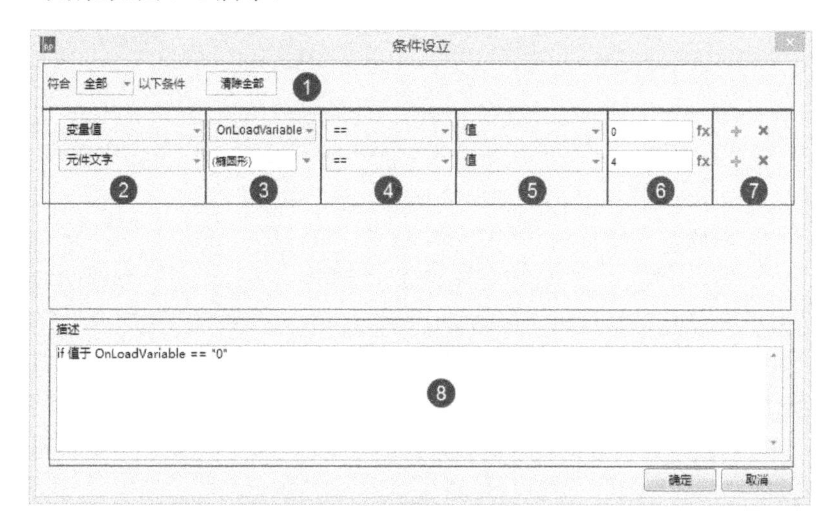

图5-1 “条件成立”对话框

上图共分为8个区域，内容如下。

❶：表示多个条件之间的逻辑关系，包括“全部”和“任何”两个选项，分别对应的and（和）和or（或）两种关系，“全部”表示条件全部要满足才触发用例，“任何”表示条件中只要满足任意一个就触发用例。

❷：进行判断逻辑关系的值，包括14个选项，内容如下。

1）**值**：常量值作为逻辑判断。

2）**变量值**：根据某个变量的值进行逻辑判断。

3）**变量值长度**：根据某个变量值的长度进行逻辑判断。

4）**元件文字**：某个元件文本的值，如根据输入的用户名做特殊处理。

5）**焦点文字长度**：当前焦点所在元件文本的值。一般用于进行当前输入值的提示。

6）**元件文字长度**：某个元件文本值的长度。这个比较常用，例如注册页面验证用户名、密码和邮箱等的字符个数是否符合长度要求。

7）**被选项**：对下拉列表或列表的选择项的值来进行逻辑判断。

8）**选中状态**：判断某个元件是否被选中来进行逻辑判断，值为true或false。

9）**面板状态**：根据某个动态面板元件的状态来进行逻辑判断。

10）**元件可见**：根据某个元件为可见或不可见状态来进行逻辑判断，值为true或false。

11）**按下的键**：根据当前按键的值进行响应，如对按〈Enter〉键作出响应。

12）**指针**：根据指针进入某个元件、离开某个元件、接触、未接触某个元件来进行逻辑判断。

13）**元件范围**：根据某个元件所在的区域来进行逻辑判断。

14）**自适应视图**：从下拉列表中选择需要设置动作的自适应视图。

❸：选择变量名称或元件名称，会根据第二个区域的选项产生联动，如选择的是“变量值”或“变量值长度”时，该部分显示变量下拉列表。当选择的是“元件名称”“元件文字长度”等选项时，下拉列表提供元件名称供大家选择。

❹：选择逻辑判断的运算符，包括“= =”（等于）、“！ =”（不等于）、“<”（小于）、“>”（大于）、“<=”（小于等于）、“>=”（大于等于）、“包含”“不包含”“是”和“不是”选项。其中，“包含”和“不包含”常用于判断一个字符型值包含和不包含某个字符，如用户输入的网址中是否包含“http://”符号，邮箱地址是否包含“@”等。

❺：选择被比较的值，将第二个区域中的值与该值比较，包括 9 个选项：值、变量值、变量值长度、元件文字、焦点元件文字、元件文字长度、被选项、选中状态和面板状态。

❻：设置具体值、变量名称或元件名称，会根据第 5 个区域的选项产生联动，如选择的是“值”或“变量值”时，该部分显示变量下拉列表。当选择的是“元件文字”“元件文字长度”等选项时，下拉列表提供元件名称给大家选择。当“被比较的值”选择的是“值”时，单击该区域的“fx”可设置变量和函数值。

❼：触发条件的编辑区域，可进行新增或删除条件操作。

❽：逻辑描述，该部分不允许编辑，系统会自动根据在第 1 和第 7 个区域配置的条件来生成。

5.1.3 选择页面事件的动作

页面事件和元件事件支持的动作基本一样，详见本章的“动作”章节。

5.1.4 页面事件列表

Axure RP 8 中，包括的页面事件如表 5-1 所示。

表 5-1 Axure RP 8 页面事件列表

事 件 名 称	事 件 说 明
页面加载时事件	页面加载时事件
窗口尺寸改变时事件	浏览器窗口改变大小时事件。在调整浏览器窗口时发生，可多次发生
窗口滚动时事件	浏览器窗口滚动时事件
窗口向上滚动时事件	浏览器窗口向上滚动时事件
窗口向下滚动时事件	浏览器窗口向下滚动时事件
页面鼠标单击时事件	页面单击时事件。在空白区域，或者在没有添加“鼠标单击时”事件的元件上进行鼠标单击操作时，将会发生该事件
页面鼠标双击时事件	页面鼠标双击时事件。在空白区域，或者在没有添加“鼠标双击时”事件的元件上进行鼠标双击操作时，将会发生该事件
页面鼠标右击时事件	页面右击时事件。在空白区域，或者在没有添加“鼠标右击时”事件的元件上，进行右击操作，将会发生该事件
页面鼠标移动时事件	鼠标移动时事件。在空白区域，或者在没有添加“鼠标移动时”事件的元件上，进行鼠标移动操作，将会发生该事件

（续）

事件名称	事件说明
页面按键按下时事件	键盘按键按下时事件。在空白区域，或者在没有添加“键盘按下时”事件的元件上，进行键盘按下操作，将会发生该事件
页面按键松开时事件	键盘按键松开时事件。在空白区域，或者在没有添加“键盘松开时”事件的元件上，进行键盘弹起操作，将会发生该事件
自适应视图改变时事件	自适应视图更改时事件。当切换到另一个视图时，发生一次该事件，可以多次发生。

5.2　元件事件

为元件添加事件的方法与为页面添加事件的步骤一样，不过针对不同类型的元件，事件类型也有所不同，不再赘述。

常用元件事件如表 5-2 所示。

表 5-2　Axure RP 8 元件事件列表

事件名称	事件说明
鼠标单击时事件	内联框架元件、中继器元件不包括该事件
鼠标移入时事件	内联框架元件、中继器元件、提交按钮元件、树、表格、菜单元件不包括该事件
鼠标移出时事件	内联框架元件、中继器元件、提交按钮元件、树、表格、菜单元件不包括该事件
鼠标双击时事件	内联框架元件、中继器元件、提交按钮元件、树、表格、菜单元件不包括该事件
鼠标右击时事件	内联框架元件、中继器元件、提交按钮元件、树、表格、菜单元件不包括该事件
按键按下时事件	鼠标按键按下并且没有释放时事件，内联框架元件、中继器元件、提交按钮元件、树、表格、菜单元件不包括该事件
按键松开时事件	鼠标按键释放时事件，内联框架元件、中继器元件、提交按钮元件、树、表格、菜单元件不包括该事件
移动时事件	中继器、树、表格、菜单元件不包括该事件
显示时事件	显示元件时事件，中继器、树、表格、菜单元件不包括该事件
隐藏时事件	隐藏元件时事件，中继器、树、表格、菜单元件不包括该事件
获取焦点时事件	元件获得焦点时事件，中继器、提交按钮、内联框架元件不包括该事件
失去焦点时事件	元件失去焦点时事件，中继器、提交按钮、内联框架元件不包括该事件
文本改变时事件	文本框元件和多行文本框元件包括该事件
选项改变时事件	下拉列表和列表元件包括该事件
选中改变时事件	选中状态改变时事件，复选框和单选按钮元件包括该事件
状态改变时事件	只有动态面板元件包括该事件
拖动开始时事件	只有动态面板元件包括该事件
拖动时事件	只有动态面板元件包括该事件，在一次“拖动开始时”和“拖动结束时”事件中，可能发生多次“拖动时”事件
拖动结束时事件	只有动态面板元件包括该事件

（续）

事 件 名 称	事 件 说 明
向左拖动时事件	只有动态面板元件包括该事件，在 App 中比较常用
向右拖动时事件	只有动态面板元件包括该事件
向上拖动时事件	只有动态面板元件包括该事件
向下拖动时事件	只有动态面板元件包括该事件
载入时事件	加载元件时发生的事件
滚动时事件	动态面板元件发生水平或垂直滚动时事件，只有动态面板元件包括该事件，类似的事件还有“向上滚动时”和“向下滚动时”事件
尺寸改变时事件	调整元件的大小时发生的事件，或者设置为自适应内容属性的动态面板元件更换状态导致尺寸改变时发生

5.3 用例和动作

事件是通过不同的用例和动作来对外界输入做出的一种反映。所以，事件包含一个或多个用例。

用例通过判断各自的条件来执行具体动作，不同的用例不会同时发生。就相当于写 if() 语句时，if(条件 1) {执行用例 1 中所有动作;} else if(条件 2) {执行用例 2 中所有动作;}。

例如，在页面加载时事件中，需要设置当全局变量 testValue 等于 1 时，testPanel 动态面板元件为 State1 状态；当全局变量 testValue 等于 2 时，testPanel 动态面板元件的状态为 State2 状态。此时，需要对应添加两个用例，其中，Case 1 用例的触发条件为：testValue = =1，对应的动作为：切换 testPanel 面板状态为 Sate1 状态；Case 2 用例的触发条件为：testValue==2，对应的动作为：切换 testPanel 面板状态为 State2 状态。

一个用例可以包含多个动作，动作可理解为具体的操作，Axure RP 8 包括数以百计的动作来完成页面交互效果。切换面板状态、打开链接、设置选中状态等都属于不同的动作，例如在页面加载时事件的 Case 1 用例，触发条件为：testValue 全局变量等于 1，执行两个动作：更改 testPanel 面板状态为 State1，将某个元件的选中状态设置为 true。

5.3.1 用例

双击某个页面事件或元件事件，默认创建一个名称为“Case 1”的用例，如图 5-2 所示。

用例编辑器对话框包括四大部分，分别如下。

❶：设置用例名称，并可单击“添加条件”按钮进入“条件设立”对话框，添加 1 到多个该用例的触发条件，例如某个变量等于 1 时该用例才执行。

❷：添加动作区域，单击某个动作类型，会在组织动作区域中有所体现。

❸：组织动作，在此处可显示用例的触发条件，以及在“添加动作”区域为该用户添加的所有动作列表。

❹：配置动作，配置在“组织动作”区域选择的某个动作的详细信息。

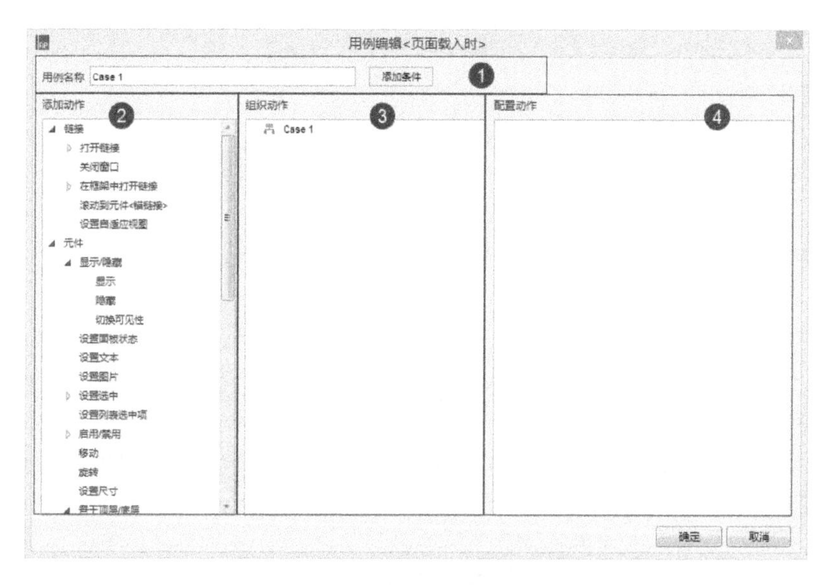

图 5-2　用例编辑器对话框

在非初始状态，单击某个页面事件，例如已有 Case 1 用例时，双击该事件名称，将创建一个新的用例，如 Case 2、Case 3 等。也可在“检视”面板选择某个事件后，单击“添加用例”添加一个新的用例。

如果两个用例类似，可在“检视”面板的“属性”选项卡选择该用例后，使用〈Ctrl + C〉快捷键复制该用例，然后单击选择某个事件（可以是本页面事件、其他页面事件或元件事件）后，使用〈Ctrl+V〉快捷键复制用例，非常方便。复制成功后，双击即可对该用例进行修改。

双击某个用例，即可对该用例进行修改操作。若想删除某个用例，可选择某个用例后，右击选择“删除”菜单项进行删除，也可使用〈Delete〉键删除。

5.3.2　动作

Axure RP 8 支持的动作如下。

1．链接

Axure RP 8 支持 5 种方式的链接。

1）打开链接：直接打开链接，包括 4 种情况。支持直接在当前窗口打开页面或外部链接（“链接”→“当前窗口”），以新窗口或新标签打开页面或外部链接（“链接”→“新窗口/新标签”），在弹出窗口中打开页面或外部链接（“链接”→“弹出窗口”），以及在父级窗口打开页面或外部链接（“链接”→“父级窗口”）。

2）关闭窗口：关闭当前窗口。

3）在框架中打开链接：支持在内联框架中加载页面或外部链接，或者在父级框架中打开页面或外部链接。

4）滚动到元件<锚链接>：滚动到页面的某个元件（锚点链接）。

5）设置自定义视图：Axure RP 8 新增方式，设置为自定义视图。

2．元件

“组织动作”区域“元件”下包括的动作如下。

1）显示/隐藏：可对元件进行显示或隐藏操作，单击“配置动作”区域，效果如图 5-3 所示。

在图 5-3 中，“可见性”可选择“显示”“隐藏”或“切换”（当前为显示状态的修改成隐藏状态，反之亦然）。

- 动画：表示进入这个状态的动态效果，若有动态效果，还需要设置切换到最终效果的毫秒数。可设置为：无、逐渐、向右滑动、向左滑动、向上滑动、向下滑动、向右翻转、向左翻转、向上翻转和向下翻转。
- 更多选项：用于设置更多的选项，“灯箱效果”表示除元件区域外其余都为被遮盖状态，单击遮盖区域当前元件被隐藏，“弹出效果”表示将该元件作为弹出式视窗，“推动元件”表示将该元件推出。

2）设置面板状态：设置某个动态面板元件的状态，并能设置状态切换的动态效果。当单击“设置面板状态”动作时，“配置动作”区域会显示该页面所有的动态面板元件，勾选某个动态面板元件，如 imgPanel，效果如图 5-4 所示。

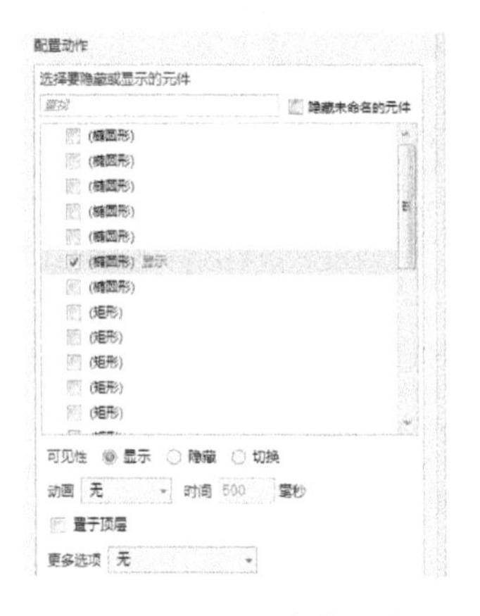

图 5-3　显示和隐藏元件

图 5-4　设置动态面板状态

图 5-4 中内容如下。

- 选择状态：下拉列表提供该动态面板元件的所有状态，以及 Next（下一个状态）、Previous（上一个状态）、“停止循环”和 Value（指定设置为第几个状态或指定状态名称，可以是常量，也可以是函数值）让我们选择，可以选择动画效果。
- 进入动画：表示进入这个状态的动态效果，若有动态效果，还需要设置切换到最终效果的毫秒数。可设置：无（没有进入的效果）、逐渐、向右滑动、向左滑动、向上滑动、向下滑动、向右翻转、向左翻转、向上翻转和向下翻转。
- 退出动画：表示离开这个状态的动态效果，若有动态效果，还需要设置切换到最终效果的毫秒数。下拉选项与“进入动画”一样。

● 如果隐藏则显示面板：勾选时表示如果动态面板元件没有显示时进行显示。

● 推动/拉动元件：勾选时表示推/拉下方或右侧元件。

3）设置文本：可指定当前获得焦点的某个元件，或页面的某个元件的文本值，可设置为：值、变量值、变量值长度、元件文字、焦点元件文字、元件文字长度、被选项和面板状态等。

4）设置图片：可设置某个图片元件各种情况下的动态效果，如图 5-5 所示。Default 用于设置默认的图片和值，“鼠标悬停”用于设置鼠标悬停时的图片和值，“鼠标按下”用于设置鼠标按下时的图片和值，“选中”用于设置图片元件被选中时的图片和值，“禁用”用于设置图片元件为不可用状态时的图片和值。

5）设置选中：设置矩形元件、单选按钮元件、复选框元件、图片元件、动态面板元件等为选中、取消选中或切换选中状态。

6）设置列表选中项：设置下拉列表元件和列表元件的选项值。

7）启用/禁用：将各种元件置为启用、禁用状态。

8）移动：在 X 轴或 Y 轴上将某个元件相对当前位置移动若干像素，或者将某个元件移动到绝对的 X 坐标或 Y 坐标。如图 5-6 所示。

图 5-5　设置图片元件

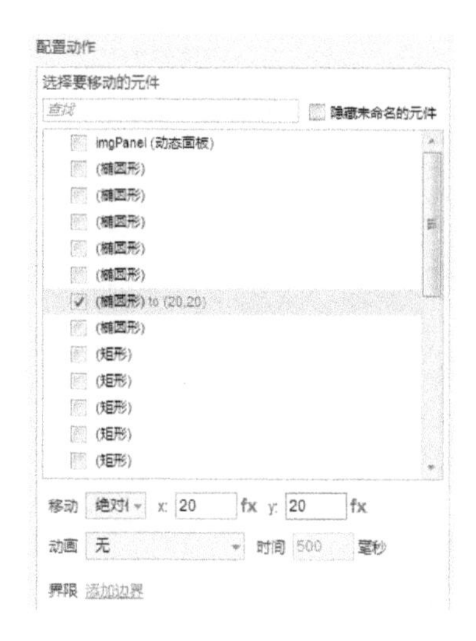

图 5-6　移动元件到绝对坐标

● 移动方式：有“绝对位置”和“相对位置”两个选项，前者表示移动某个元件到绝对的 X 坐标和 Y 坐标。后者表示在当前位置在 X 坐标和 Y 坐标相对移动多少像素。

● 动画：表示移动时的动画效果，包括：无、摇摆、线性、缓慢进入、缓慢退出、缓慢缓出、弹跳和弹性几个选项。

9）旋转：Axure RP 8 版本新增的一个动作，用于对元件进行旋转操作，后面的案例篇有专门的案例详细讲解该动作的使用。

10）设置尺寸：设置元件的宽度和高度，并能设置动画效果，如图 5-7 所示。可以指定所选择的动态面板元件的宽度和高度（单位：像素），可为常量也可指定函数或变量。“动画”用于指定调整尺寸大小时的动画效果，包括：无、摇摆、线性、缓慢进入、缓慢退出、缓进缓出、弹跳和弹性。

11）置为顶层/底层：设置元件的放置顺序，“置于顶层”表示将某个元件置为最上方，“置于底层”表示将该元件放到最下方。

12）设置不透明：设置元件透明度，并可带有动画效果，包括：无、摇摆、线性、缓慢进入、缓慢退出、缓进缓出、弹跳和弹性。

13）获得焦点：将焦点放到某个指定元件。

14）展开/折叠树节点：将某个树状菜单元件设置为展开或收缩状态。

3．全局变量

“添加动作”区域的“全局变量”只是包括一个“设置变量值”的动作，可以选择默认全局变量、已创建的全局变量，也可在“配置动作”区域使用“添加全局变量”创建新的全局变量。

单击“配置动作”区域的“添加全部变量”按钮进入“全局变量”对话框，也可在菜单栏选择“项目”→“全部变量”菜单项进入全局变量管理界面，如图 5-8 所示。

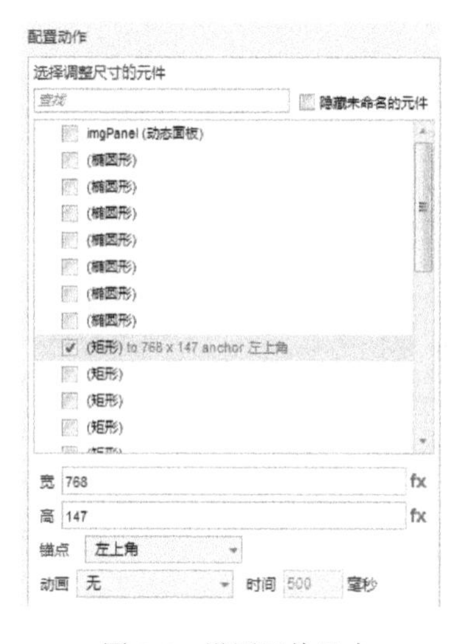

图 5-7　设置元件尺寸

图 5-8　全局变量管理对话框

在“全局变量”对话框中可进行添加、上移、下移、删除、重命名和设置默认值操作。单击“确定”按钮，回到“用例编辑器”对话框的“配置动作”区域，勾选全局变量后，设置它的值为某个常量，或单击“fx”按钮通过函数为其设置值。

4．中继器

“配置动作”区域的“中继器”提供如下动作供选择。

1）添加排序：添加排序条件，可添加多个。单击“添加排序”动作后，“配置动作”区域如图 5-9 所示。

- 名称：给此次排序命名。
- 属性：用于指定数据集的列。

- 排序类型：用于指定将列当作什么形式排序，包括 Number（数字）、Text（文本，默认不区分大小写）、Text（文本，区分大小写）、Date -YYYY-MM-DD（作为年-月-日格式的日期排序）和 Date -MM/DD/YYY（作为月/日/年格式的日期进行排序）。
- 顺序：指定排序方式，包括“升序”“降序”和“切换”（切换升/降序）三个选项。

2）移除排序：可用于删除某个中继器一个排序或全部排序。

3）添加筛选：添加过滤条件，可添加多个筛选条件。

4）移除筛选：删除过滤条件，可选择删除其中一个或删除全部。

图 5-9　中继器-添加排序动作配置对话框

5）设置当前显示页面：选择当前的页是中继器的第几页。

6）设置每页项目数量：设置每页多少个项目。

7）数据集：对中继器的数据集进行设置，可进行“添加行”“标记行”“取消标记”“更新行”和“删除行”操作。

5. 其他

“配置动作”区域的“其他”包括如下动作提供给我们选择。

1）等待：页面等待多少毫秒，常用于模拟操作过程，或者使用在时钟中。

2）其他：定义弹出窗口显示的文字。

3）触发事件：定义自定义事件。

5.4　变量

在 Axure RP 8 中变量被用于实现多种交互效果，学习过编程的朋友应该对变量比较了解。从 Axure RP 6 版本开始，就增加了全局变量的功能，因此，Axure RP 8 有两种变量：全局变量和局部变量。

5.4.1　全局变量

默认的全局变量为 OnLoadVariable，作用范围为整个项目内的所有页面通用。在“添加动作”区域选择“设置变量值”动作给变量赋值。全局变量可以直接赋值，支持 9 种变量赋值方式，如图 5-10 所示。

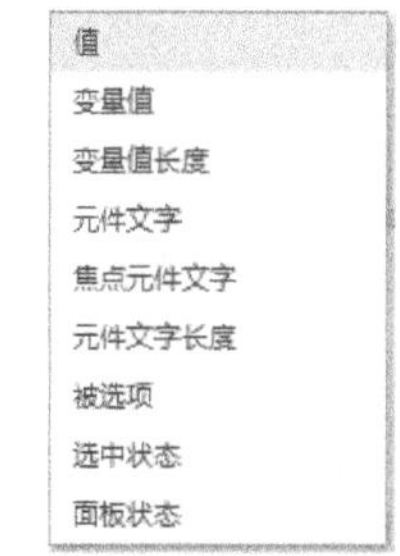

图 5-10　全局变量的赋值方式

1）值：可以直接赋值一个常量、数值或者字符串，也可单击“fx”按钮赋值一个变量、函数、局部变量等作为值。

2）变量值：可从下拉列表中选择某个全局变量，也可新增全局变量。

3）变量值长度：获取某个全局变量的值的长度进行赋值。

4）元件文字：获取当前焦点元件或所选择的某个元件，如文本框、多行文本框、矩形元件等的值进行赋值。

5）焦点元件文字：获取当前焦点所在的元件，如文本框、多行文本框、矩形元件等的值进行赋值。

6）元件文字长度：获取当前焦点元件或所选择的某个元件，如文本框、多行文本框、列表框、下拉列表框、矩形元件等的值的长度。

7）被选项：获取列表、下拉列表框元件等里面的选中值，列表元件只能获得一个选择项的值。

8）选中状态：获取当前焦点元件或指定的某个元件，如文本框、多行文本框、单选按钮、复选框元件是否选中。值为 true 或 false。

9）面板状态：获取某个动态面板元件的当前状态。

5.4.2 局部变量

局部变量默认显示名称 LVAR1、LVAR2 和 LVAR3 等，作用范围为一个用例里面的一个动作，一个事件里面可包含多个用例，一个用例里面可包含多个动作，可见局部变量的作用范围非常小。

在“用例编辑器”对话框中，单击某个动作，例如“设置文本”，然后在“配置动作”区域选择某个元件，然后单击下方的“fx”按钮，打开“编辑文本”对话框，如图 5-11 所示。

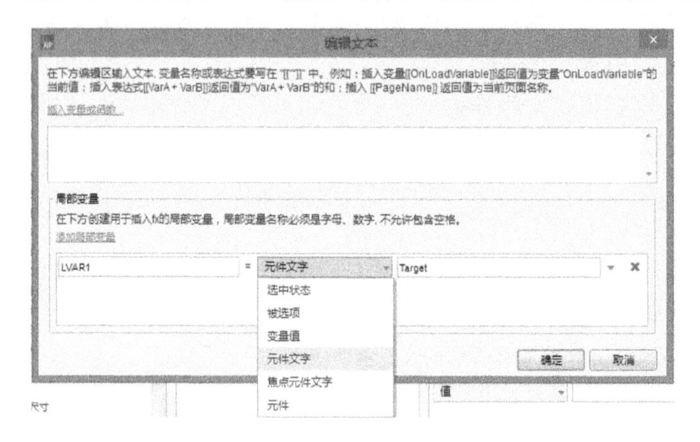

图 5-11 “编辑文本”对话框

在该对话框中，可以单击“添加局部变量”命令添加一个局部变量，局部变量有 6 种赋值方式。

1）选中状态：获取当前焦点元件或指定的某个元件，如文本框、多行文本框、单选按钮、复选框元件是否选中。值为 true 或 false。

2）被选项：获取下拉列表框、列表框元件里面的选中值，列表元件只能获得一个选择项的值。

3）变量值：可从下拉列表框中选择某个全局变量，也可新增全局变量。

4）元件文字：获取当前焦点元件或所选择的某个元件，如文本框、多行文本框、矩形元件等的值进行赋值。

5）焦点元件文字：获取当前焦点所在的元件，如文本框、多行文本框、矩形元件等的值进行赋值。

6）元件：获取当前获得焦点的元件或指定某个元件。

5.4.3 变量应用场合

变量的应用场合丰富多样，关键还是看设计人员如何使用，用得好就是神来之笔，用得不好反而会使原型设计复杂化。以下两种应用场景最为常见。

1）赋值载体：简单来说就是发挥中间人的作用，因为全局变量支持多达 9 种赋值方法，其中有 6 种是获取元件值的，因此，其可以作为页面间值的传递媒介。局部变量是在内部做赋值载体，或者在此基础上进行二次运算。

2）条件判断载体：全局变量的赋值方式很多，当获取到值进行直接使用时，就是用来做条件判断。如在某个页面中根据登录用户的不同登录名，确定是否显示某部分内容时，可以直接将全局变量作为条件判断载体。

5.5 函数

在“用例编辑器”对话框所有具有“fx”按钮之处，都可以设置函数，Axure RP 8 中提供了非常丰富的函数，例如元件函数、中继器/数据集函数、页面函数、字符串函数和数字函数等。

例如给定一个数集 A，假设其中的元素为 x。现对 A 中的元素 x 施加对应法则 f，记作 f(x)，得到另一数集 B。假设 B 中的元素为 y。则 y 与 x 之间的等量关系可以用 y=f(x)表示，我们把这个关系式就叫函数关系式，简称函数。例如针对某个值求绝对值的函数 y=abs(x)，当我们调用该函数，求数值“-5”的绝对值时，调用后得到数值 5。

在 Axure RP 8 中进行交互设计时，函数可以用在条件公式和需要赋值的场合。例如，使用[[Math.abs(OnLoadVariable)+1]]获得 OnLoadVariable 全局变量的绝对值加 1 的值，得到该值后可以放在用例的触发条件中，也可放在赋值语句中。

5.5.1 常用函数

Axure RP 8 的常用函数如表 5-3 所示。

表 5-3 Axure RP 8 常用函数

函数名称	函数说明	分类	备注
x	获取元件的 X 坐标	元件函数	单位：像素

（续）

函数名称	函数说明	分　类	备　注
y	获取元件的 X 坐标	元件函数	单位：像素
This	获取当前元件		单位：像素
width	获取元件的宽度		单位：像素
height	获取元件的高度		单位：像素
Window.width	获取窗口的宽度	窗口函数	单位：像素
Window.height	获取窗口的高度		单位：像素
Window.scrollX	窗口在 X 轴滚动的距离		单位：像素
Window.scrollY	窗口在 Y 轴滚动的距离		单位：像素
Cursor.x	鼠标光标的 X 坐标	鼠标指针函数	单位：像素
Cursor.y	鼠标光标的 Y 坐标		单位：像素
DragX	本次拖动事件元件沿 X 轴拖动的距离		每发生一次“拖动时”事件
DragY	本次拖动事件元件沿 Y 轴拖动的距离		每发生一次“拖动时”事件
TotalDragX	元件沿 X 轴拖动的总距离		在一次“拖动开始时”和“拖动结束时”事件之间
TotalDragY	元件沿 Y 轴拖动的总距离		在一次“拖动开始时”和“拖动结束时”事件之间
toFixed	将数字转换为小数点后有指定位数的字符串	数字函数	
toPrecision	将数字格式化为指定的长度		
length	返回指定字符串的字符长度	字符串函数	
concat	连接两个或多个字符串		
replace	将字符串中的某些字符替换为另外的字符		
split	将字符串按照一定规则分割成字符串组		
substr、substing	字符串截取函数		
trim	删除字符串的首尾空格		
abs	返回数值的绝对值	数学函数	
random	返回 0 到 1 的随机数		
now	返回计算机系统设定的日期时间的当前值	日期函数	
getHours	返回 Date 对象的小时数		可为 0～23
getMinutes	返回 Date 对象的分钟数		可为 0～59
getSeconds	返回 Date 对象的秒数		可为 0～59
getMonth	返回 Date 对象的月份		可为 0～11

5.5.2 中继器/数据集函数

单击“fx”按钮进入“编辑文本”对话框，然后单击“插入变量或函数”按钮，在函数下拉列表的“中继器/数据集”下方，是中继器/数据集函数，如表5-4所示。

表5-4 Axure RP 8中继器/数据集函数

函数名称	函数说明
Repeater	获得当前项的父中继器
visibleItemCount	返回当前页面中所有可见项的数量
itemCount	当前中继器中项的数量
dataCount	当前中继器中行的个数
pageCount	中继器对象中页的数量
pageIndex	中继器对象当前的页数

5.5.3 元件函数

单击“fx”按钮进入“编辑文本”对话框，然后单击“插入变量或函数”按钮，在函数下拉列表的“元件”下方，是Axure RP 8的元件函数，如表5-5所示。

表5-5 Axure RP 8元件函数

函数名称	函数说明
x	获得元件的X坐标
y	获得元件的X坐标
This	获得当前元件
width	获得元件的宽度
height	获得元件的高度
scrollX	动态面板元件在X轴滚动的距离，单位：像素
scrollY	动态面板元件在Y轴滚动的距离，单位：像素
text	元件的文本值
name	元件的名称
top	获得元件的Y坐标，即顶部Y坐标的值
left	获得元件的X坐标，即左侧X坐标的值
right	获得元件右侧的X坐标，right-left=元件的宽度
bottom	获得元件底部的Y坐标，bottom-top=元件的高度

5.5.4 页面函数

单击“fx”按钮进入“编辑文本”对话框，然后单击“插入变量或函数”按钮，在函数下拉列表的“页面”下方，是Axure RP 8的页面函数，如表5-6所示。

表 5-6　Axure RP 8 页面函数

函 数 名 称	函 数 说 明
PageName	获得当前页面的名称

5.5.5　窗口函数

单击“fx”按钮进入“编辑文本”对话框，然后单击“插入变量或函数”按钮，在函数下拉列表的“窗口”下方，是 Axure RP 8 的窗口函数，如表 5-7 所示。

表 5-7　Axure RP 8 窗口函数

函 数 名 称	函 数 说明
Window.width	窗口的宽度，单位：像素
Window.height	窗口的高度，单位：像素
Window.scrollX	窗口在 X 轴滚动的距离，单位：像素
Window.scrollY	窗口在 Y 轴滚动的距离，单位：像素

5.5.6　鼠标指针函数

单击“fx”进入“编辑文本”对话框，然后单击“插入变量或函数”按钮，在函数下拉列表的“鼠标指针”下方，是 Axure RP 8 的鼠标指针函数，如表 5-8 所示。

表 5-8　Axure RP 8 鼠标指针函数

函 数 名 称	函 数 说 明
Cursor.x	鼠标指针所在的 X 坐标
Cursor.y	鼠标指针所在的 Y 坐标
DragX	本次拖动事件元件沿 X 轴拖动的距离
DragY	本次拖动事件元件沿 Y 轴拖动的距离
TotalDragX	元件沿 X 轴拖动的总距离（在一次“拖动开始时”和“拖动结束时”事件之间）
TotalDragY	元件沿 Y 轴拖动的总距离（在一次“拖动开始时”和“拖动结束时”事件之间）
DragTime	元件拖动的总时间

5.5.7　数字函数

单击“fx”进入“编辑文本”对话框，然后单击“插入变量或函数”按钮，在函数下拉列表的“Number”下方，是 Axure RP 8 的数字函数，如表 5-9 所示。

表 5-9　Axure RP 8 数字函数

函数名称	函数说明
toExponential(decimalPoints)	把值转换为指数计数法
toFixed(decimalPoints)	将数字转换为小数点后有指定位数的字符串，decimalPoints 参数表示小数点的位数
toPrecision(length)	将数字格式化为指定的长度，length 参数表示长度

5.5.8　字符串函数

单击“fx”进入“编辑文本”对话框，然后单击“插入变量或函数”按钮，在函数下拉列表的“字符串”下方，是 Axure RP 8 的字符串函数，如表 5-10 所示。

表 5-10　Axure RP 8 字符串函数

函数名称	函数说明
length	返回指定字符串的字符长度
charAt(index)	返回在指定位置的字符，index 参数表示字符的位置，从 0 开始
charCodeAt(index)	返回在指定位置字符的 Unicode 编码，index 参数表示字符的位置，从 0 开始
concat(‘string’)	连接两个或多个字符串，参数表示连接的字符串
indexOf(‘searchValue’)	某个指定字符串在该字符串中首次出现的位置，值可为 0～字符串长度-1，searchValue 表示查找的指定字符串
lastIndexOf(‘searchValue’)	某个指定字符串在该字符串中最后一次出现的位置，值可为 0～字符串长度-1，searchValue 表示查找的指定字符串
replace(‘searchValue’, ‘newValue’)	将字符串中的某个字符串替换为另外的字符串。其中，searchValue 表示被替换的字符串，newValue 表示替换成的字符串
slice(str, end)	提取字符串的片段，并返回被提取的部分
split(‘separator’, limit)	将字符串按照一定规则分割成字符串组，数组的各个元素以“,”分隔，其中，separator 参数表示用于分隔的字符串，limit 表示数组的最大长度
substr(start, length)	字符串截取函数，从 start 位置提取 length 长度的字符串。当从第一个字符截取时，start 的值等于 0
substring(from, to)	字符串截取函数，截取字符串从 from 位置到 to 位置的子字符串，当从第一个字符截取时，from 等于 0
toLowerCase()	将字符串的全部字符都转换为小写
toUpperCase()	将字符串的全部字符都转换为大写
trim	删除字符串的首尾空格
toString()	转换为字符串，并返回

5.5.9　日期函数

单击“fx”进入“编辑文本”对话框，然后单击“插入变量或函数”按钮，在函数下拉列表的“日期”下方，是 Axure RP 8 的日期函数，如表 5-11 所示。

表 5-11　Axure RP 8 日期函数

函数名称	函数说明
Now	返回计算机系统当前设定的日期和时间值
GenDate	获得生成 Axure 原型的日期和时间值
getDate()	返回 Date 对象属于哪一天的值，可取值 1～31
getDay()	返回 Date 对象为一周中的哪一天，可取值 0～6，周日的值为 0
getDayOfWeek()	返回 Date 对象为一周中的哪一天，表示为该天的英文表示，如周六表示为“Saturday”
getFullYear()	获得日期对象的 4 位年份值，如 2018
getHours()	获得日期对象的小时值，可取值 0～23
getMilliseconds()	获得日期对象的毫秒值
getMinutes()	获得日期对象的分钟值，可取值 0～59
getMonth()	获得日期对象的月份值
getMonthName()	获得日期对象的月份的名称，根据当前系统时间关联区域的不同，会显示不同的名称
getSeconds()	获得日期对象的秒值，可取值 0～59
getTime()	获得 1970 年 1 月 1 日迄今为止的毫秒数
getTimezoneOffset()	返回本地时间与格林威治标准时间(GMT)的分钟值
getUTCDate()	根据世界标准时间，返回 Date 对象属于哪一天的值，可取值 1～31
getUTCDay()	根据世界标准时间，返回 Date 对象为一周中的哪一天，可取值 0～6，周日的值为 0
getUTCFullYear()	根据世界标准时间，获取日期对象的 4 位年份值，如 2015
getUTCHours()	根据世界标准时间，获取日期对象的小时值，可取值 0～23
getUTCMilliseconds()	根据世界标准时间，获取日期对象的毫秒值
getUTCMinutes()	根据世界标准时间，获取日期对象的分钟值，可取值 0～59
getUTCMonth()	根据世界标准时间，获取日期对象的月份值
getUTCSeconds()	根据世界标准时间，获取日期对象的秒值，可取值 0～59
parse(datestring)	格式化日期，返回日期字符串相对 1970 年 1 月 1 日的毫秒数
toDateString()	将 Date 对象转换为字符串
toISOString()	返回 ISO 格式的日期
toJSON()	将日期对象进行 JSON（JavaScript Object Notation）序列化
toLocaleDateString()	根据本地日期格式，将 Date 对象转换为日期字符串
toLocaleTimeString()	根据本地时间格式，将 Date 对象转换为时间字符串
toLocaleString()	根据本地日期时间格式，将 Date 对象转换为日期时间字符串
toTimeString()	将日期对象的时间部分转换为字符串
toUTCString()	根据世界标准时间，将 Date 对象转换为字符串
UTC(year,month,day,hour, minutes sec, millisec)	生成指定年、月、日、小时、分钟、秒和毫秒的世界标准时间对象，返回该时间相对 1970 年 1 月 1 日的毫秒数
valueOf()	返回 Date 对象的原始值

（续）

函 数 名 称	函 数 说 明
addYears(years)	将某个 Date 对象加上若干年份值，生成一个新的 Date 对象
addMonths(months)	将某个 Date 对象加上若干月份值，生成一个新的 Date 对象
addDays(days)	将某个 Date 对象加上若干天数，生成一个新的 Date 对象
addHous(hours)	将某个 Date 对象加上若干小时数，生成一个新的 Date 对象
addMinutes(minutes)	将某个 Date 对象加上若干分钟数，生成一个新的 Date 对象
addSeconds(seconds)	将某个 Date 对象加上若干秒数，生成一个新的 Date 对象
addMilliseconds(ms)	将某个 Date 对象加上若干毫秒数，生成一个新的 Date 对象

5.5.10　布尔函数

单击“fx”进入“编辑文本”对话框，然后单击“插入变量或函数”按钮，在函数下拉列表的“布尔”下方，是 Axure RP 8 的布尔函数，如表 5-12 所示。

表 5-12　Axure RP 8 布尔函数

函 数 名 称	函 数 说 明	函 数 名 称	函 数 说 明
==	等于	>	大于
!=	不等于	>=	大于等于
<	小于	&&	并且
<=	小于等于	||	或者

5.6　交互案例——简易时钟

5.6.1　案例要求

在页面上实现时钟功能，显示当前时：分：秒，并且每秒更新时间。

5.6.2　案例实现

该案例的实现步骤如下。

1．添加元件并进行布局

新建“交互案例：简易时钟”页面，并从“元件库”面板拖动几个元件到“页面设计”面板，包括：一个椭圆形元件（做时钟的表面）、1 个表示小时的文本框元件（名称为 hourTextfield）、1 个表示分钟的文本框元件（名称为 minuteTextfield）、1 个表示秒的文本框元件（名称为 secondTextfield），并添加小时和分钟之间的“:”文本框文件，分钟和秒之间的“:”文本框元件，添加到页面后调整到合适位置。

2. 添加“秒”元件的 Case 1 用例

选中名称为“secondTextfield”（秒）的文本框元件，接着，在“检视”面板的“属性”选项卡单击“文本改变时”事件，打开该事件的第一个用例 Case 1，设置如图 5-12 所示。

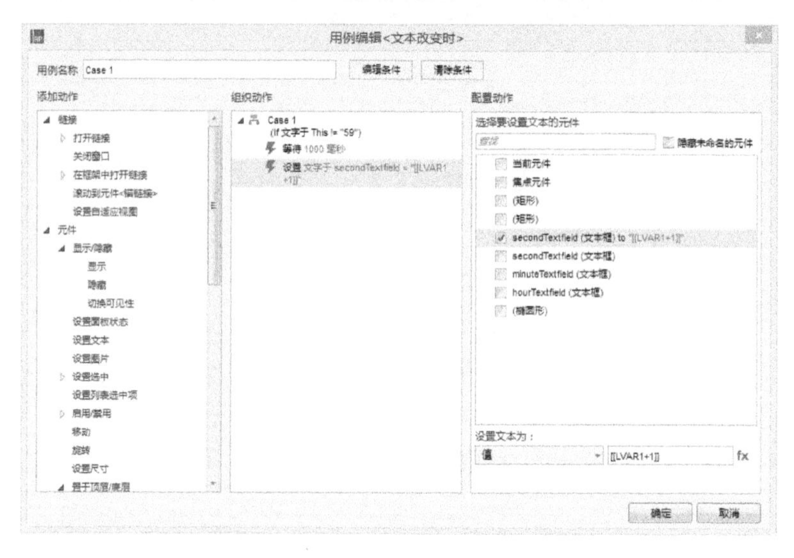

图 5-12　secondTextfield 元件的 Case 1 用例

在 Case1 用例中，添加了一个触发条件，秒的值不等于 59 时按顺序触发如下动作。

1）等待 1000 毫秒，即 1 秒。

2）将 secondTextfield 元件的文本值设置为当前值加 1，LVAR1 是用到的局部变量，获取的是 secondTextfield 元件的当前值，单击“fx”按钮设置，如图 5-13 所示。

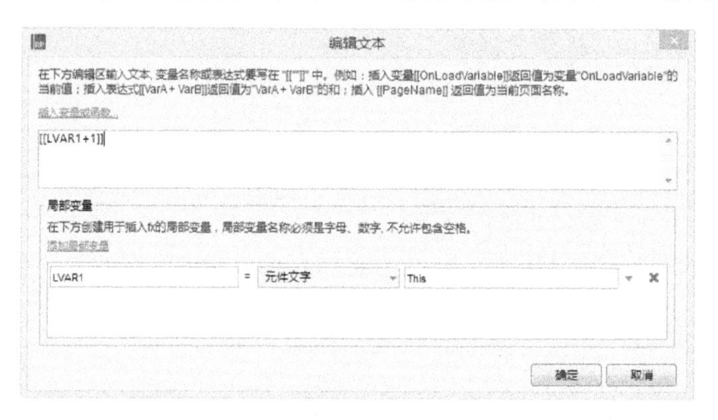

图 5-13　secondTextfield 元件被赋值的文本

在图 5-13 中可以看到，新增了一个局部变量 LVAR1，赋值为 This，即当前元件的文本值，另外将“[[LVAR1+1]]”赋值给 secondTextfield 文本框元件，简单来说，就是：secondTextfield 文本值 = secondTextfield 当前文本值 + 1。

Case 1 用例实现的是当秒数为 0～58 时，实现秒的自增 1 操作，而且，间隔时间是 1 秒。

3．添加“秒”元件的 Case 2 用例

用类似方法为“secondTextfield”的文本框元件添加 Case 2 用例，如图 5-14 所示。

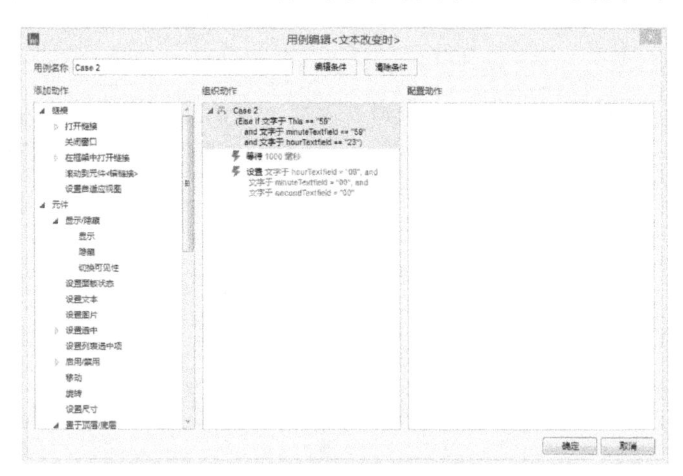

图 5-14　secondTextfield 元件的 Case 2 用例

Case 2 用例的说明如下。

1）触发条件：秒的值等于 59，分钟等于 59，时钟等于 23，即这个半夜 0 点前的临界条件时。

2）第一个动作：等待 1000 毫秒，即 1 秒。

3）第二个动作：将时钟、分钟和秒钟文本框元件的文字都设置为 00。

4．添加“秒”元件的 Case 3 用例

用类似方法为“secondTextfield”的文本框元件添加 Case 3 用例，如图 5-15 所示。

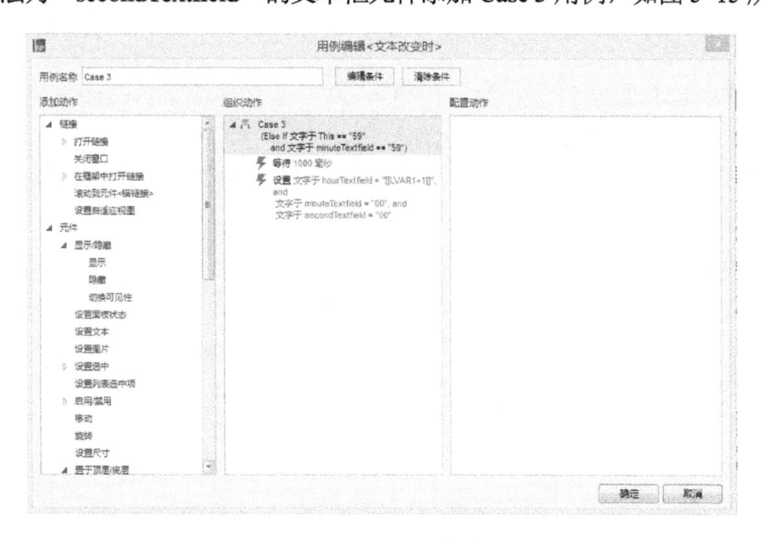

图 5-15　secondTextfield 元件的 Case 3 用例

Case 3 用例的说明如下。

1）触发条件：秒的值等于 59，分钟等于 59，时钟不等于 23（因为该用例在 Case 2 之后，是 if…else if…else if 的关系，所以时钟等于 23 的会进入 Case 2 用例，不会执行 Case 3 用例。

2）第一个动作：等待 1000 毫秒，即 1 秒。

3）第二个动作：将时钟的 hourTextfield 文本框元件的文本值都设置为当前值加 1，也和 Case 1 用例一样，用到了 LVAR1 局部变量，因局部变量只在这个动作内有效，所以和 Case 1 的 LVAR1 不会冲突。

5. 添加“秒”元件的 Case 4 用例

用类似方法为“secondTextfield”的文本框元件添加 Case 4 用例，如图 5-16 所示。

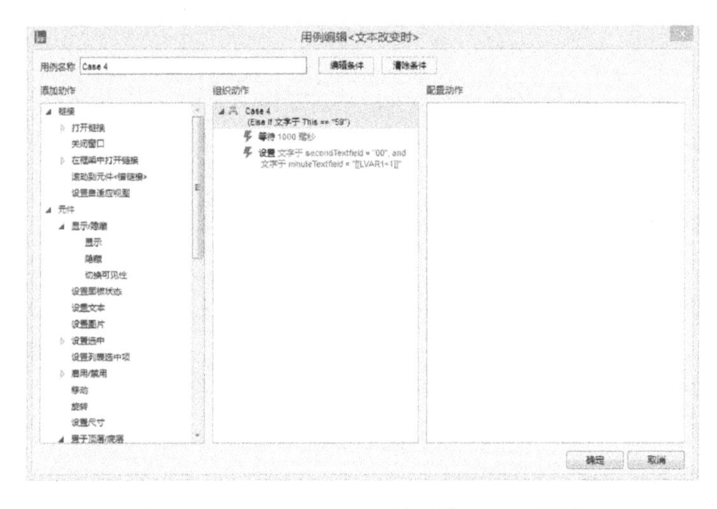

图 5-16　secondTextfield 的元件 Case 4 用例

Case 4 用例的说明如下。

1）触发条件：秒的值等于 59，分钟不等于 59（因为该用例在 Case 3 之后，是 if…else if…else if 的关系，所以分钟等于 59 的会进入 Case 3 用例，不会执行 Case 4），时钟不等于 23（因为该用例在 Case 2 之后，是 if…else if…else if 的关系，所以时钟等于 23 的会进入 Case 2 用例，不会执行 Case 4 用例）。

2）第一个动作：等待 1000 毫秒，即 1 秒。

3）第二个动作：将秒钟的文本值设置 00，分钟的文本框元件 minuteTextfield 的文本值设置为当前值加 1，也和 Case 1 用例一样，用到了局部变量 LVAR1，因局部变量只在这个用例内有效，所以和 Case 1 的 LVAR1 不会冲突。

6. 设置页面加载时事件

虽然我们通过设置 secondTextfield 文本框元件的文本改变时事件，可以将秒、分钟和时钟的每隔一秒自动自增，但是，现在存在的问题是，“文本改变时”事件没有条件触发，而且时、分和秒的文本框元件的初始值没有赋值，我们可以通过设置该案例页面的“页面加载时”事件来实现事件的触发和初始值赋值。

将鼠标指针移动到“交互案例：简易时钟”页面的空白区域，之后在“检视”面板的“属性”选项卡，双击“页面载入时”事件，设置完成后效果如图 5-17 所示。

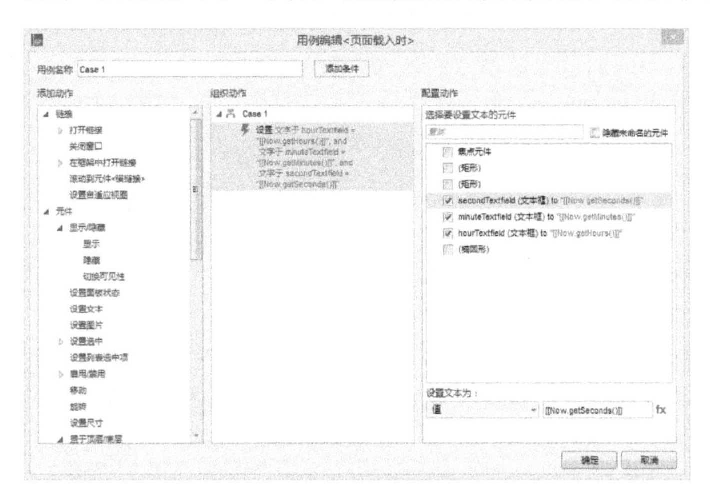

图 5-17　设置页面加载时事件

在该事件中，用的是“设置文本”动作，设置“时”“分”和“秒”三个文本框元件的值，分别设置为“[[Now.getHours()]]”（这里用的是日期函数，获取当前小时数）、“[[Now.getMinutes()]]”（这里用的是日期函数，获取当前分钟数）和“[[Now.getSeconds()]]”（这里用的是日期函数，获取当前秒数）。

5.6.3　案例演示效果

按照步骤全部设置完成后，可按〈F5〉快捷键进行预览，预览效果如图 5-18 所示。

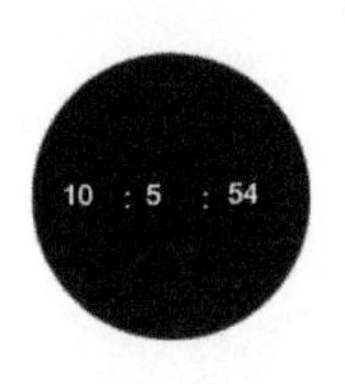

图 5-18　简易时钟预览效果

刚打开时显示为当前时间，时、分、秒文本框元件会每秒更新，从而实现了一个简易时钟的效果。

5.7　本章小结

本章详细讲解了 Axure RP 8 中用于交互的页面事件和元件事件。具体内容包括：

1）页面事件：针对当前页面设置的页面事件，例如常用的“页面加载时”事件、“窗口尺寸改变时”事件和“窗口滚动时”事件。

2）元件事件：针对元件的交互事件，例如矩形元件的“鼠标单击时”事件、“鼠标移入时”事件、“鼠标移出时”事件、“鼠标双击时”事件和“旋转时”事件等。

3）用例：不管是页面事件还是元件事件，都可以通过设置一到多个用例来实现交互效果，不同用例可指定不同的触发条件，组成类似 if…else if…else if…else…或 if…else 的逻辑关系。

4）动作：一个用例可包含多个动作，在 Axure RP 8 中，包括“链接”“元件”“全局变量”“中继器”和“其他”这 5 种类别的动作。例如打开链接、设置变量值和设置元件文本值、设置面板状态等。

5）变量：提供全局变量和局部变量两种变量，全局变量在整个项目内有效，而局部变量在某个动作内有效，作用范围很小。

6）函数：为了便于赋值，提供丰富的函数列表，包括中继器/数据集函数、元件函数、页面函数、窗口函数、鼠标指针函数、数字函数、字符串函数、日期函数和布尔函数。

第二篇　Axure RP 高级功能

Axure RP 具有诸多的高级功能，让产品经理们用其做产品原型设计时更加得心应手。本章主要介绍 Axure RP 的以下四部分功能。

1）母版：母版常用于定义重复使用的资源，可达到“一处修改，处处更新”的效果，所以常用于定义页头、页尾、导航、模板和广告等内容，使用母版可以极大提高原型设计效率。

2）Axure Share 共享原型：Axure RP 提供一套 Axure Share 云托管解决方案，通过它，可以将本地项目上传到 Axure 的官网，提供给客户或团队查看。

3）团队项目：Axure RP 提供了对团队项目的支持，可以结合 SVN 版本控制工具进行团队项目管理，如果没有使用版本控制工具，也可将其上传至 Axure Share 进行共享管理。

4）输出文档：Axure RP 的原型文件可以输出为各种格式的文档，如生成 HTML 文件，或生成 Word 说明书，还支持生成 CSV 报告和打印文档，并可基于这四种类型，定义满足要求的其余格式的文档。

第 6 章 母版

为了避免重复做几乎一模一样的工作，人类一直在充分发挥自己的智慧。例如因为怕不断提水太累发明了水龙头，因为不想爬楼梯发明了电梯等。在程序世界也是如此，例如在编写网站页面时，以 Java 语言为例，我们会将页头部分的内容封装在 header.jsp，将页尾部分的内容封装在 footer.jsp，所有需要用到页头、页尾的页面直接引用即可，同时，我们还会封装通用的 JavaScript 文件，将一些通用的代码封装到 jar 包中等，无不是想减少重复工作，以达到“一处修改，处处更新”的效果。通过更换页头、页尾让整个网站看起来焕然一新的案例不胜枚举。在 Axure RP 中，也具有实现这种方式的一把利剑——母版，本章带领大家学习母版的相关知识，结合母版案例，详细讲解如何创建母版，如何进行母版的常用操作，以及母版成为利剑的原因——设置母版的自定义事件。

6.1 母版概述

母版常用于定义重复使用的资源，可达到“一处修改，处处更新”的效果，所以常用于定义页头、页尾、导航、模板和广告等内容，使用母版可以极大提高原型设计效率。

6.1.1 创建母版

1. 使用“转换为母版”创建母版

某个模块定义好后，在“页面设计”面板选中所需要的一到多个元件，右击选择“转换为母版”菜单项，打开“转换为母版”对话框，输入母版名称后，将该模块转换为母版，如图 6-1 所示。

在图 6-1 中，输入“新母版名称”为页头，“拖放行为”可选择如下 3 个选项。

1）任何位置：默认行为特性，可拖动到“页面设计”面板的任意位置。

2）固定位置：锁定母版位置，拖动到“页面设计”面板时，母版的位置被锁定。

3）脱离母版：表示的是将母版拖动到“页面设计”面板后，母版中的元件不再与母版存在联系，可以自行修改，母版的修改也不会影响引用的地方。

2．使用“母版”面板的添加按钮创建母版

也可在“母版”面板单击“ ”（添加母版）按钮添加母版。

6.1.2　母版常用操作

可在“母版”面板进行添加、重命名、删除、复制、移动和设置行为特性等常用操作，“母版”面板如图 6-2 所示。

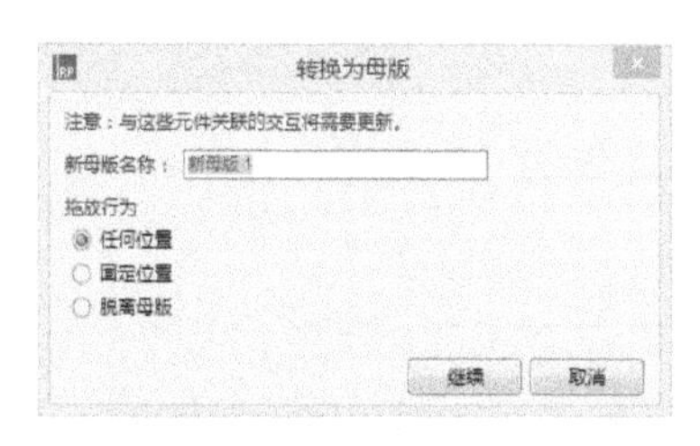

图 6-1　“转换为母版”对话框

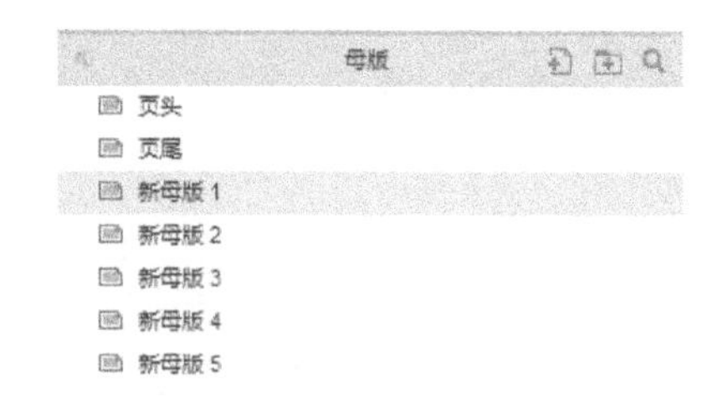

图 6-2　母版面板

1．添加母版

可在“母版”面板单击“ ”（在下方添加同级母版）按钮添加同级母版，也可在“母版”面板选中某个母版后，右击选择“添加”菜单，可看到下方有“添加文件夹”“上方添加”“下方添加”和“子母版”添加文件夹、上方添加同级母版、下方添加同级母版或添加下一级母版。

2．重命名母版

选中“母版”面板的某个母版后，再次单击，可修改选中母版的名称。

3．删除母版

选中“母版”面板的某个母版后，使用〈Delete〉键，或右击选择“删除”命令，可将选中的母版进行删除操作。

4．复制母版

如果某个母版和当前已创建的某个母版大同小异，可选择某个母版后，右击选择“复制”命令，包括两个子菜单项“仅母版”和“包括分支”。如果选择的母版有子母版，当选择的是“仅母版”时，则只会复制选中母版，不会复制子母版。当选择的是“包括分支”时，则不但会复制选中母版，还会复制子母版。

5．移动母版

选中“母版”面板的某个母版后，右击选择“移动”菜单项，包括“上移”“下移”“降级”和“升级”4 个命令，可对母版进行上移、下移、降级和升级操作。

6．设置母版拖放行为特性

如果以“转换为母版”的方式创建的模板，可在创建时制定母版的拖放行为特性，如果在“母版”面板通过添加按钮添加的母版，具有默认的拖放行为特性。如果需要修改拖放行为特性，可在“母版”面板选中某个母版后，右击选择“拖放行为”，可选中 3 个子菜单项的其中一项：任意位置、固定位置和脱离母版。

7．编辑母版

在“母版”面板双击某个母版，例如“页头”母版后，可在“页面设计”面板对该母版进行编辑操作，编辑母版和编辑页面类似，都可拖动多个元件到“页面设计”面板，并设置其样式和属性等信息。

6.1.3 设置母版自定义事件

可以在母版中创建自定义事件，将事件的实现代码留给引入母版的页面，不同引入页面可以定义不同的实现效果。

创建和使用自定义事件的步骤如下。

1．选择需要定义自定义事件的元件事件

选择母版中的某个母版，例如在“页头”母版中添加 51CTO 学院页头的图片元件，并在左上角的“51CTO 首页”文字上方添加一个热区元件，命名为“indexHotspot”，在“检视”面板双击该热区元件的某个事件，如“鼠标单击时”事件，如图 6-3 所示。

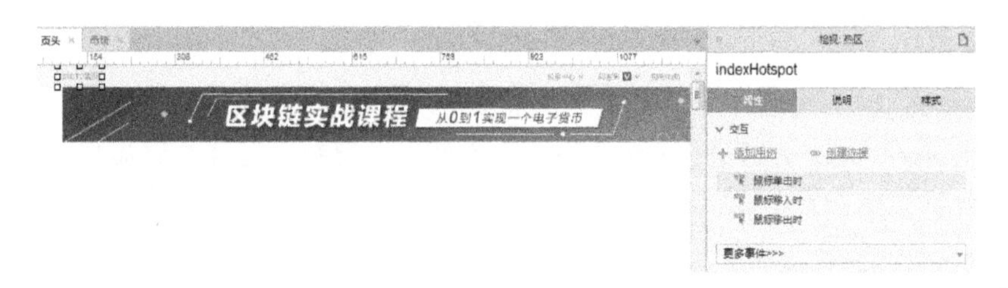

图 6-3　选中需要定义自定义事件的元件事件（鼠标单击时）

2．设置用例编辑器的自定义事件

在“用例编辑器”对话框的“添加动作”区域选择“其他”→“自定义事件”动作。

在“用例编辑器”对话框的“配置动作”区域单击新增按钮添加自定义事件，并勾选所添加的事件后，单击图 6-4 所示的“确定”按钮完成自定义事件。

3．在某个页面引入母版

在某个页面例如“母版引入页面 1”引入该页头母版，X 轴坐标和 Y 轴坐标均为 0。此时，在“页面设计”面板选中该母版后，可在“检视”面板的“属性”选项卡看到图 6-5 所示的自定义事件 indexEvent。

双击 indexEvent 自定义事件，该自定义事件的“用例编辑器”对话框与其他事件的用例编辑器无异。我们可以在多个不同的页面引入同样的带有自定义事件的母版，并在引用页面设置不同的动作，例如如果在首页单击该热区元件，indexEvent 自定义事件设置不做任何操作，如果是在其他页面单击，则导向到首页。

4．管理母版自定义事件

在母版编辑状态，选中某个母版，在菜单栏和工具栏单击“布局”→“管理母版自定义事件”菜单项，可进行查看自定义事件列表、添加、删除、事件上移、事件下移等操作，如

图 6-6 所示。

图 6-4　设置自定义事件对话框

图 6-5　查看自定义事件

图 6-6　查看母版自定义事件

6.2 母版应用案例

接下来给大家讲解一个母版的实际应用案例，在该案例中，实现的是百度糯米网站的一个功能，页头区域包括广告图，默认为隐藏状态，在首页，需要将其显示。

6.2.1 创建母版

在“母版”面板创建一个名称为“百度糯米”的母版，大家可从本书的案例中复制该母版在“页面设计”面板中的内容，包括广告图、搜索按钮、一级菜单等内容。

6.2.2 在母版加载时事件中设置自定义事件

在“母版”面板双击该母版，进入母版的“页面设计”面板，在空白区域（不选中任何元件）单击后，在“检视”面板的“属性”选项卡可看到该母版的“页面载入时”用例，双击该用例，打开“用例编辑器”对话框，设置三个动作，分别是：隐藏包含“留住最美的时刻”图片的 adPanel 动态面板元件，并且将下方的所有元件上移，隐藏 closePanel 右上角这个关闭的小按钮、触发一个 showAd 自定义事件。用例设置完成后效果如图 6-7 所示。

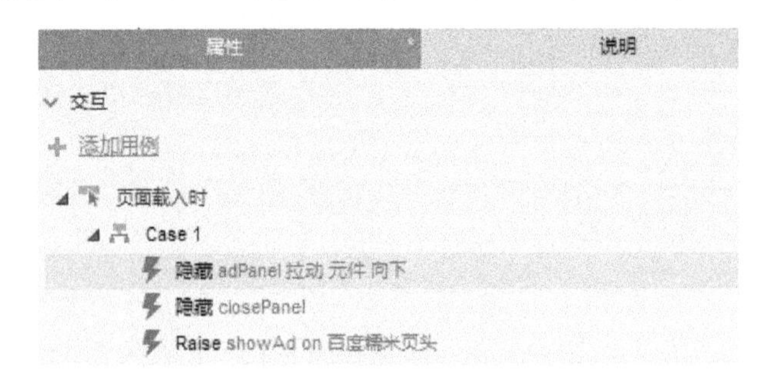

图 6-7 设置母版的页面加载时用例

因为该用例在母版加载时执行，所以 adPanel 和 closePanel 在母版加载时将会被隐藏，而且会调用引入母版页面的 showAd 自定义事件。

6.2.3 在首页引入母版

在“页面”面板添加一个“案例：使用母版自定义事件-首页” 新页面，将百度糯米的“页头”的母版拖动到该页面的“页面设计”面板，并且设置该母版在该面板的位置为X0;Y0，选择母版后，可在“检视”面板的“属性”选项卡看到我们在母版中定义好的showAd 自定义事件。

在“检视”面板的“属性”选项卡，双击 showAd 自定义事件，打开“用例编辑器”对话框，需要确定该事件的几个动作，包括：显示 adPanel 动态面板元件；将下方的例如搜索框、一级导航等元件往下方推动，以便广告图处于最顶端；显示 closePanel 小关闭按钮，并移动到合适的位置。

“案例：使用母版自定义事件-首页”页面的 showAd 自定义事件如图 6-8 所示。

图 6-8 引用母版首页的 showAd 自定义事件

6.2.4 在其余页面引入母版

在“页面”面板添加一个“案例：使用母版自定义事件-其他页面”新页面，将百度糯米的页头的母版拖动到该页面的“页面设计”面板，并且设置该母版在该面板的位置为X0;Y0，选择母版后，可在“检视”面板的“属性”选项卡同样可以看到我们在母版中定义好的 showAd 自定义事件。

因为其余页面需要隐藏顶端的广告图和右上角的小关闭按钮，母版中已经将其进行了隐藏操作，所以，在此页面的 showAd 自定义事件中，不做操作即可。

6.2.5 首页预览效果

按〈F5〉快捷键预览“案例：使用母版自定义事件-首页”，可看到显示了顶端的广告图和小关闭按钮，该页面针对母版的 showAd 自定义事件发挥了效果，如图 6-9 所示。

图 6-9 使用母版自定义事件-首页预览效果

6.2.6 其余页面预览效果

按〈F5〉快捷键预览“案例：使用母版自定义事件-其他页面”，可看到隐藏了顶端的广告图和小关闭按钮，如图 6-10 所示。

图 6-10 使用母版自定义事件-其他页面预览效果

6.3 本章小结

本章详细讲解了 Axure RP 8 中的高级功能母版。主要内容包括：

1）母版常用操作：讲解如何通过选中已有元件将其转换为母版，以及如何通过“母版”面板进行添加同级母版、添加子母版、添加文件夹、重命名母版、删除母版、复制母版、移动母版、设置母版拖放行为特性操作，以及如何进行编辑母版的操作。

2）设置母版的自定义事件：母版之所以强大，在于它可以通过设置一个或多个自定义事件，使得引入这些母版的页面可以为自定义事件设置不同的动作，从而引来不同的效果。例如本章中讲解的母版自定义事件的应用案例，首页和其余页面都引用了母版，但是通过自定义事件为它赋予了不同的动态行为。

第 7 章 Axure Share 共享原型

Axure RP 提供一套 Axure Share 云托管解决方案，通过利用 Axure Share 的相关功能，可以将本地项目上传到 Axure 的共享官网，提供给客户或团队查看，也可使用它托管团队项目。本章将讲解 Axure Share 的用途，并且结合案例详细讲解如何创建 Axure Share 用户、登录 Axure Share、将项目发布到 Axure Share，以及管理 Axure Share 项目等内容。

7.1 Axure Share 的共享原型概述

Axure RP 提供一套云托管解决方案，即 Axure Share，通过它，可以将本地项目上传到 Axure 的官网，提供给客户或团队查看。Axure Share 允许免费创建 100 MB 以内的 1000 个项目，Axure Share 可以为共享项目提供自定义标题、支持 SEO 等。

Axure Share 官网的访问地址为：http://share.axure.com，可以自行注册，输入登录名和密码后可登录 Axure Share，并可对托管项目进行统一管理。

在 Axure RP 8 中，还添加一个非常便利的功能，如果没有版本控制软件，Axure Share 中也支持在 Axure Share 中创建团队建设项目，有关团队建设的内容将在下一章进行详细讲解。

7.2 Axure Share 的应用

本节给大家讲解 Axure Share 的常用操作，包括如何创建用户、如何登录、如何发布项目，以及项目的常用管理操作。

7.2.1 创建 Axure Share 用户

创建一个项目后，选择菜单栏的“发布”→“发布到 Axure Share”命令，或者按〈F6〉快捷键，可将当前项目发布到 Axure Share，如果尚未登录 Axure Share 账户，会提示注册用户，如图 7-1 所示。

图 7-1　创建 Axure Share 用户对话框

在图 7-1 对话框输入邮箱、密码，并勾选同意 Axure 条款，单击“确定”按钮完成注册。

7.2.2　登录 Axure Share

Axure Share 用户注册完毕，或者已有 Axure Share 账户时，可在“登录”对话框中进行登录，如图 7-2 所示。

图 7-2　Axure Share 登录对话框

在登录页面可以输入“邮箱”和“密码”，单击“确定”按钮进行登录操作，如果忘记密码，可以单击“忘记密码”链接进行密码找回操作。

7.2.3　将项目发布到 Axure Share

登录成功后，若想将当前项目发布到 Axure Share，委托其进行托管，“发布到 Axure Share”对话框，如图 7-3 所示。

需要注意的是，可以在该对话框中选择“创建一个新项目”或“替换已有项目”，如果该项目已经发布过，可选择“替换已有项目”，并选择需要替换的项目的 ID。如果该项目尚未发布过，使用“创建一个新项目”即可，在这里可以设置该项目的名称，默认为当前项目的名称。为了只让想要看到该原型的用户进行查看，在此可以设置密码，例如设置为“amigoxie”，还可以指定存储的文件夹，例如单击“ ... ”按钮选择已有的文件夹，笔者在此选择的是先前创建好的“My Projects\amigo”目录。全部设置完毕后，单击该对话框的“发布”按钮，完成发布到 Axure Share 操作，发布成功结果的效果如图 7-4 所示。

图 7-3　“发布到 Axure Share”对话框

图 7-4　发布 Axure Share 成功提示信息

在提示结果页面会显示该原型在 Axure Share 中的外网访问地址，可以单击“复制”按钮复制该地址，该项目的访问地址为：https://s6yy8g.axshare.com。

访问该地址时，因为发布时我们设置了密码，所以会提示图 7-5 所示的密码输入页面。

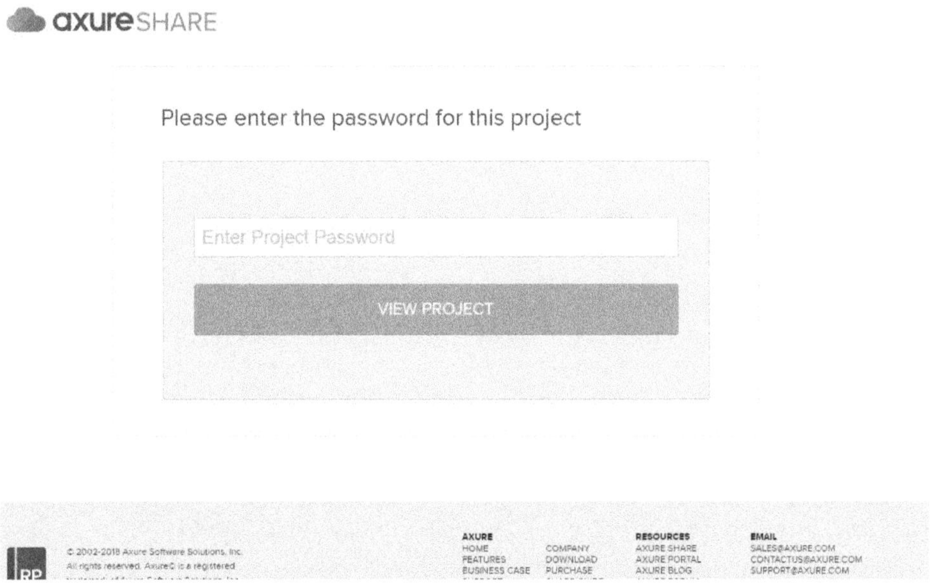

图 7-5　Axure Share 访问地址输入界面

在图 7-5 中输入我们设置好的访问密码 amigoxie 后，单击“View Project”按钮查看项目信息，如图 7-6 所示。

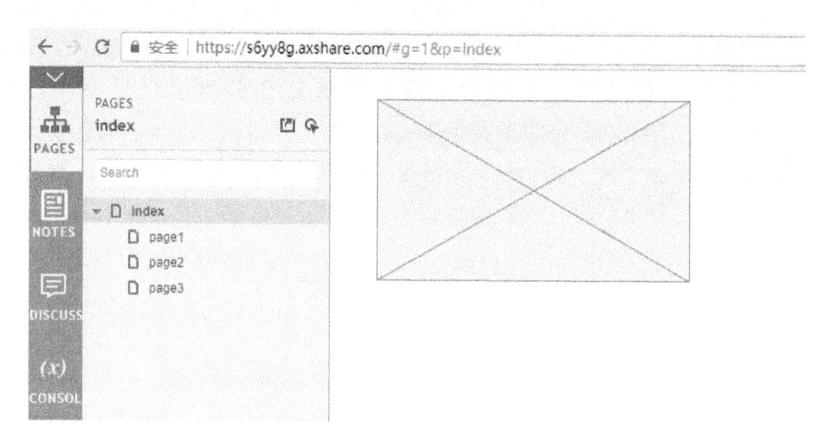

图 7-6　查看项目信息

7.2.4　管理 Axure Share 项目

输入邮箱（登录名）和密码登录 Axure Share 访问地址（http://share.axure.com）后，可对项目进行统一管理。登录成功后，单击进入 MyProjects/amigo 目录，如图 7-7 所示。

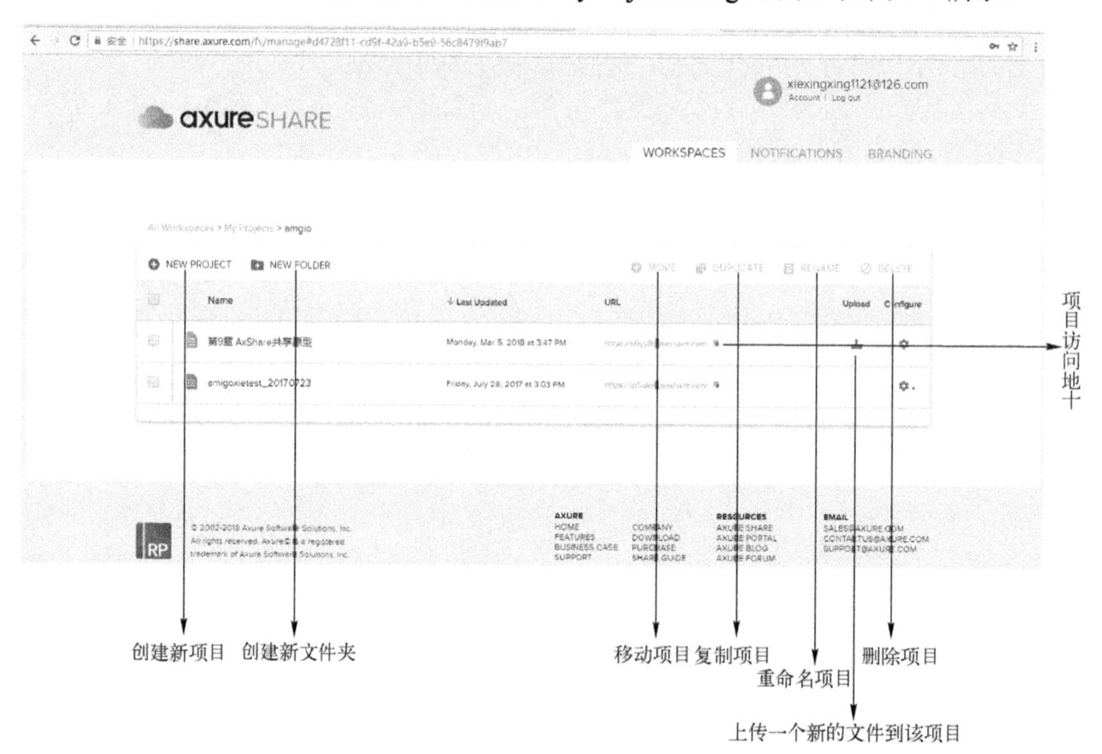

图 7-7　管理 Axure Share 项目

在项目管理页面可进行创建新项目、创建新文件夹、移动项目、复制项目、重命名项目、删除项目、上传一个新的文件到该项目和查看项目访问地址等功能。单击图 7-7 某个项目（如“第 9 章 Axure Share 共享原型”）右侧的“⚙▾”（配置）按钮，可看到图 7-8 所示的配置子菜单项。

单击图 7-8 的第一个子菜单项“FILE+SETTINGS”，可进入文件设置页面进行设置项目名称、复制访问地址、上传原型文件、复制在 Axure Share 中的项目 ID、设置项目访问密码、查看创建时间等操作，如图 7-9 所示。

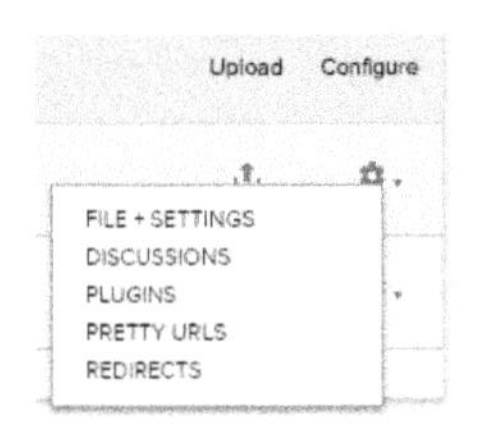

图 7-8　配置项目

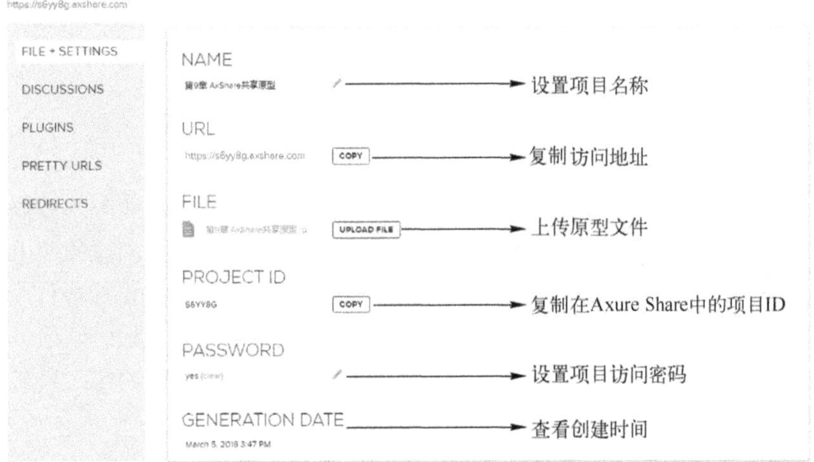

图 7-9　Axure Share 文件的文件设置页面

7.3　本章小结

本章详细讲解了 Axure RP 中的 Axure Share 共享原型功能。主要内容包括：

1）**Axure Share 简介**：Axure Share 是 Axure RP 为我们提供一套云托管解决方案，通过它，可以将本地项目上传到 Axure 的官网，提供给客户或团队查看，也可委托其托管团队项目。

2）**Axure Share 应用案例**：结合实际操作详细讲解 Axure Share 的常用操作，包括创建 Axure Share 用户、登录 Axure Share、将项目发布到 Axure Share 和管理 Axure Share 项目的相关知识。

第8章 团队项目

如果想多个团队人员一起进行产品原型设计开发，或者实现原型的版本控制和管理，可采用 Axure RP 提供的团队项目的功能，本章将详细讲解团队项目的创建和使用等内容。在 Axure RP 中，可采用 Axure Share 和 SVN 版本控制工具两种方式创建团队项目，创建团队项目成功后，可以进行的常用操作与 SVN 版本控制工具类似，例如下载团队项目、签入、签出、全部签入、全部签出、提交变更和获取变更等操作。对应执行的操作，页面也可处于多种状态中的其中一种，例如签入状态、签出状态和新增状态等。

8.1 团队项目概述

对于较小的产品原型设计项目，可以由一个人完成并进行管理。但是，对于较大的网站或 App 原型，或者比较紧急的原型，一般由多个设计人员合作开发，因为是分工合作设计，多个设计人员完成后，需要进行合并，工作量很大，不易维护，而且很容易出差错。

与多人开发的软件项目类似，软件项目采用的是版本控制工具，例如 SVN、CVS 等。但是，如果仅仅借助于这些版本控制工具，因在 SVN 等工具中原型体现的是一个 rp 文件，所以，当不同的设计人员都更改了产品原型时，不便于进行原型合并操作，也不便于进行不同版本原型的比较工作。

庆幸的是，Axure RP 提供了对团队项目的支持，可以结合 SVN 版本控制工具进行团队项目管理，如果因为项目条件限制，没有可以进行版本管理和控制的服务器，或者没有可通过外网访问的环境，也可将其上传至 Axure Share 进行共享管理。Axure Share 支持随时随地进行团队项目管理、版本控制，也不需要额外的服务器资源。

8.2 创建团队项目

选择项目首页后，在菜单栏选择“团队”→“从当前文件创建团队项目”命令，打开

“创建团队项目”对话框如图 8-1 所示。

在 Axure RP 8 中，提供两种方式创建团队项目：Axure Share 和 SVN。图 8-1 所示为以 Axure Share 方式创建，单击图 8-1 的“SVN”的选项卡，如图 8-2 所示，为 SVN 方式创建。如果以 SVN 方式创建，需要指定团队目录的 SVN 地址，确定团队项目的名称，以及在本地的保存目录。因后续的操作都大同小异，所以，这里只是以 Axure Share 创建团队项目为例进行讲解。

图 8-1　创建团队项目（Axure Share）

图 8-2　创建团队项目（SVN）

在“创建团队项目”对话框中，选择保存的文件夹为：Workspaces\My Projects\amigo（该项为选填项），团队项目名称为：“第 8 章　团队项目”。本地目录设置为：“C:\amigoxie\工作之外\2、技术和博客写作\6.机械工业出版社《Axure RP 8 产品原型设计实践》\图书书稿\第 8 章　团队项目”，URL 加密需要添加密码保护，密码设置为：amigoxie（该项为选填项），如图 8-3 所示。

设置完成后，单击图 8-3 的“创建”按钮，完成团队项目的创建操作，创建成功后，会提示操作结果，如图 8-4 所示。

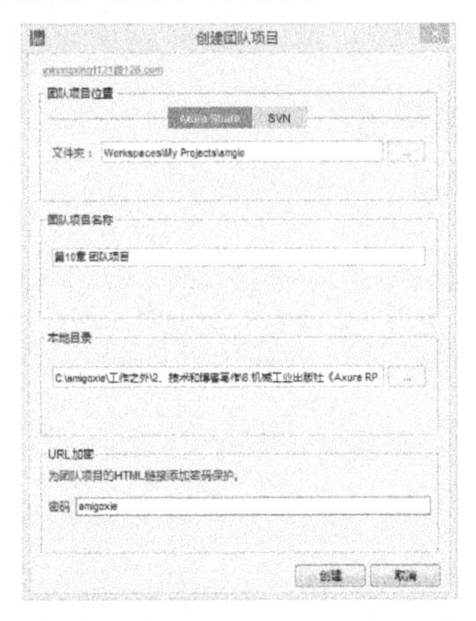

图 8-3　创建团队项目（Axure Share 设置信息）

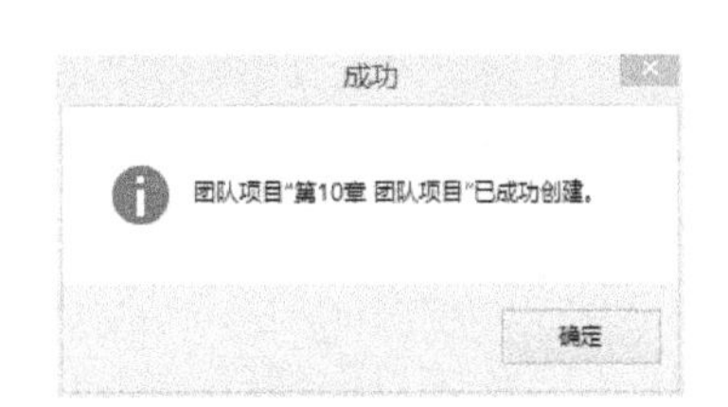

图 8-4　创建团队项目成功提示对话框

8.3 使用团队项目

团队项目创建成功后，需要用到原型的开发人员都可以进行使用，包括下载团队项目、提交、签出、签入等操作。

1．下载团队项目

团队项目创建成功后，任何人员都可通过 Axure RP 将该项目导入，在 Axure RP 8 中，选择“团队”→“获取并打开团队项目”命令，打开“获取团队项目”对话框，如图 8-5 所示。

与创建团队项目类似，该对话框也有两种获取方式：Axure Share 和 SVN，与前面案例对应，我们选取“Axure Share”这种方式，并单击“...”按钮选择我们刚创建的“第 8 章团队项目”这个项目，并选择本地保存目录，笔者选择的是“C:\amigoxie\axureproject”，设置完成后，单击“获取”按钮，会显示获取进度，并提示图 8-6 所示的获取团队项目结果对话框。

图 8-5 “获取团队项目”对话框

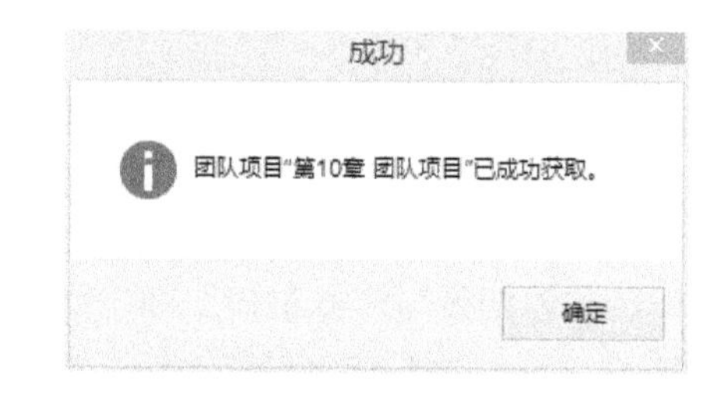

图 8-6 获取团队项目成功结果对话框

2．团队项目常用操作

从 Axure Share 或 SVN 服务器下载 Axure 团队项目的原型后，在菜单栏单击“团队”菜单，可进行该项目的常用操作，如图 8-7 所示。

也可在“页面”面板选择某个页面，右击选择进行常用操作。

（1）签出

在默认情况下，页面显示为蓝色菱形小图标，表示的是签入状态，如果想对该页面进行编辑，需要进行签出操作。选择某个页面如“page1”，右击选择“签出”菜单项，签出成功后，该页面在“页面”面板显示为绿色圆形小图标，表示为签出状态。签出状态下，可以对该页面进行编辑，例如添加一个图片元件。该操作也可通过菜单栏的“团队”菜单项进行操作。

（2）提交变更

在签出状态对某个页面如“page1”进行修改后，在“页面”面板选中该页面，右击选择“提交变更”命令，可以将修改更新到服务器，并且该页面依然处于签出状态。提交变更对话框如图 8-8 所示。在“提交变更”对话框可输入变更说明，这些说明信息团队其余用户都可以看到。该操作也可通过菜单栏的“团队”菜单项进行操作。

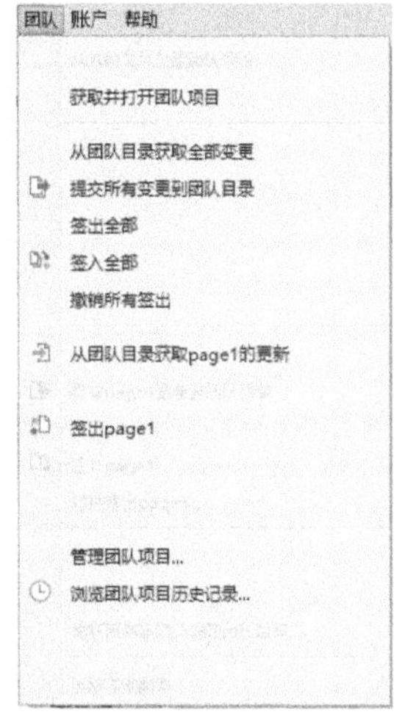

图 8-7 团队项目常用操作

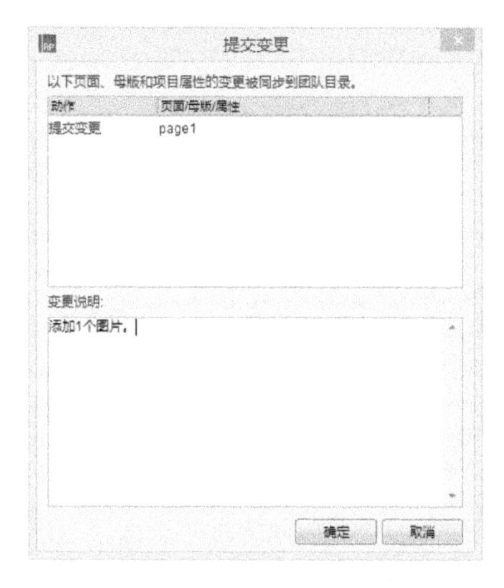

图 8-8 “提交变更”对话框

（3）签入

在签出状态下，在“页面”面板选择某个页面如“page1”，右击选择“签入”命令，可以提交所做的变更，并且，页面状态变为签入状态，需要重新签出才能进行编辑。签入对话框如图 8-9 所示。

在“签入”对话框可设置签入说明，这些说明信息团队其余用户都可以看到。该操作也可通过菜单栏的“团队”菜单项进行操作。

（4）获取变更

如果团队其余人员对某个页面进行了更新，可在“页面”面板选择该页面，如“page1”，右击选择“获取变更”菜单项，操作完成后，该文件将被更新为最新版本。该操作也可通过菜单栏的“团队”菜单项进行操作。

（5）签出全部

如果想一次性签出本项目的全部页面，可在菜单栏选择“团队”→“签出全部”命令，此时，如果不存在冲突，所有页面在“页面”面板的状态将变成签出（绿色小圆形）状态，并都可进行修改。

（6）撤销所有签出

如果因为误操作进行了签出操作，想进行撤销操作，可在菜单栏选择“团队”→“撤销所有签出”命令，可看到在“页面”面板中，所有页面的状态都变成签入（蓝色小菱形）状态。

（7）提交所有变更到团队目录

签出多个页面，并进行修改后，如果不想逐个进行提交变更操作，可在菜单栏选择“团队”→“提交所有变更到团队目录”命令，打开“提交变更”对话框如图 8-10 所示。

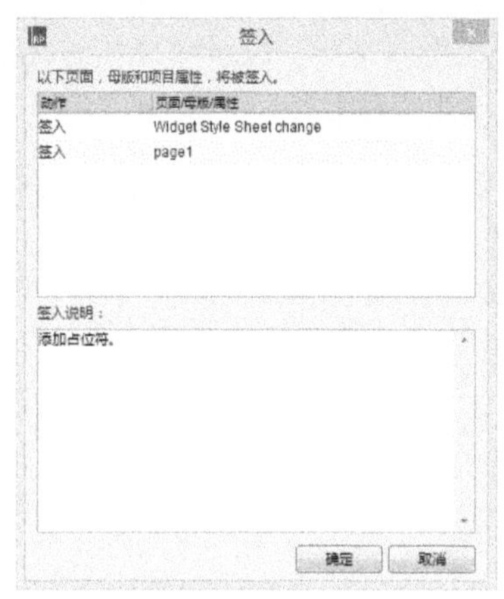

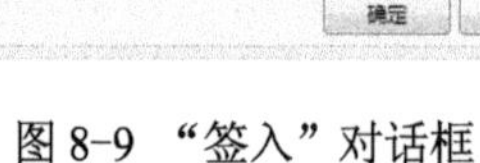

图 8-9 “签入”对话框

图 8-10 “提交变更”对话框

在该对话框中，可看到所有的变更信息，并可输入变更说明。提交完成后，不会改变所有页面的签出状态，还可以继续对页面进行修改。

（8）签入全部

如果想一次提交多个页面，并且，让所有页面保持签入状态，可在菜单栏选择“团队”→“签入全部”命令，之后打开的“签入”对话框如图 8-11 所示。

在图 8-11 所示对话框，可看到此次签入操作有哪些页面做了何种变更，并可输入签入说明，说明信息所有团队人员都可查看。

（9）从团队目录获取所有变更

如果想一次性更新团队项目的所有页面，可在菜单栏选择“团队”→“从团队目录获取所有变更”命令进行批量获取变更操作。

（10）管理团队项目

在菜单栏选择“团队”→“管理团队项目”命令，打开“管理团队项目”对话框，如图 8-12 所示。

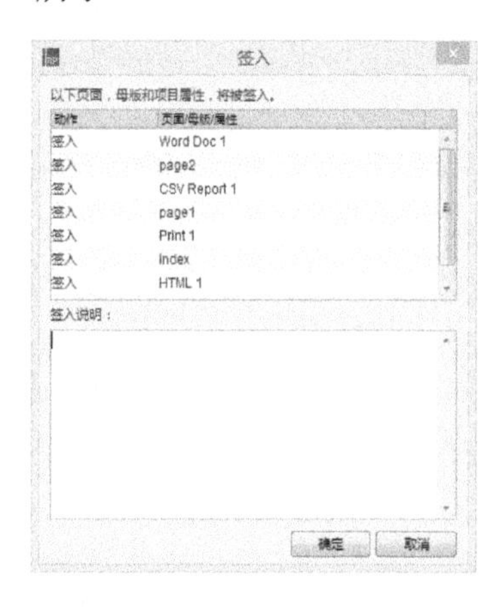

图 8-11 “签入”对话框

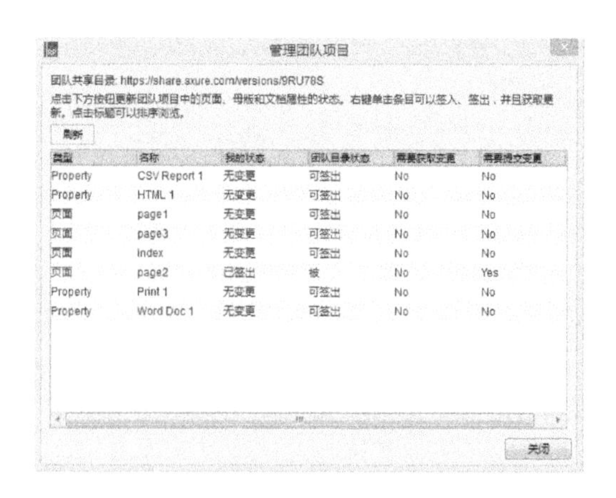

图 8-12 “管理团队项目”对话框

在该对话框中，可查看到所有团队项目的“类型”“名称”“我的状态”“团队目录状态”“需要获取变更”和“需要提交变更”信息。例如 page2 页面当前是已签出状态，并且进行了变更，则“需要提交变更”列为“Yes”。

（11）浏览团队项目历史记录

在菜单栏选择“团队”→“浏览团队项目历史记录”命令，打开“团队项目历史记录”对话框，如图 8-13 所示。

图 8-13 “团队项目历史记录”对话框

在图 8-13 中，可选择开始日期、结束日期或者勾选全部日期后，单击“获取”按钮获取指定时间段的历史记录或所有历史记录。

3．页面状态

在前面内容中，讲解了页面的签入状态和签出状态。其实页面还有另外的状态，下面给大家进行详细说明。

（1）签入状态（◆蓝色菱形）

释放对页面或母版的编辑权利，并将更新提交到 SVN 服务器或 Axure Share，或者取消修改。在页面或母版为签出状态时，在“页面”面板选择某个页面后右击选择“签入”菜单项，可将页面变为签入状态。

若有 1 到多个页面或母版需要签出，在菜单栏选择“团队”→“签入全部”命令，则可将所有签出页面和母版设置为签入状态。

（2）签出状态（●绿色圆形）

若想获得页面或母版的编辑权利，需要在团队项目中签出所需要编辑的页面或母版。若团队其他用户当前未签出该页面，操作后该页面将变成签出状态。可采用“2. 团队项目常用操作”中讲解的方式签出单个页面或母版，或签出所有页面或母版。

（3）新增状态（＋绿色加号）

当创建新页面或母版，并且尚未签入到服务器时，为新增状态。只有当新增的页面或母版签入到团队项目服务器，团队其他成员才能查看并使用它们。

（4）冲突状态（■红色矩形）

当本地项目中的页面或母版与团队项目 SVN 服务器或 Axure Share 中对应页面或母版冲突时，将会显示为红色冲突状态。

例如，A 用户签出 page2 页面，B 用户也签出 page2 页面，A 用户修改完毕后提交到 Axure Share 团队项目，B 用户也进行了修改，但是尚未进行提交操作，此时，B 用户在菜单栏选择“团队”→“从团队目录获取全部变更”命令，或在“页面”面板选择该页面后，右击选择“获取变更”命令，此时，page1 页面将变成红色矩形冲突状态，表示该页面不是在最新版本上做的更新操作。例如显示图 8-14 所示的冲突提示。

（5）非安全签出状态（▲黄色三角形）

为了避免冲突引发的一系列问题，建议在某一个时间，只允许一个团队人员签出某个页面或母版。但是，Axure RP 与 SVN 等版本控制软件类似，在其他用户已签出的情况下也允许签出，此时，签出是非安全签出状态。

在“页面”面板选择某个已经被团队其他用户签出的页面或母版，如 page2 页面，右击选择“签出”命令，弹出“无法签出”对话框询问用户是否做强制签出，如图 8-15 所示。

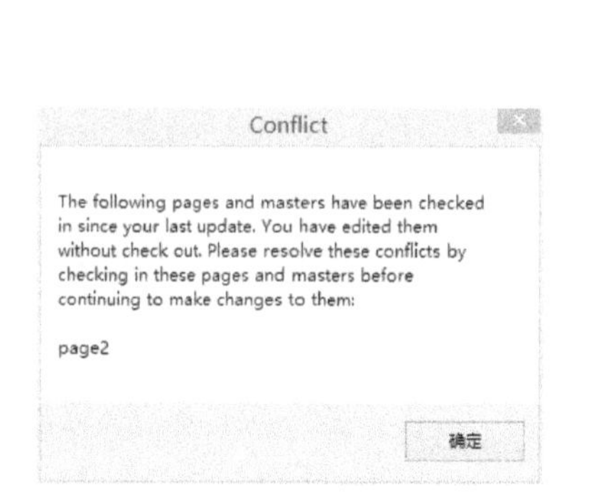

图 8-14　页面版本冲突提示

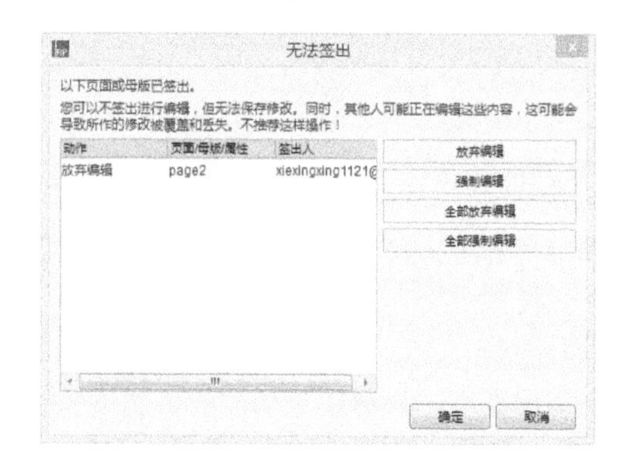

图 8-15　“无法签出”对话框

在图 8-15 中，选择左侧页面后，单击“强制编辑”，然后单击“确定”按钮，完成该页面的强制编辑操作。此时，该页面变更为黄色三角形表示当前为冲突状态。

8.4　本章小结

本章详细讲解了在 Axure RP 中如何管理团队项目。主要包括以下内容：

1）团队项目简介：团队项目一般指的是需要多名设计人员进行设计和管理的原型项目，也可用于记录自己的更改信息。

2）创建团队项目：Axure RP 8 提供两种方式创建团队项目，分别为“Axure Share”和“SVN”，创建成功后操作几乎一样，只是存储的位置不同。

3）使用团队项目：详细讲解如何下载团队项目，以及如何进行签出、提交变更、签入、获取变更、签出全部、撤销所有签出、提交所有变更到团队目录、签入全部、从团队目录获取所有变更和浏览团队项目历史记录常用操作，并详细讲解了页面的 5 种状态，分别为：签入状态、签出状态、新增状态、冲突状态和非安全签出状态。

第 9 章 输出文档

Axure RP 核心功能在于进行原型设计，但是，它也提供了生成其他文件的方法，本章的内容非常简单，主要给大家讲解如何将 Axure RP 的原型文件生成可用于预览的 HTML 文件，或生成在某些场合可以替代 PRD 文档的 Word 说明书。除了生成这两种文档外，Axure RP 还支持生成 CSV 报告和打印文档，并可基于这四种类型，定义满足用户要求的其他格式的文档。

9.1 生成 HTML 文件

在 Axure RP 中，生成 HTML 文档有两种方式，可选择生成整个项目的 HTML 文件（普遍采用）；如果只是更改了很少的内容，而且生成整个项目的 HTML 文件时间太长，可以选择在 HTML 文件中只是重新生成当前页面。生成 HTML 文件的重要好处在于，在没有安装 Axure RP 8 软件的计算机上，可以通过打开 HTML 文件进行预览。

9.1.1 生成整个项目的 HTML 文件

在菜单栏选择“发布”→“生成 HTML 文件”命令，或者使用〈F8〉快捷键，打开生成 HTML 对话框，如图 9-1 所示。

1）存放 HTML 文件的目标文件夹：一个原型文件会生成多个 HTML 页面和相关文件，在此可指定生成文件路径。

2）打开-浏览器：用于指定生成成功后，用于预览的浏览器，或者选择不打开浏览器，如果选择“默认浏览器”，则和当前系统的默认浏览器有关，例如默认为 IE 浏览器则以 IE 浏览器的方式打开。

3）打开-工具栏：用于设置是否带有页面列表和工具栏。

生成 HTML 对话框还包括其余的很多选项卡，例如“页面”选项卡用于勾选一到多个需要生成的页面，默认所有页面都为选中状态，“页面说明”选项卡可以指定是否包含页面说明，“元件说明”选项卡用于指定是否包含元件说明和脚注，“移动设备”选项卡用于指定“主屏图标”“iOS 启动画面设置”“iOS 状态栏样式”等移动设备选项。

在图 9-1 中单击“生成”按钮，生成的 HTML 文件参考目录如图 9-2 所示。除包括该原型的所有页面外，还包括 start.html 文件，该文件用于快捷打开预览，另外，还对应生成了 data、files、images、plugins 和 resources 文件夹。需要注意的是，有的读者可能存在如下疑问：这些 HTML 文件可以直接用于作为开发人员的 demo 文件，在此基础上二次开发吗？

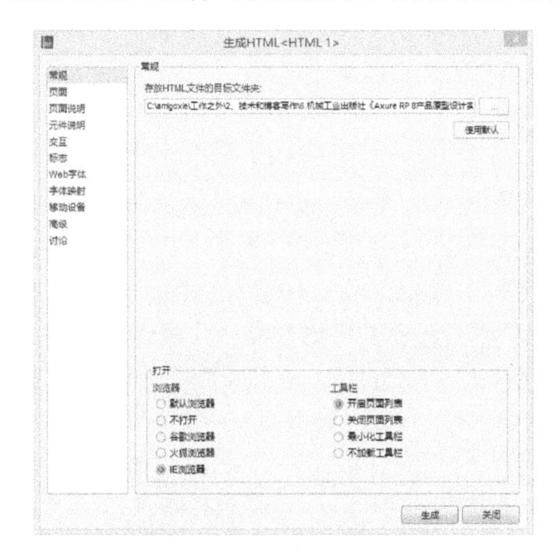

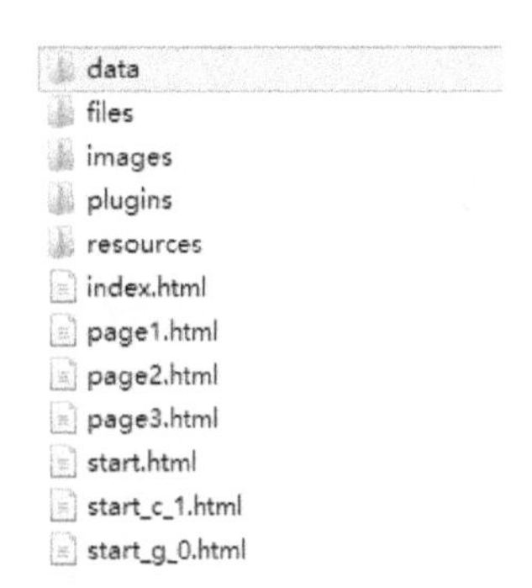

图 9-1　生成 HTML 对话框　　　　图 9-2　生成 HTML 文件的目录参考

答案是：不可以。Axure RP 生成的 HTML 文件主要为了方便在没有安装 Axure RP 软件的计算机上进行预览而已。

生成后的原型文件可以直接用于演示，打开生成目录下的 start.html 文件即可。基本与使用〈F5〉快捷键预览时基本一致，如图 9-3 所示。

图 9-3　生成 HTML 文件的预览效果

9.1.2　在 HTML 文件中重新生成当前页面

在 Axure RP 中，还可以生成单个文件的 HTML 文件，在菜单栏选择“发布”→“在

HTML 文件中重新生成当前页面”命令，或使用〈Ctrl + F8〉快捷键，可重新生成当前选择页面的 HTML 文件，此时，即使另外的页面也做了修改操作，也不会更新到 HTML 生成的目录。

9.2 生成 Word 说明书

大家有没有觉得写 Word 版本的 PRD 文档很烦琐？如果公司领导愿意接受 Axure RP 版本的 Word 说明书的内容，这将是摆脱烦琐的 PRD 文档的福音。

9.2.1 生成 Word 说明书的操作

在菜单栏选择“发布”→“生成 Word 说明书”命令，或者使用〈F9〉快捷键，打开 Word 说明书生成对话框，如图 9-4 所示。

在图 9-4 中，可在“目标文件”中指定刚生成目录和文件名称，除了“常规”选项卡外，还包括“页面”选项卡，如图 9-5 所示，在该选项卡可指定需要生成说明的页面，以及是否包括标题和站点地图列表。“母版”选项卡与“页面”选项卡大同小异，其余选项卡还包括“页面属性”“屏幕快照”“元件表”“布局”和“Word 模板”。

图 9-4　生成 Word 说明书对话框（常规）

图 9-5　生成 Word 说明书对话框（页面）

除了更改保存目录外，其余都保存默认设置，单击图 9-4 的“生成”按钮，生成的 Word 文件如图 9-6 所示。

9.2.2 生成 Word 说明书的注意事项

需要注意的是，如果想将 Word 说明书替换页数很多、工作量巨大的 PRD 文档或需求规格说明书，为了生成的 Word 说明书更加符合要求，更加方便地指导开发人员的开发工作和测试人员的测试用例编写工作，有如下建议分享给大家。

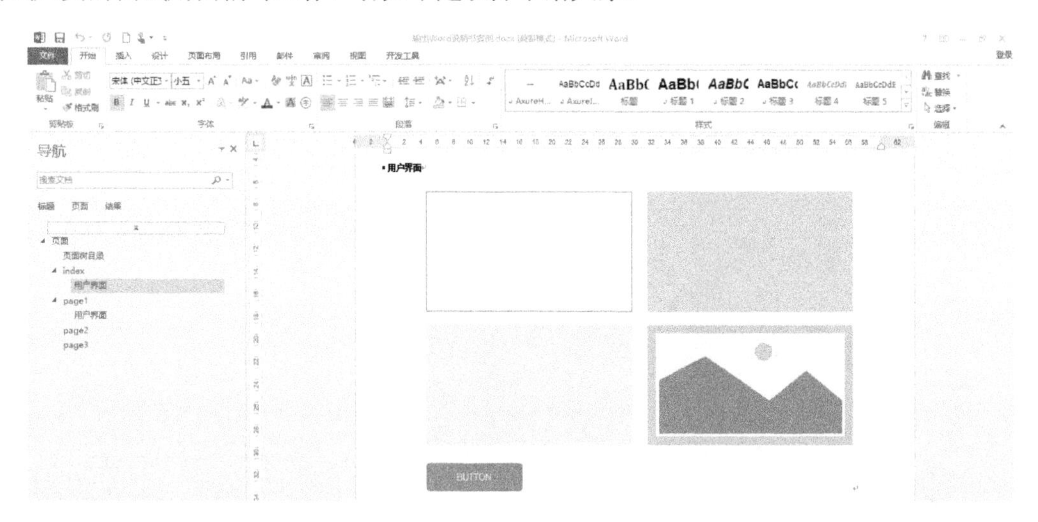

图 9-6　生成的 Word 说明书

1．添加一个“文档修改记录”页面

无论 PRD 还是需求规格说明书，为了记录文档的修改历史记录，一般带有“文档修改记录”页，参考这一点，我们可以在原型文件中添加一个名称为“文档修改记录”的页面，在做原型修改时，可将重要修改记录在此。

2．页面结构

可在原型元件中添加一个“页面结构”的页面，用于描述整个原型的页面结构，可与需求规格说明书中的功能结构说明图示类似。

3．全局说明

一般的 PRD 或需求规格书文档，包括产品或项目概况的说明，可以在原型文件中添加一个“全局说明”的页面，描述需要全局说明的信息。

4．核心业务流程

大部分的产品，都有一些核心业务流程，这也是重中之重，可在原型文件中添加一个“核心业务流程”的文件夹，在里面添加核心业务流程的所有页面。

5．给页面和页面元件添加说明

建议给页面添加说明信息，并且给出页面元件的说明，如表单元件（如文本框元件、多行文本框元件）等的说明信息，以一个手机 App 版本的“忘记密码”页面为例，主要包含 3 个元件：手机号文本框元件、输入验证码文本框元件和发送验证码按钮元件，可在“页面设计”面板说明如下信息。

1）手机号文本框元件：文本输入框，单击时清空提示信息并打开键盘，必填项。

2）发送验证码按钮元件：单击切换按钮状态为灰色，并发送验证码短信。

3）短信验证码文本框元件：单击清空提示信息并打开键盘。

9.3 更多生成器和配置文件

除了 HTML 和 Word 说明书生成外，Axure RP 还提供了如 CSV 和打印文件的生成器，在菜单栏选择“发布”→“更多生成器和配置文件”命令，打开“管理配置文件”对话框，如图 9-7 所示。

在图 9-7 中，可以选择“CSV Report 1”打开生成 CSV 报告对话框，如图 9-8 所示，设置相关信息后，单击对话框中的“生成”按钮，完成 CSV 报告的生成操作，生成的 CSV 报告参考图 9-9。

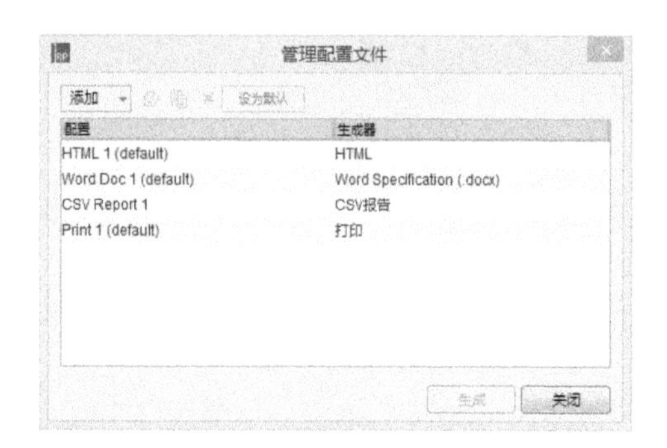

图 9-7 “管理配置文件”对话框

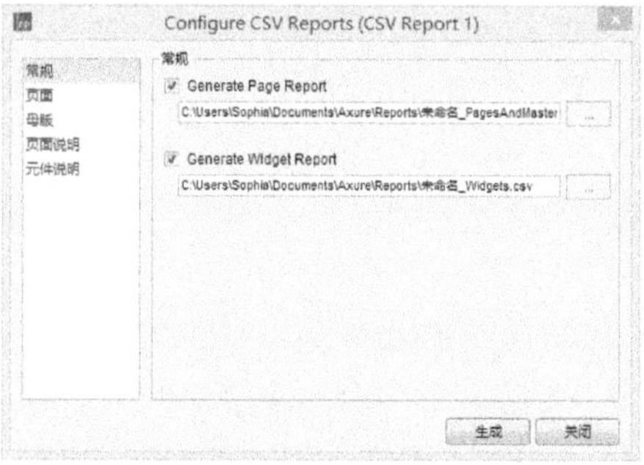

图 9-8 生成 CSV 报告对话框

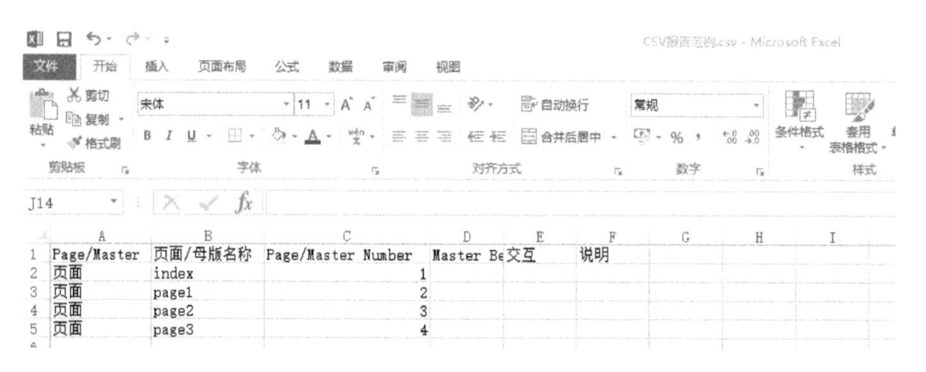

图 9-9 生成 CSV 报告范例

在图 9-7 的“管理配置文件”对话框中，单击“添加”按钮，还可以添加自定义的以对话框中 4 种配置文件格式为参考的自定义配置文件，有兴趣的可以在 Word 说明书的基础上创建出更加符合公司 PRD 文档编写要求的文档。

9.4 本章小结

本章详细讲解了 Axure RP 中如何输出其余格式的文档。主要内容包括：

1）**生成 HTML 文件**：提供两种生成 HTML 文件方式，即“生成整个项目的 HTML 文件”和“在 HTML 文件中重新生成当前页面”。生成 HTML 的好处是在没有安装 Axure RP 软件的计算机上也能很方便地打开进行浏览。

2）生成 Word 说明书： 可以定义生成 Word 说明书的输出内容，这是抛弃烦琐详细的需求规格说明书或 PRD 文档的福音。

3）更多生成器和配置文件： 除 HTML 文件和 Word 说明书外，Axure RP 还提供了 CSV 报告和打印文档两种方式的生成器，并可在这 4 种生成器基础上创建自定义的生成器。

第三篇　Axure RP 原型设计实践

本篇是产品原型设计案例合集，详细讲解了数 10 个 Web、App 和菜单设计原型设计实践案例，以及一个整站综合案例，读者从中可以学习到目前最经典，流行的 Web、App 产品设计效果。本篇主要包括以下四部分内容。

1）Web 原型设计实践：通过淘宝、京东、天猫商城、美丽说等 Web 原型设计案例，讲解如何通过 Axure RP 实现强大的 Web 交互功能。

2）App 原型设计实践： 通过讲解微信、网易云音乐、幕布、QQ 和航旅纵横等 App 原型设计案例，让大家进一步了解如何通过 Axure RP 的元件和交互功能，实现酷炫、吸引眼球的 App 交互效果。

3）菜单原型设计实践： 菜单设计都大同小异，本章详细讲解 8 种菜单的设计：标签式菜单、顶部菜单、九宫格菜单、抽屉式菜单、分级菜单、下拉列表式菜单、三级导航菜单和特色菜单。

4）整站原型设计——温馨小居：在前面章节的基础上更上一层楼，讲解如何进行整站设计，提供温馨小居产品主要功能的 Web 和 App 原型设计。

第 10 章 Web 原型设计实践

在前面的几章中主要介绍了 Axure RP 的基本操作，从本章开始，将介绍运用 Axure RP 进行原型设计实践。本章通过 13 个典型的 Web 原型设计实践案例，让大家掌握 Web 原型设计的精髓，学习基本元件的使用知识，并通过使用动态面板元件、中继器元件和内联框架元件的典型案例，进一步学习 Axure RP 高级元件的使用知识。

10.1 淘宝网的用户注册效果

10.1.1 案例要求

淘宝网的用户注册包含 4 个步骤：①设置用户名→②填写账户信息→③设置支付方式→④注册成功。

在注册开始之前，需要用户同意注册协议才可以开始注册，如图 10-1 所示。

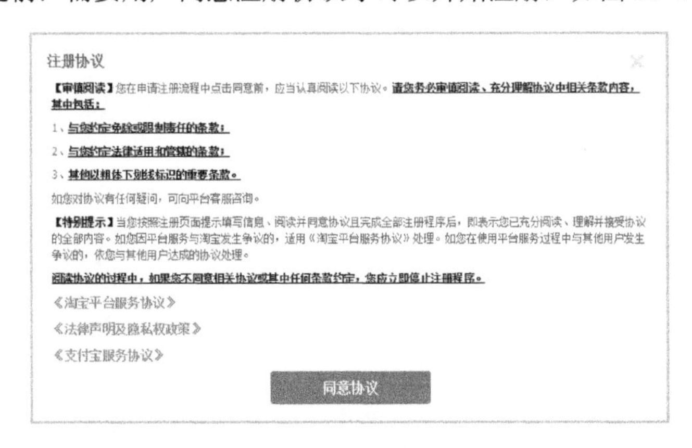

图 10-1 注册协议页面

1. 步骤一：设置用户名

输入手机号码作为淘宝账户的用户名，如果输入文本，文本框的边框变为红色，并在其右侧提示，如图 10-2 所示。如果输入手机号码错误，则给出错误提示，如图 10-3 所示。手机号码输入正确后拖动滑块验证成功，页面如图 10-4 所示。单击“下一步”按钮，弹出验证手机页面，如图 10-5 所示。

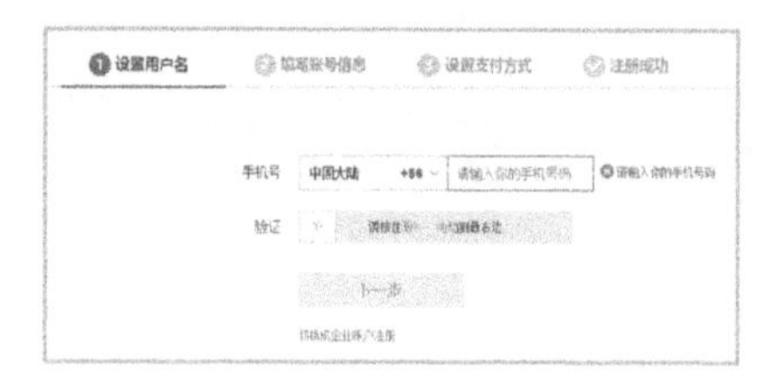

图 10-2　注册第一步：设置用户名

图 10-3　手机号码验证错误

图 10-4　用户名验证成功页面

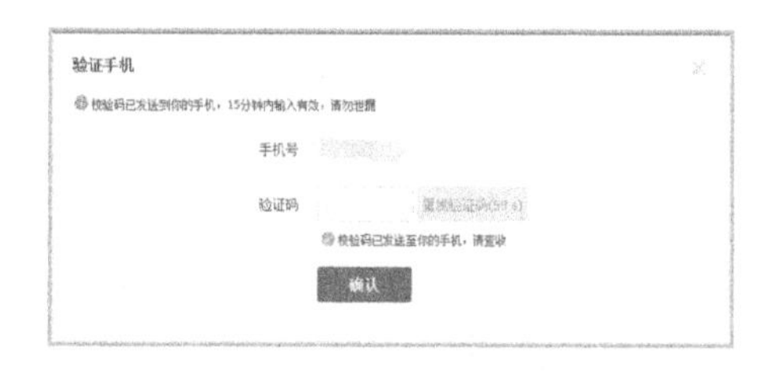

图 10-5　验证手机页面

2. 步骤二：填写账户信息

手机号码验证完成之后，用户就可以开始填写账户信息了，登录名一栏显示的是注册的手机号码，如图 10-6 所示。

如果两次密码输入不一致，文本框右侧提示“两次密码输入不一致”，如图 10-7 所示。

图 10-6　注册第二步：填写账户信息

图 10-7　密码输入错误页面

3. 步骤三：设置支付方式

单击“提交”按钮后，账户注册成功，接着用户开始设置支付方式，“设置支付方式”页面如图 10-8 所示。

4. 步骤四：注册成功

设置完支付方式或者单击“跳过，到下一步”按钮，会显示注册成功页面，如图 10-9 所示。

图 10-8　注册第三步：设置支付方式

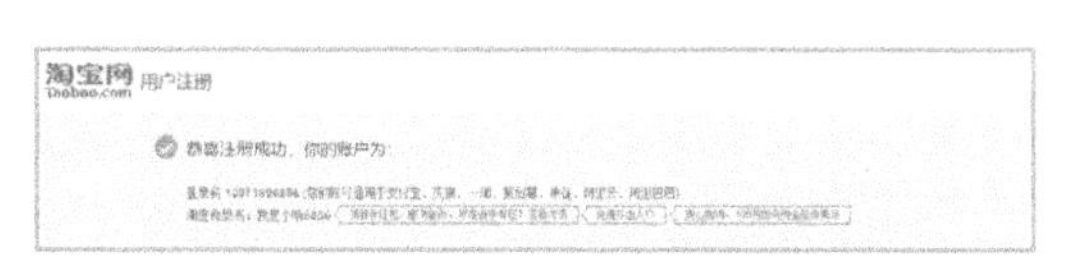

图 10-9　注册第四步：注册成功页面

10.1.2　案例分析

本案例的关键知识点分析如下。

1）观察各步骤后大家可以发现，我们需要创建 4 个页面来完成用户注册的流程。

2）对于注册协议，在最初加载设置用户名页面时，触发“页面载入时”事件，通过动态面板元件进行显示和隐藏操作。

3）针对不同类型的文本框元件，在文本框获取焦点时需要给出输入提示；在用户输入完毕并且输入错误时给出错误提示；在用户输入完毕并且输入正确时提示✓，来表示输入正确。我们可以在每个文本框元件后添加一个提示信息动态面板元件，包括 4 个状态：default（默认状态，无任何提示）、ok_state（输入正确状态）、error_state（输入错误状态）、empty_state（输入为空时提示）。

当某个文本框元件获得焦点时，当“获取焦点时”事件发生时，将其后面的动态面板元件的状态设置为 onfocus_state（文本框获得焦点状态）；当某个文本框失去焦点时，即触发失去焦点事件时，根据输入字符串的正确与否将状态切换到 ok_state 或者 error_state 状态。

4）在输入完手机号码后，有一个滑块验证。制作滑块验证主要用到的元件为热区元件和动态面板元件。在拖动动态面板的过程中，让绿色长条跟随移动，在接触热区的同时，完成验证；未接触热区时，就停止拖动，该动态面板元件和绿色长条回归原位。

5）在发送验证码之后，会有倒计时显示，60 s 内不能再发送验证码。倒计时的制作，需要一个记录倒计时数值的全局变量，利用一个动态面板的状态循环转换，判断全局变量是否小于 1，如果不小于 1，当前值减去 1，然后数值显示在按钮文本中。

10.1.3　案例实现

接下来为实现淘宝网用户注册流程的步骤。

1. 步骤一：元件准备

1）创建 4 个页面，分别命名为“设置用户名”“填写账户信息”“设置支付方式”“注册成功”页面。

2）“设置用户名”页面的主要元件，如图 10-10 所示。元件属性如表 10-1 所示。

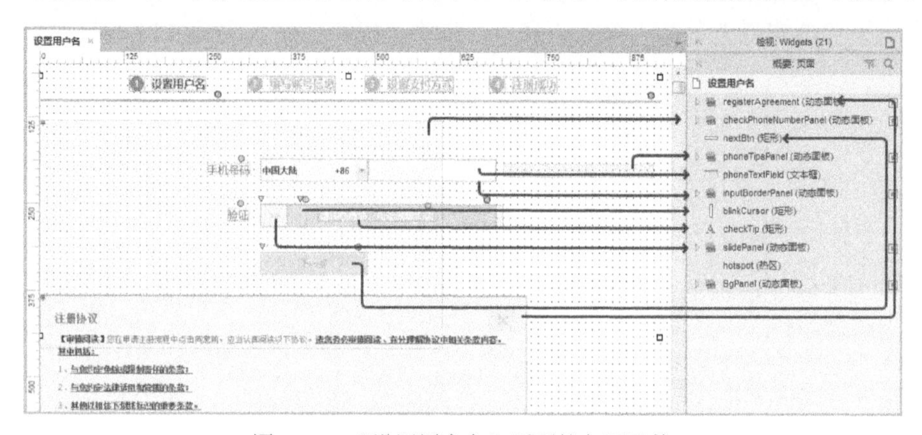

图 10-10 “设置用户名”页面的主要元件

表 10-1 “设置用户名”页面的元件属性

元件名称	元件种类	坐标	尺寸	备　注	可见性
registerAgreement	动态面板	X0;Y435	W725;H435	1 个 State1 状态	Y
checkPhoneNumberPanel	动态面板	X0;Y630	W600;H330	1 个 State1 状态，默认被隐藏	Y
nextBtn	矩形	X330;Y320	W160;H33	属性为“禁用”；填充颜色#D7D7D7；字体颜色#AEAEAE	Y
phoneTipsPanel	动态面板	X690;Y192	W220;H19	4 个状态，分别为：default、ok_state、error_state 和 empty_state	Y
phoneTextField	文本框	X491;Y186	W188;H31	填充颜色无	Y
inputBorderPanel	动态面板	X490;Y185	W190;H33	3 个状态，分别为：default、onFocus_state、error_state	Y
blinkCursor	矩形	X388;Y251	W10;H33	边框无	N
checkTip	文本标签	X415;Y260	W177:H16		Y
slidePanel	动态面板	X330;Y251	W40;H33	两个状态	Y
hotspot	热区	X679;Y251	W11;H33		Y
BgPanel	动态面板	X330;Y251	W350;H33		Y

3）checkPhoneNumberPanel 动态面板中的主要元件，如图 10-11 所示。元件属性如表 10-2 所示。

表 10-2　面板 checkPhoneNumberPanel 的元件属性

元件名称	元件种类	坐标	尺寸	备注	可见性
getCodeBtn	矩形	X345;Y147	W:107;H35	边框颜色#CCCCCC	Y
loopPanel	动态面板	X462;Y149	W40;H33	两个状态，分别为 State1 和 State2	Y
phoneNumText	文本标签	X222;Y112	W57;H16		Y
confirmBtn	矩形	X222;Y230	W113;H40	填充颜色#FF6600；边框无；字体颜色白色	Y
checkCodePanel	动态面板	X222;Y186	W207;H24	两个状态，分别为 default 和 error	Y
phoneCodeField	文本框	X222;Y148	W113;H35		Y

4）“填写账户信息”页面的主要元件，如图 10-12 所示。元件属性图标如表 10-3 所示。

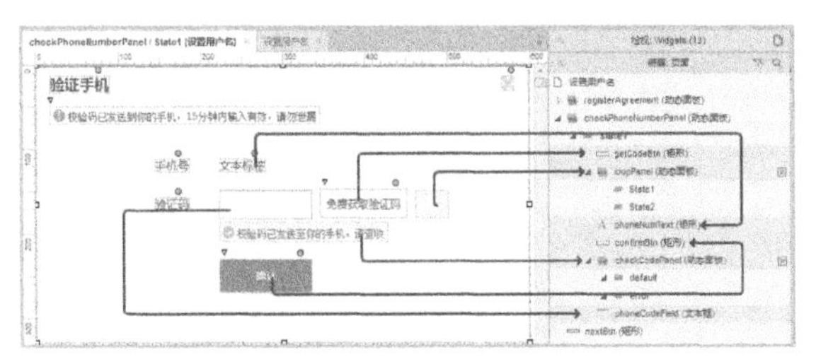

图 10-11　checkPhoneNumberPanel 面板的主要元件

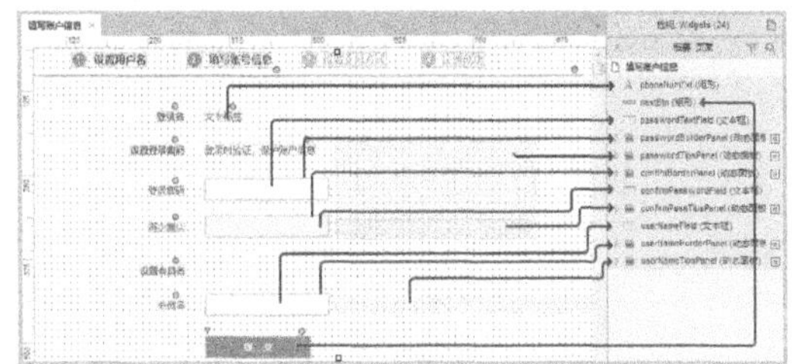

图 10-12　“填写账户信息”页面的主要元件

表 10-3　“填写账户信息”页面的元件属性

元件名称	元件种类	坐标	尺寸	备　注	可见性
phoneNumTxt	文本标签	X337;Y154	W57;H16		Y
nextBtn	矩形	X337;Y490	W160;H33	填充颜色#FF6600；字体颜色白色	Y
passwordTextField	文本框	X338;Y255	W188;H31	填充颜色无	Y
passwordBorderPanel	动态面板	X337;Y254	W190;H33	3 个状态，分别为 default、onfocus_state 和 error_state	Y
passwordTipsPanel	动态面板	X537;Y197	W309;H148	5 个状态，分别为：defualt、onfocus_state、onfocus_ok_state、error_state 和 ok_state	Y
confPsBorderPanel	动态面板	X337;Y309	W190;H34	3 个状态，分别为：default、onfocus_state 和 error_state	Y
confirmPasswordField	文本框	X338;Y310	W188;H31	填充颜色无	Y
confirmPassTipsPanel	动态面板	X536;Y315	W300;H23	4 个状态，分别为：default、onfocus_state、error_state 和 ok_state	Y
userNameField	文本框	X338;Y428	W188;H31	填充颜色无	Y
userNameBorderPanel	动态面板	X337;Y427	W190;H33	3 个状态，分别为：default、onfocus_state 和 error_state	Y
userNameTipsPanel	动态面板	X536;Y433	W544;H23	5 个状态分别为：default、onfocus_state、error_state、existed_state 和 ok_state	Y

5）“设置支付方式”页面的主要元件，如图 10-13 所示。元件属性如表 10-4 所示。

表 10-4　“设置支付方式”页面的元件属性

元件名称	元件种类	坐标	尺寸	备注	可见性
bankCardField	文本框	X303;Y147	W274;H31	隐藏边框	Y
bankCardBorderPanel	动态面板	X302;Y146	W276;H33	3 个状态	Y
bankCardTipsPanel	动态面板	X590;Y150	W300;H26	4 个状态	Y
nameField	文本框	X303;Y205	W274;H31	隐藏边框	Y
nameBorderPanel	动态面板	X302;Y204	W276;H33	3 个状态	Y
nameTipsPanel	动态面板	X590;Y208	W300;H26	4 个状态	Y
idCardField	文本框	X389;Y261	W188;H31	隐藏边框	Y
idCardBorderPanel	动态面板	X388;Y260	W190;H33	3 个装填	Y
idCardTipsPanel	动态面板	X590;Y264	W300;H26	4 个状态	Y
phoneTextField	文本框	X303;Y321	W188;H31	隐藏边框	Y
phoneBorderPanel	动态面板	X302;Y320	W190;H33	3 个状态	Y
phoneTipsPanel	动态面板	X590;Y324	W300;H26	4 个状态	Y
nextBtn	矩形	X302;Y381	W187;H33	填充颜色# 0099FF；边框无；字体颜色白色	Y

6）“注册完成”页面的主要元件，如图 10-14 所示。元件属性如表 10-5 所示。

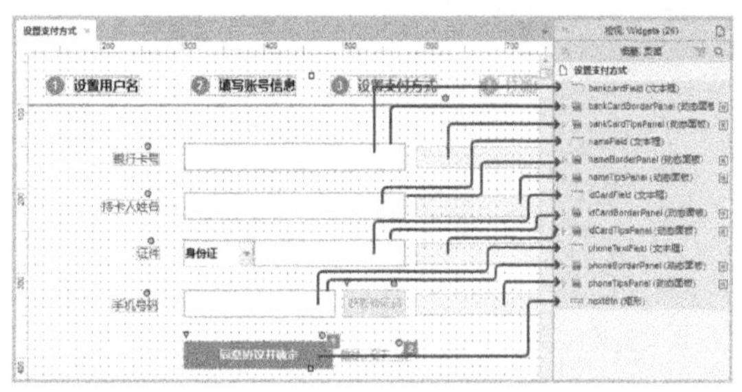

图 10-13 “设置支付方式”页面的主要元件

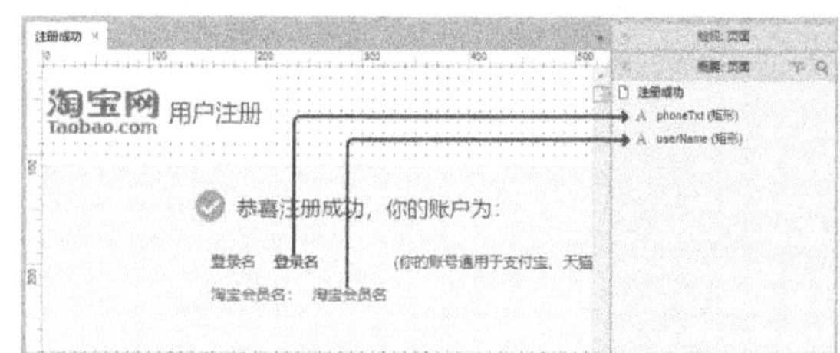

图 10-14 “注册完成”页面的主要元件

表 10-5 “注册完成”页面的元件属性

元件名称	元件种类	坐标	尺寸	备注	可见性
phoneTxt	文本标签	X254;Y220	W71;H16		Y
userName	文本标签	X218;Y190	W43;H16		Y

2. 步骤二：设置用户同意注册

1）选择页面空白区域，单击“检视”面板的“样式”选项卡，设置所有的页面排列为水平居中，如图 10-15 所示。

2）添加一个全局变量，在菜单栏选择“项目”→“全局变量”命令，将默认的变量名改为 phoneNum，该变量用于存储电话号码；再添加一个名为 countDown 的全局变量，默认值为 60，用于记录倒计时数值；添加 existedUserName 全局变量存储已存在的会员名；userName 存储新注册的会员名，这些信息后期都会用到，设置完成后如图 10-16 所示。

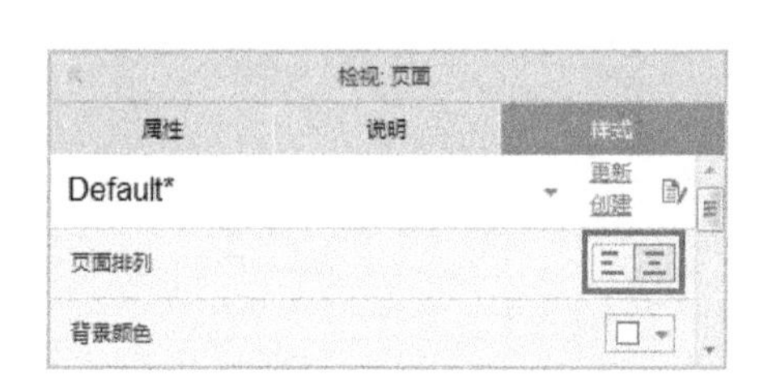

图 10-15 页面样式居中设置

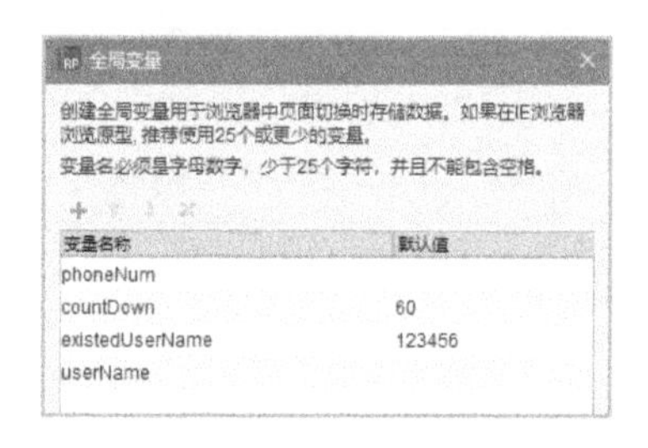

图 10-16 添加全局变量

3）在页面“设置用户名”中，双击进入 registerAgreement 动态面板元件内部，在“同意协议”的按钮上方添加热区，选中该热区，在“鼠标单击时”事件添加“隐藏”动作，隐藏 registerAgreement 动态面板元件，如图 10-17 所示。

4）在“设置用户名”页面加载时，在浏览器中央首先弹出的就是注册协议。选中 registerAgreement 动态面板元件，右击选择“固定到浏览器”，这样不论该面板处于什么坐标，在浏览器加载时，它都会在窗口的中央处，如图 10-18 所示。

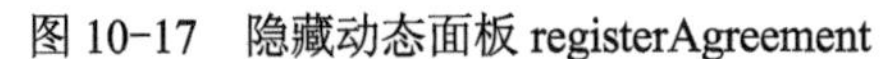

图 10-17 隐藏动态面板 registerAgreement

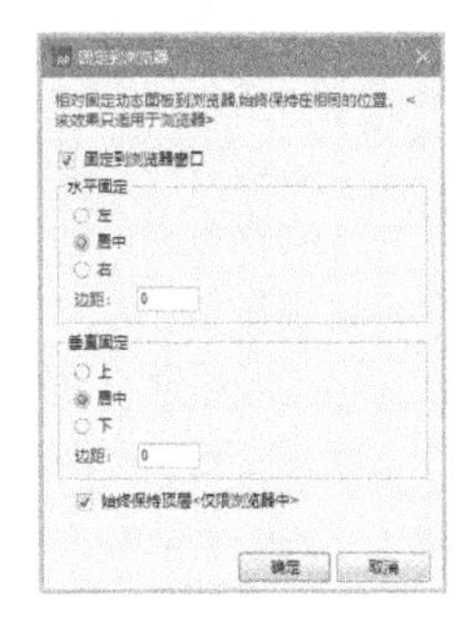

图 10-18 固定 registerAgreement 动态面板元件

3. 步骤三：设置用户名

（1）“输入电话号码”提示动态面板和边框的变化效果

这一步骤需要用到 phoneTipsPanel 和 inputBorderPanel 动态面板。

设置 inputBorderPanel 元件状态切换的触发条件，当 phoneTextField 元件获得焦点时，将 inputBorderPanel 切换至 onfocus_state（获得焦点状态）。选中元件 phoneTextField，在事件“获取焦点时”添加动作“设置面板状态”，如图 10-19 所示。

在 phoneTextField 元件失去焦点时，如果未输入任何文字，将 inputBorderPanel 切换至 onfocus_state，phoneTipsPanel 切换至 empty_state；在输入文字长度不为 11 时，将 inputBorderPanel 和 phoneTipsPanel 都切换至 error_state 状态。

选中 phoneTextField 元件，在“失去焦点时”事件添加上述 3 个用例，并对 3 个用例进行相应的设置，设置完成后如图 10-20 所示。

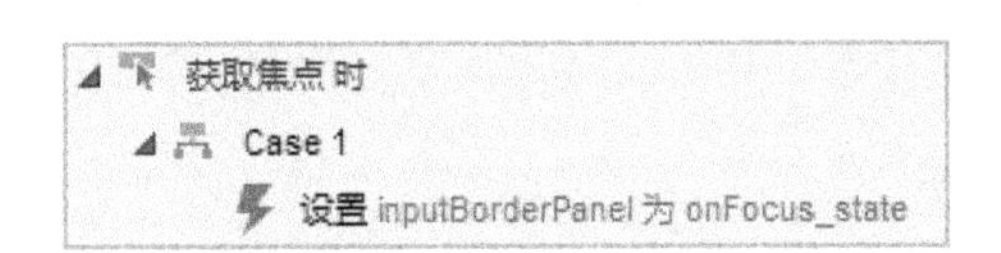

图 10-19 phoneTextField 元件获取焦点时事件

图 10-20 phoneTextField 元件失去焦点事件

（2）白色透明光效循环滑动

选中 blinkCursor 矩形元件，设置填充颜色为渐变，如图 10-21 所示。

在页面加载时，逐渐显示该元件，如图 10-22 所示。

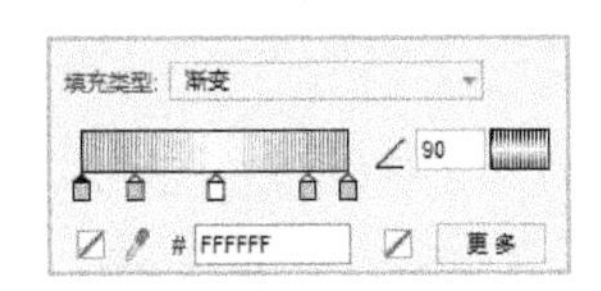

图 10-21 设置 blinkCursor 颜色

图 10-22 “设置用户名”页面事件

在显示的时候，水平向右移动该元件，在“显示时”事件添加“移动”动作，在 1 秒内

X 坐标方向线性水平移动 250 像素，添加“等待”动作，时间为 1000 毫秒，即 1 秒，再隐藏当前元件，移动至原位，再次循环，如图 10-23 所示。

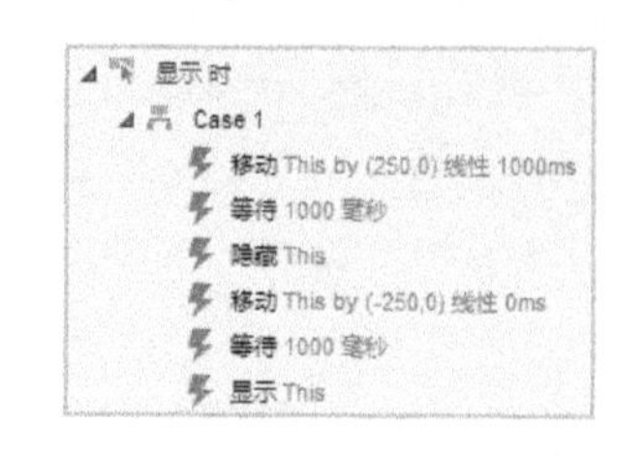

图 10-23　blinkCursor 的显示时事件

（3）绿色滑块验证

根据前文所述准备好元件。首先设置 slidePanel“拖动时”事件，在该元件未接触热区 hotspot 时添加条件，添加动作“移动”，水平线性移动该元件。该元件的边界范围和事件如图 10-24 和 10-25 所示。

图 10-24　设置 slidePanel 移动属性

图 10-25　面板 slidePanel 拖动事件

在动态面板 slidePanel 拖动结束时，需要判断是否接触了热区 hotspot。在接触的情况下，验证成功，动态面板状态切换至 check_ok，并且白色光效循环消失；在未接触的情况下，验证失败，动态面板回至原位。

在“拖动结束时”事件，在该元件未接触热区 hotspot 时添加条件，添加动作“移动”，使得元件回到拖动前位置。

在接触热区 hotspot 的条件下，添加动作“设置面板状态”，动态面板 slidePanel 切换至 check_ok 状态；添加动作“置于底层”，将 blinkCursor 的顺序置于底层；等待 300 ms；添加动作“设置文本”，设置矩形元件 checkTip 的值为“验证通过”；添加动作“启用”和“选中”，启用按钮 nextBtn，并且为选中状态，如图 10-26 所示。

最后，让绿色长条 bgReg 跟随动态面板 slidePanel 移动即可。在 slidePanel 的事件“移动时”添加动作“移动”，如图 10-27 所示。

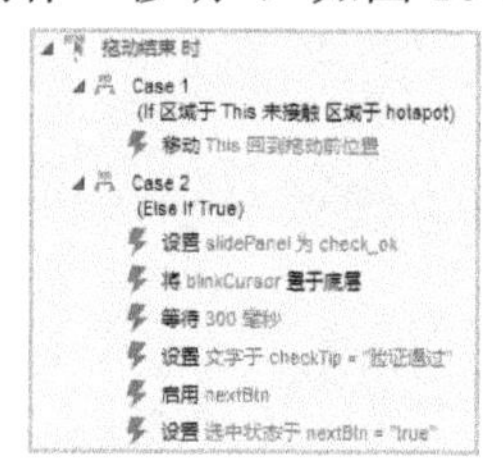

图 10-26　面板 slidePanel 拖动结束事件

图 10-27　面板 slidePanel 移动事件

（4）显示手机验证 checkPhoneNumberPanel 元件

首先，设置“下一步”按钮 nextBtn 的“鼠标单击时”事件。该按钮默认为禁用，只有滑块验证成功之后，才可启用，所以设置“鼠标单击时”事件时，只需要判断 phoneTextField 文本框元件的文本是否正确即可。

选中 nextBtn 按钮，在“鼠标单击时”事件添加判断条件“phoneTextField = = “””，在该条件下添加“设置面板状态” 动作，将 phoneTipsPanel 和 inputBorderPanel 分别切换至

empty_state 和 error_state 状态；在“phoneTextField != “11””条件下，也添加“设置面板状态”动作，将 phoneTextPanel 和 inputBorderPanel 的状态都设置为 error_state；最后当 phone TipsPanel 的状态为 ok_state sildePanel 的状态为 check_ok 时，显示手机验证码的面板 checkPhoneNumberPanel，并且将 phoneTextField 的值转化为局部变量，然后赋值给全局变量 phoneNum，如图 10-28 所示。

同样，和 registerAgreement 动态面板元件一样，将用于手机验证的 checkPhone Number Panel 元件固定在浏览器中部。同时显示该面板的时候，手机号也要显示。选中该面板，在“显示时”事件添加“设置文本”动作，将全局变量的值赋值给 phoneNumText 文本标签元件；继续添加“设置文本”动作，将面板中的 getCodeBtn 按钮文字设置为“重发验证码([[countDown]]s)”，countDown 为之前添加的全局变量，如图 10-29 所示。

图 10-28　按钮 nextBtn 鼠标单击事件

图 10-29　面板 checkPhoneNumberPanel 显示事件

（5）重新获取验证码倒计时 60 秒

在单击“下一步”时，系统会自动发送短信验证码至手机，并且倒计时开始，60 秒内不能重新发送。选中动态面板 loopPanel，在“状态改变时”事件的 Case1 用例添加“countdown > “1””触发条件，添加“设置文本”动作，设置 getCodeBtn 按钮的文本为“重发验证码([[countDown]]s)”；继续在该条件下，添加动作“设置变量值”，设置全局变量 countDown 值为“[[countdown－1]]”，如图 10-30 所示。

继续为 loopPanel 动态面板元件的“状态改变时”事件添加 Case2 用例，不满足用例 Case1 的条件时，添加“设置面板状态”动作，设置该动态面板状态为“停止循环”；添加“设置文本”动作，设置 getCodeBtn 按钮的文本为“免费获取验证码”；最后添加“设置变量值” 动作，重新设置 countDown 的值为“60”，如图 10-31 所示。

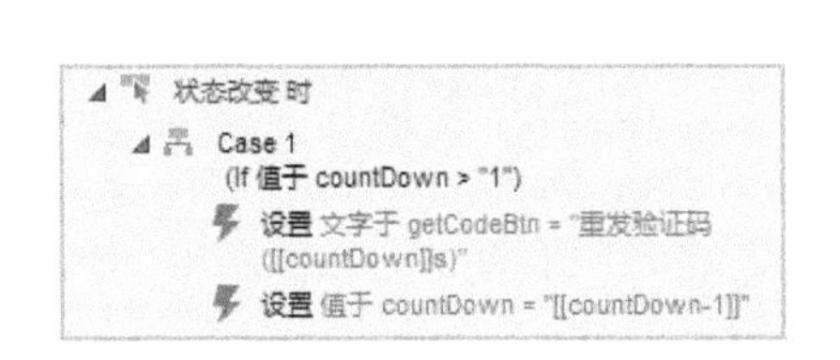

图 10-30　loopPanel 元件状态改变时事件

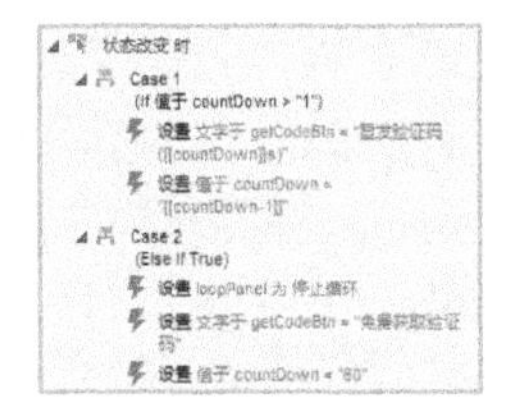

图 10-31　loopPanel 元件状态改变时事件

设置好了 loopPanel 动态面板元件的事件后，现在需要触发该事件。选中 checkPhone

NumberPanel 元件，在“显示时”事件继续添加“设置面板状态”动作，设置 loopPanel 的状态为 Next，并且向后循环，间隔为 1000 毫秒，如图 10-32 和 10-33 所示。

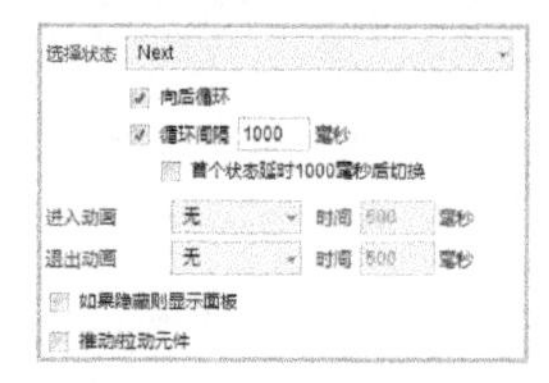

图 10-32　设置 loopPanel 元件的状态属性

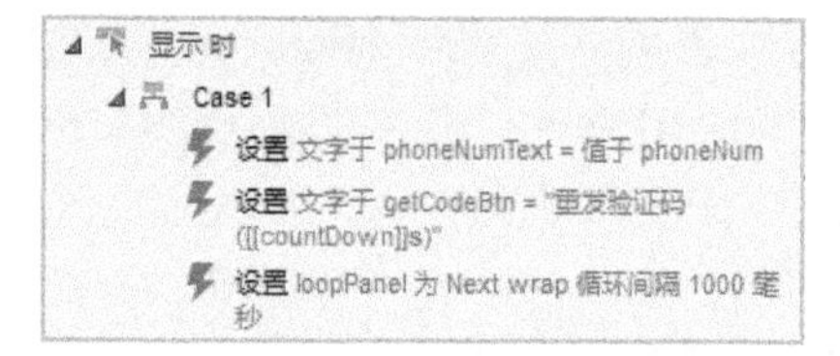

图 10-33　checkPhoneNumberPanel 元件显示时事件

选中 getCodeBtn 按钮，在“鼠标单击时”事件，添加条件该元件的文本等于“免费获取验证码”时，在该条件下添加“设置面板状态”动作，该动作设置 loopPanel 动态面板元件的状态为 Next，并且向后循环，间隔为 1 秒，如图 10-34 所示。

（6）打开“填写账户信息”页面

选中 confirmBtn 按钮，在“鼠标单击时”事件的 Case1 用例中添加条件“phoneCode Field == “””或者元件文字长度“phoneCodeField != 6”，在此条件下添加“设置面板状态”动作，将面板 checkCodePanel 的状态切换为 error 状态。

在不满足 Case1 用例条件时的用例 Case2 中，添加“打开链接”→”当前窗口”动作，打开“填写账户信息”页面，如图 10-35 所示。

图 10-34　getCodeBtn 按钮鼠标单击时事件

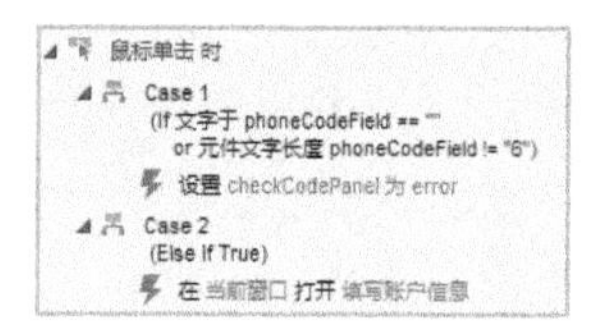

图 10-35　按钮 confirmBtn 鼠标单击事件

4. 步骤四：填写账户信息

填写账户信息时，在输入登录密码、再次确认、会员名不符合规定时，文本框边框和右侧都会有不同的提示，这一步主要实现设置密码给出不同的提示和两次密码是否输入一致的验证。

（1）“登录名”的显示效果

在“填写账户信息”页面的“页面载入时”事件添加“设置文本”动作，将全局变量的值赋值给 phoneNumTxt 文本标签元件，如图 10-36 所示。

（2）“登录密码”的提示效果

passwordTipsPanel 动态面板元件包括 5 个状态：default（默认）、onfocus_state（获得焦点状态）、onfocus_ok_state（输入密码符合要求）、error_state（失去焦点时，输入错误的情况）和 ok_state（失去焦点时，输入正确的情况）。在元件准备时，准备好几个不同状态下的不同提示信息。

接着，需要设置 passswordTextField 文本框元件的事件。在“获取焦点时”事件添加“置于顶层”动作和“设置面板状态”动作，将 passwordTipsPanel 动态面板元件置于顶层，将 passwordBorderPanel 和 passwordTipsPanel 面板元件的状态都切换至 onfocus_state 状态，如图 10-37 所示。

图 10-36　页面“填写账户信息”页面载入事件

图 10-37　passwordTextField 获取焦点事件

在文本框的文本改变时，判断输入的密码是否符合要求，在“文本改变时”事件添加条件文字长度大于等于 6、小于等于 20，并且文字为字母或数字的条件下，添加“设置面板状态”动作，将 passordBorderPanel 和 passwordTipsPanel 动态面板元件的状态分别切换至 onfocus_state 和 onfoucs_ok_state，如图 10-38 所示。

为简单起见，我们没有实现淘宝的密码要求：只能包含字母、数字和标点符号（除空格），并且字母、数字和标点符号至少包含两种。

继续设置 passwordTextField 文本框元件的“失去焦点时”事件，同样是不同的条件，不同的动态面板的状态切换，如图 10-39 所示。

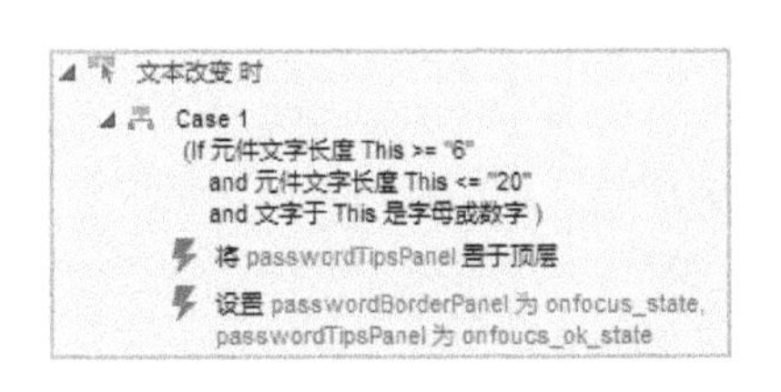

图 10-38　passwordTextField 元件文本改变时事件

图 10-39　passwordTextField 失去焦点时事件

（3）“再次确认”的密码验证和提示

confirmPassTipsPanel 再次确认动态面板元件相对比较简单，当“再次输入”与“登录密码”文本框的值相同时，即认为输入正确。

confirmpassTipsPanel 元件包括 4 个状态：default（默认）、onfocus_state（获得焦点状态）、error_state（失去焦点时，输入错误的情况）和 ok_state（失去焦点时，输入正确的情况）。

选中 confirmPasswordField 文本框元件，在“获取焦点时”事件添加“置于顶层”和“设置面板状态”动作，将 confirmPassTipsPanel 动态面板元件置于顶层，confirmPassTipsPanel 和 confPsBorderPanel 动态面板元件的状态都切换至 onfocus_state 状态，如图 10-40 所示。

继续设置 confirmPasswordField 文本框元件的“失去焦点时”事件，同样是不同的用例，不同的触发条件，不同的动态面板的状态切换。如果输入的值为空时，设置 confPs BorderPanel 和 confirmPassTipsPanel 的状态为 onfocus_state；如果输入的值不等于 password TextField 的值，设置 confPsBorderPanel 和 confirmPassTipsPanel 元件的状态为 error_state；当输入的值不满足上面两种条件时，设置 confPsBorderPanel 和 confirmPassTipsPanel 元件的状态分别为 default 和 ok_state，如图 10-41 所示。

（4）“会员名”的提示效果

userNameTipsPanel 元件包括 5 个状态：default（默认）、onfocus_state（获得焦点状

态）、error_state（失去焦点时，输入错误的情况）、existed_state（会员名已存在）和 ok_state（失去焦点时，输入正确的情况）。

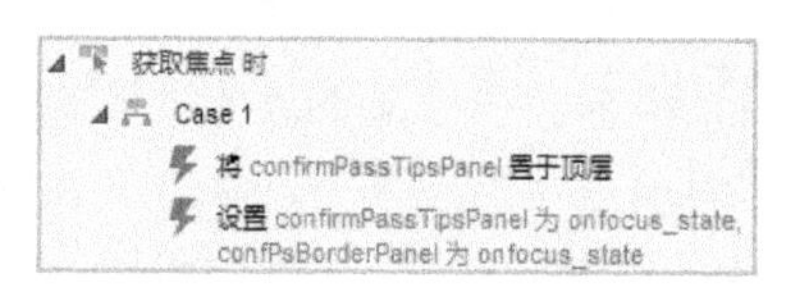

图 10-40　confirmPasswordField 获取焦点时事件

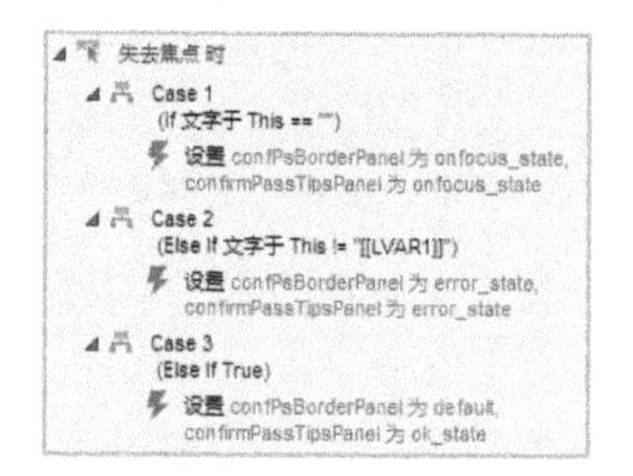

图 10-41　confirmPasswordField 失去焦点时事件

选中 userNameField 文本框元件，在“获取焦点时”事件添加“设置面板状态”动作，将 userNameBorderPanel 和 userNameTipsPanel 动态面板元件的状态都切换至 onfocus_state 状态，如图 10-42 所示。

继续设置 userNameField 文本框元件的“失去焦点时”事件，同样是不同的用例，不同的条件，不同的动态面板的状态切换。如果输入的值为空时，设置 userNameBorderPanel 和 userNameTipsPanel 元件的状态为 onfocus_state；如果输入的值的文本长度小于 5 或者大于 25，设置 userNameBorderPanel 和 userNameTipsPanel 元件的状态为 error_state；当输入的值等于 existedUserName 全局变量的值，设置 userNameBorderPanel 和 userNameTipsPanel 的状态为 error_state；当输入的值不满足上面三种条件时，设置 userNameBorderPanel 和 user NameTipsPanel 元件的状态分别为 default 和 ok_state，如图 10-43 所示。

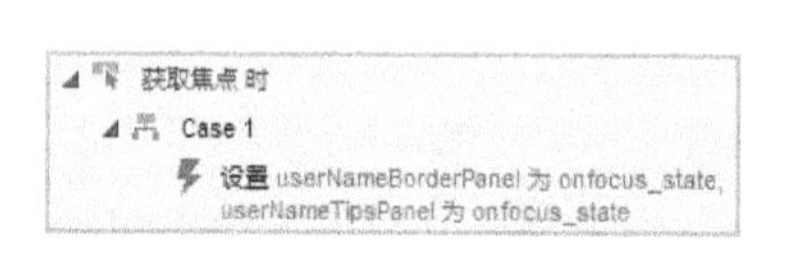

图 10-42　userNameField 元件获取焦点时事件

图 10-43　userNameField 元件失去焦点时事件

（5）“提交”按钮的交互效果

选中 nextBtn 按钮，在“鼠标单击时”事件添加触发条件，当 passwordTipsPanel、confirmPassTipsPanel 和 user NameTipsPanel 动态面板元件的状态都为 ok_state 时，当前窗口打开“设置支付方式”页面，如图 10-44 所示。

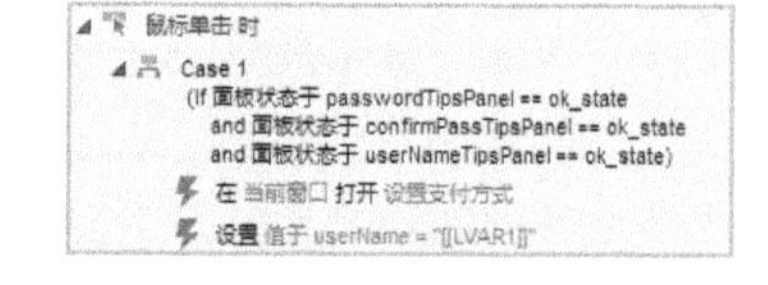

图 10-44　按钮 nextBtn 鼠标单击事件

5. 步骤五：设置支付方式

（1）“银行卡号”“持卡人姓名”“证件”“手机号码”的提示效果

上述元件的“获取焦点时”和“失去焦点时”事件与“步骤三：设置用户名”类似，不再赘述。

（2）“同意协议并确认”按钮交互效果

在单击“同意协议并确认”按钮后要判断当前账户信息输入正确与否，若全部输入正确，则跳转至“注册成功”页面，“同意协议并确认”的鼠标单击时事件设置如图 10-45 所示。

6. 步骤六：设置注册成功

最后一步比较简单，在“注册成功”页面，会显示“登录名”和“会员名”。在“页面加载时”页面事件添加“设置文本”动作，将 userName 和 phoneNum 全局变量的值分别赋给文本标签 userName 和 phoneTxt，　如图 10-46 所示。

图 10-45　“同意协议并确认”鼠标单击时事件

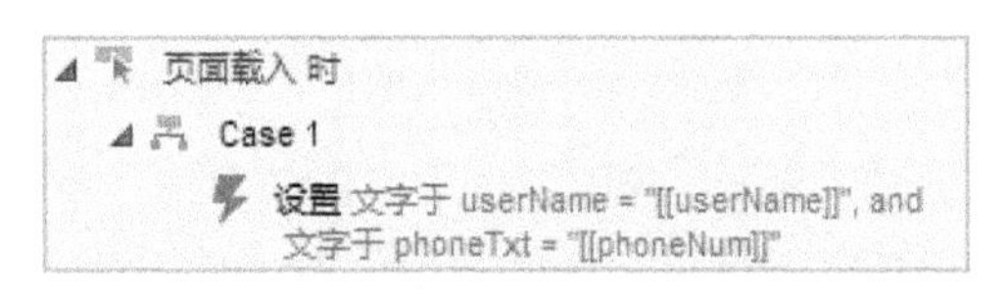

图 10-46　页面“注册成功”页面载入时事件

10.1.4　案例演示效果

按〈F5〉快捷键进行预览，案例演示效果与图 10-1～图 10-9 类似，不再赘述。

10.2　淘宝的用户登录效果

10.2.1　案例要求

本案例主要讲解的是淘宝网用户密码登录和二维码登录的切换效果，还有登录账号和密码的校验效果。打开淘宝网登录页面，显示的是密码登录提示框，同时文本框获取焦点之后，边框颜色变为 （# 99CCFF），失去焦点之后恢复如初，如图 10-47 所示。单击右上角的二维码，会切换至二维码登录，如图 10-48 所示。

图 10-47　淘宝网密码登录

图 10-48　淘宝网二维码登录

当未输入账户和密码的情况下，单击“登录”按钮后，登录提示框如图 10-49 所示。

输入账户，未输入密码的情况下，单击“登录”按钮后，登录提示框如图 10-50 所示。

图 10-49　未输入账户名和密码

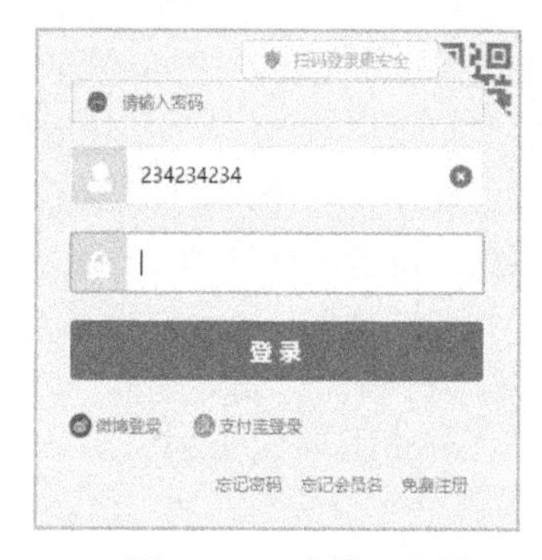

图 10-50　未输入密码

输入密码，未输入账户名的情况下，单击“登录”按钮后，登录提示框如图 10-51 所示。

输入的账户和密码都错误时，单击“登录”按钮后，登录提示框如图 10-52 所示。

图 10-51　未输入账户名

图 10-52　账户名或者密码错误

10.2.2　案例分析

该案例的关键分析如下。

1）对于不同登录方式的切换效果，可以通过切换动态面板元件的状态实现。

2）因为文本框元件的边框只能隐藏，并不能改变颜色，所以设置文本框的交互效果，首先需要制作一个可以改变边框颜色的文本框。

这里需要一个拥有边框的矩形元件和一个隐藏了边框的文本框，文本框元件的宽度和高度要比矩形元件小，设置矩形元件选中状态下，线条颜色为（# 99CCFF），通过给文本框元件的 “获取焦点时”事件添加“选中”动作，“失去焦点时”事件添加“取消选中”动作，来控制矩形边框颜色的变换。

3）触发登录按钮的“鼠标单击时”事件，对于验证的不同情况，可以创建一个提示信息动态面板元件，分为 5 个状态：default、noNameAndPs、noName、onPs 和 error。

default 状态下，没有任何元件存在；noNameAndPs 状态是在未输入账户名和密码时，显示提示“请输入账户名和密码”；noName 状态是在未输入账户名，但输入了密码提示时，显示提示“请填写账户名”；onPs 状态是在输入了账户名，未输入密码时，提示“请输入密码”；error 状态是在账户名或密码输入有误时，提示“你输入的密码和账户名不匹配，是否忘记密码或忘记会员名”，在这种情况下，需要设置给账户名和密码一个固定值，来判断输入是否有误。

10.2.3　案例实现

1. 步骤一：元件准备

1）密码登录和二维码登录切换的动态面板元件，如图 10-53 所示。该页面的元件属性如表 10-6 所示。

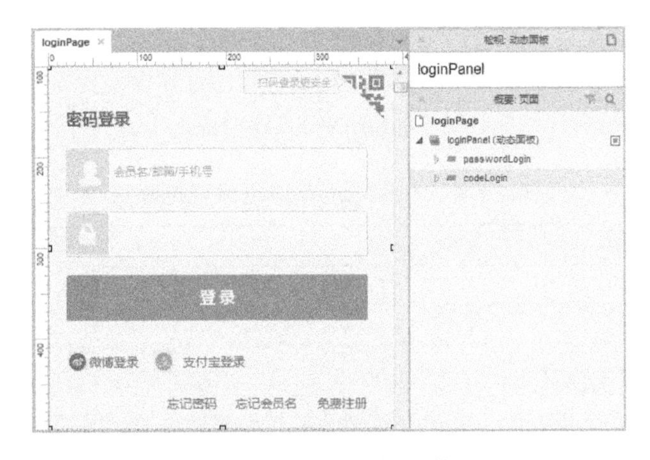

图 10-53　登录页面元件

表 10-6　登录页面元件属性

元件名称	元件种类	坐标	尺寸	备注	可见性
loginPanel	动态面板	X0;Y100	W400;H400	两个状态，分别为：passwordLogin 和 codeLogin	Y

2）loginPanel 动态面板元件中的 passwordLogin（密码登录）状态的主要元件，如图 10-54 所示，其主要元件属性如表 10-7 所示。

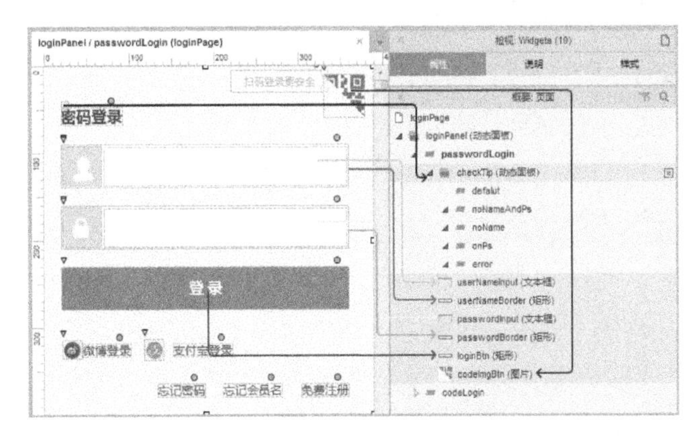

图 10-54　passwordLogin 状态中的元件

表 10-7　passwordLogin 状态中主要元件属性

元件名称	元件种类	坐标	尺寸	备注	可见性
checkTip	动态面板	X30;Y40	为内容尺寸	包括 5 个状态，分别为：default、noNameAdPs、noName、noPs 和 error	Y
userNameInput	文本框	X80;Y93	W288;H45	边框隐藏	Y
userNameBorder	矩形	X30;Y90	W340;H50	线条颜色#C9C9C9	Y
passwordInput	文本框	X80;Y163	W288;H45	边框隐藏	Y
passwordBorder	矩形	X30;Y160	W340;H50	线条颜色#C9C9C9	Y
loginBtn	矩形	X30;Y230	W340;H50	填充颜色#FF6600	Y
codeImgBtn	图片	X340;Y10	W50;H50	无	Y

3）loginPanel 动态面板元件中的 codeLogin（二维码登录时）状态的主要元件，如图 10-55 所示，其主要元件属性如表 10-8 所示。

表 10-8　codeLogin 状态中主要元件属性

元件名称	元件种类	坐标	尺寸	备注	可见性
passwordImgBtn	图片	X340;Y10	W50;H50	无	Y
loginTxtBtn	文本标签	X230;Y364	X61;Y16	无	Y

2. 步骤二：设置切换效果

正如在案例分析中所提到的，两种登录方式的切换通过更改动态面板的状态就可以做到。

1）在“检视”面板的“属性”选项卡设置 loginPage 页面排列为水平居中。

2）在动态面板元件的 passwordLogin 状态，选中 codeImgBtn 图片，在“鼠标单击时”事件中，添加“设置面板状态” 动作，将 loginPanel 动态面板的状态设置为 codeLogin 状态，如图 10-56 所示。

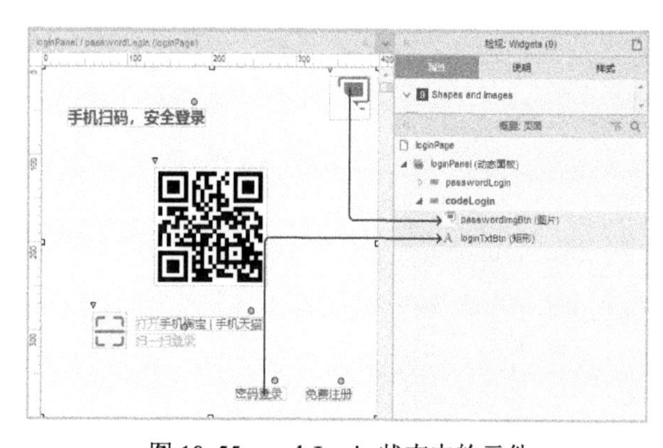

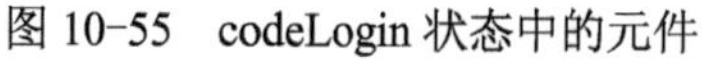
图 10-55　codeLogin 状态中的元件

图 10-56　codeImgBtn 鼠标单击事件

3）在动态面板元件的 codeLogin 状态，选中 passwordImgBtn 图片，在“鼠标单击时”事件中，添加“设置面板状态”动作，将 loginPanel 动态面板的状态设置为 passwordLogin 状态，如图 10-57 所示。

4）选中 loginTxtBtn 矩形元件，在“鼠标单击时”事件中，添加“设置面板状态”动作，将 loginPanel 动态面板元件的状态设置为 passwordLogin 状态，如图 10-58 所示。

3. 步骤三：设置文本框的交互效果

查看 userNameInput、passwordInput 文本框元件，以及作为边框的矩形 userNameBorder、passwordBorder，通过给文本框元件的“获取焦点时”和“失去焦点时”事件添加动作，来控制矩形边框颜色的变换。

1）切换至 loginPanel 动态面板元件的 passwordLogin 状态，选中 userNameInput 账户名文本框元件，选中两个 userNameInput、passwordInput 文本框元件，右击选择“隐藏边框”菜单项，然后选中两个 userNameBorder、passwordBorder 矩形元件，右击选择“交互样式”菜单项，设置选中状态下，设置线段颜色为 （# 99CCFF），如图 10-59 所示。

图 10-57　passwordImgBtn 元件的鼠标单击时事件

图 10-58　loginTxtBtn 元件的鼠标单击时事件

图 10-59　设置交互样式

2）选中 userNameInput 文本框元件，在“获取焦点时”事件添加“选中”动作，userNameBorder 矩形元件的选中状态为 true，在“失去焦点时”事件添加“取消选中”动作，设置 userNameBorder 矩形元件的选中状态为 false，如图 10-60 所示。

3）选中 passwordInput 文本框元件，在“获取焦点时”事件添加“选中”动作，passwordBorder 矩形元件的选中状态为 true，在“失去焦点时”事件添加“取消选中”动作，将 passwordBorder 矩形元件的选中状态为 false，如图 10-61 所示。

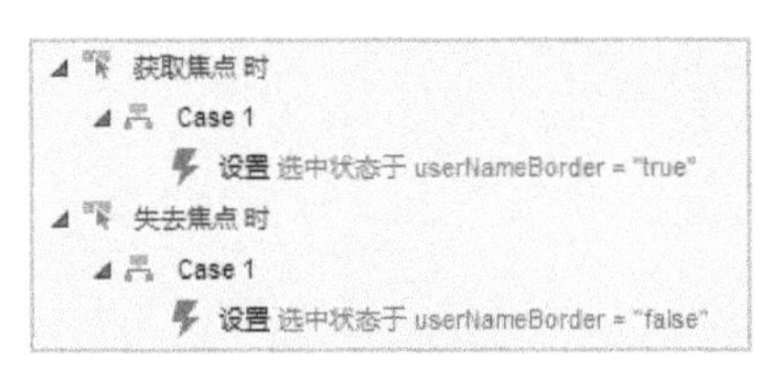

图 10-60　文本框 userNameInput 事件

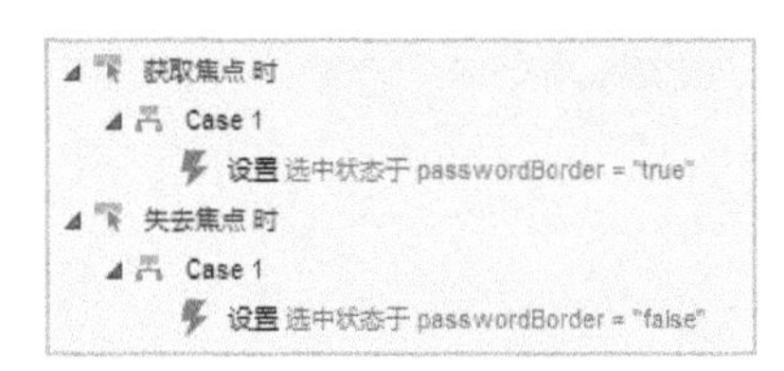

图 10-61　passwordInput 元件的获取焦点时和失去焦点时事件

4. 步骤四：账户名和密码的验证

1）首先设置未输入账户名和密码的情况。选中 loginBtn 登录按钮，在“检视”面板的“属性”选项卡双击“鼠标单击时”事件，给 Case 1 用例添加 userNameInput 和 passwordInput 文本框元件都为空的触发条件，如图 10-62 所示。

接着，再添加“设置面板状态” 动作，将动态面板 checkTip 状态更改为 noNameAndPs 状态，如图 10-63 所示。

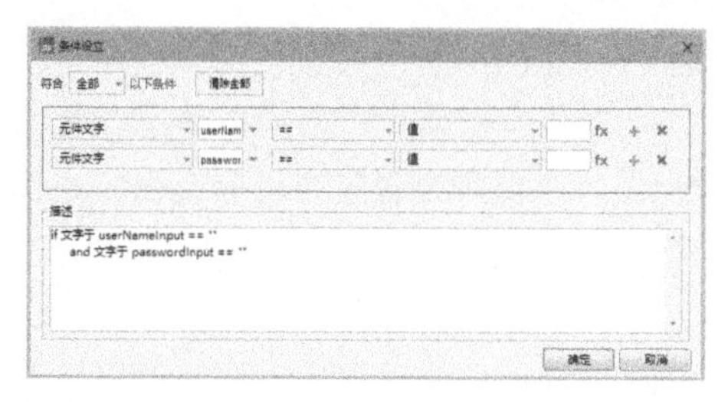

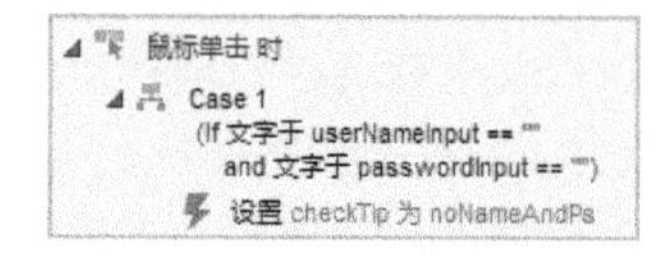

图 10-62　按钮 loginBtn 鼠标单击 Case 1 条件　　图 10-63　按钮 loginBtn 鼠标单击事件

2）设置输入账户名但未输入密码的情况。选中 loginBtn 登录按钮，在“检视”面板的“属性”选项卡双击“鼠标单击时”事件，给 Case 2 用例添加 userNameInput 文本框元件不为空和 passwordInput 为空的条件，如图 10-64 所示。

之后再添加“设置面板状态”动作，将 checkTip 动态面板元件的状态更改为 noPs 状态，如图 10-65 所示。

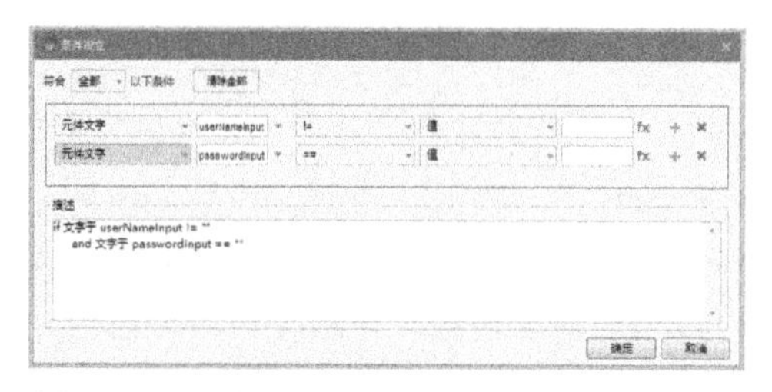

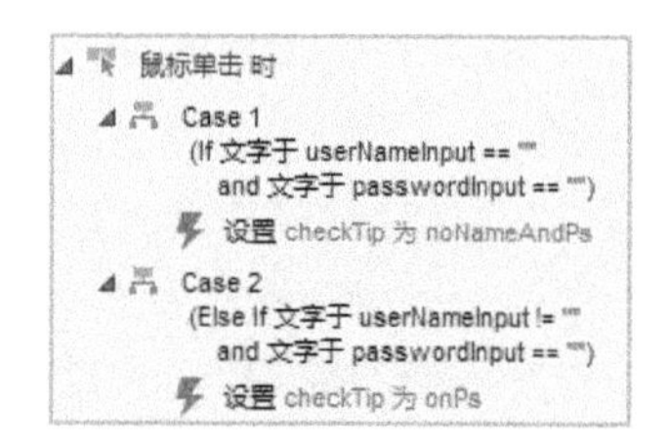

图 10-64　按钮 loginBtn 鼠标单击 Case 2 条件　　图 10-65　按钮 loginBtn 鼠标单击事件

3）设置未输入账户名但输入密码的情况。选中 loginBtn 登录按钮，在“检视”面板的“属性”选项卡双击“鼠标单击时”事件，给 Case 3 用例添加 userNameInput 文本框元件为空和 passwordInput 文本框元件不为空的条件，如图 10-66 所示。

之后再添加“设置面板状态”动作，将 checkTip 动态面板元件的状态更改为 noName 状态，如图 10-67 所示。

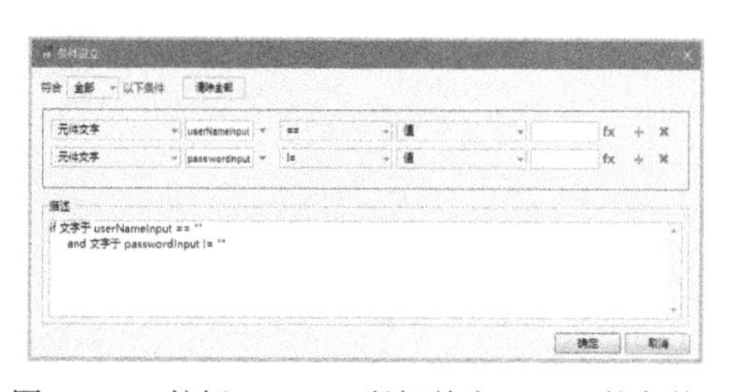

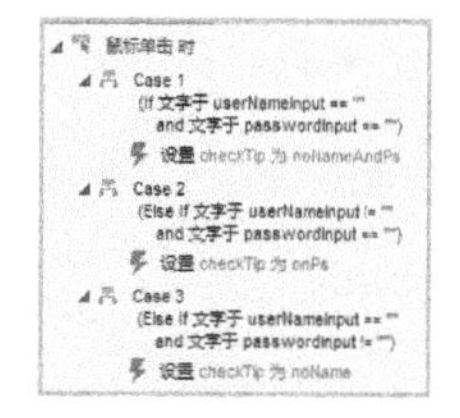

图 10-66　按钮 loginBtn 鼠标单击 Case 3 的条件　　图 10-67　按钮 loginBtn 鼠标单击事件

4）设置输入了账户名和密码，但是输入错误的情况。预设账户名为 user，密码为 123456。选中 loginBtn 登录按钮，在“检视”面板的“属性”选项卡，双击“鼠标单击时”事件，给 Case 4 用例添加 userNameInput 文本框元件的值不为 user 或者 passwordInput 文本框元件的值不为 123456 的条件，如图 10-68 所示。

之后再添加“设置面板状态”动作，将 checkTip 动态面板元件的状态更改为 error 状态，如图 10-69 所示。

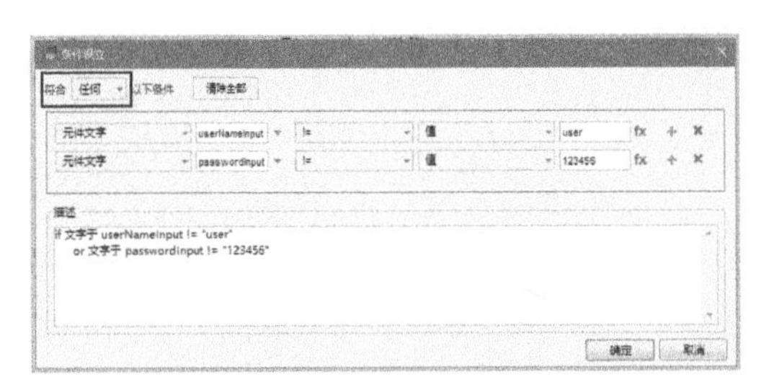

图 10-68　按钮 loginBtn 鼠标单击 Case 4 添加条件

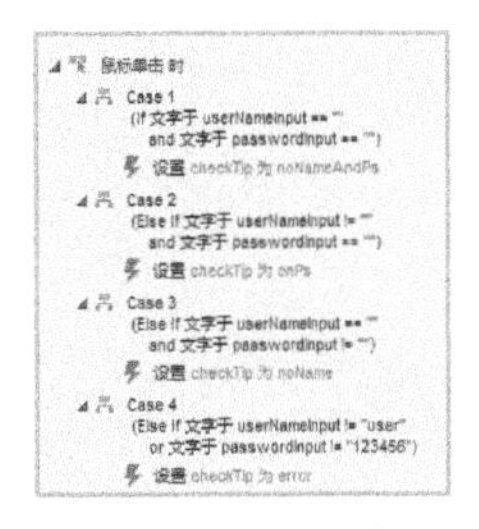

图 10-69　按钮 loginBtn 鼠标单击事件

5）在 loginBtn 登录按钮的“鼠标单击时”事件添加最后一个 Case 5 用例，登录成功后跳转至登录成功页面，如图 10-70 所示。

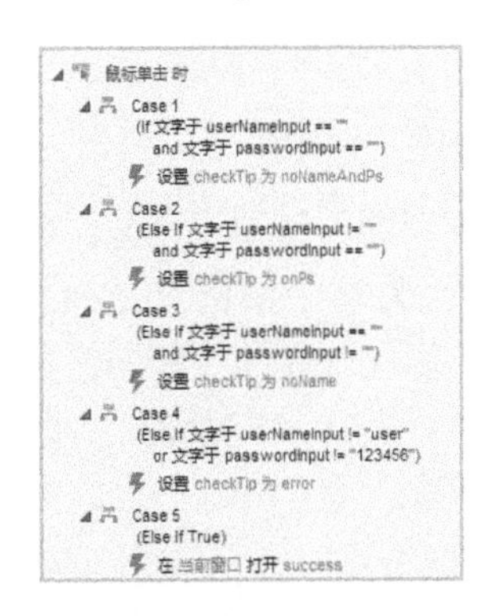

图 10-70　按钮 loginBtn 鼠标单击事件

10.2.4　案例演示效果

按〈F5〉快捷键查看预览效果，与图 10-47～图 10-52 类似，不再赘述。

10.3　百度的搜索提示效果

10.3.1　案例要求

打开百度首页（http://www.baidu.com），单击文本框，输入“A”的同时，会发生页面跳转，然后依次输入“Axure”“Axure RP”“Axure RP 8.0”时，文本框下方会给出搜索提示，如图 10-71 至图 10-76 所示。

图 10-71　百度首页

图 10-72　百度搜索框获取焦点

图 10-73　在百度搜索框输入“A”

图 10-74　在百度搜索框输入“Axure”

图 10-75　在百度搜索框输入“Axure RP”

图 10-76　在百度搜索框输入“Axure RP 8.0”

再单击“百度一下”按钮，或者按下〈Enter〉键时，会出现查询结果，如图 10-77 所示。

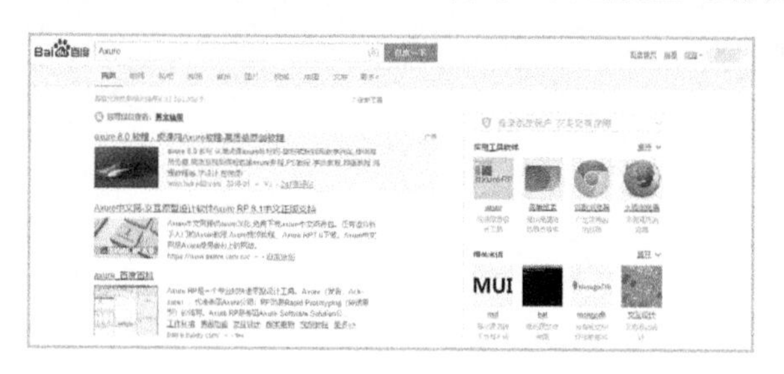

图 10-77　百度搜索“Axure”结果页

10.3.2　案例分析

本案例的关键知识点分析如下。

1）因为这个案例只是模拟百度搜索框的提示效果，所以上面的“新闻”“网页”“贴吧”等，以及下面的二维码等信息可以忽略。

2）从图 10-72 可知，需要实现文本框元件的交互效果，主要为获取焦点时和失去焦点时的边框变换，跟“10.2 淘宝的用户登录效果”的淘宝登录文本框类似，所以这里不再详述。

3）在百度首页（http://www.baidu.com），输入查询文字的同时，页面会发生跳转，同时跳转之后的页面中的文本框会显示之前所输入的文字，这时需要添加一个全局变量来实现文字的存储。通过给文本框元件“获取焦点时”事件添加“设置变量值”动作，将输入的文字赋值给添加的全局变量，在跳转后的“页面载入时”页面事件添加“设置文本”动作，将全局变量的值赋值给文本框元件即可。

4）本案例的重点就是提示效果，针对不同的输入内容，文本框下面区域会显示不同的内容，输入和显示内容的对应关系如下。

- A：爱奇艺、阿里云、阿里巴巴、安居客。
- Axure：axure rp 教程、axure 教程视频、axure 教程、axure 7.0 教程。
- Axure RP：axure rp 教程、axure rp pro 教程、axure rp 8.0 注册码、axure rp 7.0 破解版。
- Axure RP 8.0：axure rp 8.0 注册码、axure 8.0 教程、axure rp 8.0 破解版、axure rp 教程。

与该功能的实现很切合的是动态面板元件，动态面板元件具有不同的状态，通过文本框元件提供的“按键松开时”事件添加动作，根据输入值的不同将动态面板元件切换到不同状态。

要说明的是，这里的动态面板只是响应文本框对 Axure、Axure RP 和 Axure RP 8.0 的提示，输入其他值并没有进行处理。通过 Axure RP 只是在实现高保真原型，并不会实现真实功能，只是为了让看原型的人懂得这个文本框元件会需要根据用户的输入值查出匹配的结果。

10.3.3　案例实现

1. 步骤一：元件准备

1）“百度一下，你就知道”页面的主要元件如图 10-78 所示，其主要元件属性如表 10-9

所示。

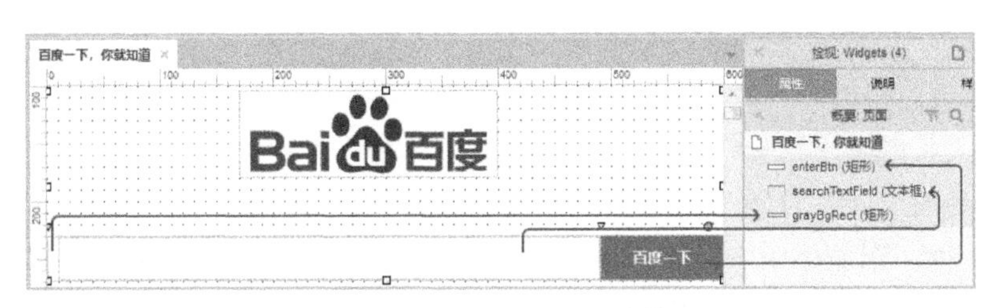

图 10-78　页面的主要元件

表 10-9　主要元件的属性

元件名称	元件种类	坐标	尺寸	备注	可见性
enterBtn	矩形	X490;Y230	W110;H40	无	Y
searchTextField	文本框	X10;Y231	W480;H38	隐藏边框	Y
grayBgRect	矩形	X0;Y230	W600;H40	线条颜色#CCCCCC	Y

2）输入文字，跳转之后页面的主要元件，如图 10-79 所示，其主要元件属性如表 10-10 所示。

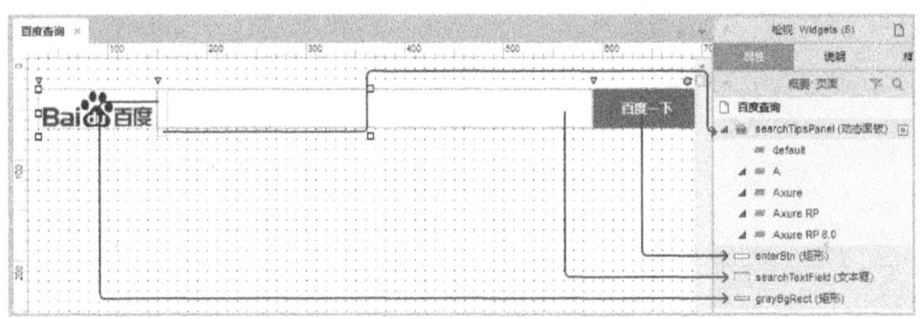

图 10-79　跳转后页面的主要元件

表 10-10　跳转后页面的元件属性

元件名称	元件种类	坐标	尺寸	备注	可见性
searchTipsPanel	动态面板	X140;Y58	为内容尺寸	5 个状态，包括：default、A、Axure、Axure RP 和 Axure RP 8.0	Y
enterBtn	矩形	X490;Y230	W110;H40	无	Y
searchTextField	文本框	X10;Y231	W480;H38	边框隐藏	Y
grayBgRect	矩形	X0;Y230	W600;H40	线条颜色#CCCCCC	Y

3）提示信息所用的动态面板元件“A”状态下的元件准备如图 10-80 所示。动态面板元件的其他状态 Axure、Axure RP、Axure RP 8.0 与其类似，只需更改文字内容即可。

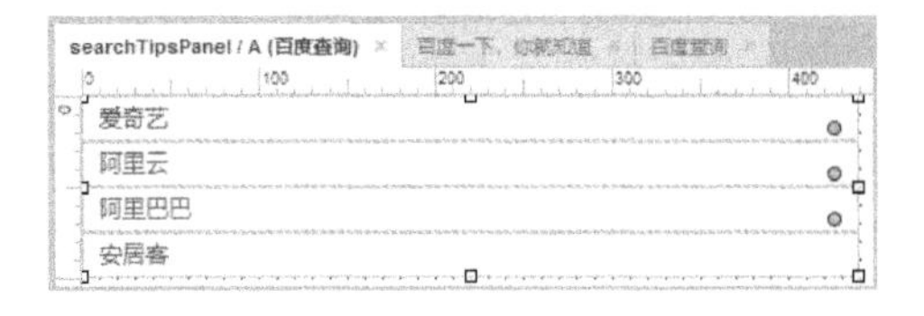

图 10-80　动态面板中的元件

2. 步骤二：设置文本框交互效果

两个页面的文本框元件都需要设置交互效果，并且效果相同，这里详细讲解其中一个页面的文本框设置。

1）设置“百度一下，你就知道”页面排列方式为水平居中。

2）在“百度一下，你就知道”页面，选中 searchTextField 文本框元件，右击选择“隐藏边框”菜单项，然后选中 grayBgRect 矩形元件，右击选择“交互样式”菜单项，设置选中状态下，线段颜色为■（#3388FF）。同样，在跳转之后的页面，隐藏 searchTextField 文本框的边框，grayBgRect 矩形元件选中状态下，线段颜色为■（#3388FF），如图 10-81 所示。

3）选中 searchTextField 文本框元件，在“获取焦点时”事件添加“选中”动作，设置 grayBgRect 元件的选中状态为 true，在“失去焦点时”事件添加“取消选中”动作，设置 grayBgRect 矩形元件的选中状态为 false，如图 10-82 所示。

3. 步骤三：添加全局变量

在百度首页输入文字的同时会发生页面跳转，在跳转之后的页面，搜索框同时显示输入的文字和查询结果的提示。Axure RP 8 可以使用全局变量和局部变量，在页面之间可用全局变量实现数据的存取。

图 10-81　设置 grayBgRect 元件的交互样式

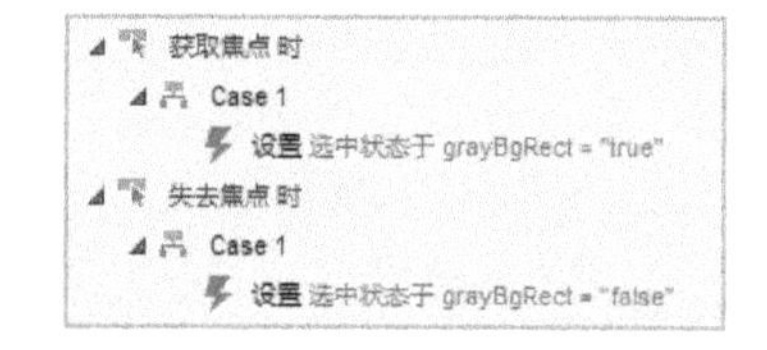

图 10-82　searchTextField 元件的事件

在菜单栏选择“项目”→“全局变量”命令，打开“全局变量”对话框，添加全局变量 SearchValue，默认值设置为空字符串，如图 10-83 所示。

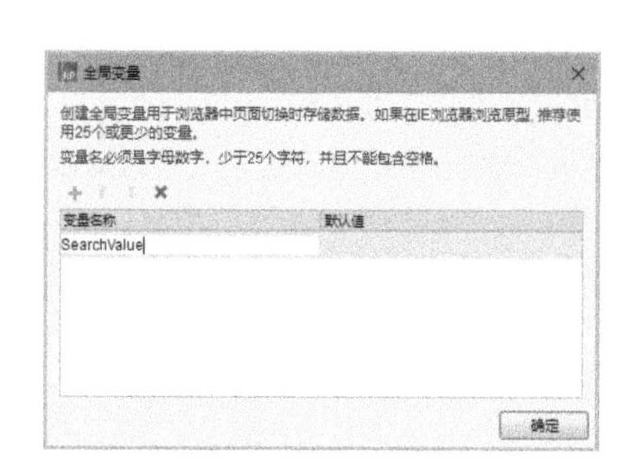

图 10-83　添加全局变量对话框

图 10-84　设置变量值 SearchValue

4. 步骤四：实现页面跳转

在输入查询文字时，会触发页面跳转动作，所以，在文本框元件的“文本改变时”事件添加跳转链接，并且将所输入的文字赋值给全局变量 SearchValue，如图 10-84 所示。

1）切换至“百度一下，你就知道”页面，选中 searchTextField 文本框元件，在“检视”面板的“属性”选项卡设置“文本改变时”事件，添加“设置变量值”动作，使全局变量 SearchValue 值等于该元件的文本值，如图 10-85 所示。然后，添加“当前窗口”动作，在当前窗口打开链接，打开“百度查询”页面，如图 10-86 所示。

图 10-85　文本框 searchTextField 文本改变事件

图 10-86　页面载入时事件

2）在跳转之后的“百度查询”页面，在“页面加载时”页面事件中，需要将全局变量的值赋值给该页面的 searchTextField 文本框元件，所以，在“页面载入时”事件添加“设置文本”动作，使文本框 searchTextField 的值等于 SearchValue 全局变量的值，如图 10-87 所示。

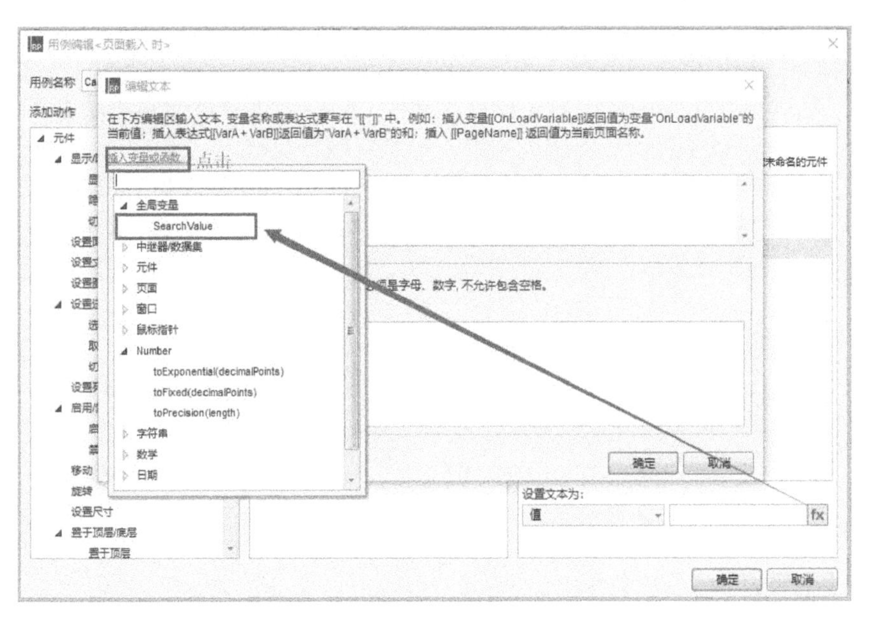

图 10-87　添加全局变量 SearchValue

5. 步骤五：实现搜索提示效果

这是本案例的重点，对“按键松开时”事件进行响应。在该事件中需要对用户不同的输入值进行提示框状态切换的操作。如输入“A”时，将提示框 searchTipsPanel 切换至“A”状态，输入“Axure RP”时，将提示框 searchTipsPanel 切换至“Axure RP”状态等。

1）切换至“百度查询”页面，选中 searchTextField 文本框元件，在“检视”面板的“属性”选项卡，设置“按键松开时”事件，添加 Case1 用例，添加元件文字的值等于“A”的触发条件，将 searchTipsPanel 动态面板元件切换至 A 状态，如图 10-88 所示。

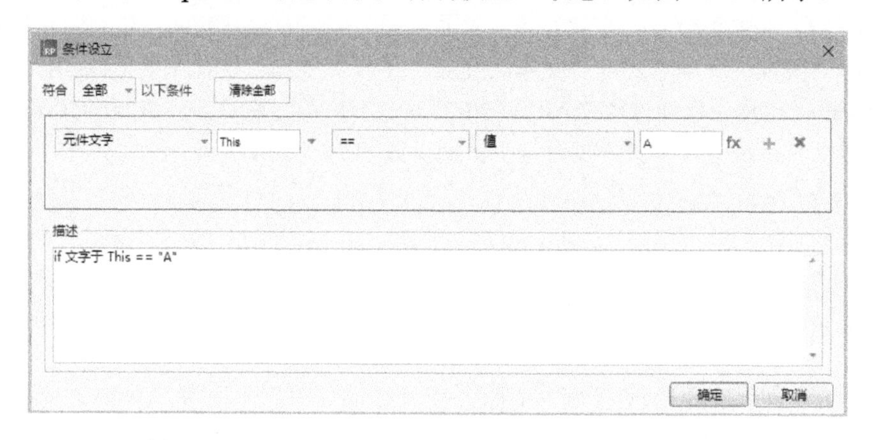

图 10-88 searchTextField 元件按键松开时 Case1 添加条件

2）完成所有条件下状态的改变，元件文字的值分别等于“Axure”“Axure RP”“Axure RP 8.0”对应不同的状态。要记得设置元件文字的值为空时，动态面板 searchTipsPanel 切换至 default 状态，如图 10-89 所示。

3）回到之前页面跳转部分，因为在页面跳转之后搜索框有值的同时，也应该实现动态面板 searchTipsPanel 的切换，这时就会用到“触发事件”动作。

选中文本框 searchTextField，在“载入时”事件添加“触发事件”动作，触发当前元件的“按键松开时”事件，这样就不用在“载入时”事件重新设置一遍动态面板的切换动作，如图 10-90 所示。

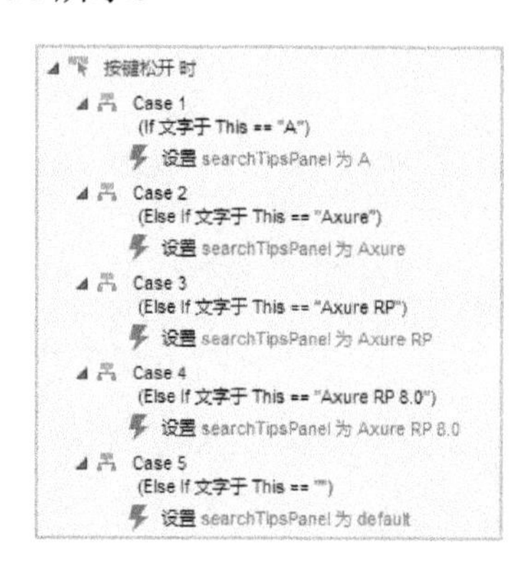

图 10-89 searchTextField 元件的案件松开时事件

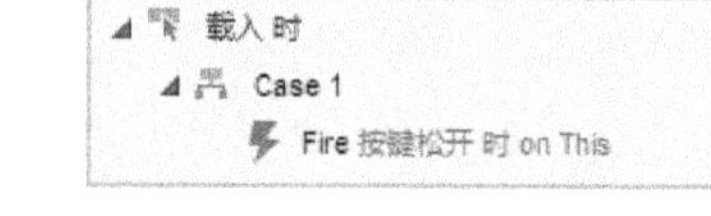

图 10-90 searchTextField 元件的载入时事件

6. 步骤六：实现搜索结果的查询

在百度搜索时，允许在文本框元件输入完毕时按〈Enter〉或〈Return〉键进入查找结果显示页面，在 Axure RP 中对〈Enter〉或〈Return〉的按键处理可在“按键按下时”事件中设置。

为了模拟得更真实一些，在按〈Enter〉或〈Return〉键后将链接跳转到百度搜索的真实查询结果页面，并将搜索框的输入内容一起“带”过去。

观察百度的搜索结果，发现可通过输入“http://www.baidu.com/#wd=搜索框内容”的方式使得打开百度页面时查询对应的结果。

1）选中 searchTextField 文本框元件，在“检视”面板的“属性”选项卡设置“按键按下时”事件，添加 Case1 用例，添加按下的键值等于 Return 时的触发条件，如图 10-91 所示。

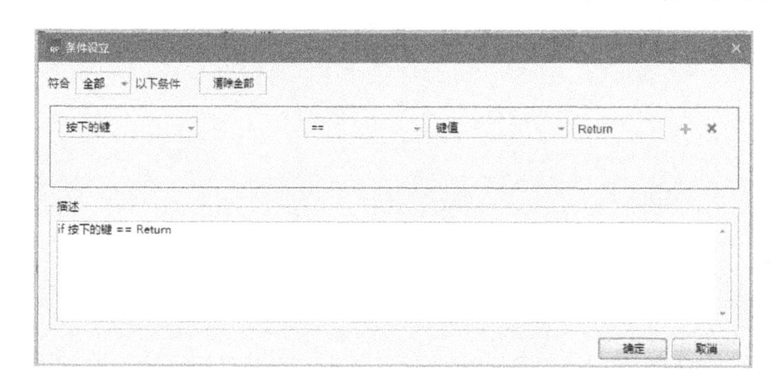

图 10-91　文本框 searchTExtField 按键按下 Case1 添加条件

添加“当前窗口”动作，“配置动作”区域勾选链接到 URL 地址或文件，再单击右下方的“fx”按钮，因为要在链接中搜索框的值，所以需要添加局部变量，将搜索文本框的值赋值给局部变量 LVAR1，再将局部变量添加到连接中，如图 10-92 所示。

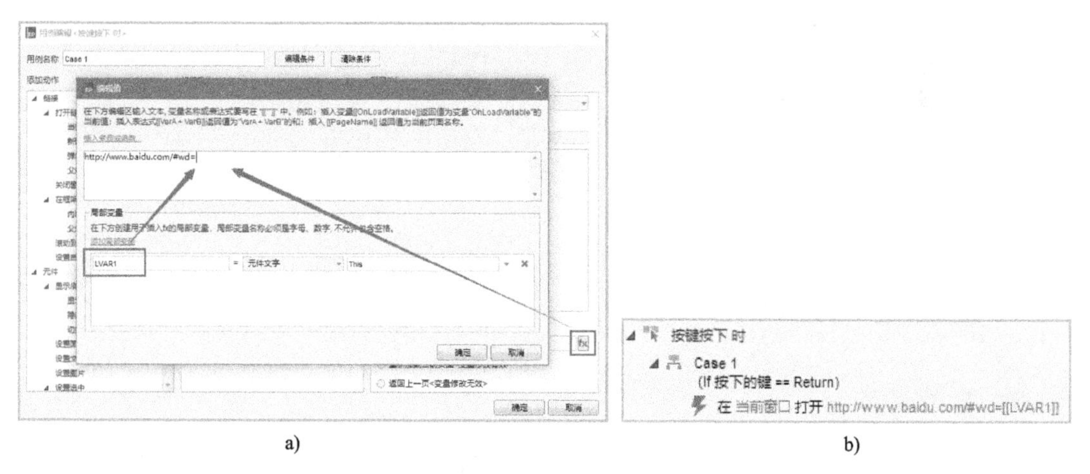

图 10-92　配置在当前窗口打开的链接

a) 设置 LVAR1 的值　b) 打开链接

2）同时，在“百度查询”页面的单击 enterBtn 按钮也能实现该功能，在“检视”面板的“属性”选项卡设置“鼠标单击时”事件，添加“当前窗口”动作，选择跟上述一样的配置动作，不同的是，在添加局部变量时，将元件文字改为 searchTextField 的文字，如图 10-93 所示。

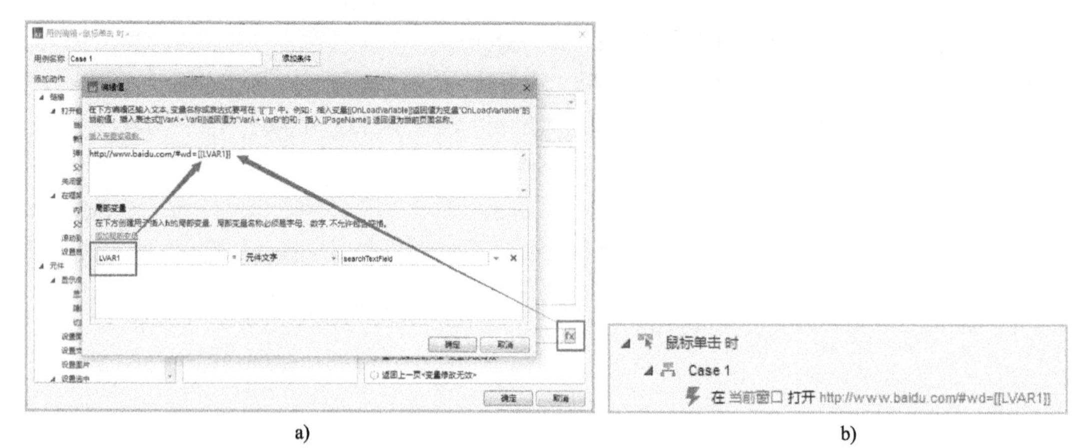

a)　　　　b)

图 10-93　配置在当前窗口打开的链接

a) 设置 LVAR1 的值　b) 打开链接

10.3.4　案例演示效果

按〈F5〉快捷键预览，输入“Axure”的提示效果，以及输入“Axure”后按〈Enter〉键后的效果分别如图 10-94 和图 10-95 所示。

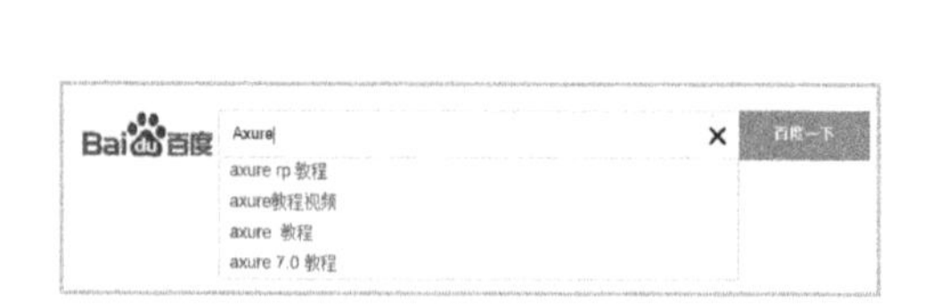

图 10-94　输入“Axure”

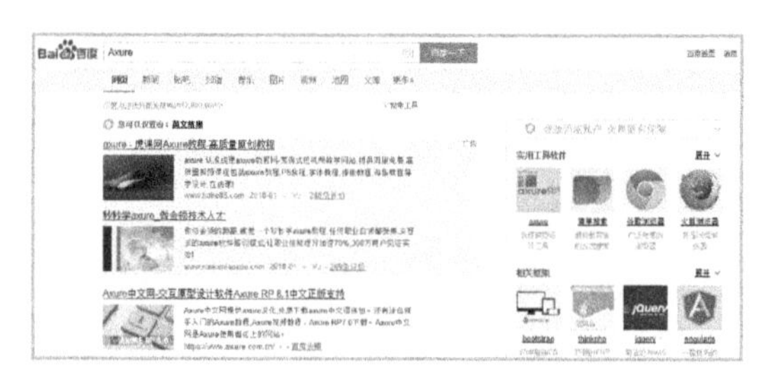

图 10-95　查询结果

10.4　百度搜索页签切换效果

10.4.1　案例要求

打开百度网址（http://www.baidu.com），输入“Axure RP 8”，在搜索结果的底部，可以看到百度搜索页的页签，本案例完成页面的切换效果。

10.4.2　案例分析

本案例主要利用中继器实现列表的呈现，用中继器存储大量的数据，设置中继器每页显示有限项，然后单击页签按钮，添加“中继器”→“设置当前显示页面”动作，实现内容和页签的切换。

10.4.3　案例实现

1. 步骤一：元件准备

1）页面的主要元件如图 10-96 所示。元件属性如表 10-11 所示。

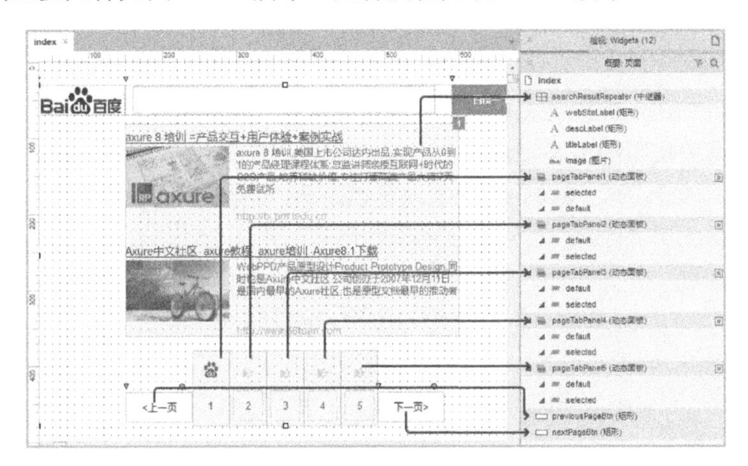

图 10-96　页面的主要元件

表 10-11　页面的主要元件属性

元件名称	元件种类	坐标	尺寸	备注	可见性
pageTabPanel1	动态面板	X240;Y379	W50;H100	两个状态，分别为 selected（默认）和 default	Y
pageTabPanel2	动态面板	X290;Y379	W50;H100	两个状态，分别为 default 和 selected	Y
pageTabPanel3	动态面板	X340;Y379	W50;H100	两个状态，分别为 default 和 selected	Y
pageTabPanel4	动态面板	X390;Y379	W50;H100	两个状态，分别为 default 和 selected	Y
pageTabPanel5	动态面板	X440;Y379	W50;H100	两个状态，分别为 default 和 selected	Y
previousPageBtn	矩形	X:150;Y434	W:90;H40	字体颜色 边框颜色	Y
nextPageBtn	矩形	X490;Y434	W90;H40	字体颜色 边框颜色	Y
productRepeater	中继器	X150;Y81	-		Y

2）searchResultRepeater 中继器中的主要元件如图 10-97 所示。元件属性如表 10-12 所示。

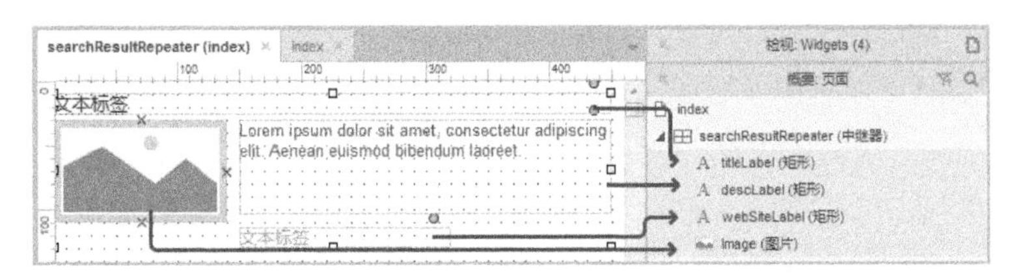

图 10-97　中继器 searchResultRepeater 的主要元件

表 10-12　中继器 searchResultRepeater 的主要元件属性

元件名称	元件种类	坐标	尺寸	备注	可见性
image	图片	X0;Y30	W140;H80		Y
titileLabel	文本标签	X0;Y9	W450;H17		Y
descLabel	文本标签	X150;Y30	W300;H74		Y
webSiteLabel	文本标签	X150;Y114	W170;H16		Y

2. 步骤二：搜索结果列表的呈现

1）在“检视”面板的“样式”选项卡设置该页面排列为水平居中。

2）为 searchResultRepeater 中继器元件添加字段。

选中中继器元件，在“检视”面板的“属性”选项卡，会有添加字段的表格，为了简便起见，我们只添加了 10 行数据，4 个字段，包括：图片（IMAGE）、主题（TITLE）、描述（DESC）、网站链接（WEB_SITE）。字段和数据如图 10-98 所示。

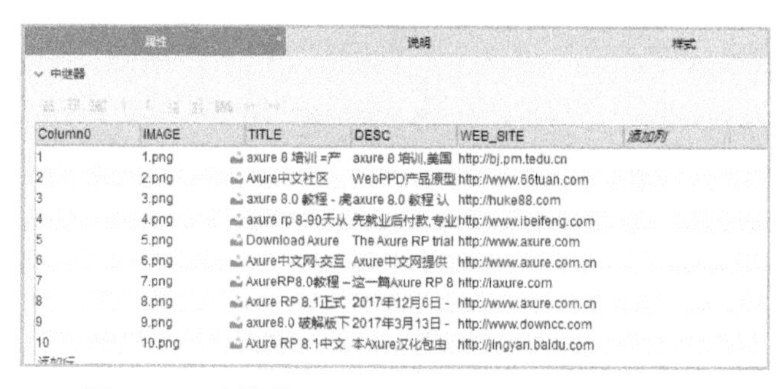

图 10-98　中继器 searchResultRepeater 的字段和数据

3）searchResultRepeater 中继器元件样式设置为，中继器默认布局是“垂直”，设置每页项目数为 2，每项的行间距为 20 像素，如图 10-99 所示。

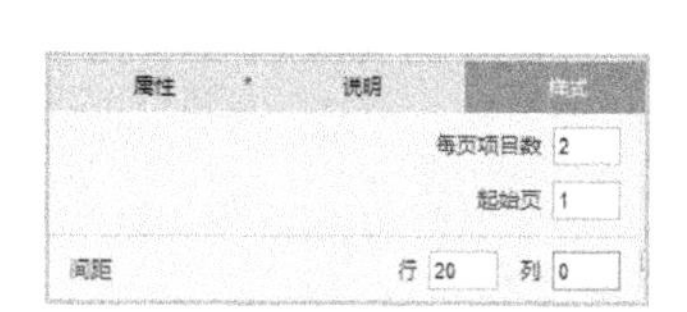

图 10-99　中继器每页项目数

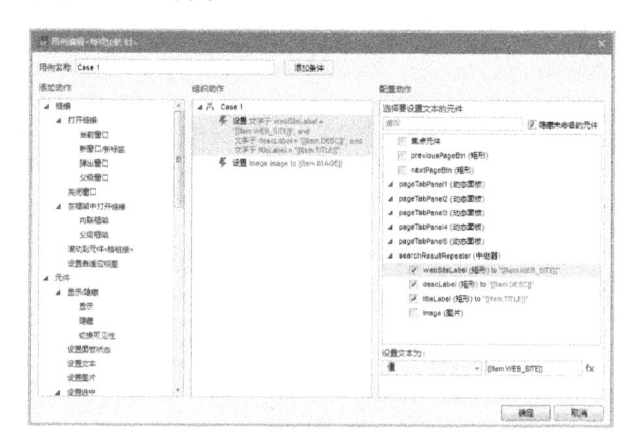

图 10-100　中继器每项加载时事件——设置文本

4）选中 searchResultRepeater 中继器元件，在“检视”面板的“属性”选项卡，设置“每项加载时”事件，添加“设置文本”动作，如图 10-100 所示，设置中继器中的文本的值等于相对应的值；添加“设置图片”动作，设置图片元件引用中继器中的图片，如图 10-101 所示。最终该中继器元件的每项加载时事件，如图 10-102 所示。

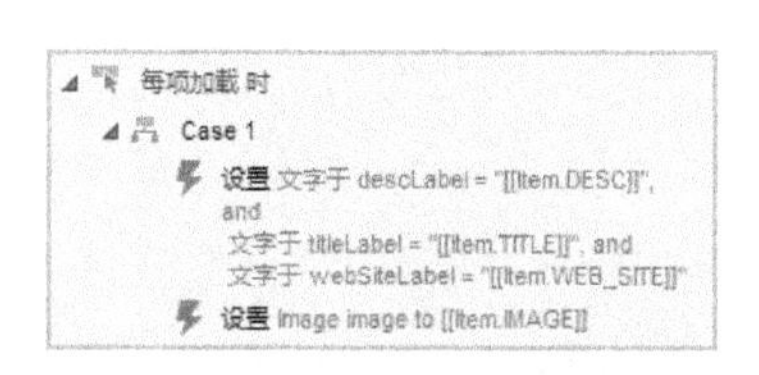

图 10-101 中继器每项加载时事件

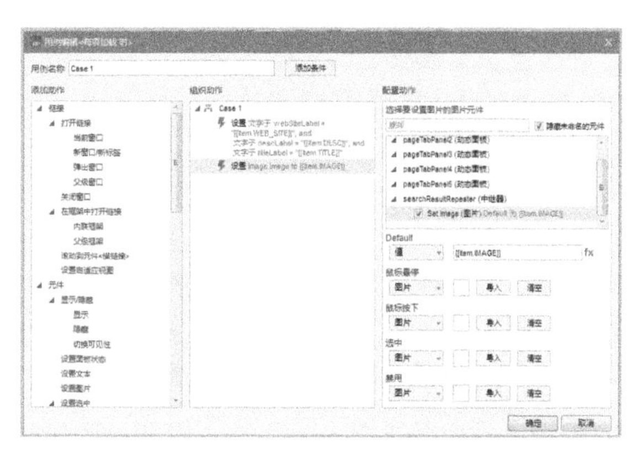

图 10-102 设置图片动作

3. 步骤三：实现页签切换效果

pageTabPage1～pageTabPage5 动态面板元件，都为两个状态：default（不为当前页）和 selected（显示当前页）。

1）添加 pageNum 全局变量，默认值为 1。

2）选中 pageTabPanel1 动态面板，在“检视”面板的“属性”选项卡，设置“鼠标单击时”事件，添加该面板当前状态不是 selected 时的触发条件，添加“设置面板状态”动作，设置 pageTabPage2～pageTabPage5 动态面板元件的状态都为 default，设置当前动态面板元件的状态为 selected；然后添加“中继器”→“设置当前显示页面”动作，设置当前显示页面为 1；最后“设置变量值”，设置 pageNum 全局变量值为 1，如图 10-103 所示。

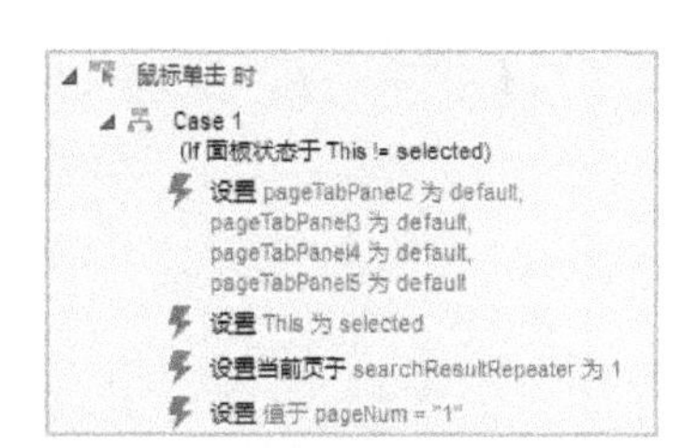

图 10-103 面板 pageTabPanel1 元件的鼠标单击事件

3）其余 pageTabPage2～pageTabPage5 动态面板设置跟步骤中（二）类似，面板状态都是当前为 selected，其余的都为 default，这里不再赘述，事件如图 10-104～图 10-107 所示。

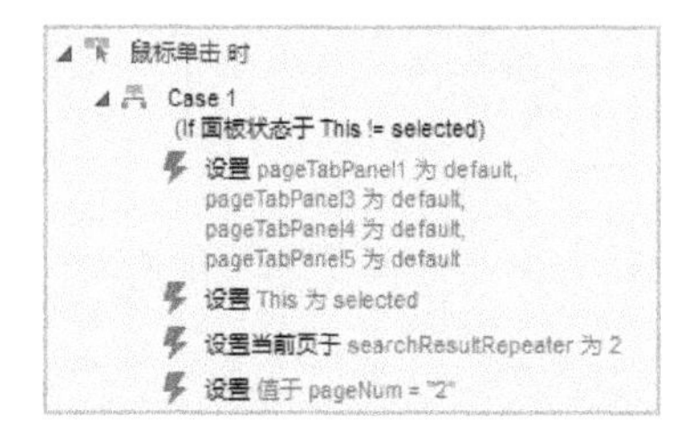

图 10-104 pageTabPanel2 元件的鼠标单击时事件

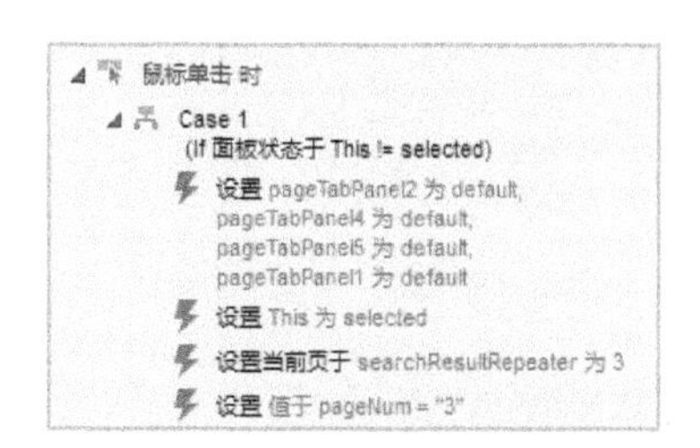

图 10-105 pageTabPanel3 元件的鼠标单击时事件

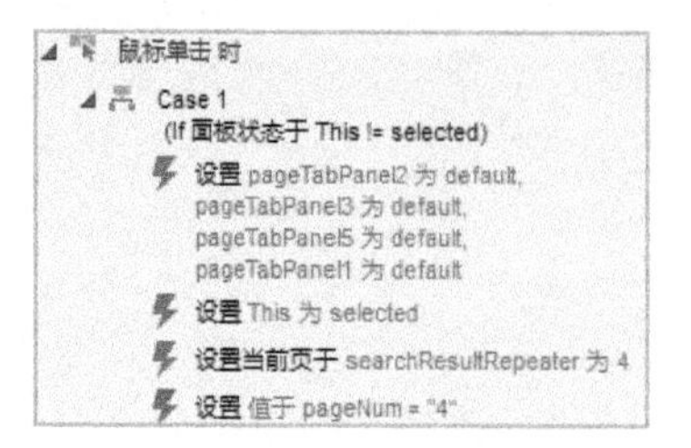

图 10-106　pageTabPanel4 元件的鼠标单击时事件

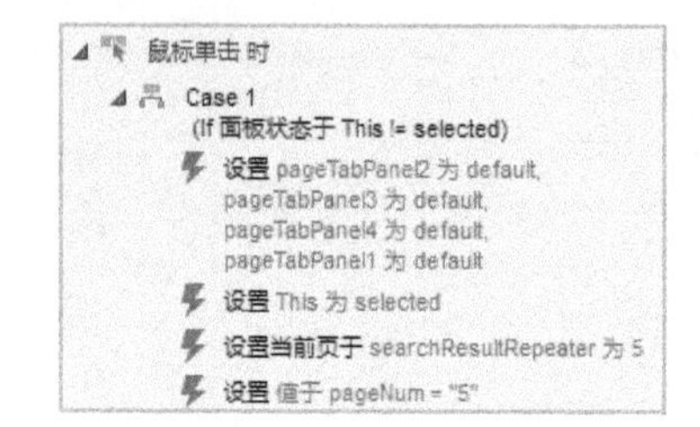

图 10-107　pageTabPanel5 元件的鼠标单击时事件

4）选中表示“上一页”的 previousPageBtn 按钮，在“检视”面板的“属性”选项卡，设置“鼠标单击时”事件，添加不同的用例和条件。在表示当前页面的值为 5 时，触发“设置面板状态”动作，pageTabPanel5 的状态为 default，pageTabPage4 的状态为 selected；添加“中继器”→“设置当前显示页面”动作，设置当前页面为前一页；最后，触发“设置变量值”动作，将 pageNum 全局变量的值设置为 4。

其他情况以此类推即可，如图 10-108 所示。

5）选中表示“下一页”的 nextPageBtn 按钮，在“检视”面板的“属性”选项卡，在“鼠标单击时”事件添加不同的用例和条件。在当前页面为 1 时，触发“设置面板状态”动作，pageTabPanel1 的状态为 default，pageTabPage2 的状态为 selected；添加“中继器”→“设置当前显示页面”动作，设置当前页面为下一页；最后，触发“设置变量值”动作，将 pageNum 全局变量的值设置为 2。

其他情况以此类推即可，如图 10-109 所示。

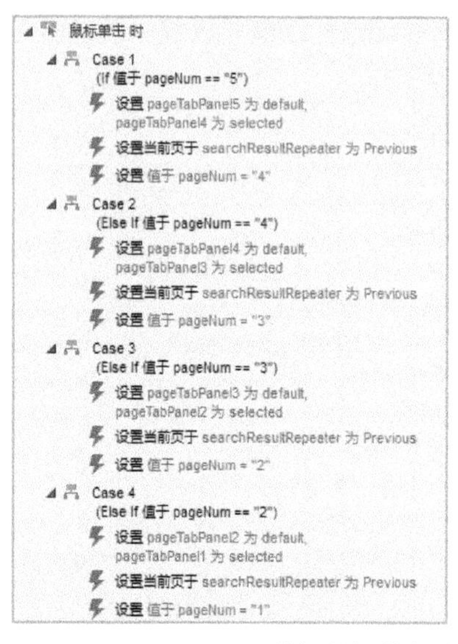

图 10-108　previousPageBtn 按钮鼠标单击时事件

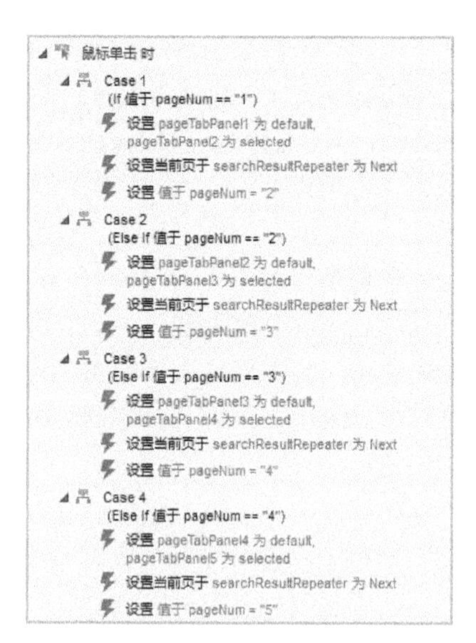

图 10-109　nextPageBtn 按钮鼠标单击时事件

10.4.4　案例演示效果

按〈F5〉快捷键进行预览，演示效果如图 10-110 所示。

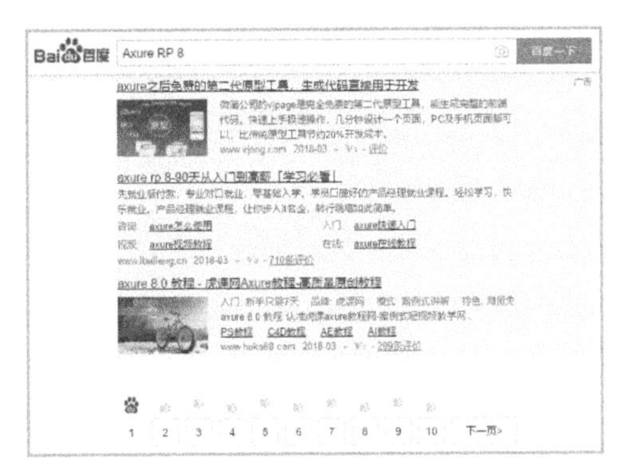

图 10-110　百度搜索结果底部页签切换效果

10.5　百度云的上传进度条效果

10.5.1　案例要求

打开百度云的计算机客户端，上传文件进度条效果如图 10-111 所示。

图 10-111　上传文件进度条效果

本案例需要实现的功能：在 60 秒内将上传进度从 0%匀速变为 100%，在时间改变的同时，蓝色进度条和上传百分比也会相应发生变化。

10.5.2　案例分析

这里仅仅实现进度条的变化，观察图 10-111 的上传总进度条，颜色边框可以使用蓝色的边框和无填充色的矩形元件表示，另外添加一个动态面板元件表示进度条。在动态面板内部，添加一个填充色为蓝色的矩形元件表示进度变化，添加一个文本框元件表示进度百分比。

10.5.3　案例实现

1. 步骤一：元件准备

1）页面中的主要元件，如图 10-112 所示。主要元件属性如表 10-13 所示。

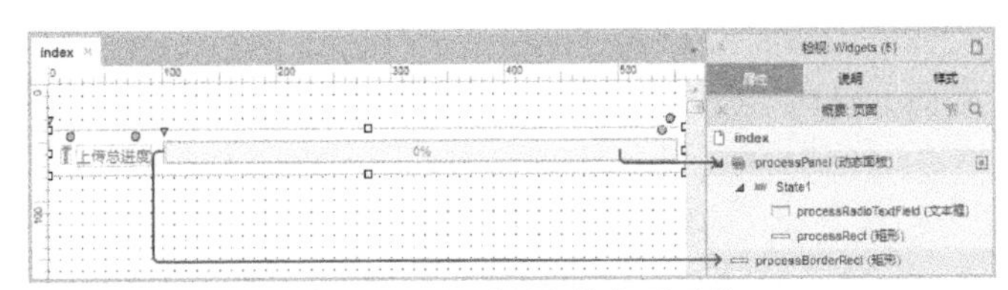

图 10-112　页面中的主要元件

表 10-13　页面中的主要元件属性

元件名称	元件种类	坐标	尺寸	备注	可见性
proceePanel	动态面板	X103;Y50	W449;H18	1 个状态，State1 状态	Y
ProcessBorderRect	矩形	X101;Y49	W452;H20	边框颜色#5095E1，填充颜色无	Y

2）processPanel 动态面板元件中的元件，如图 10-113 所示。主要元件属性如表 10-14 所示。

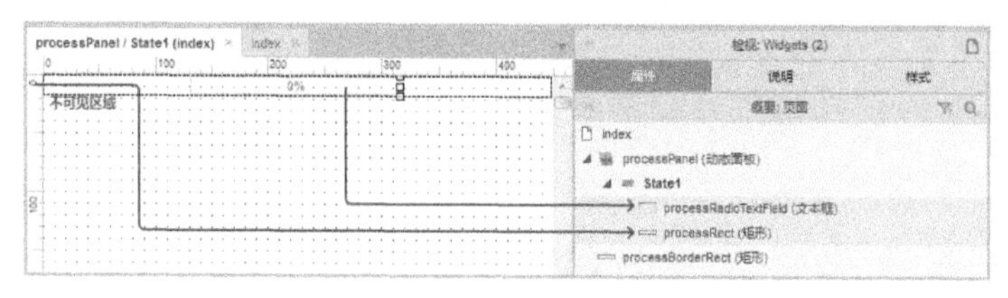

图 10-113　面板 processPanel 中的主要元件

表 10-14　面板 processPanel 中的主要元件属性

元件名称	元件种类	坐标	尺寸	备注	可见性
processRect	矩形	X-450;Y0	W450;H18	边框无，填充颜色#5095E1	Y
processRadioTextField	文本框	X131;Y1	W186;H16	隐藏边框	Y

将 processRect 矩形元件的 X 坐标设置为-450，因为该元件默认在屏幕左侧不可见区域，随着时间的推进会慢慢从左侧移入到视野范围。

processRadioTextField 文本框元件填充色需要设置为透明，需要用到文本框元件的“文本改变时”事件来控制百分比变化。

2. 步骤二：实现进度条匀速推进效果

1）在“检视”面板的“样式”选项卡设置 index 页面排列方式水平居中。

2）单击 index 页面空白区域，在“检视”面板的“属性”选项卡，设置“页面载入时”事件，添加“移动”动作，移动矩形元件 processRect 进度条从当前位置 X-450；Y0 沿水平方向移动 450 像素，需要在 60000 ms（即 60 秒）的时间内进行线性移动，如图 10-114 所示。

页面载入时
Case 1
移动 processRect by (450,0) 线性 60000ms

图 10-114　页面载入时事件

3. 步骤三：实现进度百分比效果

1）进度条会在 60 秒内移动完毕，进度百分比需要从 0%进到 100%，所以每 0.6 秒移动 1%。在该步骤中，设置异步等待 600 ms（0.6 秒）。

继续在 index 页面的空白区域单击，在“检视”面板的“属性”选项卡，设置“页面载入时”页面事件，在 Case1 用例中添加“等待”动作，如图 10-115 所示。

2）在异步等待 0.6 秒之后，设置 processRadioTextField 文本框元件的百分比值加 1。需要用到 LVAR1 局部变量，LVAR1 的值等于 processRadioTextField 的当前值（默认值为

0%）。另外，需要利用字符串函数 replace 将当前百分比中的%去掉后，将数字加 1 后再次加上符号%，即 0% → 1%，1% → 2%。

在“页面载入时”页面事件的 Case1 用例中添加“设置文本”动作，随即添加 LVAR1 局部变量和插入字符串函数如 replace，如图 10-116 所示。

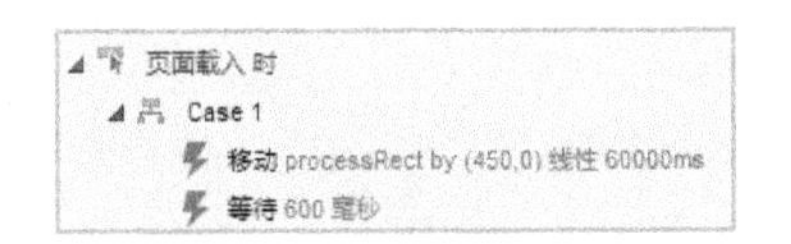

图 10-115　页面载入时事件

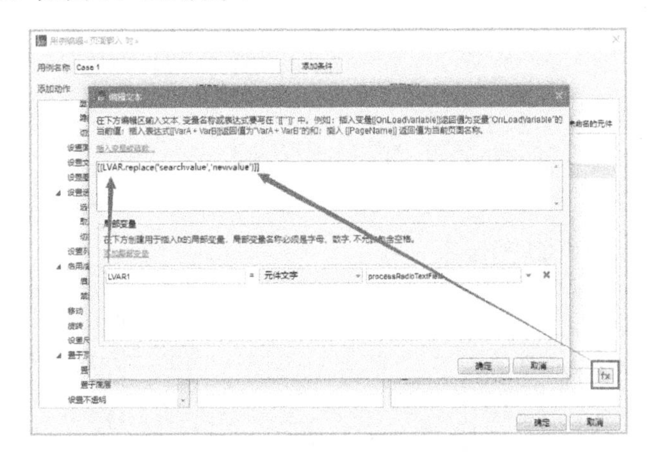

图 10-116　页面载入时添加动作设置文本

将插入函数中的变量 LVAR 更换为 LVAR1，searchvalue 更换为%，newvalue 清空，在该值的基础上加 1，最终 fx 的结果为[[LVAR1.replace('%','')+1]]%，如图 10-117 所示。

图 10-117　完整的页面载入时事件

也可以利用 length 和 substr 函数实现，如[[LVAR1.substr(0,LVAR1.length － 1）＋ 1]]%语句会达到相同的效果。

3）因为在第 2）步中，processRadioTextField 文本框元件的文本值被改变，需要不断地变化百分值，所以会执行该元件的“文本改变时”事件，并且要在该元件的值去掉%小于 100 的情况下进行,条件设置如图 10-118 所示，事件用例如图 10-119 所示。

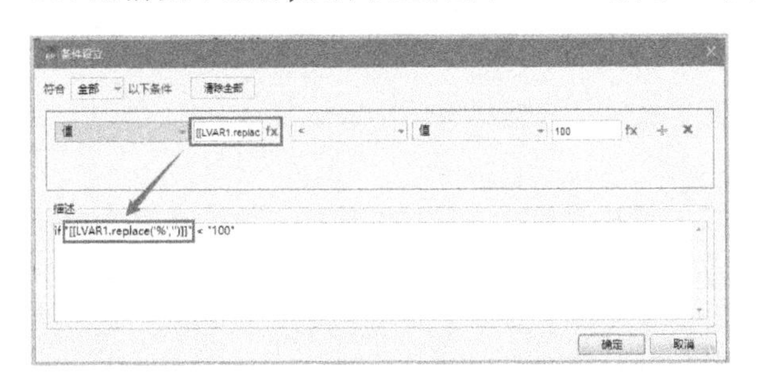

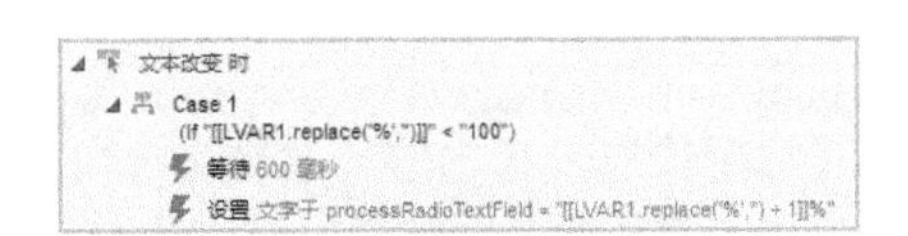

图 10-118　processRadioTextField 文本改变时条件　　图 10-119　processRadioTextField 文本改变时事件

10.5.4　案例演示效果

按〈F5〉快捷键进行预览，运行效果如图 10-120 所示。

图 10-120　预览运行效果

10.6　京东秒杀倒计时效果

10.6.1　案例要求

打开京东秒杀页面（https://miaosha.jd.com/），可以看到正在秒杀倒计时，在 12:00 的秒杀开始之后，会显示两小时的倒计时。如图 10-121 所示。

图 10-121　京东秒杀倒计时效果

10.6.2　案例分析

本案例的关键知识点分析如下。

1）需要实现的是图 10-121 中两小时的倒计时效果。在本章第一个案例中，实现了一个 60 s 的倒计时，在这里还是通过动态面板元件的循环来辅助实现两小时的倒计时。

2）在动态面板元件每次切换状态的时候，通过计算结束时间与当前时间的时间差得出剩余时间。假设实现的是 12:00 开始的秒杀，结束时间是 14:00，所获取的当前时间格式为 yyyy/MM/DD HH:MM:SS，那么倒计时为计算 yyyy/MM/DD 14:00:00 与 yyyy/MM/DD HH:MM:SS 的时间差。将这两个时间分别转化为毫秒数，然后相减，获取到的时间差毫秒数，再通过公式换算成倒计时的“小时”“分钟”和“秒”。

10.6.3　案例实现

1. 步骤一：元件准备

页面的主要元件如图 10-122 所示。元件属性如表 10-15 所示。

表 10-15　页面的主要元件属性

元件名称	元件种类	坐标	尺寸	备注	可见性
countDownText	文本标签	X97;Y110	W113;H17		Y
loopPanel	动态面板	X339;Y87	W62;H63	两个状态，分别为 State1 和 State2	Y
limitTime	文本标签	X277;Y164	W124;H16		N

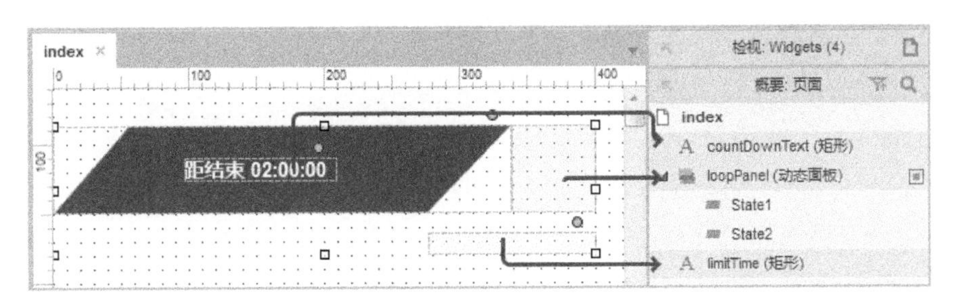

图 10-122　页面的主要元件

2. 步骤二：设置结束日期

选中 limitTime 文本标签元件，在“检视”面板的“属性”选项卡设置该元件的“载入时”事件，添加“设置文本”动作，设置当前元件的值为：

[[Now.getFullYear()]]/[[Now.getMonth()]]/[[Now.getDate()]] 14:00:00

Now.getFullYear()获取的是年，Now.getMonth()获取的是月，Now.getDate()获取的是天，如图 10-123 和图 12-124 所示。

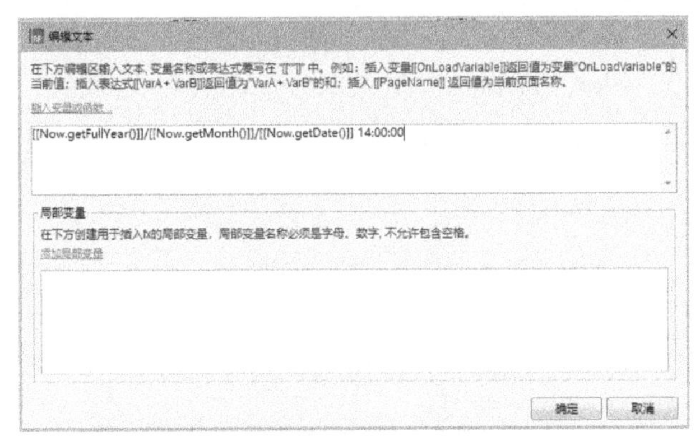

图 10-123　给元件 limitTime 设置文本值

图 10-124　元件 limitTime 载入时事件

3. 步骤三：设置 loopPanel 动态面板元件的状态循环

选中 loopPanel 动态面板元件，在“检视”面板的“属性”选项卡设置“载入时”事件，添加“设置面板状态”动作，设置该面板状态为 next，勾选“向后循环”和“循环间隔”，设置间隔为 1000 ms，取消勾选“首个状态延时 1000 毫秒后切换”的选项，事件交互设置如图 10-125 所示。

4. 步骤四：倒计时设置

选中 loopPanel 动态面板元件，在“检视”面板的“属性”选项卡设置“状态改变时”事件，添加“设置文本”动作，设置倒计时 countDownText 文本标签元件的值为：

距结束 [[Math.floor((time.valueOf() - Now.valueOf())% 86400000/3600000)]]:[[Math.floor((time.valueOf() - Now.valueOf()) % 3600000/60000)]]:[[((time.valueOf() - Now.valueOf()) % 60000/1000).toFixed(0)]]

如图 10-126 所示，将 limitTime 的值转为局部变量，然后转化为毫秒数减去当前时间的毫秒数。其中，函数 Math.floor()返回小数向下最接近的整数。

图 10-125　loopPanel 元件载入时事件

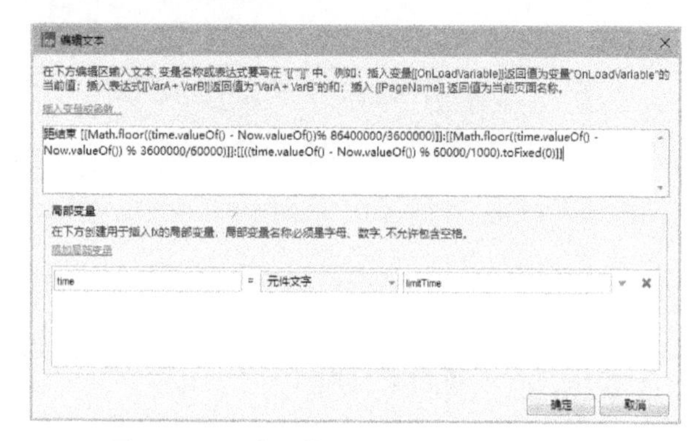

图 10-126　给元件 countDownText 设置文本值

面板 loopPanel 状态改变时事件交互设置如图 10-127 所示。

图 10-127　面板 loopPanel 状态改变时事件

10.6.4　案例演示效果

按〈F5〉快捷键查看预览效果，当前时间大于截止时间 14:00 时，如图 10-128 所示。当前时间在 12:00 和 14:00 之间时，显示离 14:00 的倒计时时间，如图 10-129 所示。

图 10-128　当前时间大于 14:00 时效果

图 10-129　当前时间在 12:00 和 14:00 之间时效果

10.7　京东商品详情页商品介绍快速导航效果

10.7.1　案例要求

前面介绍了京东秒杀倒计时的案例，接下来看一下京东商品详情页商品介绍快速导航效果。随便点开一个商品的详情页面，都会出现右侧那一列快速导航栏。鼠标经过每个图标按钮，都会滑出中文描述，单击图标按钮，在右侧会滑出相应的详细信息，如图 10-130 和图 10-131 所示。

图 10-130　京东商品详情页快速导航样式 1

图 10-131　京东商品详情页快速导航样式 2

10.7.2　案例分析

本案例的关键知识点分析如下。

1）因为所有的图标按钮都会随着详细信息的显示、隐藏、切换而移动，所以将所有的图标按钮放置在一个动态面板元件中即可。

2）鼠标经过或者单击图标按钮时，图标变为红色，可以在交互样式中的“鼠标悬停”“鼠标按下”“选中”状态下，导入红色图标；在鼠标经过时，会给出中文描述，在每个图标按钮旁边添加中文描述，然后在“鼠标移入时”事件和“鼠标移出时”事件添加动作显示或隐藏元件。

3）可将详情信息都放置在一个动态面板元件中，单击图标按钮，切换该动态面板元件的状态来显示不同的信息。

4）该案例最主要的还是元件的滑动效果，在添加隐藏和显示元件动作时，可以选择推动或者拉动元件，方向有下方和右侧。在本案例中，需要显示/隐藏的元件为详细信息的动态面板元件（命名为 slideDetailPanel），随着滑动的动态面板元件（命名为 iconBtnPanel）在左侧。

可以在显示详细信息动态面板（命名为 slideDetailPanel）时，使得图标按钮动态面板（命名为 iconBtnPanel）线性移动 slideDetailPanel 动态面板元件的宽度的距离，详细步骤查看案例实现中的“步骤三：面板显示的推动效果”。

10.7.3 案例实现

1. 步骤一：元件准备

1）主页面的主要元件，如图 10-132 所示。元件属性如表 10-16 所示。

表 10-16 主页面的主要元件属性

元件名称	元件种类	坐标	尺寸	备注	可见性
iconBtnPanel	动态面板	X860;Y0	W211;H631	固定到浏览器，只包括 State1 状态	Y
slideDetailPanel	动态面板	X1072;Y0	W268;H631	固定到浏览器，包括 7 个状态，分别为：default、userCenterState、shoppingCartState、discountState、attentionState、browsingHistoryState、consultState	N

2）iconBtnPanel 动态面板元件 State1 状态的主要元件，如图 10-133 所示。

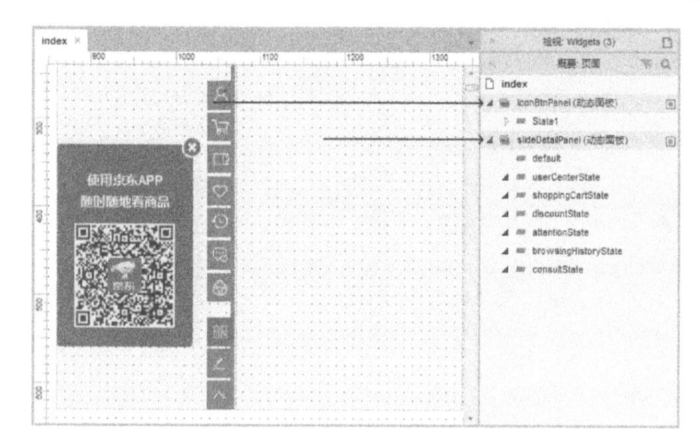

图 10-132 主页面的主要元件

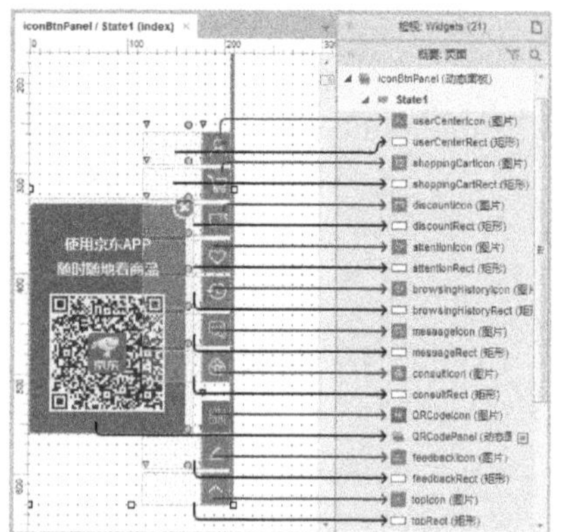

图 10-133 iconBtnPanel 中的主要元件

主要元件属性如表 10-17 所示。

表 10-17 面板 iconBtnPanel 中的主要元件属性

元件名称	元件种类	坐标	尺寸	备注	可见性
userCenterIcon	图片	X177;Y258	W33;H33	无	Y
userCenterRect	矩形	X116;Y258	W61;H33	填充颜色#C81623	N
shoppingCartIcon	图片	X177;Y294	W33;H33	无	Y
shoppingCartRect	矩形	X116;Y294	W61;H33	填充颜色#C81623	N
discountIcon	图片	X177;Y330	W33;H33	无	Y
discountRect	矩形	X116;Y330	W61;H33	填充颜色#C81623	N
attentionIcon	图片	X177;Y366	W33;H33	无	Y
attentionRect	矩形	X116;Y366	W61;H33	填充颜色#C81623	N
browsingHistoryIcon	图片	X177;Y402	W33;H33	无	Y
browsingHistoryRect	矩形	X116;Y402	W61;H33	填充颜色#C81623	N

（续）

元件名称	元件种类	坐标	尺寸	备注	可见性
messageIcon	图片	X177;Y439	W33;H33	无	Y
messageRect	矩形	X116;Y439	W61;H33	填充颜色#C81623	N
consultIcon	图片	X177;Y476	W33;H33	无	Y
consultRect	矩形	X116;Y476	W61;H33	填充颜色#C81623	N
QRCodeIcon	图片	X177;Y526	W33;H33	无	Y
QRCodePanel	动态面板	X0:Y324	W169;H268	无	Y
feedbackIcon	图片	X177;Y562	W33;H33	无	Y
feedbackRect	矩形	X116;Y562	W61;H33	填充颜色#C81623	N
topIcon	图片	X177;Y598	W33;H33	无	Y
topRect	矩形	X116;Y598	W61;H33	填充颜色#C81623	N

2. 步骤二：图标按钮的交互效果

1）提前准备表 10-17 中元件名称以“Icon”结尾的 10 个红色图标按钮，类似这样。

2）在 iconBtnPanel 动态面板元件的 State1 状态，选中图标按钮 userCenterIcon，右击选择“交互样式”菜单项，分别在“鼠标悬停”“鼠标按下”“选中”状态下，导入对应图标的红色图标按钮，其他图标类似，不再赘述，如图 10-134 所示。

3）还是选中 userCenterIcon 图标按钮，在“检视”面板的“属性”选项卡，设置“鼠标移入时”事件，添加“显示”动作，显示 userCenterRect 矩形元件，并且置于顶层向左滑动；在“鼠标移出时”事件添加“隐藏”动作，隐藏 userCenterRect 矩形元件，如图 10-135 和图 10-136 所示。其他图标显示相对应的矩形元件，如 shoppingCartIcon 元件的“鼠标移入时”事件显示 shoppingCartRect 元件。

图 10-134　按钮 userCenterIcon 设置交互样式

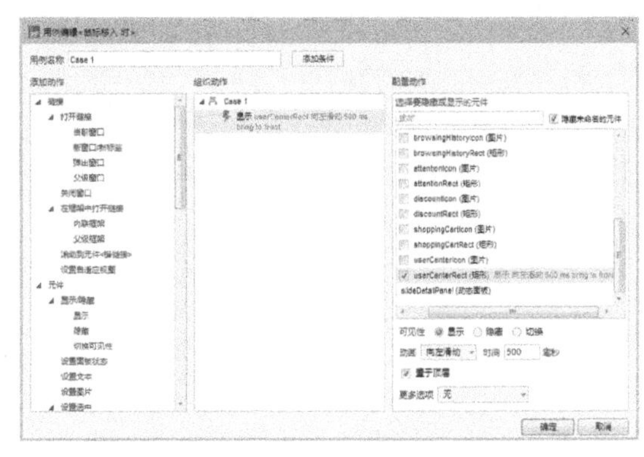

图 10-135　设置 userCenterRect 显示动作

4）10 个图标按钮中，QRCodeIcon 二维码图标比较特殊，当发生“鼠标移入时”和“鼠标单击时”事件时，显示的是二维码的 QRCodePanel 动态面板元件，“鼠标移出时”事件时将其隐藏。

选中 QRCodeIcon 图标按钮，在“鼠标移入时”事件添加“显示”动作，使得 QRCodePanel 元件置于顶层显示；在“鼠标移出时”事件添加“隐藏”动作，隐藏

ORCodePanel 元件；在“鼠标单击时”事件添加“切换可见性”动作，在 QRCodePanel 元件隐藏的情况下，置于顶层显示，在 QRCodePanel 元件显示的情况下，将其隐藏，如图 10-137 所示。

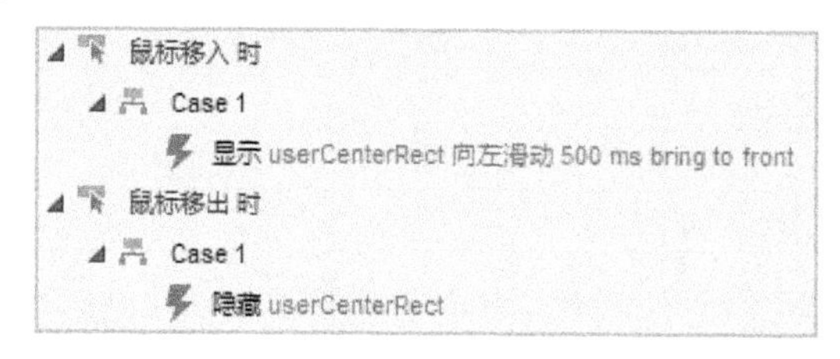

图 10-136　userCenterIcon 鼠标移入和移出时事件

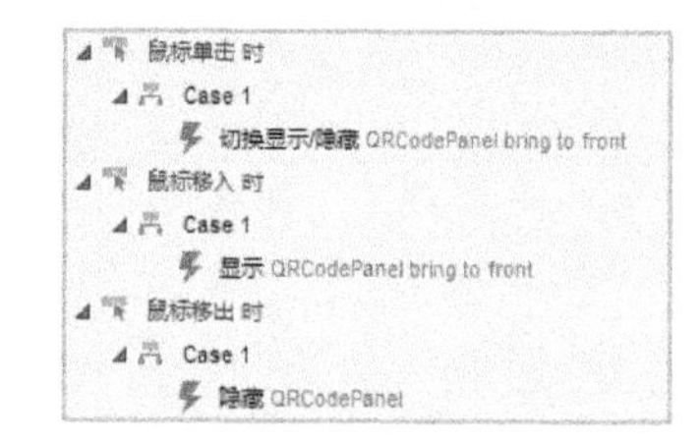

图 10-137　QRCodeIcon 图标按钮事件

5）同时选中 10 个图标按钮，右击选择“设置选项组”选项，为这 10 个图标按钮命名为同一个选项组，该设置为了实现只能选中其中一个图标按钮。

3. 步骤三：实现面板的显示推动效果

打开京东商品详情页面，观察面板的推动效果，在详细信息面板未显示的情况下，单击图标按钮，显示详细信息面板，并且显示该按钮对应的详细信息；在详细信息面板显示的情况下，单击选中的图标按钮，会隐藏面板；在详细信息面板显示的情况下，单击非选中的图标按钮，会显示非选中按钮对应的详细信息。

所以在本案例中，需要分别在三种不同的条件下添加动作。

1）首先将 iconBtnPanel 和 slideDetailPanel 动态面板元件固定在浏览器右侧，分别选中两个动态面板元件，右击选择“固定在浏览器”菜单项，如图 10-138 所示。

2）在 iconBtnPanel 动态面板元件的 State1 状态中，选中 userCenterIcon 图标按钮，在“鼠标单击时”事件，添加 Case1 用例，同时设置第一个条件：动态面板 slideDetailPanel 为不可见，如图 10-139 所示。

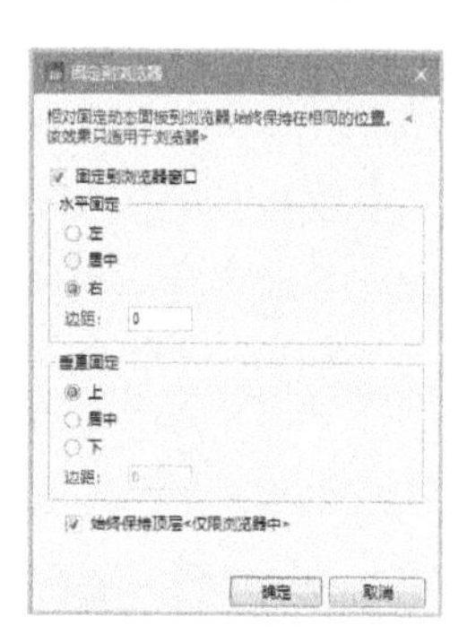

图 10-138　固定 iconBtnPanel 和 slideDetailPanel

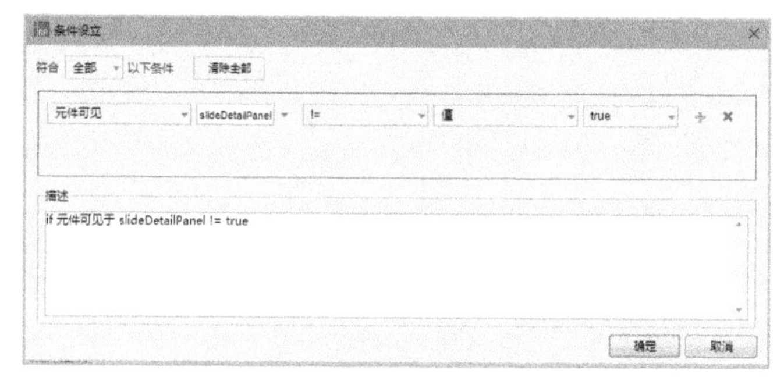

图 10-139　userCenterIcon 鼠标单击时 Case1 添加条件

在该条件下，添加“选中”动作，设置当前按钮为选中状态；然后继续添加“显示”动作，设置 slideDetailPanel 动态面板元件向左滑动 0 ms 显示；继续添加“移动”动作，iconBtnPanel 动态面板元件从当前位置沿水平方向向右移动 268 像素（X 坐标值为-268，Y 坐标值为 0）；最后，添加“设置面板状态”动作，设置 slideDetailPanel 动态面板元件的状态为 userCenterState，如图 10-140 所示。

3）选中 userCenterIcon 图标按钮，在“鼠标单击时”事件添加 Case2 用例，继续设置第二个条件：面板状态为 userCenterState 时，如图 10-141 所示。

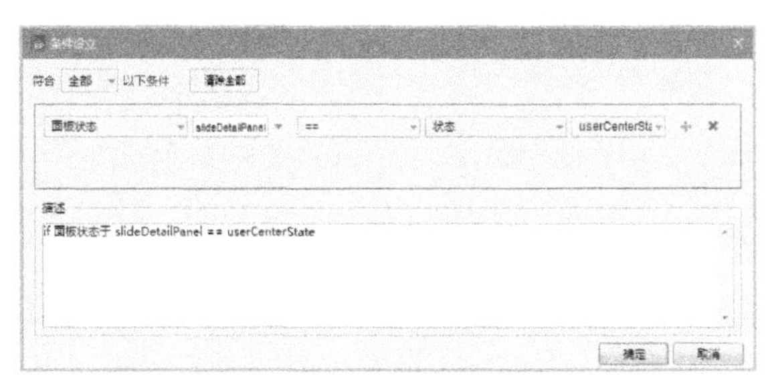

图 10-140 userCenterIcon 鼠标单击时事件　　图 10-141 userCenterIcon 鼠标单击时 Case2 添加条件

在该条件下，添加“选中”动作，设置当前按钮为未选中状态；继续添加“隐藏”动作，设置 slideDetailPanel 动态面板元件向右滑动 0 ms 隐藏；最后添加“移动”动作，iconBtnPanel 动态面板元件从当前位置沿水平方向向左移动 268 像素（X 坐标值为 268，Y 坐标值为 0），如图 10-142 所示。

4）选中 userCenterIcon 图标按钮，在“鼠标单击时”事件添加 Case3 用例，继续设置第三个条件：动态面板 slideDetailPanel 为可见。

在该条件下，添加“选中”动作，将当前按钮设为选中状态；继续添加“设置面板状态”动作，设置 slideDetailPanel 元件的状态为 userCenterState，并且进入时向左滑动，退出时向右滑动，如图 10-143 所示。

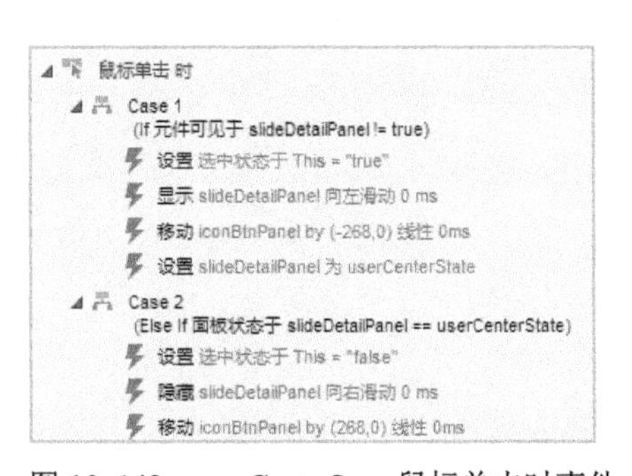

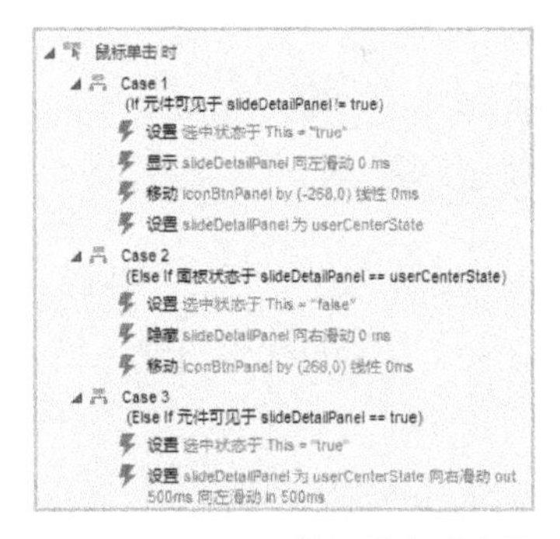

图 10-142 userCenterIcon 鼠标单击时事件　　图 10-143 userCenterIcon 鼠标单击时事件（全部用例）

5）复制 userCenterIcon 图标按钮的“鼠标单击时”事件的所有用例，分别粘贴到 shoppingCartIcon、discountIcon、attentionIcon、browsingHistoryIcon、consultIcon 图标按钮的“鼠标单击时”事件下，然后将第一个条件下的“设置面板状态”的状态分别更改为：shoppingCartState、discountIState、attentionState、browsingHistoryState、consultState，将第二个条件的面板状态分别更改为：shoppingCartState、discountIState、attentionState、browsingHistoryState、consultState；最后将第三个条件下的“设置面板状态”的状态分别更改为：shoppingCartState、discountIState、attentionState、browsingHistoryState、consultState。

6）设置 10 个图标中的 messageIcon、feedbackIcon，单击 messageIcon 元件，在新窗口中会

打开消息页面；单击 feedbackIcon，在新窗口中会打开反馈页面，事件如图 10-144 和图 12-145 所示。

图 10-144　messageIcon 鼠标单击事件

图 10-145　feedbackIcon 鼠标单击事件

7）设置最后一个 topIcon 按钮，单击该按钮，会回到页面的顶部，在“鼠标单击时”事件添加“选中”动作，设置当前按钮为选中状态；再次添加“滚动到元件<锚链接>”动作，选中 iconBtnPanel 动态面板元件，仅垂直滚动，如图 10-146 和图 10-147 所示。

图 10-146　topIcon 鼠标单击时事件

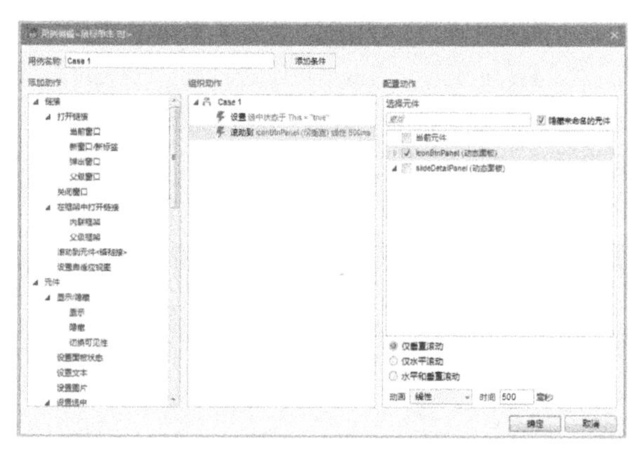

图 10-147　为 topIcon 设置锚链接

10.7.4　案例演示效果

按〈F5〉快捷键进行预览，默认时、鼠标移动到右上角第一个图标“”时、单击头像图标时的显示效果分别如图 10-148、图 10-149 和图 10-150 所示。

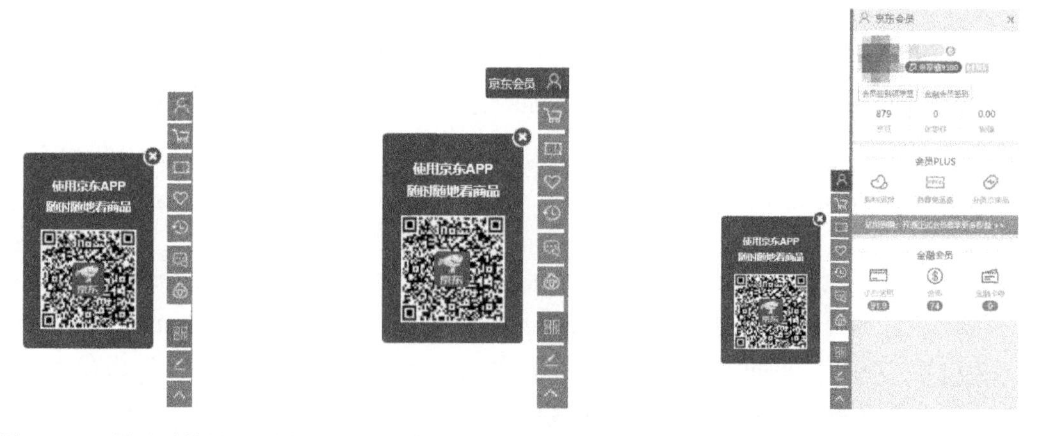

图 10-148　默认时效果　图 10-149　鼠标移动到头像图标时效果　图 10-150　鼠标单击头像图标时效果

10.8　模拟优酷的视频播放效果

10.8.1　案例要求

相信大家经常将看影视节目当作闲暇消遣，经常游走于各大视频网站，如优酷、爱奇艺和腾讯视频等。这些视频网站的视频播放效果类似，本章以优酷网为案例讲解视频播放效果。

访问优酷网的某个页面，如电视剧《和平饭店》的播放网址：

http://v.youku.com/v_show/id_XMzM1Mjc0OTk4MA==.html?spm=a2hww.20027244.m_250003.5~5!4~5!2~5~A。

视频播放效果如图 10-151 所示。

图 10-151　优酷播放器样式

在图 10-151 中，可进行以下主要操作。

1）分集播放：单击分集序号后将视频播放区域的视频更换为该集视频。

2）全屏播放：单击按钮后将视频最大化播放。

3）控制音量：单击按钮，会显示调整音量的控制条。

4）暂停播放：单击按钮暂停播放当前视频。

5）播放下集：单击按钮进入下集播放。

6）继续播放：在暂停状态单击按钮继续播放视频。

7）播放进度控制：在视频下方有一条长度等于视频宽度的进度条，红色部分表示已播放完毕的部分，灰色表示已加载部分，更浅的色为未加载部分。

10.8.2　案例分析

本案例的关键知识点分析如下。

1）视频播放：可以使用内联框架元件实现。

2）分集播放/播放下集：当单击分集序号或单击播放下集按钮时，通过“链接”→“在框架中打开链接”→“内联框架”动作更改内联框架元件的链接地址。

3）控制音量：音量控制条可使用“移动”动作实现，将元件在 Y 坐标上移动 DragY 的距离，该功能类似于在淘宝用户注册效果案例中实现的滑块验证效果。

4）暂停播放/继续播放：可采用动态面板元件实现，使用“设置面板状态”动作设置播放和暂停两种状态的切换。

10.8.3 案例实现

1. 步骤一：元件准备

这里对《和平饭店》电视剧的播放页面使用截图软件进行截图，关注的主要区域有：播放窗口区域、电视剧选集区域和下方视频播放操作区域。

1）该页面的主要元件，如图 10-152 所示。

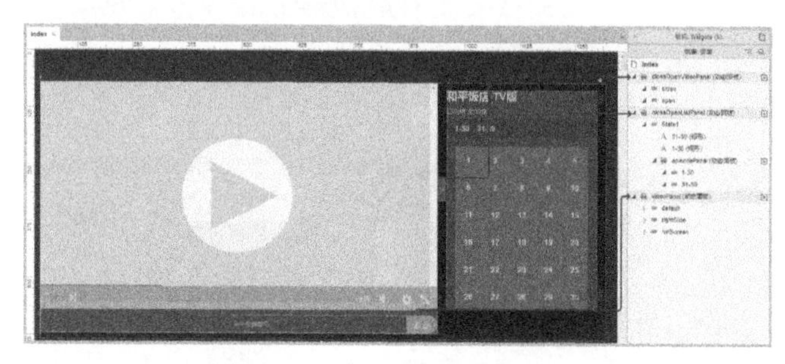

图 10-152　页面的主要元件

主要元件属性如表 10-18 所示。

表 10-18　页面的主要元件属性

元件名称	元件种类	坐标	尺寸	备注	可见性
closeOpenVedioPanel	动态面板	X942;Y280	W15;H50	两个状态，分别为 open 和 close	Y
closeOpenListPanel	动态面板	X960;Y87	W340;H483	1 个 State1 状态	Y
videoPanel	动态面板	X40;Y70	W900;H550	3 个状态，分别为 default、rightSlide 和 fullScreen	Y

2）closeOpenListPanel 动态面板元件 State1 状态的主要元件，如图 10-153 所示。

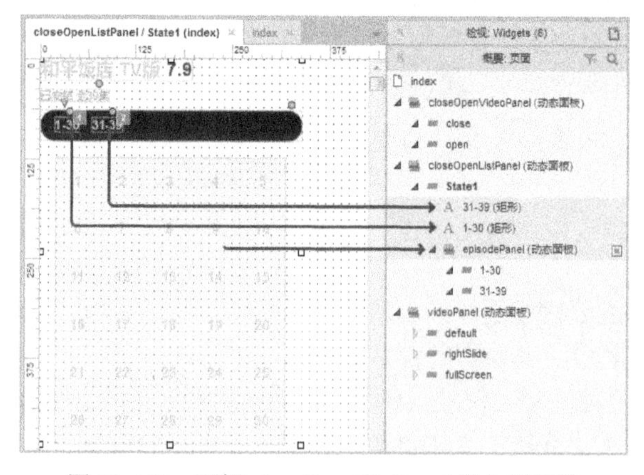

图 10-153　面板 closeOpenListPanel 的主要元件

主要元件属性如表 10-19 所示。

表 10-19 面板 closeOpenListPanel 的主要元件属性

元件名称	元件种类	坐标	尺寸	备注	可见性
31～39	文本标签	X67;Y73	W42;H19	无	Y
1～30	文本标签	X18;Y73	W33;H19	无	Y
episodePanel	动态面板	X19;Y123	W300;H360	两种状态	Y

3）closeOpenVedioPanel 动态面板元件在 default 状态下的主要元件，如图 10-154 所示。主要元件属性如表 10-20 所示。

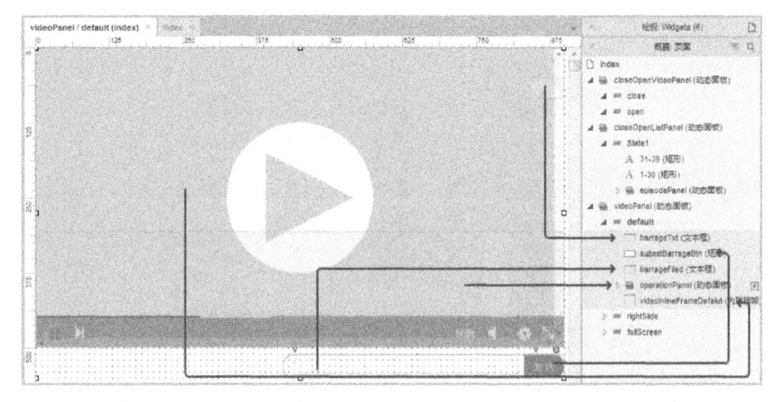

图 10-154 closeOpenVedioPanel 元件在 default 状态下的主要元件

表 10-20 面板 closeOpenVedioPanel 的 default 状态的主要元件属性

元件名称	元件种类	坐标	尺寸	备注	可见性
barrageTxt	文本框	X843;Y50	W57;H35	隐藏边框	N
submitBarrageBtn	矩形	X830;Y511	W70;H40	填充颜色#797979	Y
barrageField	文本框	X440;Y519	W380;H25	隐藏边框	Y
operationPanel	动态面板	X0;Y306	W900;H194	1 种状态	Y
videoInlineFrameDefault	内联框架	X0;Y0	W900;H500	无	Y

4）operationPanel 动态面板元件的 State1 状态下的主要元件，如图 10-155 所示。主要元件属性如表 10-21 所示。

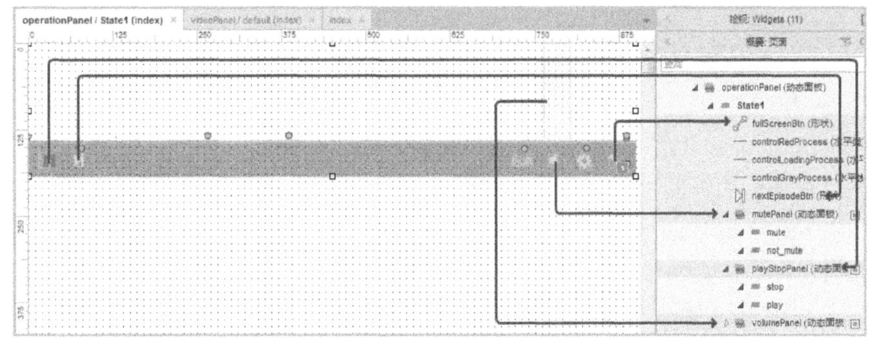

图 10-155 operationPanel 元件的 State1 状态下的主要元件

表 10-21 面板 operationPanel 的 State1 状态下的主要元件属性

元件名称	元件种类	坐标	尺寸	备注	可见性
fullScreenBtn	Icon	X860;Y161	W20;H20	选自图标元件	Y
nextEpisodeBtn	Icon	X68;Y159	W14;H20	选自图标元件	Y
mutePanel	动态面板	X770;Y159	W13;H21	两种状态	Y
playStopPanel	动态面板	X15;Y154	W27;H27	两种状态	Y
volumePanel	动态面板	X763;Y0	W40;H143	1 种状态	N

5）volumePanel 动态面板的 State1 状态下主要元件，如图 10-156 所示。主要元件属性如表 10-22 所示。

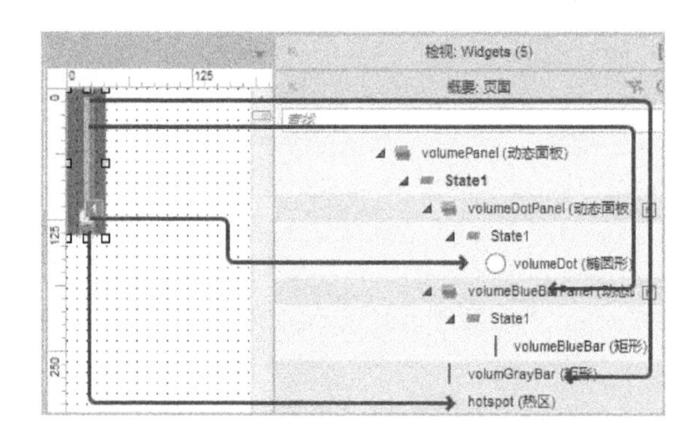

图 10-156 volumePanel 元件的 State1 状态的主要元件

表 10-22 volumePanel 元件的 State 状态的主要元件属性

元件名称	元件种类	坐标	尺寸	备注	可见性
volumeDotPanel	动态面板	X13;Y115	W15;H15	1 种状态	Y
volumeDot	椭圆	X0;Y0	W15;H15	填充颜色白色，边框无	Y
volumeBlueBarPanel	动态面板	X18;Y9	W10;H120	1 种状态	Y
volumeBlueBar	矩形	X0;Y120	W5;H120	填充颜色#1F5C9D	Y
volumeGrayBar	矩形	X18;Y9	W5;H120	填充颜色#F2F2F2	Y
hotspot	热区	X13;Y129	W15;H14	无	Y

2. 步骤二：实现暂停/继续播放效果

这里把所有对视频的操作按钮都放置在 operationPanel 动态面板元件中，制作暂停/播放效果切换 playStopPanel 动态面板元件的状态即可。

1）在“检视”面板的“样式”选项卡设置页面排列为水平居中。

2）选中 playStopPanel 动态面板元件的 stop 状态下的按钮，在“鼠标单击时”事件添加“设置面板状态”动作，将该动态面板的状态切换为 play 状态，如图 10-157 所示。

3）选中 playStopPanel 动态面板元件的 play 状态下的按钮，在“鼠标单击时”事件添加“设置面板状态”动作，将该动态面板的状态切换为 stop 状态，如图 10-158 所示。

图 10-157 stop 状态按钮的鼠标单击时事件

图 10-158 play 状态按钮的鼠标单击时事件

3. 步骤三：实现控制音量效果

调整音量的控制条类似于在“淘宝的用户注册效果”案例中，淘宝用户注册中的滑块验证的效果。

1）首先设置控制条的显示与隐藏，选中 operationPanel 动态面板元件中的 mutePanel 动态面板元件，在“鼠标单击时”事件添加“切换可见性”动作，使得在 volumePanel 隐藏的情况下，单击 mutePanel 元件，可显示 volumePanel；在 volumePanel 显示的情况下，单击 mutePanel 元件，可隐藏 volumePanel 动态面板元件，如图 10-159 所示。

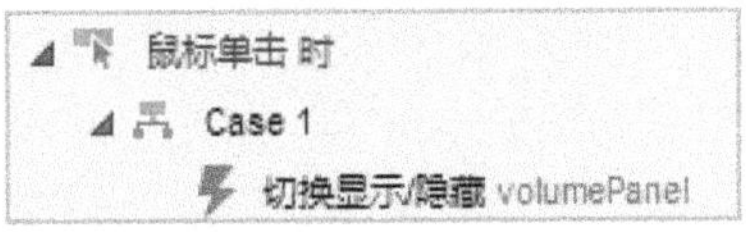

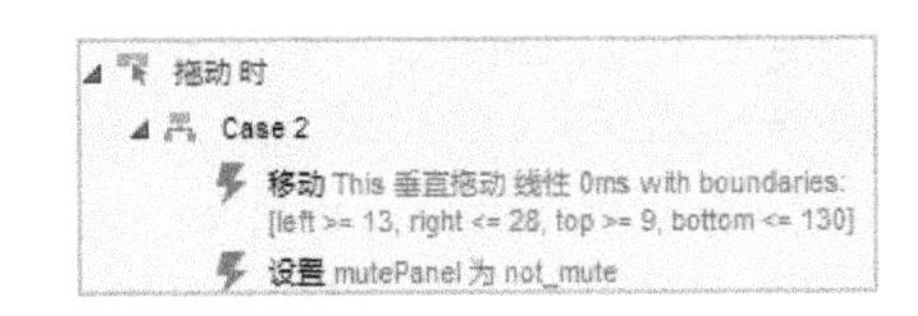

图 10-159 面板 mutePanel 鼠标单击事件

2）准备好所需的元件，选中 volumePanel 动态面板元件中的 volumeDotPanel 动态面板元件，在“拖动时”事件添加“移动”动作，设置该面板垂直移动，边界如图 10-160 所示。然后在移动的过程中，音量是处于不静音的状态下，再添加 “设置面板状态”动作，将面板 mutePanel 的状态切换至 not_mute，事件如图 10-161 所示。

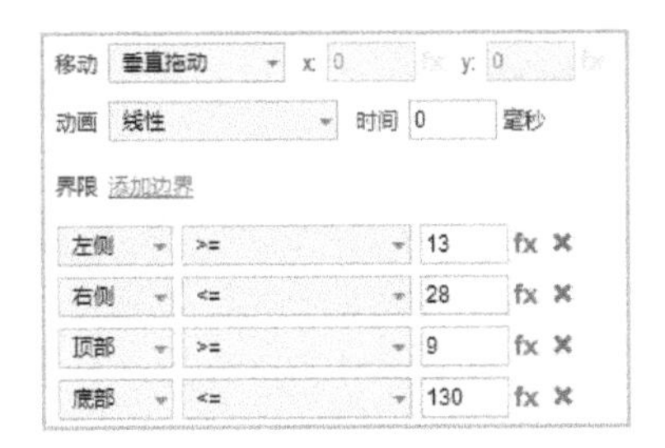

图 10-160 移动 volumeDotPanel 属性设置

图 10-161 面板 volumeDotPanel 拖动时事件

3）再次选中 volumePanel 动态面板元件中的 volumeDotPanel 面板，在“拖动结束时”事件添加“当该面板接触到热区 hotspot”条件，设置 mutePanel 动态面板元件的状态切换至 mute，这时音量处于静音状态，如图 10-162 所示。

4）最后，在移动 volumeDotPanel 动态面板元件时，需要蓝色控制条 volumeBlueBar 跟着移动，选中 volumeDotPanel 动态面板元件，在“移动时”事件添加“移动”动作，选择 volumeBlueBar 跟随移动，如图 10-163 所示。

4. 步骤四：发送弹幕效果

观察弹幕，如果单击“发送”按钮，输入的文字就会从视频右边移至左边，我们可以把发送的文字赋值给弹幕的元件，然后使其移动。

1）选中 submitBarrageBtn“发送”按钮，右击设置交互样式，在“鼠标悬停”“鼠标按下”“选中”状态时，设置填充颜色为##1F5C9D，边框颜色为##1F5C9D，字体颜色为白色。

图 10-162　volumeDotPanel 元件的拖动结束时事件

图 10-163　volumeDotPanel 元件移动时事件

2）选中 videoPanel 动态面板元件的 default 状态下的 submitBarrageBtn 元件，在“鼠标单击时”事件添加“设置文本”动作，设置 barrageTxt 文本框元件的值等于 barrageField 文本框元件的值，其中，将 barrageTxt 的值添加为局部变量赋值，如图 10-164 所示。

3）选中 barrageTxt 文本框元件，在“文本改变时”事件依次添加“显示”“移动”“等待”“隐藏”动作，水平线性移动 4 s 到指定距离，等待 4 s，如图 10-165 所示。

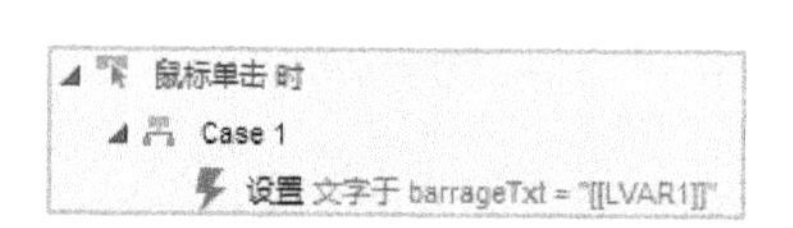

图 10-164　submitBarrageBtn 元件鼠标单击时事件

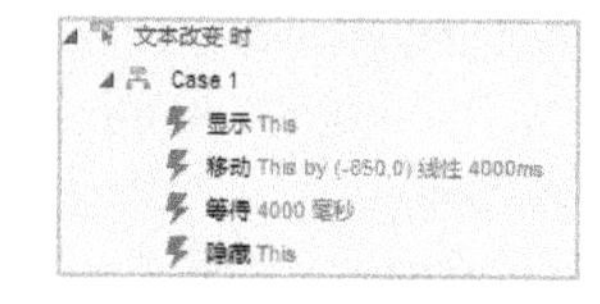

图 10-165　barrageTxt 元件文本改变时事件

5. 步骤五：实现分集面板效果

在右侧的 1～39 集的 39 个按钮，单击其中任何一个按钮，会选中该按钮，并且视频更换为选中按钮对应的集，这时候需要一个全局变量来存储现在播放的集数。

1）在菜单栏选择“项目”→“全局变量”，添加 episodeNum 全局变量。

2）同时选中 closeOpenListPanel 动态面板元件中的矩形元件 1～30、31～39，右击选择“设置选项组”，选项组名称设置为 episodeGroup。

3）同时选中 episodePanel 动态面板元件中的 1～39 所有的椭圆数字元件，右击“设置选项组”，选项组名称设置为 episodeDetailGroup；右击选择“交互样式”菜单项，在“选中”状态时，填充颜色为# 101016，字体颜色为# 1F5C9D。

4）选中 1 号椭圆元件，在“鼠标单击时”事件添加“选中”动作，选中当前元件；添加“设置变量值”动作，设置 episodeNum 全局变量的值等于当前元件的值，将当前元件的值添加为局部变量赋值；添加“链接”→“在框架中打开链接”→“内联框架” 动作，在框架 videoInlineFrameDefault 打开第 1 集的链接，如图 10-166 所示。

5）剩下的 2～39 的椭圆元件事件类似，更换链接即可。

6）下集播放效果，选中 videoPanel 动态面板元件下的 nextEpisodeBtn 按钮元件，在“鼠标单击时”事件添加条件，在全局变量为 1 时，打开第 2 集在内联框架中，以此类推，示例如图 10-167 所示。

6. 步骤六：右侧拉/全屏播放效果

所谓“右侧拉”，就是单击页面的 closeOpenVideoPanel 动态面板元件，在视频没在右侧展开的情况下，隐藏分集的 closeOpenListPanel 动态面板元件，同时向右侧展开 videoPanel 动态面板元件；反之，显示分集面板，同时关闭右侧展开的面板。

1）分别设置 closeOpenVideoPanel 动态面板元件的 close、open 状态的矩形元件，交互样式在“鼠标悬停”“鼠标按下”状态的填充颜色为# 999999，字体颜色为# 1F5C9D。

图 10-166　1 号椭圆元件鼠标单击事件

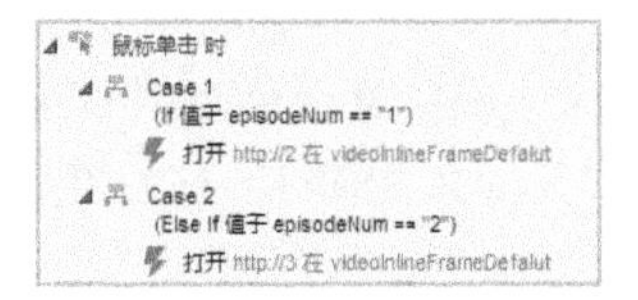

图 10-167　按钮 nextEpisodeBtn 鼠标单击事件

2）选中 closeOpenVideoPanel 动态面板元件的 close 状态下的按钮，在“鼠标单击时”事件添加“置于顶层”动作，将 videoPanel 元件置于顶层；然后添加“隐藏”动作，隐藏 closeOpenListPanel 元件；最后添加“设置面板状态”动作，将 videoPanel 动态面板元件的状态切换为 rightSlide，并且向右侧推拉元件，设置 closeOpenVideoPanel 动态面板元件的状态为 open，如图 10-168 所示。

3）选中 closeOpenVideoPanel 动态面板元件的 open 状态下的按钮，在“鼠标单击时”事件添加“置于顶层”动作，将面板 videoPanel 置于顶层；然后添加“显示”动作，显示 closeOpenListPanel 元件；最后添加“设置面板状态”动作，将 videoPanel 动态面板元件的状态切换至为 default，并且向右侧推拉元件，设置 closeOpenVideoPanel 动态面板元件的状态为 close，如图 10-169 所示。

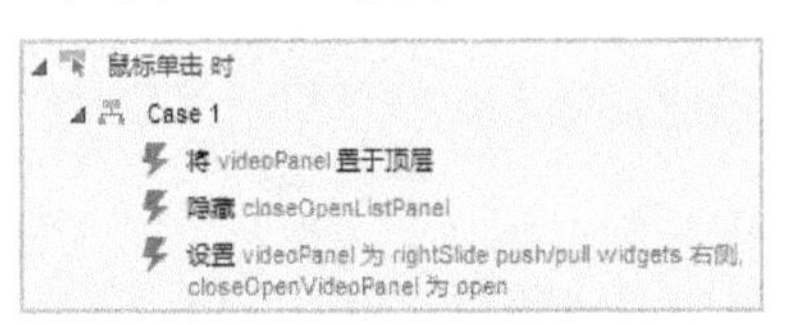

图 10-168　close 状态下的按钮鼠标单击事件

图 10-169　open 状态下的按钮鼠标单击事件

4）现在已经实现了在视频没有右侧拉或者全屏情况下的所有主要操作。下面复制 videoPanel 动态面板元件的 default 状态下的所有元件，分别粘贴至 rightSlide 和 fullScreen 状态下。

删除 fullScreen 下的 barrageTxt 和 barrageFiled 元件，因为在全屏的情况下，不会有发送弹幕的功能，如图 10-170 所示。将 operationFullSreenPanel 动态面板下的扩展图标按钮改为收缩图标按钮，如图 10-171 所示。

图 10-170　fullScreen 全屏状态下的主要元件

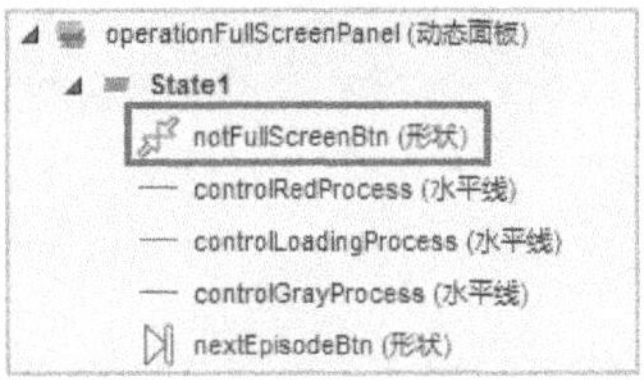

图 10-171　更改图标 fullScreenBtn

其中，许多元件都需要调整尺寸，这里不再赘述。

5）进入 videoPanel 动态面板元件中的 default 状态，选中 operationPanel 动态面板元件中的 fullScreenBtn 图标按钮，在“鼠标单击时”事件添加“置于顶层”动作，需要将

videoPanel 元件的顺序调至顶层；添加“隐藏”动作，隐藏 closeOpenListPanel 和 closeOpenVideoPanel 动态面板元件；添加“设置面板状态”动作，将 videoPanel 元件的状态切换至 fullScreen；最后添加“设置尺寸”动作，调整 fullScreen 状态下的内联框架的高度和宽度为窗口尺寸，如图 10-172 和图 10-173 所示。

图 10-172　图标 fullScreenBtn 鼠标单击事件

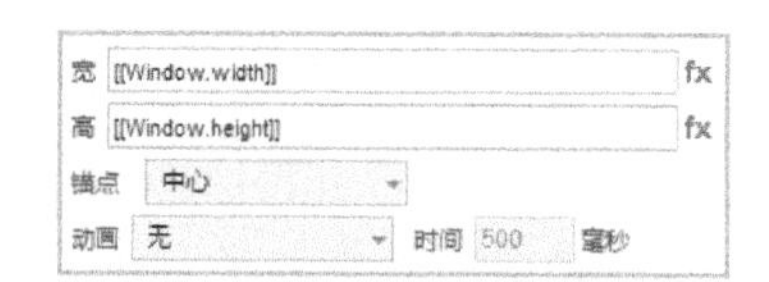

图 10-173　调整 fullScreen 状态下的内联框架

6）选中 operationFullSreenPanel 动态面板元件下的收缩图标按钮 notFullScreenBtn，在“鼠标单击时”事件，添加动作恢复至默认情况下，如图 10-174 所示。

图 10-174　按钮 notFullScreenBtn 鼠标单击事件

10.8.4　案例演示效果

按〈F5〉快捷键进行预览，默认播放情况如图 10-175 所示。该案例可单击选集数字，并且有暂停播放/继续播放的效果、控制音量图标效果，以及最大化效果。

图 10-175　模拟优酷的视频播放效果

10.9　天猫商城首页图片幻灯效果

10.9.1　案例要求

打开天猫商城的首页（https://www.tmall.com/），映入眼帘的就是首页轮播的幻灯片，这是相对简单的一个案例，如图 10-176 所示。

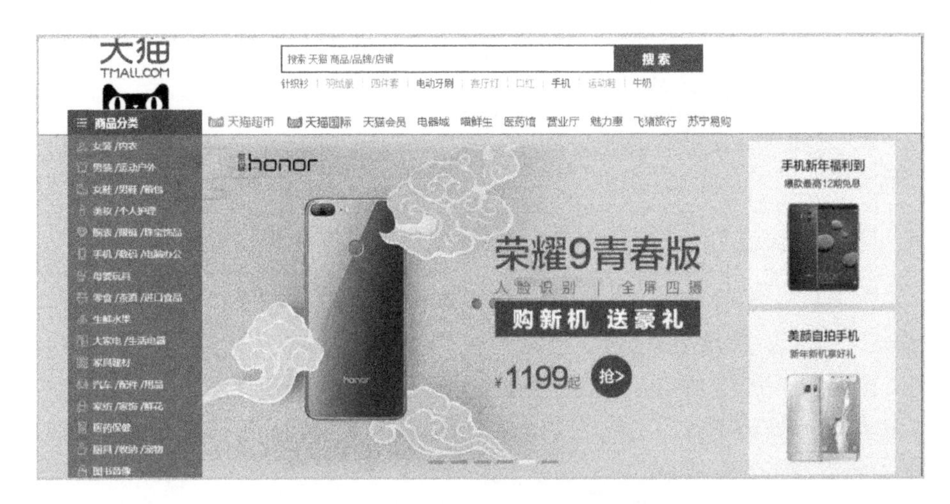

图 10-176　天猫商城首页图片幻灯效果

10.9.2　案例分析

因为主要实现首页幻灯片轮播效果，所以其他元素可以忽略。还是运用熟悉的动态面板元件的状态切换，不同的状态放置不同的幻灯图片；在图片切换的同时，选中对应的矩形元件，利用动态面板元件的“状态改变时”事件，设置 6 个不同状态的条件，选中相对应的矩形元件即可。

10.9.3　案例实现

1. 步骤一：元件准备

页面中的主要元件，如图 10-177 所示。主要元件属性如表 10-23 所示。

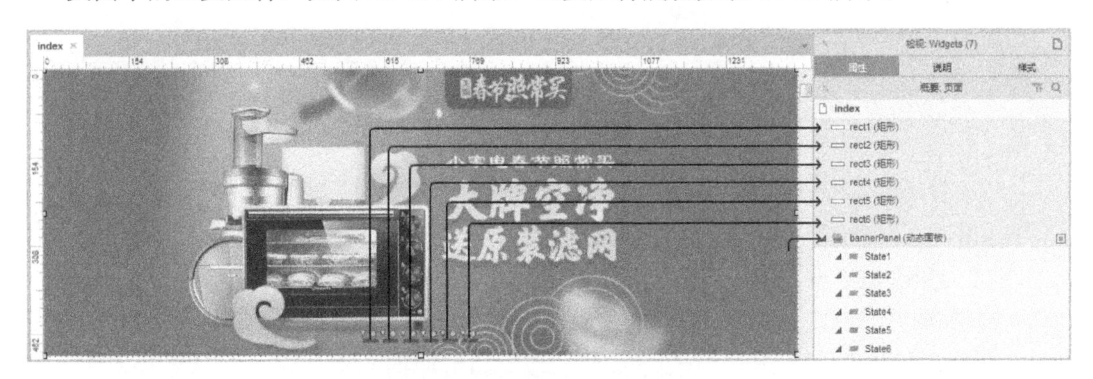

图 10-177　页面中的主要元件

表 10-23　页面中的主要元件属性

元件名称	元件种类	坐标	尺寸	备注	可见性
rect1	矩形	X575;Y469	W30;H10	填充颜色# 797979	Y
rect2	矩形	X611;Y469	W30;H10	填充颜色# 797979	Y
rect3	矩形	X648;Y469	W30;H10	填充颜色# 797979	Y
rect4	矩形	X684;Y469	W30;H10	填充颜色# 797979	Y
rect5	矩形	X719;Y469	W30;H10	填充颜色# 797979	Y
rect6	矩形	X755;Y469	W30;H10	填充颜色# 797979	Y
bannerPanel	动态面板	X0;Y0	W1360;H500	自适应内容尺寸，包括 State1～State6 共计 6 个状态	Y

2. 步骤二：实现矩形元件的交互效果

1）在“检视”面板的“样式”选项卡设置页面排列为水平居中。

2）选中 rect1～rect6 矩形元件，设置交互效果，在“鼠标悬停”“鼠标按下”“选中”状态下，填充颜色更换为白色。

3）选中 rect1～rect6 矩形元件，右击选择“设置选项组”菜单项，为这 6 个矩形元件命名选项组，该设置可以实现只能选中其中一个矩形元件。

3. 步骤三：实现图片幻灯片的轮播

1）选中 bannerPanel 动态面板元件，在“检视”面板的“属性”选项卡设置“载入时”事件，添加“设置面板状态”动作，使得面板状态无限次的循环切换，选择状态为 Next，循环间隔为 5 s，进入动画和退出动画为逐渐效果，如图 10-178 和图 12-179 所示。

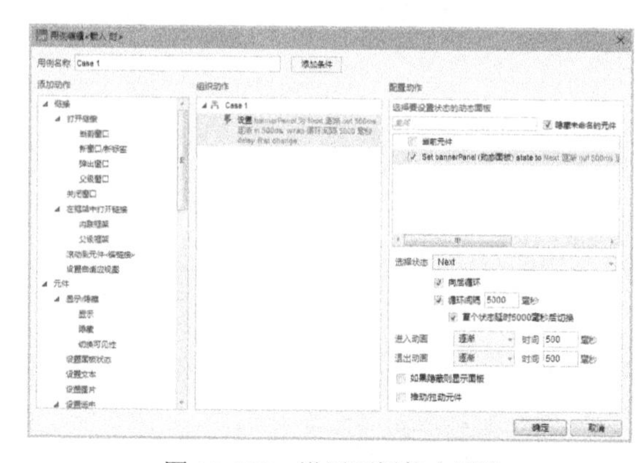

图 10-178　设置面板状态属性

图 10-179　面板 bannerPanel 载入时事件

2）选中 rect1 矩形元件，在“鼠标单击时”事件和“鼠标移入时”事件添加一样的用例，添加“设置面板状态”动作，更换状态为 State1，如图 10-180 所示。

3）根据 2）同样的方法，设置 rect2～rect6 5 个矩形元件的事件。

4）最后，需要实现在图片切换的同时，选中相对应的矩形元件。再次选中动态面板 bannerPanel，在“状态改变时”事件，在不同的状态下选中不同的矩形元件，事件用例如图 10-181 所示。

图 10-180　rect1 鼠标元件单击时事件

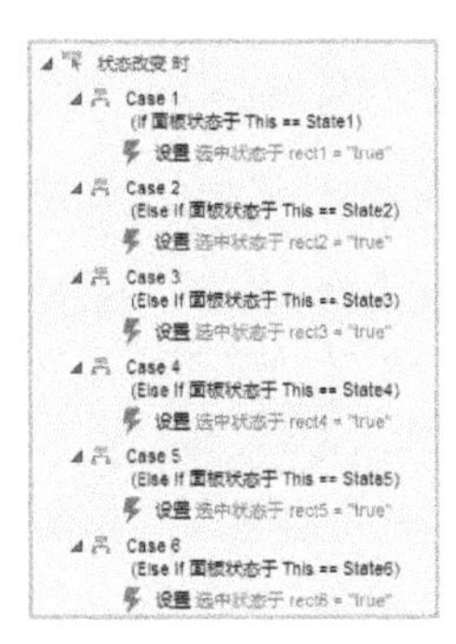

图 10-181　bannerPanel 元件状态改变时事件

10.9.4　案例演示效果

按〈F5〉快捷键查看预览效果，默认时、鼠标移动到第一个和第二个小矩形时分别轮播如图 10-182、图 10-183 所示图片。移动到其他小矩形时效果类似，不再赘述。

图 10-182　首页幻灯默认效果

图 10-183　首页幻灯移动到第二幅图效果

10.10　京东商品详情页图片放大效果

10.10.1　案例要求

在京东的网站，随便点开一个商品的详情页面（例如：https://item.jd.com/ 18238272794.html），鼠标经过商品的图片，有黄色半透明矩形跟随鼠标移动，但不会超出商品图片范围，同时右侧显示黄色半透明矩形所覆盖区域的局部放大图片，鼠标离开图片，黄色半透明矩形与局部放大图片消失，如图 10-184 所示。

图 10-184　京东商品详情页面图片放大效果

10.10.2 案例分析

本案例的关键知识点分析如下。

1）对于该案例，需要两个同样图像，但是尺寸大小不同。

2）当鼠标移入小图片时，显示的黄色透明矩形框，用动态面板元件可以实现，在动态面板中添加黄色透明的矩形元件，默认隐藏。

3）在右侧显示的局部放大图片，也可以采用动态面板元件，但是该动态面板元件展示的图片，只能是放大的图片的一部分，所以放大的图片一定要比动态面板元件中图片的尺寸大。

4）对于该案例的难点就是，黄色矩形框的移动和图片的等比例放大。

在图片最上层放置一个热区元件，当鼠标移入时，显示黄色矩形框，并且移动该矩形框，设置边界不超过该热区的边界即可。移动的 X 坐标值应为当前鼠标的 X 坐标值-黄色矩形框的宽度/2；移动的 Y 坐标值应为当前鼠标的 Y 坐标值-黄色矩形框的高度/2。

在黄色矩形向上移动的时候，放大的图片是向下移动的；黄色矩形框向下移动的时候，放大的图片是向上移动的；黄色矩形框向左移动的时候，放大的图片是向右移动的；黄色矩形框向右移动的时候，放大的图片是向左移动的。总而言之，它们移动的方向总是相反的。

所以移动放大的图片 X 坐标值应为-（黄色矩形元件的 X 坐标值 – 热区的 X 坐标值）×（原图片宽度/黄色矩形宽度）；Y 坐标值应为-（黄色矩形元件的 Y 坐标值 – 热区的 Y 坐标值）×（原图片高度/黄色矩形高度）。

10.10.3 案例实现

1. 步骤一：元件准备

页面中的主要元件，如图 10-185 所示。元件属性如表 10-24 所示。

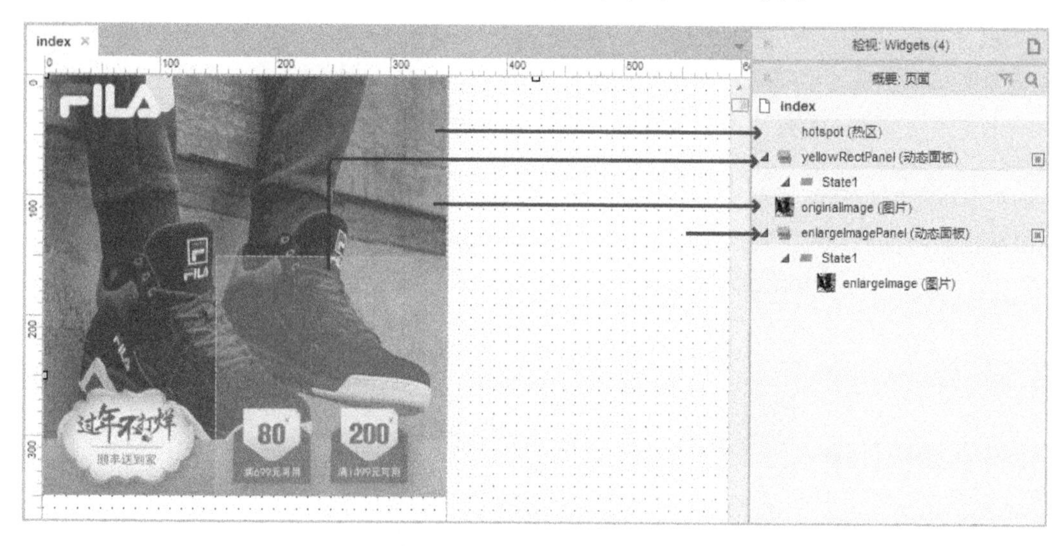

图 10-185　页面中的主要元件

表 10-24　页面中的主要元件属性

元件名称	元件种类	坐标	尺寸	备注	可见性
hotspot	热区	X0;Y0	W350;H350	最顶层	Y
yellowRectPanel	动态面板	X:150;Y150	W200;H200	1 个状态，在热区 hotspot 和图片 originalImage 之间	N
originalImage	图片	X:0;Y0	W350;H350		Y
enlargeImagePanel	动态面板	X350;Y0	W500;H500	1 个状态	N
enlargeImage	图片	X0;Y0	W800;H800		Y

2. 步骤二：实现显示/隐藏动态面板 yellowRectPanel 和 enlargeImagePanel

当鼠标移入小图时，会显示黄色透明面板和图片局部放大面板；鼠标移出原图时，黄色透明面板和图片局部放大面板会消失。

选中 hotspot 热区元件，在“鼠标移入时”事件添加“显示”动作，显示 yellowRect Panel 和 enlargeImagePanel；在“鼠标移出时”事件添加“隐藏”动作，隐藏面板 yellowRect Panel 和 enlargeImagePanel 动态面板元件，如图 10-186 所示。

图 10-186　hotspot 热区元件的事件

图 10-187　移动 yellowRectPanel 属性设置

3. 步骤三：实现移动 yellowRectPanel 放大图片效果

1）选中 hotspot 热区元件，在“鼠标移动时”事件添加“移动”动作，移动 yellowRectPanel 动态面板元件的绝对位置到：X 坐标为：[[Cursor.x - Target.width/1.75]]，Y 坐标为: [[Cursor.y - Target.height/1.75]]，设置操作如图 10-187～图 10-189 所示，边界值为热区的边界。

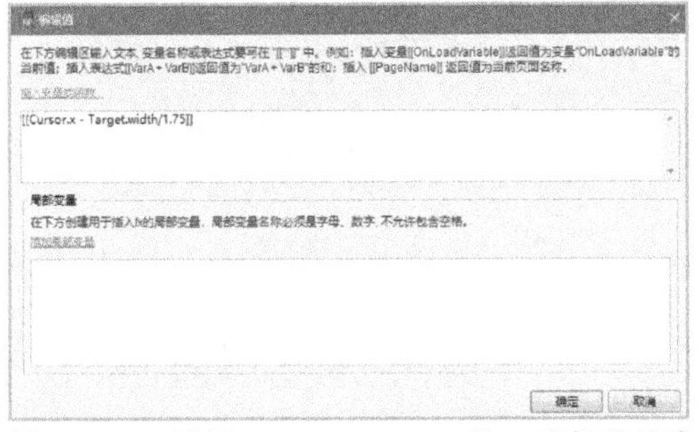

图 10-188　设置 yellowRectPanel 的 X 坐标移动值

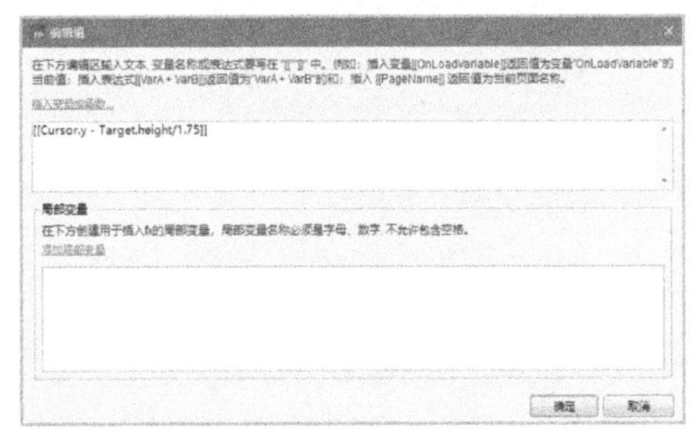

图 10-189　设置 yellowRectPanel 的 Y 坐标移动值

2）继续编辑“移动”动作，移动放大的 enlargeImage 图片的绝对位置到：X 坐标为: [[-(LVAR1.x - This.x)*1.75]]，Y 坐标为: [[-(LVAR1.y- This.y)*1.75]]，设置操作如图 10-190～图 10-193 所示。

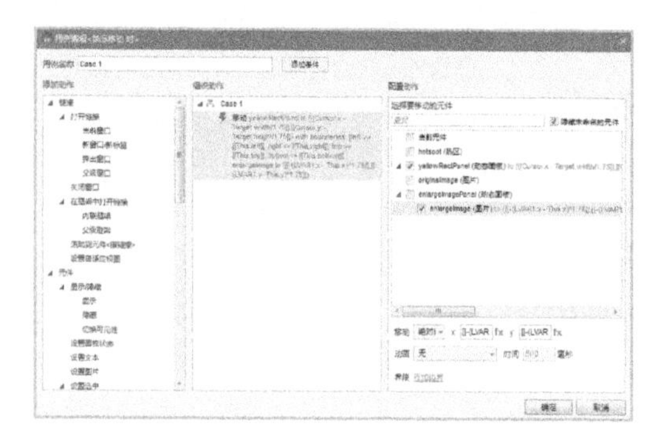

图 10-190　移动图片 enlargeImage 属性设置

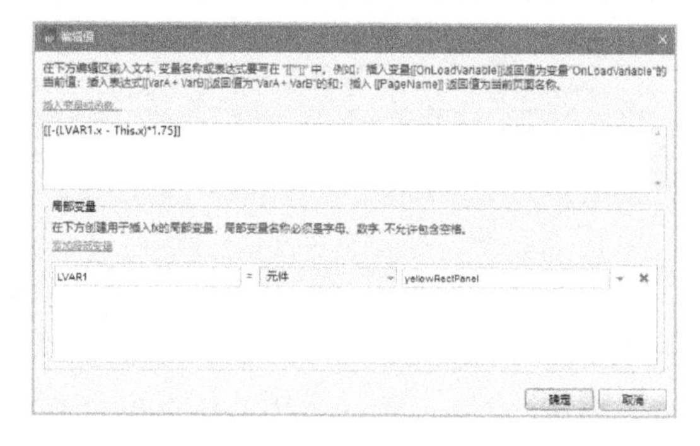

图 10-191　设置图片 enlargeImage 的 X 坐标移动值

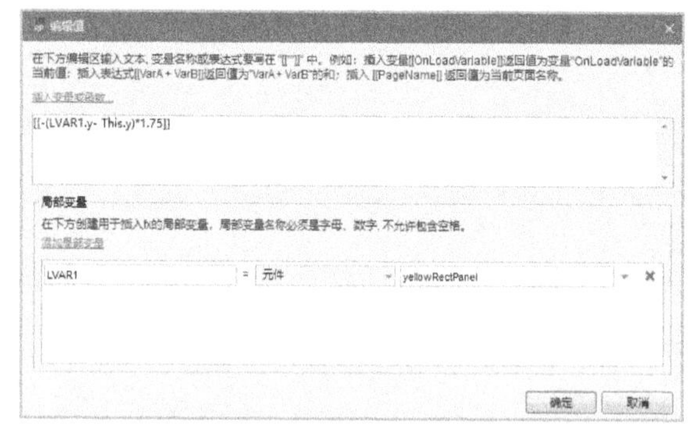

图 10-192　设置图片 enlargeImage 的 Y 坐标移动值

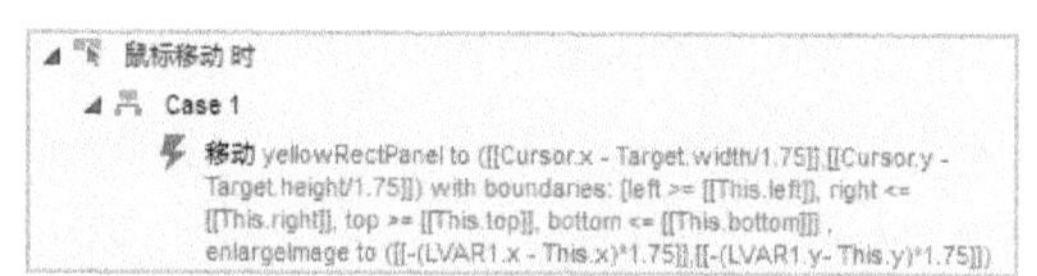

图 10-193　hotspot 元件鼠标移动时事件

10.10.4　案例演示效果

按〈F5〉快捷键进行预览，默认时、鼠标移动到图像某个区域时的效果分别如图 10-194 和图 10-195 所示。

图 10-194　商品详情页默认图效果

图 10-195　商品详情页鼠标进入图片某个区域时效果

10.11　美丽说的产品搜索结果页

10.11.1　案例要求

打开美丽说首页（http://www.meilishuo.com/），输入宝贝“连衣裙”搜索，各种漂亮的连衣裙会以列表的形式呈现。本案例主要实现以简便的方式展示商品列表，宝贝按“热销”“上新”“价格”排序，以及价格区间筛选的功能，如图 10-196 所示。

图 10-196　美丽说搜索结果页

10.11.2　案例分析

本案例的关键知识点分析如下。

1）简便快速展示列表，就会用到功能强大的中继器元件，将每个商品的信息都以字段形式存储在中继器中，在“每项加载时”事件设置字段值，并赋值给中继器相对应的元件即可。

2）关于商品的排序，用中继器的“添加排序”动作和“移除排序”来实现。

3）价格区间筛选，用中继器的“添加筛选”动作，筛选条件根据输入的最低价格和最高价格设置。

10.11.3　案例实现

1. 步骤一：元件准备

1）页面中的主要元件，如图 10-197 所示。元件属性如表 10-25 所示。

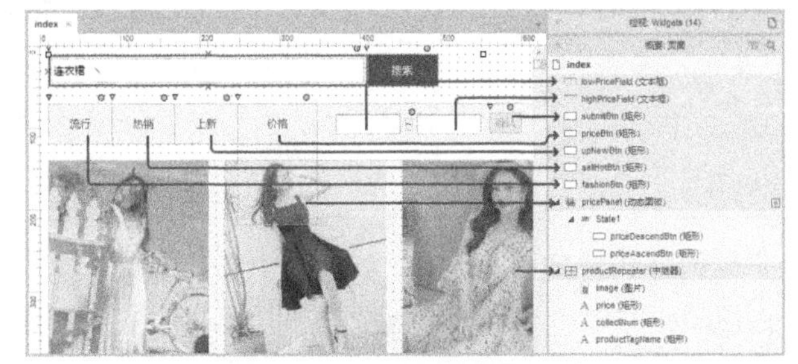

图 10-197　页面的主要元件

表 10-25　页面的主要元件属性

元件名称	元件种类	坐标	尺寸	备注	可见性
lowPriceField	文本框	X370;Y83	W80;H25		Y
highPriceField	文本框	X470;Y83	W80;H25		Y
submitBtn	矩形	X560;Y82	W40;H25	填充颜色# E4E4E4 边框颜色# D7D7D7 字体颜色# 999999	Y
fashionBtn	矩形	X10;Y70	W80;H50	填充颜色# F2F2F2	Y
sellHotBtn	矩形	X89;Y70	W80;H50	填充颜色# F2F2F2	Y
upNewBtn	矩形	X168;Y470	W80;H50	填充颜色# F2F2F2	Y
priceBtn	矩形	X247;Y70	W100;H50	填充颜色# F2F2F2	Y
pricePanel	动态面板	X247;Y120	W100;H99	1 个状态	N
productRepeater	中继器	X10;Y140	-		Y

2）productRepeater 中继器元件内部的主要元件如图 10-198 所示。元件属性如表 10-26 所示。

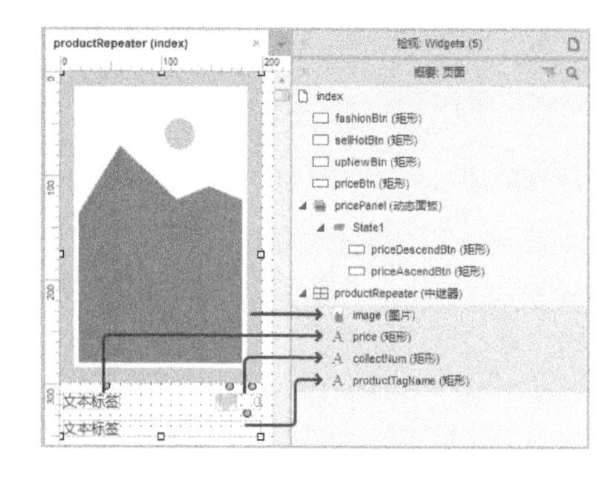

图 10-198　productRepeater 的主要元件

表 10-26　中继器 productRepeater 的主要元件属性

元件名称	元件种类	坐标	尺寸	备注	可见性
image	图片	X0;Y0	W200;H300		Y
price	文本标签	X3;Y309	W57;H16		Y
collectNum	文本标签	X175;Y309	W25;H16		Y
productTagNum	文本标签	X3;Y335	W197;H16		Y

2. 步骤二：设置商品列表的呈现

1）选中页面的空白区域，在“检视”面板的“属性”选项卡设置页面排列为水平居中。

2）productRepeater 中继器元件添加字段。

选中 productRepeater 中继器元件，在“检视”面板的“属性”选项卡，会有添加字段的表格，为了简便起见这里只设置了 10 行数据，6 个字段，包括：图片（IMAGE）、价格（PRICE）、收藏数（COLLECT_NUM）、产品标签名（PRODUCT_TAG_NAME）、发布时间（TIME）和出售数（SELL_NUM）。

其中，发布时间和出售数在页面不会显示，但是设置排序时会用得到，这里都可以随便填写，如图 10-199 所示。

3）productRepeater 中继器元件的样式设置

中继器默认布局是“垂直”，这里需要设置为“水平”，每排项目数为 5，每项的行间距为 20 像素，列间距也为 20 像素，如图 10-200 所示。

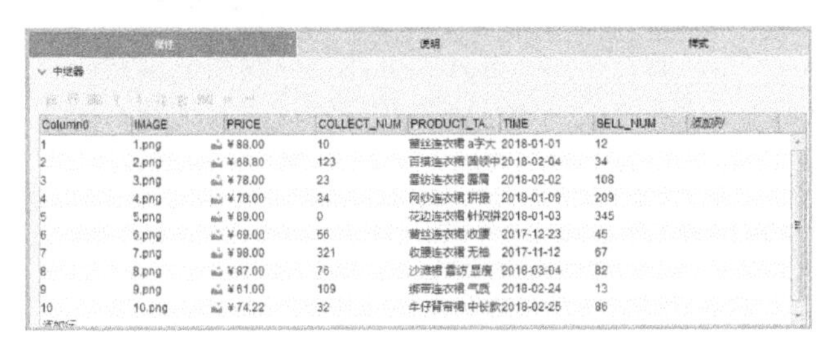

Column0	IMAGE	PRICE	COLLECT_NUM	PRODUCT_TA	TIME	SELL_NUM
1	1.png	￥88.00	10	蕾丝连衣裙 a字大	2018-01-01	12
2	2.png	￥88.80	123	百搭连衣裙 腰领中	2018-02-04	34
3	3.png	￥78.00	23	雪纺连衣裙 露肩	2018-02-02	108
4	4.png	￥78.00	34	网纱连衣裙 拼接	2018-01-09	209
5	5.png	￥89.00	0	花边连衣裙 针织拼	2018-01-03	345
6	6.png	￥69.00	56	蕾丝连衣裙 收腰	2017-12-23	45
7	7.png	￥98.00	321	收腰连衣裙 无袖	2017-11-12	67
8	8.png	￥87.00	76	沙滩裙 雪纺 显瘦	2018-03-04	82
9	9.png	￥61.00	109	绑带连衣裙 气质	2018-02-24	13
10	10.png	￥74.22	32	牛仔背带裙 中长款	2018-02-25	86

图 10-199　productRepeater 中继器的字段和数据

图 10-200　中继器 productRepeater 样式

4）选中 productRepeater 中继器元件，在“检视”面板的“属性”选项卡设置“每项加载时”事件，添加“设置文本”动作，设置中继器中的文本的值等于相对应的值；添加“设置图片”动作，设置图片元件引用中继器中的图片，如图 10-201～图 12-203 所示。

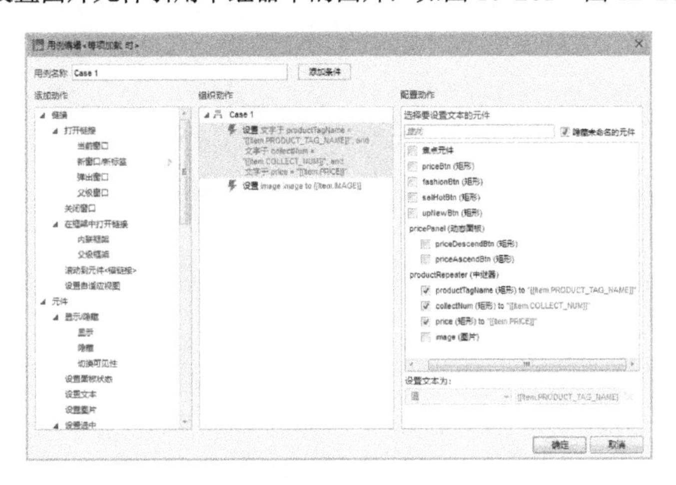

图 10-201　设置文本

3. 步骤三：设置商品排序和价格区间筛选

1）同时选中 fashionBtn、sellHotBtn、upNewBtn、priceBtn 按钮，右击“设置选项组”，命名为 sortGroup。

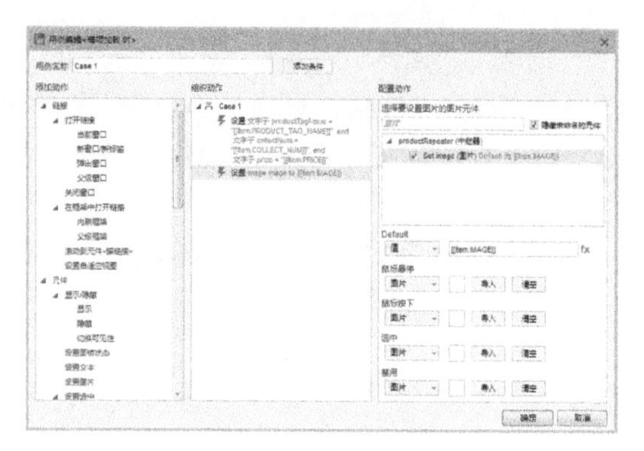

图 10-202　设置图片

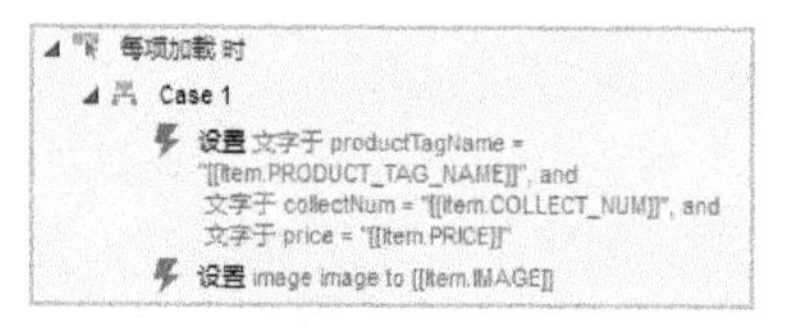

图 10-203　productRepeater 每项加载时事件

2）“热销”排序：选中 sellHotBtn 按钮，在“鼠标单击时”事件，设置选中该元件，添加“中继器”→“添加排序”动作，选择字段为 SELL_NUM，顺序设为升序，如图 10-204 和图 10-205 所示。

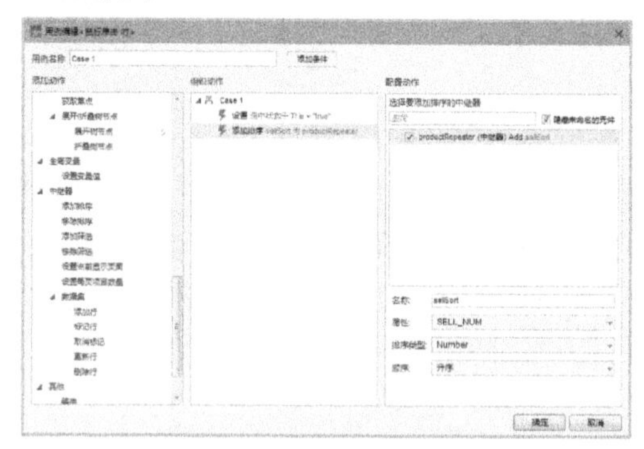

图 10-204　添加 sellSort 排序

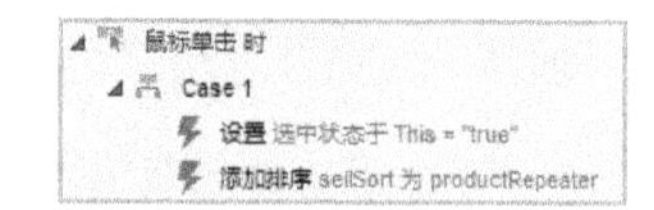

图 10-205　sellHotBtn 元件鼠标单击时事件

3）“上新”排序：选中 upNewBtn 按钮，在“鼠标单击时”事件，设置选中该元件，添加“中继器”→“添加排序”动作，选择字段为 TIME，顺序设为降序，如图 10-206 和图 10-207 所示。

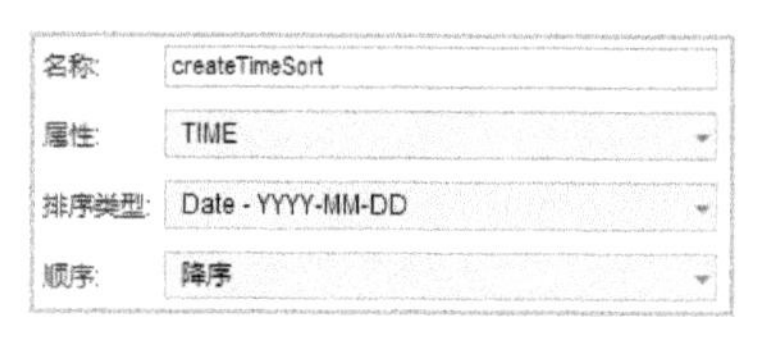

图 10-206　添加 createTimeSort 排序

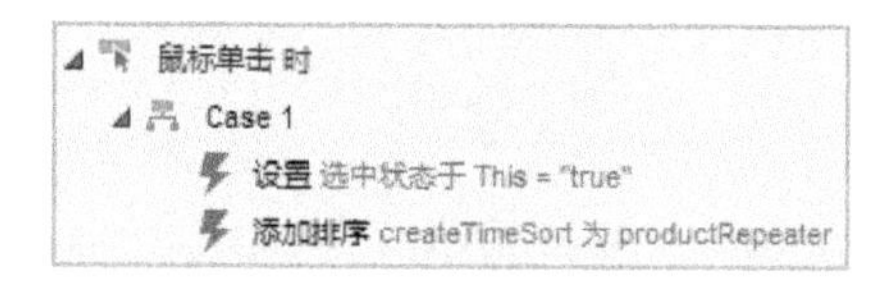

图 10-207　upNewBtn 元件鼠标单击时事件

4）“价格”排序：选中 priceBtn 按钮，在“鼠标移入时”事件，显示 pricePanel 面板，如图 10-208 所示。

图 10-208　priceBtn 元件鼠标移入时事件

选中 pricePanel 动态面板元件中的 priceAscendBtn 按钮，在“鼠标单击时”事件，设置商品按照价格升序排列。添加“选中”动作，选中 priceBtn 按钮；添加“添加排序”动作，商品按照价格降序排列；添加

“设置文本”动作，设置 priceBtn 按钮的文本变为 priceAscengBtn 的值；最后添加“隐藏”动作，隐藏 pricePanel 元件，如图 10-209 所示。

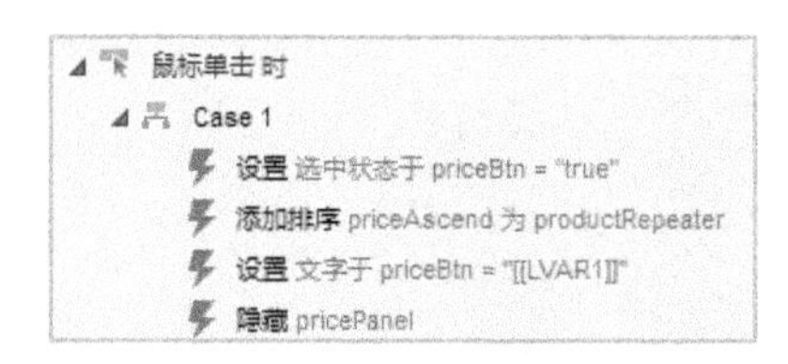

图 10-209　priceAscendBtn 元件鼠标单击时事件

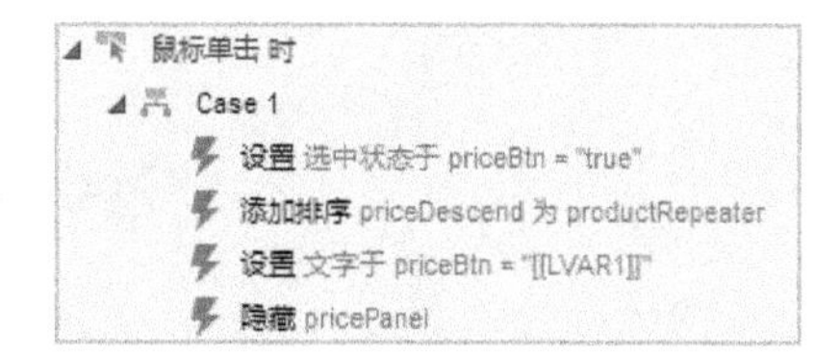

图 10-210　priceDescendBtn 元件鼠标单击时事件

选中 pricePanel 动态面板元件中的 priceDescendBtn 按钮，在“鼠标单击时”事件，设置商品按照价格降序排列。添加“选中”动作，选中按钮 priceBtn；添加“添加排序”动作，商品按照价格降序排列；添加“设置文本”动作，设置 priceBtn 按钮的文本变为 priceDescendBtn 的值；最后添加“隐藏”动作，隐藏 pricePanel 元件，如图 10-210 所示。

5）价格区间筛选：选中 submitBtn 按钮，在“鼠标单击时”事件添加“添加筛选”动作，筛选条件从 lowPriceField 和 highPriceField 文本框元件转变成从局部变量获取，如图 10-211～图 10-213 所示。

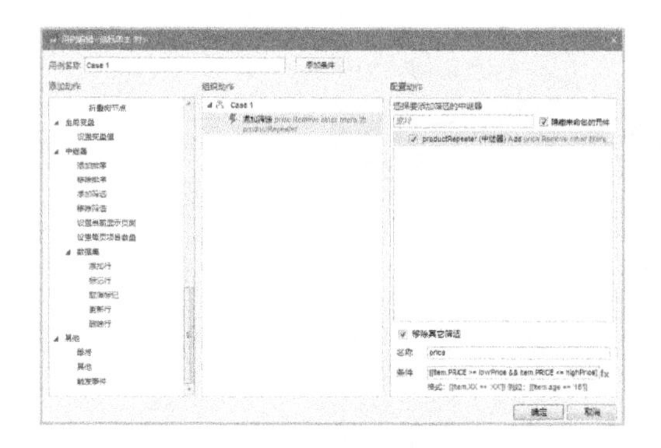

图 10-211　添加 price 筛选

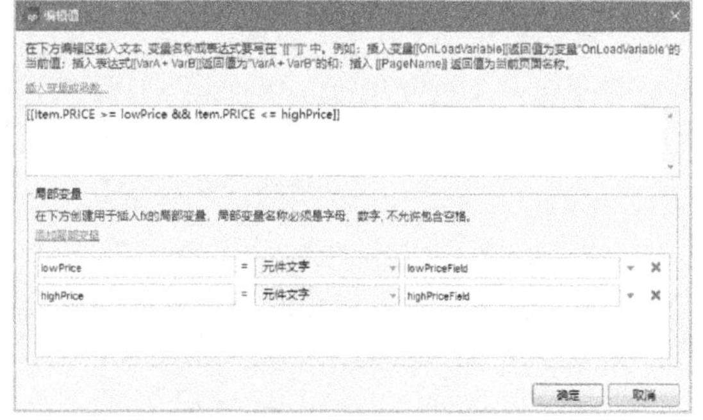

图 10-212　添加 price 筛选条件

6）“流行”默认排序：选中 fashionBtn 按钮，在“鼠标单击时”事件中选中该按钮，并且添加“中继器”→“移除排序”动作，将 priductRepeater 元件的所有排序和筛选移除，如图 10-214 所示。

图 10-213　按钮 submitBtn 鼠标单击事件

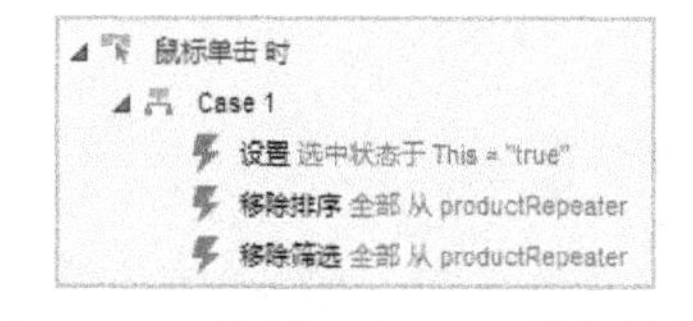

图 10-214　按钮 fashionBtn 鼠标单击事件

10.11.4　案例演示效果

按〈F5〉快捷键进行预览，默认时、按热销排序分别如图 10-215 和图 10-216 所示。还可以按照发布时间、价格由高到低、价格由低到高排序，并可以按照价格范围进行搜索。

图 10-215　美丽说产品搜索结果（默认时）

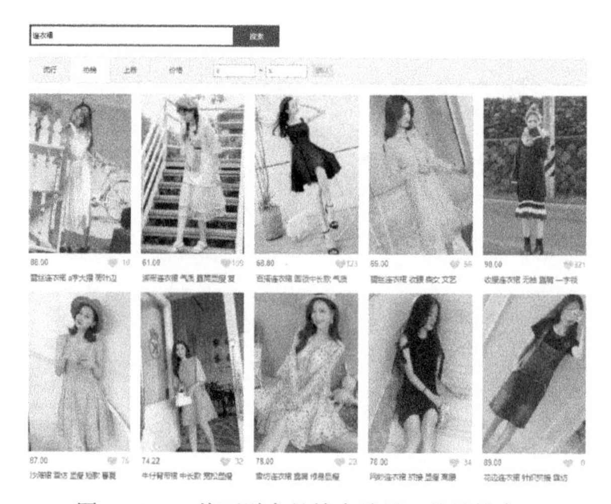

图 10-216　美丽说产品搜索结果（热销排序）

10.12　实现充值模拟效果

10.12.1　案例要求

这个案例用来讲解中继器元件和动态面板元件的结合，本案例的要求如下。

1）当在下方输入区域输入号码（11 位）和金额（3 位）时，在上方充值记录输出记录的最后一行需要添加该条记录。

2）当添加的充值记录小于等于 3 行时，充值记录输出区域不显示滚动条。

3）当添加的充值记录大于 3 行时，充值记录输出区域显示滚动条，而且下方添加的最后一行充值记录需要在可显示区域，即定位到滚动条底端。

4）可通过滚动条查看历史的充值记录。

10.12.2　案例分析

本案例主要用到如下这些知识点。

1）实现动态添加行：使用中继器元件，并在输入项改变时调用中继器元件的“添加行”的动作来动态添加行。

2）实现在需要时添加垂直滚动条：最外部充值记录区域使用一个动态面板元件，设置其滚动条属性为“自动显示垂直滚动条”，并调整其初始大小，使得其刚好可以容纳中继器的 3 行，当添加到第 4 条记录时，出现垂直滚动条。

3）实现当超过 3 行时，动态面板元件显示滚动条，并且需要滚动到顶部：在动态面板元件的“状态 1”中，在中继器下方添加一个 rect1 的矩形元件作为占位符，无边框，白色填充色，为隐藏状态。

当输入一行完毕，在充值记录区域的中继器中新增一行成功后，使用“移动”动作将 rect1 的矩形元件移动到中继器元件左下角位置（设置 rect1 的 Y 坐标 = 中继器元件的 Y 坐标 + 中继器元件的当前高度）。

接着，使用“滚动到元件<锚链接>”动作将动态面板元件的滚动条在 Y 坐标方向移动到左下角的 rect1 的位置。

10.12.3　案例实现

该案例按步骤实现如下。

1. 元件准备

1）准备输入区域的两个文本标签元件“输入号码：”和“充值金额：”。

2）准备输入区域的两个文本框元件“numberTextfield”和“moneyTextfield”。

两个文本框元件和文本标签元件准备完毕后，如图 10-217 所示。

3）准备输出区域的文本标签元件“充值记录”和 contentPanel 动态面板元件。动态面板元件的滚动条属性设置为“自动显示垂直滚动条”。调整动态面板元件的宽度、高度、X 坐标和 Y 坐标值。X 坐标为 174 像素，Y 坐标为 80 像素，宽度为 377 像素，高度为 108 像素。

图 10-217　准备输入区域　　图 10-218　设置中继器 hislogRepeater1 数据列

4）在 contentPanel 动态面板元件内部添加 hislogRepeater1 中继器元件。

5）选择中继器元件，可在“检视”面板的“属性”选项卡设置数据项，去掉所有数据行，并设置包含两列，分别名为“numberColumn”和“moneyColumn”，如图 10-218 所示。

6）双击中继器元件，进入其内部添加两个文本框“outputNumberTextfiled”和“outputMoneyTextfield”，并为了添加行时，中继器行与行之间有一定间隔，在中继器内部的“outputNumberTextfiled”和“outputMoneyTextfield”的下方位置，添加一个 rect2 的矩形元件作为占位符，高度仅为 4 像素，宽度随意。添加完成后中继器内部如图 10-219 所示。

7）在 contentPanel 动态面板元件内部，中继器同级别的下方位置添加一个 rect1 的矩形元件作为占位符，为后续滚动到底端做准备。设置填充颜色为白色，无边框，并设置为隐藏状态。动态面板元件 contentPanel 的状态 1 的元件设置完成后如图 10-220 所示。

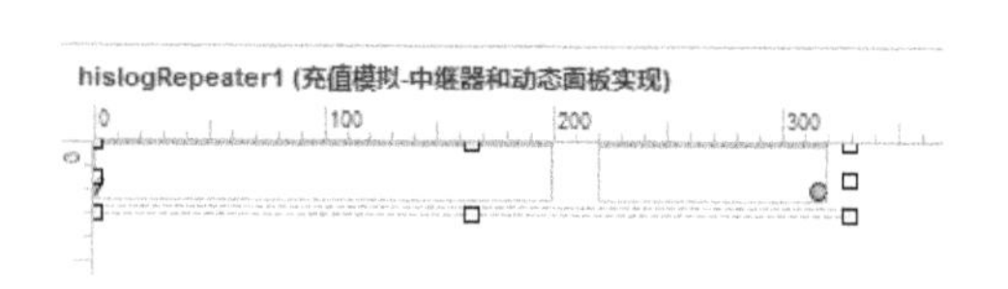

图 10-219　hislogRepeater1 中继器内部布局

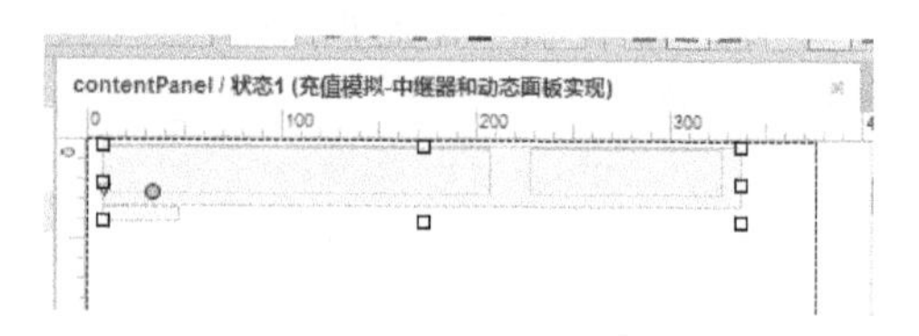

图 10-220　contentPanel 动态面板元件状态 1

2. 设置中继器事件

为了当中继器有数据行时，将数据行的值设置给内部的两个文本框元件“output NumberTextfiled”和“outputMoneyTextfield”，选择中继器后，在“检视”面板的“属性”选项卡设置 hislogRepeater1 中继器元件的“每项加载时”事件，设置效果如图 10-221 所示。

其中，Item.numberColumn 获得的是中继器某项的 numberColumn 列的内容，并将其赋值给 outputNumberTextfield 文本框，Item.moneyColumn 类似。

3. 设置 numberTextfield 文本框元件的事件

假设当 numberTextfield 输入长度为 11 位时，让鼠标焦点移动到“充值金额”的文本框元件 moneyTextfield，设置“文本改变时”事件，设置效果如图 10-222 所示。

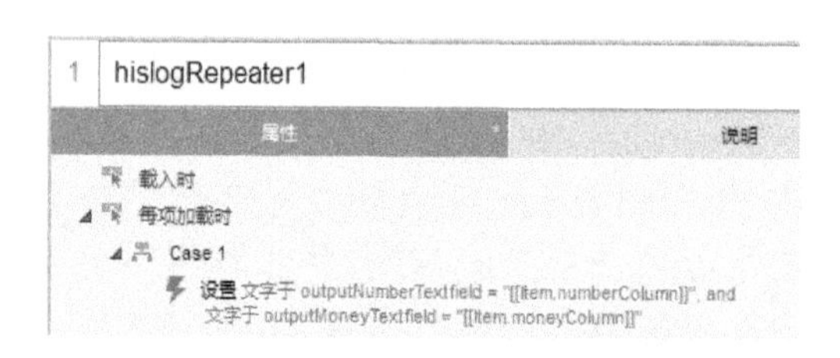

图 10-221　hislogRepeater1 中继器每项加载时事件

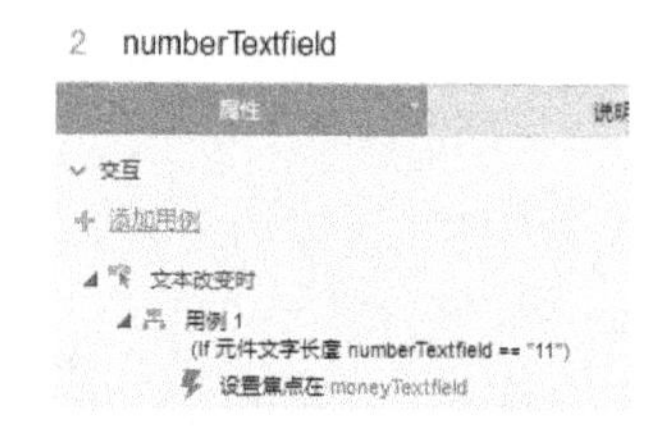

图 10-222　numberTextfield 文本改变时事件

4. 设置 moneyTextfield 文本框元件的事件

假设当 moneyTextfield 输入值的长度为 3 位时，在充值记录区域的中继器添加一行，之后清空 numberTextfield、moneyTextfield 的值，设置焦点在 numberTextfield 文本框，并将动态面板元件的滚动条移动到底端。设置“文本改变时”事件，设置效果如图 10-223 所示。

其中，“添加行”的内部设置效果如图 10-224 所示。

从图 10-224 中可以看出，将局部变量 LVAR1 的值赋值给中继器的 numberColumn 列。将获取的局部变量 LVAR1 的值赋值给中继器的 moneyColumn 列。单击“numberColumn”列的“fx”按钮，如图 10-225 所示。

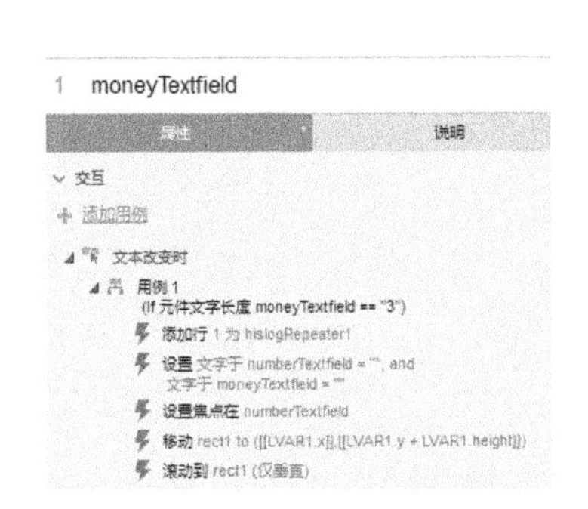

图 10-223　moneyTextfield 文本改变时事件

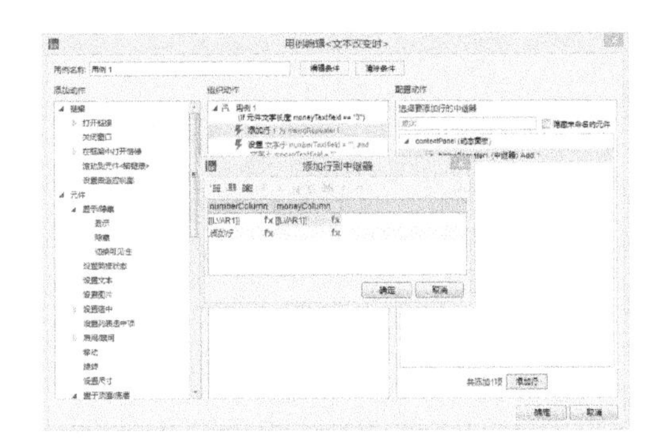

图 10-224　为中继器 hislogRepeater1 添加行动作

在图 10-225 中可看出，fx 中获取的是 numberTextfield 文本框的值，并赋值给 LVAR1 变量。

单击中继器的 moneyColumn 列的“fx”按钮，如图 10-226 所示。在图中可看出，fx 中获取的是 moneyTextfield 文本框的值，并赋值给这里的 LVAR1 变量。

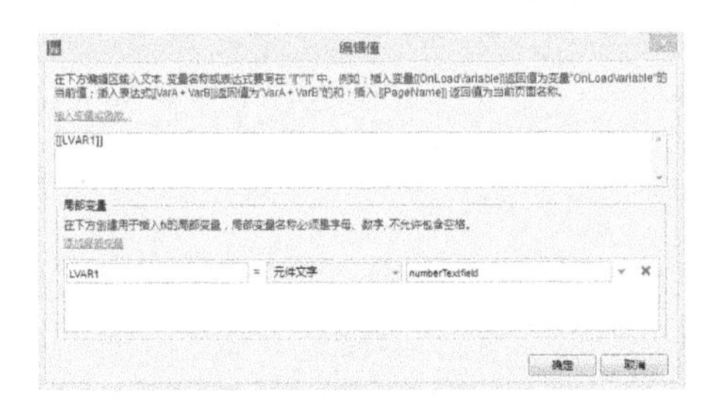

图 10-225　中继器 numberColumn 列赋值

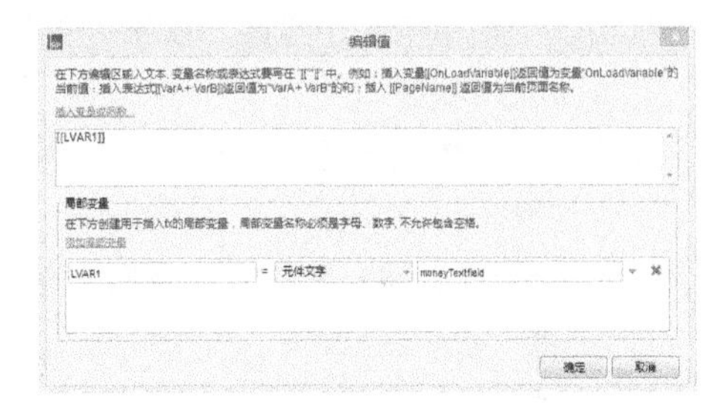

图 10-226　中继器 moneyColumn 列赋值

5. 移动 rect1 到指定位置

使用“移动”动作移动 rect1 到指定 X 坐标和 Y 坐标，如图 10-227 所示。

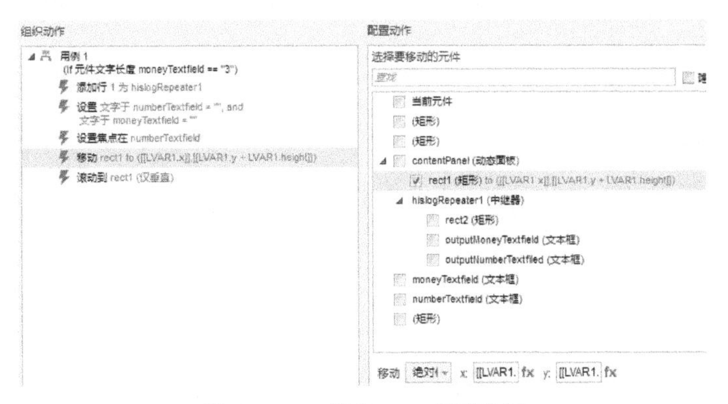

图 10-227　移动 rect1 矩形位置

可看到使用的是“移动”动作，X 坐标为这个元件的 X 坐标，即保持 X 坐标不变，Y

坐标的设置是获取的是：[[LVAR1.y + LVAR1.height]]，单击 fx，可看到详细设置，如图 10-228 所示。

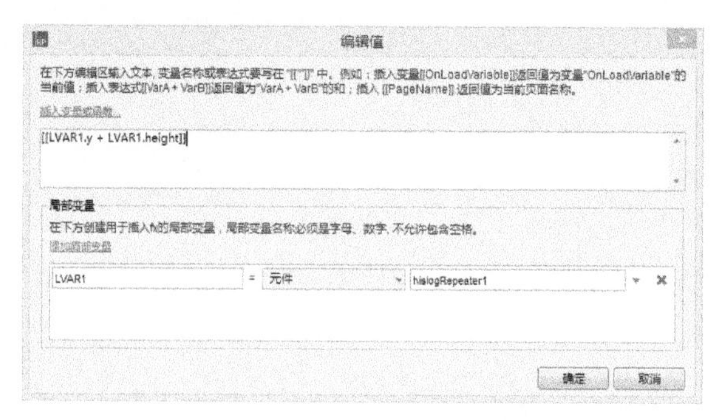

图 10-228　rect1 元件 Y 坐标设置

从图 10-228 中可以看出，LVAR1 局部变量获得的是 hislogRepeater1 中继器元件。[[LVAR1.y + LVAR1.height]]得到的是中继器元件的 Y 坐标加上其高度，即其左下角的位置。

10.12.4　案例演示效果

按〈F5〉快捷键进行预览，演示效果说明如下。

1. 页面初始状态

页面打开时的初始状态如图 10-229 所示。

2. 输入第一行成功后

输入号码“13111112222”，输入充值金额“100”后，输入完毕充值记录中会增加一行，同时，两个输入文本框“输入号码”和“充值金额”会被清空，如图 10-230 所示。

图 10-229　页面初始状态　　　　图 10-230　输入第一行数据

3. 输入第二行成功后

输入号码“13222223333”，输入充值金额“200”后，输入完毕充值记录中会增加一行，同时两个输入文本框“输入号码”和“充值金额”会被清空，如图 10-231 所示。

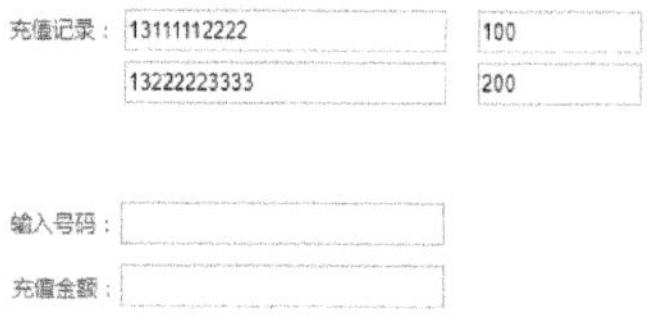

充值记录：13111112222　100
13222223333　200
输入号码：
充值金额：

充值记录：13111112222　100
13222223333　200
13333334444　300
输入号码：
充值金额：

图 10-231　输入第二行数据 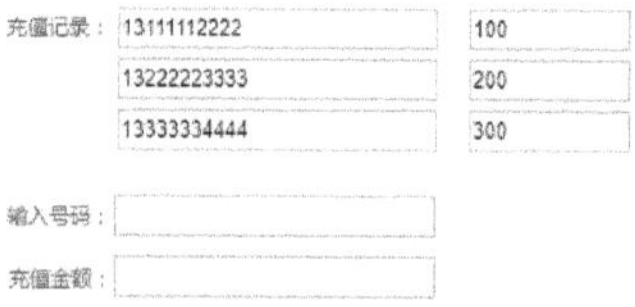　　　　图 10-232　输入第三行数据

4. 输入第三行成功后

输入号码“13333334444”，输入充值金额“300”后，输入完毕充值记录中会增加一行，同时两个输入文本框“输入号码”和“充值金额”会被清空，如图 10-232 所示。

5. 输入第四行成功后

输入号码“13444445555”，输入充值金额“400”后，输入完毕充值记录中会增加一行，同时两个输入文本框“输入号码”和“充值金额”会被清空，并且充值记录区域会显示滚动条，并且滚动到最下方位置，将最后一行“13444445555”和“400”位于下方可视区域，如图 10-233 所示。

6. 输入第五行成功后

输入号码“13555556666”，输入充值金额“600”后，输入完毕充值记录中会增加一行，同时两个输入文本框“输入号码”和“充值金额”会被清空，并且充值记录区域会显示滚动条，并且滚动到最下方位置，将最后一行“13555556666”和“600”位于下方可视区域，如图 10-234 所示。

图 10-233　输入第四行数据　　图 10-234　输入第五行数据

10.13　图片翻转效果

10.13.1　案例要求

在鼠标移入电影海报时，海报图片向右翻转为电影详情介绍；在鼠标移出海报时，海报图片回到初始状态。

10.13.2　案例分析

在动态面板中设置两个状态，默认状态为电影海报，另一个状态为电影详情介绍。在鼠标移入时，翻转到动态面板的默认状态至下一个状态，鼠标移出时，翻转到默认状态。通过本案例，会介绍 Axure RP 的动画效果。

10.13.3　案例实现

1. 步骤一：元件准备

页面的主要元件，如图 10-235 所示。元件属性如表 10-27 所示。

图 10-235　页面的主要元件

表 10-27　页面中的主要元件属性

元件名称	元件种类	坐标	尺寸	备注	可见性
panel1	动态面板	X0;Y0	W180;H255	两个状态，State1 和 State2 状态	Y
panel2	动态面板	X230;Y0	W180;H255	两个状态，State1 和 State2 状态	Y
panel3	动态面板	X460;0	W180;H255	两个状态，State1 和 State2 状态	Y
panel4	动态面板	X690;0	W180;H255	两个状态，State1 和 State2 状态	Y

panel1、panel2、panel3、panel4 元件的默认状态如图 10-236 所示，电影详情状态如图 10-237 所示。

图 10-236　默认 State1 状态

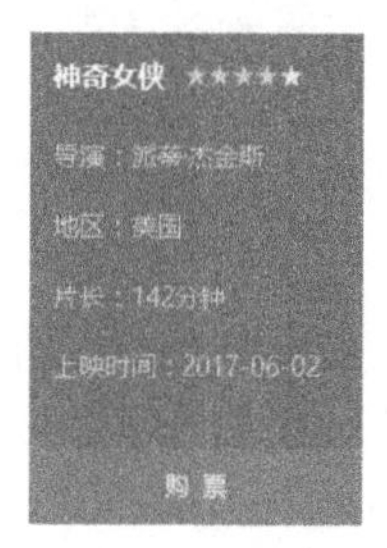

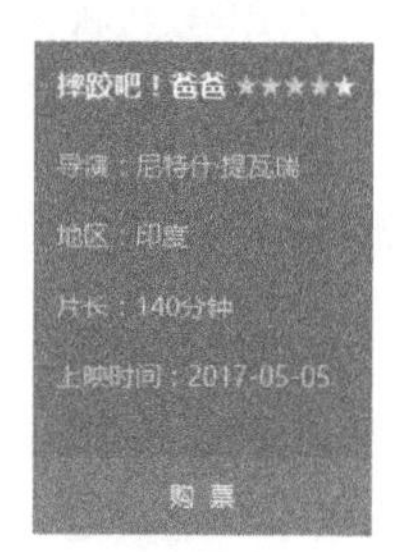

图 10-237　翻转之后 State2 状态

2. 步骤二：实现图片翻转效果

选中 panel1 动态面板元件，在“鼠标移入时”事件添加“设置面板状态”动作，设置当前元件状态为 State2，进入动画和退出动画均为“向右翻转”，如图 10-238 所示。

在“鼠标移出时”事件添加“设置面板状态”动作，设置当前动态面板状态为 State1，进入动画和退出动画均为“向右翻转”，如图 10-239 所示。

图 10-238　panel1 元件鼠标移入时设置　　　图 10-239　panel1 元件鼠标移出时设置

panel 动态面板元件的事件如图 10-240 所示。其他面板事件设置与此类似，不再赘述。

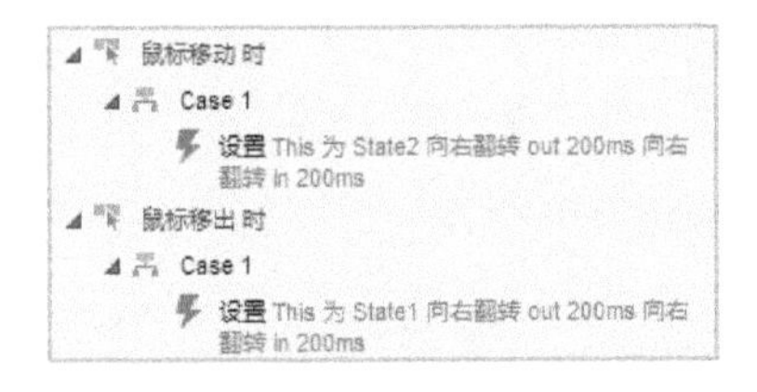

图 10-240　panel1 元件的鼠标移动时和鼠标移出时事件

10.13.4　案例演示效果

按〈F5〉快捷键查看预览效果，默认时（翻转前）效果如图 10-241 所示。

图 10-241　翻转前显示效果

在鼠标移入第二张电影海报时，图片向右翻转为电影详情介绍，翻转后效果如图 10-242 所示。

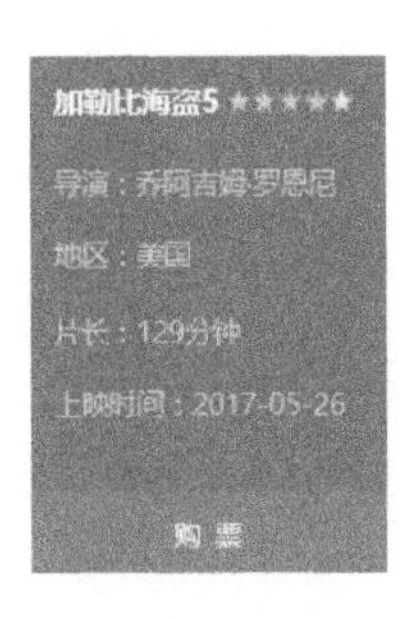

图 10-242　翻转后显示效果

10.14 本章小结

本章讲解了 Web 原型的 13 个经典案例，案例覆盖淘宝、百度、京东、天猫、美丽说等知名网站的动态交互效果，实践出真知，通过本章介绍的内容，大家将进一步熟悉 Axure RP 8 的基础元件和高级元件，也深刻地感受到了动态面板元件、中继器元件和内联框架元件这些高级元件的功能强大之处。

第 11 章 App 原型设计实践

第 12 章讲解了 13 个网站原型设计实践的案例，本章给大家讲解 13 个 App 原型设计实践案例，除了继续加深对 Axure RP 的基础元件和高级元件的理解，并加以熟练使用外，本章还讲解与 App 结合紧密的元件事件、动作，以及详细讲解如何绘制自定义图形，如何进行手机终端的场景模拟和真实模拟，并详细讲解如何利用自定义视图适应多种屏幕大小的演示终端。

11.1 微信图标形状绘制

11.1.1 案例要求

在 Axure RP 8 版本中可以改变图形的形状，并可进行合并、去除、相交、排除、结合和分开操作，大家可以利用这些操作来绘制微信图标。

11.1.2 案例分析

观察微信图标，主要由三部分组成。

1）背景的矩形元件。

2）左上方的消息图标。

3）右下方的消息图标。

背景的矩形元件需要设置拐角的弧度；对于左上方的消息图标和右下方的消息图标，最初的形状都是圆形和三角形，通过图形处理的合并、去除和图形节点的操作绘制。

11.1.3 案例实现

1. 步骤一：元件准备

主要准备的元件及其尺寸，如图 11-1 所示。

1）背景矩形元件：W200;H200。

2）左上消息图标中的椭圆：W125;H103；三角形：W80;H39；小圆：W17;H15。

3）右下消息图标中的椭圆：W104;H87；三角形：W60;H56；小圆：W14;H13。

2. 步骤二：设置背景的矩形元件

选中矩形元件，在“检视”面板的“样式”选项卡中，设置圆角半径为30°，如图 11-2 所示。

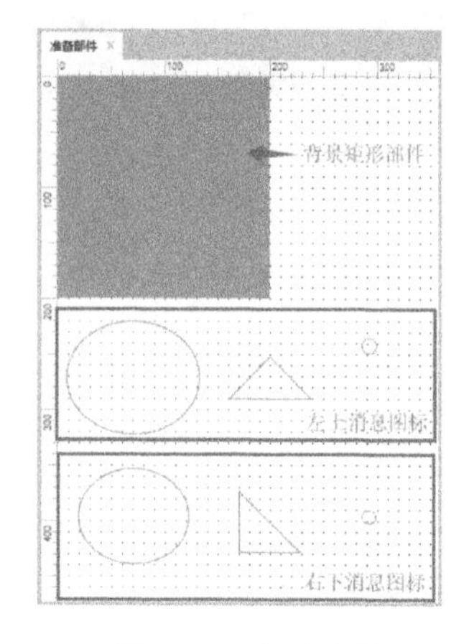

图 11-1　主要元件

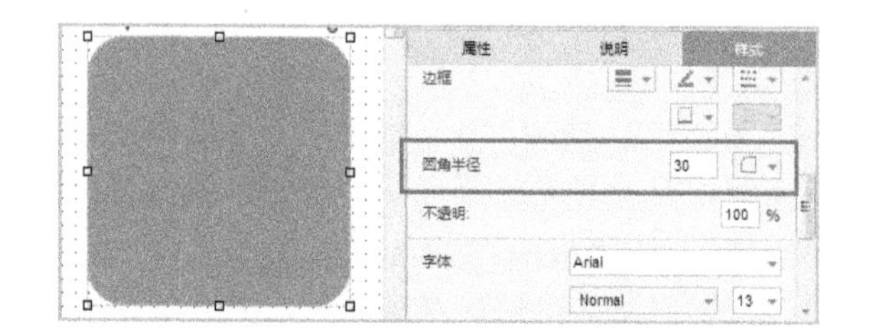

图 11-2　设置矩形元件的圆角半径

3. 步骤三：设置左上方的消息图标

1）添加一个椭圆元件，调整至合适的宽度和高度，宽度大约为 125 像素，高度大约为 103 像素的椭圆，并设置旋转度为 10°，如图 11-3 所示。

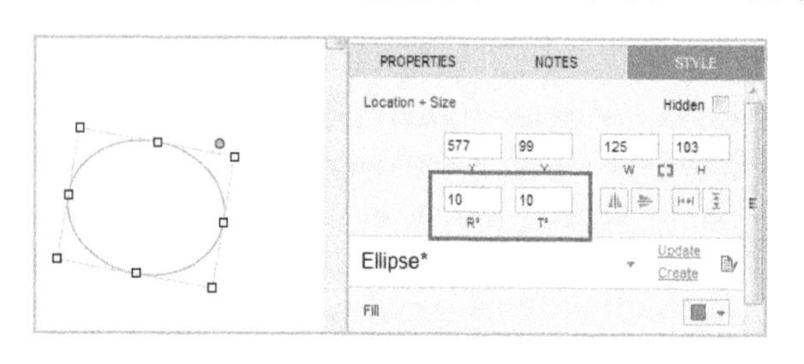

图 11-3　设置椭圆的旋转度

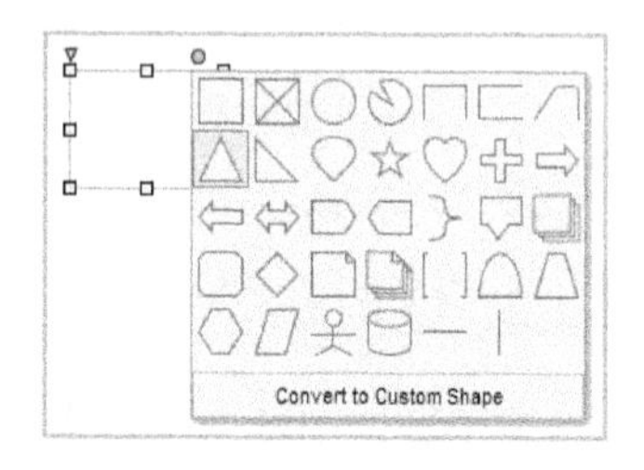

图 11-4　改变矩形元件的形状

2）添加一个矩形元件，需要制作左下角方向的小三角形，单击右上角小黑点，选择一个三角形即可；设置该三角形旋转度为逆时针-30°，宽度大约为 80 像素，高度大约为 39 像素，如图 11-4 和图 11-5 所示。

3）将三角形以适当的角度放置在之前的椭圆之上，同时选中两个元件，然后右击选择“改变形状”→“合并”命令，如图 11-6 所示。

4）添加椭圆元件，设置宽度为 17 像素，高度为 16 像素，放置在上面形成图形的合适位置，同时选中 3 个元件，右击选择“改变形状”→“去除”命令，做去除处理，如图 11-7 所示。

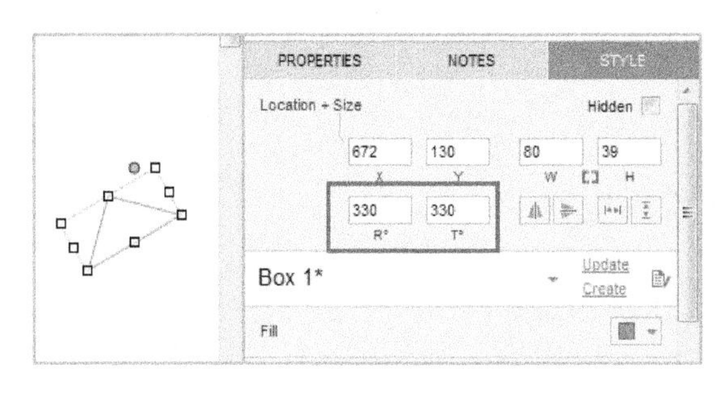

图 11-5 改变三角形的旋转度

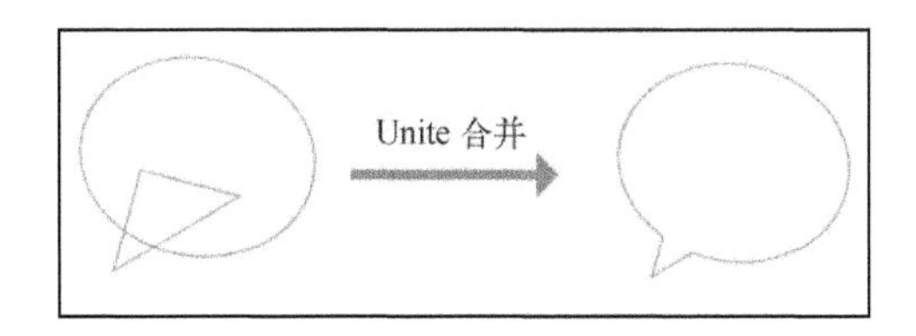

图 11-6 合并椭圆和三角形

5）再次添加一个椭圆元件，宽度为 104 像素，高度为 87 像素，放置在上述制作的图形里，需要做去除处理。同时选中两个元件，右击选择“改变形状”→“去除”命令，如图 11-8 所示。

图 11-7 做去除处理

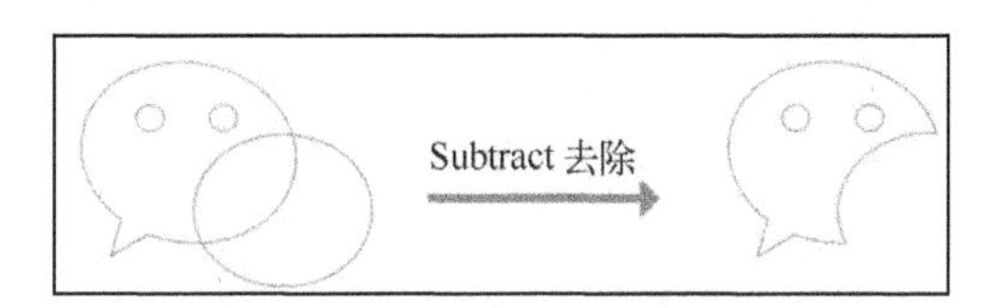

图 11-8 完成左上的消息图标

在这里，复制新添加的椭圆元件，后面还需要使用。

4. 步骤四：设置右下方的消息图标

1）与步骤三中一样，开始制作右下角方向的小三角形，设置该三角形旋转度为顺时针 30°，宽度为 60 像素，高度为 56 像素，如图 11-9 和图 11-10 所示。

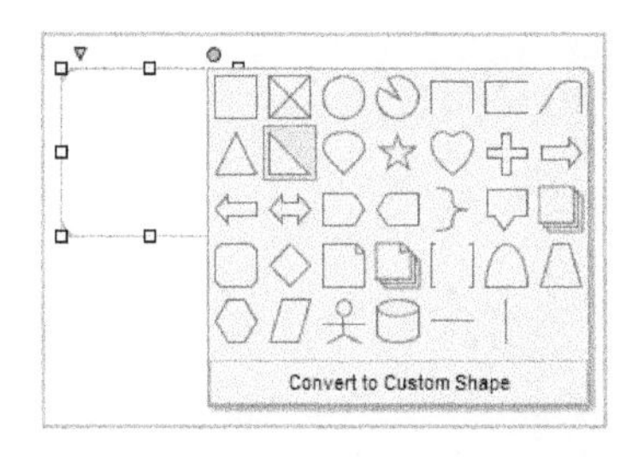

图 11-9 改变矩形元件的形状

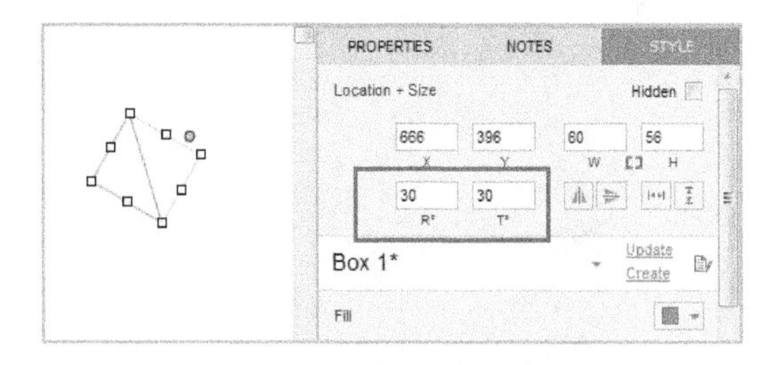

图 11-10 设置三角形的旋转度

2）将三角形放置在复制保存的椭圆合适的角度，同时选中两个元件，然后右击选择“改变形状”→“合并”命令，如图 11-11 所示。

3）照着步骤二中类似的方法制作图形，两个小椭圆要相对小一些，如图 11-12 所示。

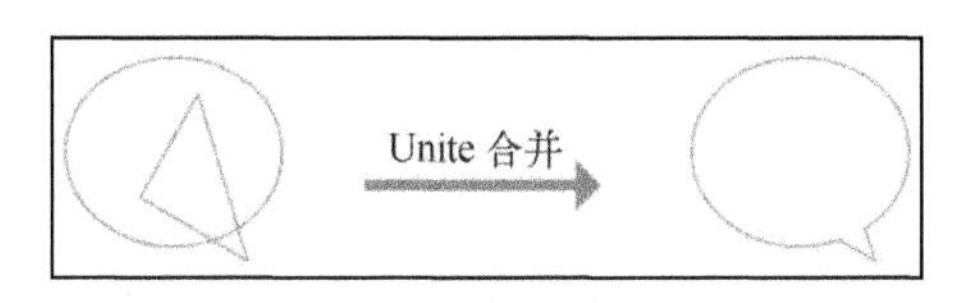

图 11-11 合并椭圆和三角形

图 11-12 完成右下的消息图标

4）然后将最终的两个消息图标拼在一起，如图 11-13 所示。

看到它们中间空隙还不是很完美，需要用到工具栏图标，然后可以拖动节点，如图 11-14 所示。

图 11-13　拼左上方和右下方的消息图标

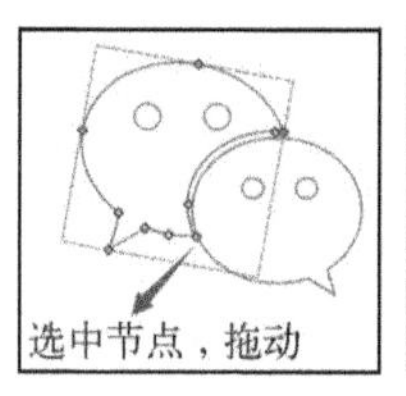

图 11-14　拖动节点

5）最后，去掉边框，微信图标制作成功。

11.1.4　案例演示效果

按〈F5〉快捷键查看预览效果，如图 11-15 所示。

图 11-15　微信图标效果

11.2　网易云音乐听歌识曲的波纹扩散效果

11.2.1　案例要求

打开网易云音乐 App（Android 版）的听歌识曲的功能，单击中间的麦克风图标，背景会有波纹扩散的效果。本案例需要实现的是波纹扩散的效果，如图 11-16 和图 11-17 所示。

图 11-16　未识别歌曲

图 11-17　识别歌曲

11.2.2　案例分析

Axure RP 8 中新增了“调整大小”和“设置透明度”的新动作，制作一个波纹，可以设置一个椭圆在限定的时间里，从中心点线性增大。同时，在该时间段里，增加椭圆的透明度，多个波纹添加多个椭圆即可，只不过每个椭圆的尺寸变化不同，底层的椭圆一般相对于上层的椭圆的尺寸变换多一些像素。

11.2.3　案例实现

1. 步骤一：元件准备

1）页面的主要元件，如图 11-18 所示。元件属性如表 11-1 所示。

表 11-1　页面主要元件属性

元件名称	元件种类	坐标	尺寸	备注	可见性
btnPanel	动态面板	X0;Y107	W375;H375	两个状态，State1 和 State2 状态	Y
circle1	椭圆	X129;Y235	W120;H120	填充颜色# D23A31；边框无	N
circle2	椭圆	X129;Y235	W120;H120	填充颜色# D23A31；边框无	N
circle3	椭圆	X129;Y235	W120;H120	填充颜色# D23A31；边框无	N
label2	文本标签	X0;Y490	W375;H19	文本居中	Y
label1	文本标签	X0;Y528	W375;H16	文本居中	Y

2）btnPanel 动态面板元件的 State1 状态下的主要元件，如图 11-19 所示。元件属性如表 11-2 所示。

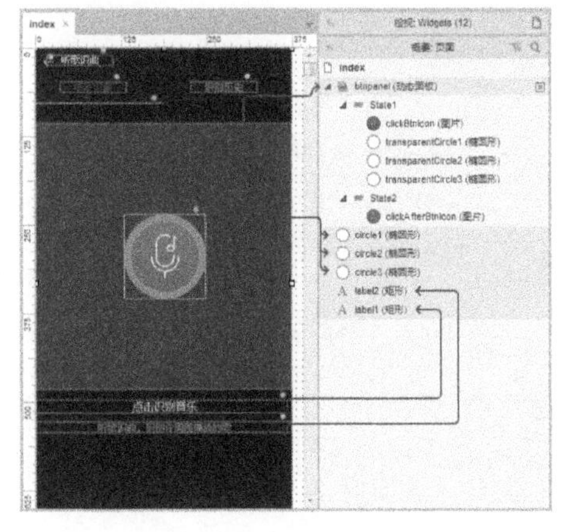

图 11-18　页面的主要元件

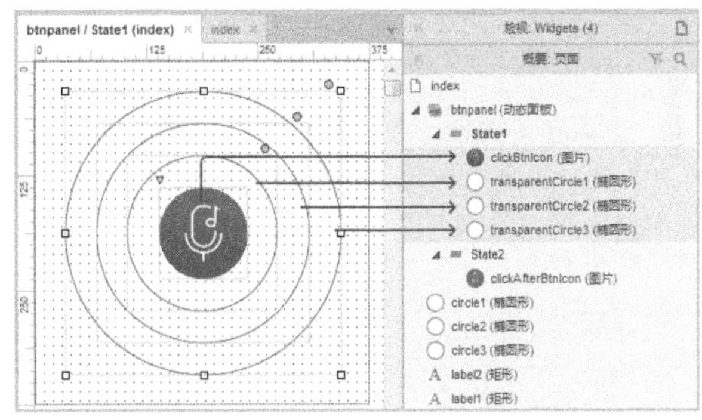

图 11-19　动态面板 btnPanel 中 State1 的主要元件

表 11-2　动态面板 btnPanel 中 State1 的元件属性

元件名称	元件种类	坐标	尺寸	备注	可见性
clickBtnIcon	图片	X139;Y138	W100;H100	无	Y
transparentCircle1	椭圆	X103;Y103	W170;H170	填充颜色透明；边框颜色#1B1B1B	Y
transparentCircle2	椭圆	X69;Y68	W240;H240	填充颜色透明；边框颜色#1B1B1B	Y
transparentCircle3	椭圆	X34;Y38	W310;H310	填充颜色透明；边框颜色#1B1B1B	Y

3）btnPanel 动态面板元件的 State2 状态下的主要元件，如图 11-20 所示。元件属性如表 11-3 所示。

表 11-3　btnPanel 动态面板元件的 State2 状态下的元件

元件名称	元件种类	坐标	尺寸	备注	可见性
clickAfterBtnIcon	图片	X129;Y128	W120;H120	无	Y

2. 步骤二：实现中间按钮切换效果

在 btnPanel 动态面板元件中的 State1 的状态下，选中 clickBtnIcon 图标按钮，在“鼠标单击时”事件添加“设置面板状态”动作，使得 btnPanel 的面板状态更改为 State2；继续添加“设置文本”动作，设置 label1 和 label2 文本标签元件的值分别为“正在识别…”、“识别你周围播放的歌曲”，如图 11-21 所示。

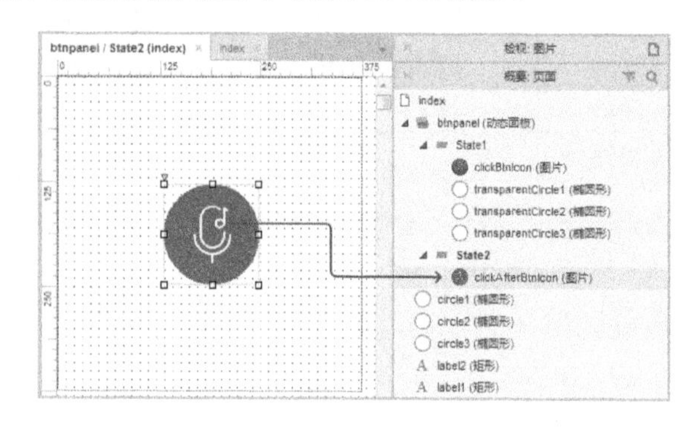

图 11-20　btnPanel 元件 State2 状态的主要元件

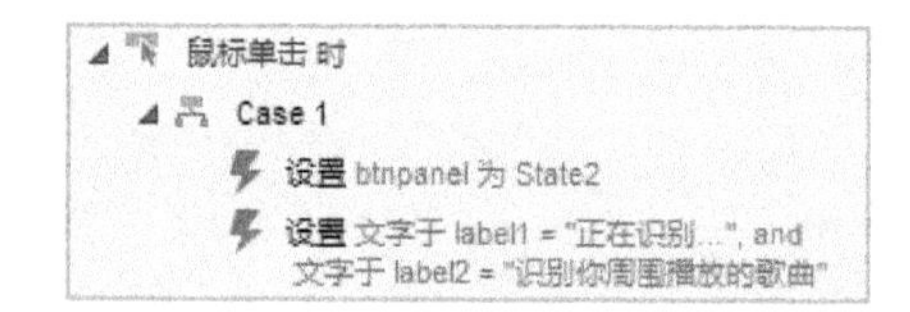

图 11-21　clickBtnIcon 的鼠标单击事件

3. 步骤三：实现波纹扩散效果

在案例分析中，提到利用“调整大小”和“设置透明度”新动作来完成波纹扩散效果，在本案例中，可以通过给 circle1、circle2 和 circle3 的“显示时”事件添加动作，来实现该效果。

元件准备中添加了 3 个椭圆元件 circle1、circle2 和 circle3，位于动态面板的下层，默认尺寸要与单击后的按钮尺寸一样，并设置隐藏。制作波纹动画，需要它的尺寸随着元件的显示而变大，透明度不断变小，然后再变回原来的尺寸和透明度，以此循环。

1）选中最上层的 circle1 椭圆元件，在“显示时”事件添加“设置尺寸”动作，调整当前元件尺寸从中心线性扩展至 400×400 像素，时间设为 1500 ms；继续添加“设置不透明”动作，设置当前元件的透明在 1500 ms 的时间里，透明度变为 0%；然后等待 1500 ms，隐藏该按钮，并且让尺寸和透明度回至原始设置，最后添加“显示”动作，显示该按钮。“显示时”事件设置如图 11-22 所示。

2）复制上述事件的用例，分别粘贴至 circle2 和 circle3 椭圆元件，因为 3 个椭圆的尺寸变化不同，所以将 circle2 的尺寸更改为 450×450 像素，将 circle3 的尺寸更改为 500×500 像素，如图 11-23 和图 11-24 所示。

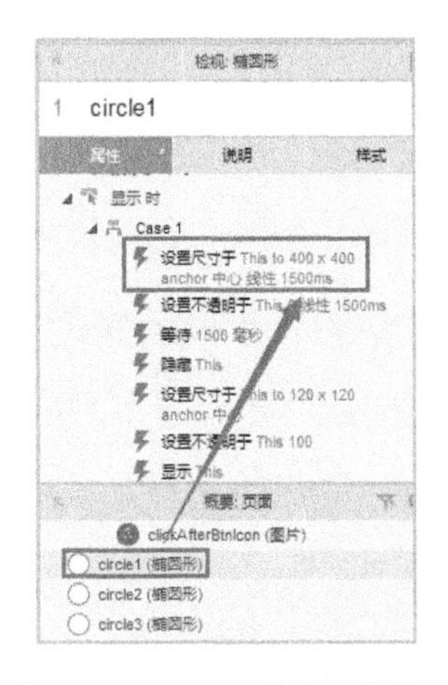

图 11-22　circle1 的显示事件

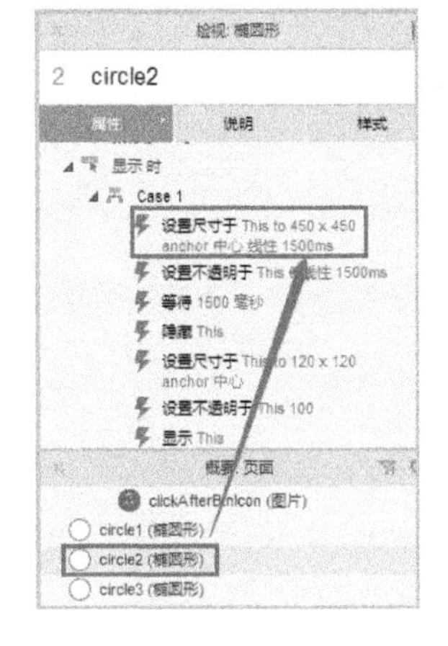

图 11-23　circle2 的显示事件

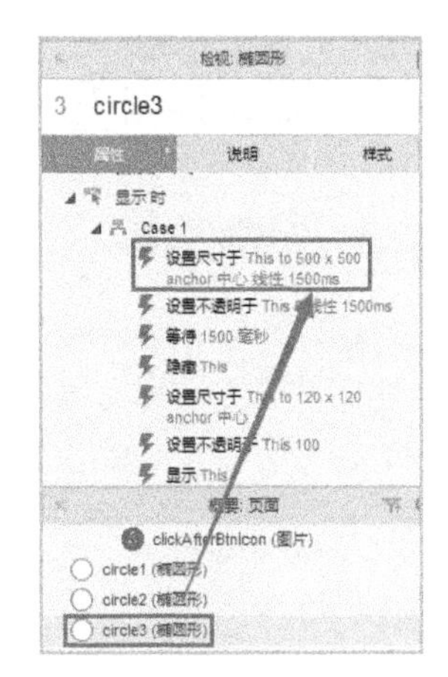

图 11-24　circle3 的显示事件

3）设置好显示事件后，最后一步需要触发显示事件，单击图标按钮，会显现波纹扩散效果。选中 clickBtnIcon 图标按钮，在“鼠标单击时”事件添加“显示”动作，显示 circle1，等待 500 ms 后显示 circle2，继续等待 500 ms 后显示 circle3，如图 11-25 所示。

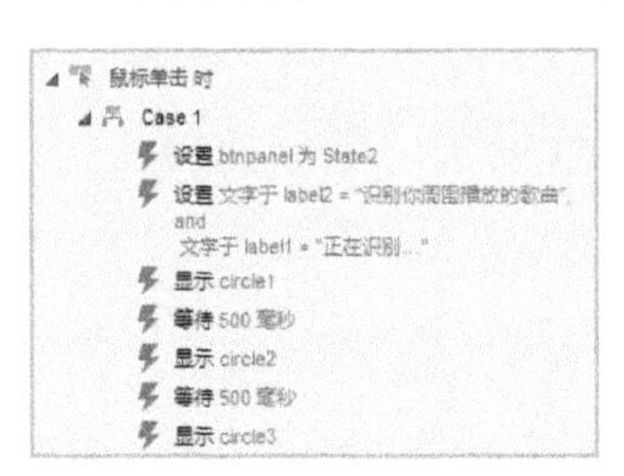

图 11-25　clickBtnIcon 的鼠标单击时事件

11.2.4　案例演示效果

按〈F5〉快捷键查看预览效果，如图 11-26 所示。

图 11-26　完成的波纹扩散效果

11.3 幕布添加思维导图效果

11.3.1 案例要求

打开幕布 App，首页如图 11-27 所示。单击右下角的添加图标，打开“新建文档”或者“新建文件夹”的选择面板，如图 11-28 所示。在打开的新建文档里编辑思维导图内容，如图 11-29 所示。单击右上角“思维导图”图标，会生成相关的思维导图，如图 11-30 所示。

图 11-27　幕布 App 首页

图 11-28　单击“新建”图标

图 11-29　添加思维导图

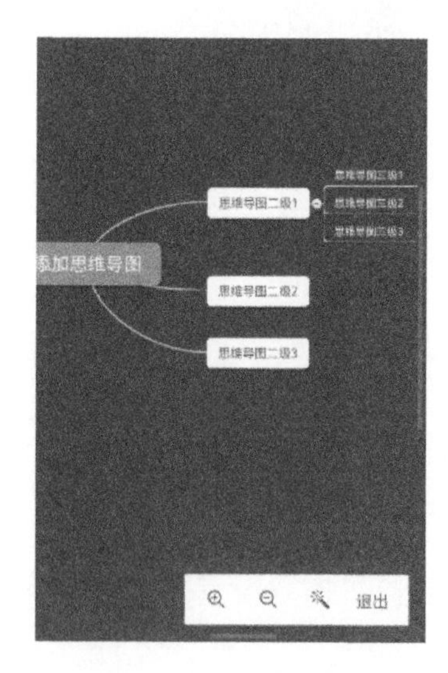

图 11-30　生成思维导图

11.3.2　案例分析

本案例仅实现两级列表名的添加，这里添加四个动态面板元件，其中第一个和第三个为一级列表，第二个和第四个为二级列表。

当在第一个动态面板元件输入列表名，按下〈Enter〉键，显示同等级的第三个列表面板，单击“缩进”按钮，再次隐藏该面板，而显示第二个二级列表面板，同时赋值；当第二个列表显示时，如果想要提升它的级别，则需要隐藏该面板，同时显示第三个一级列表，同时赋值即可。

11.3.3　案例实现

1．步骤一：元件准备

1）index 页面中变化的主要元件如图 11-31 所示。index 页面元件属性如表 11-4 所示。

表 11-4　index 页面的元件属性表

元件名称	元件种类	坐标	尺寸	备注	可见性
addDom	组合	X290;Y525	W60;H60	图标和椭圆的组合	Y
selectPanel	动态面板	X0;Y640	W375;H153	一个状态	N

2）“思维导图”页面中的主要元件如图 11-32 所示。思维导图页面的元件属性如表 11-5 所示。

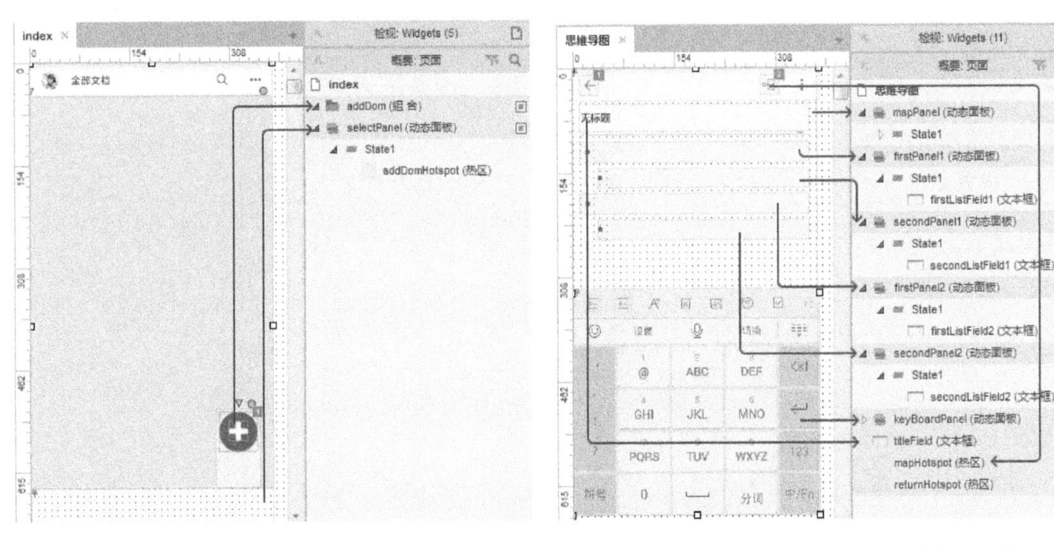

图 11-31　index 页面的主要元件　　　　图 11-32　思维导图页面的主要元件

表 11-5　思维导图页面的元件属性表

元件名称	元件种类	坐标	尺寸	备注	可见性
mapPanel	动态面板	X0;Y0	W375;H660	五个状态，分别为 State1~State5	N
firstPanel1	动态面板	X10;Y108	W350;H31	一个 State1 状态	Y
secondPanel1	动态面板	X10;Y147	W350;H31	一个 State1 状态	N
firstPanel2	动态面板	X37;Y184	W323;H30	一个 State1 状态	N
secondPanel2	动态面板	X37;Y223	W323;H30	一个 State1 状态	N
keyBoardPanel	动态面板	X0;Y324	W375;H336	一个 State1 状态	N
titleField	文本框	X10;Y53	W350;H41	隐藏边框	Y
mapHotspot	热区	X284;Y10	W30;H30	无	Y
returnHotspot	热区	X10;Y10	W30;H30	无	Y

3）keyBoardPanel 动态面板元件 State1 状态下的主要元件如图 11-33 所示。元件属性如表 11-6 所示。

表 11-6　keyBoardPanel 动态面板元件内部的元件属性表

元件名称	元件种类	坐标	尺寸	备注	可见性
returnHotspot	热区	X60;Y8	W30;H30	无	Y
indentHotspot	热区	X13;Y8	W30;H30	无	Y

2. 步骤二：设置显示“新建文档”或者“新建文件夹”面板

1）将 selectPanel 动态面板元件固定在浏览器左下方，水平位置为左，边距为 0；垂直位置为下，边距为 0。

2）选中 addDom 组合元件，在“鼠标单击时”事件添加“显示”动作，显示 selectPanel 动态面板元件，并带有灯箱效果，事件交互如图 11-34 所示。

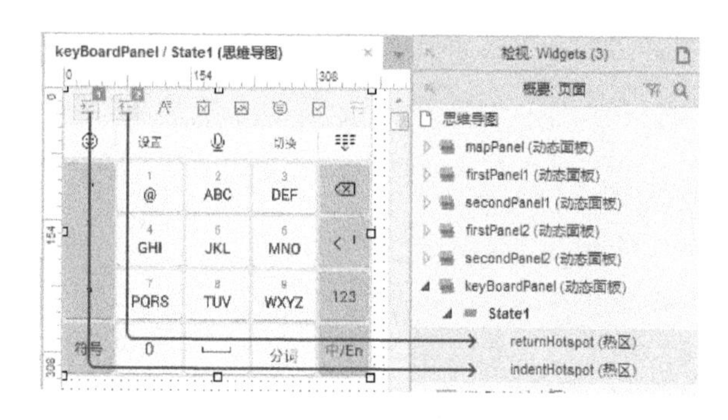

图 11-33　动态面板 keyBoardPael 的主要元件

图 11-34　addDom 的鼠标单击时事件

3）在 selectPanel 动态面板元件的“新建文档”上添加热区元件，在“鼠标单击时”事件添加动作，在当前窗口打开“思维导图”页面。

3. 步骤三：准备添加思维导图

1）在初次进入该页面时，只显示一空行，所以在“页面载入时”页面事件添加“隐藏”动作，隐藏 secondPanel1、firstPanel2、secondPanel2 动态面板元件，并且都设置为拉动元件，如图 11-35 所示。

2）将 keyBoardPanel、mapPanel 固定在浏览器左下方，边距都为 0；mapPanel 固定在浏览器左上方，边距同为 0。

3）选中 firstPanel1 动态面板元件下的 firstListField1 文本框元件，在“按键按下时”事件添加“如果按下的键为〈Return〉键”的触发条件，按下〈Return〉键则显示 firstPanel2 元件，并且推动下方元件；在“获取焦点时”事件中，添加“设置变量值”动作，给全局变量 currentList 的值设为“first1”，继续添加“显示”事件动作，显示 keyBoardPanel 元件，如图 11-36 所示。

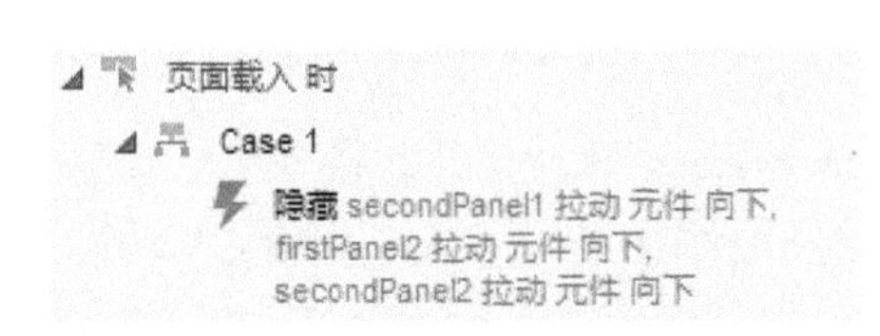

图 11-35　思维导图页面的页面载入时事件

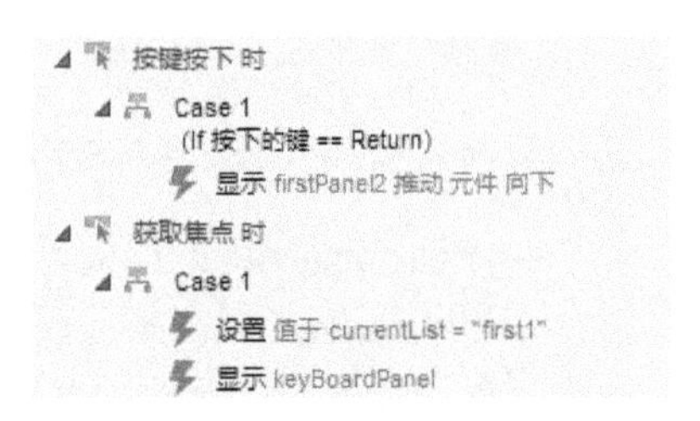

图 11-36　firstListField 元件的事件

4）选中 secondPanel1 动态面板元件下的 secondListField1 文本框元件，在“按键按下时”事件添加“如果按下的键为〈Return〉键”触发条件，按下〈Return〉键则显示 secondPanel2，并且推动下方元件；在“获取焦点时”事件添加“设置变量值”动作，给全局变量 currentList 的值设为“second2”，如图 11-37 所示。

5）分别设置 firstListField2 和 secondListField2 文本框元件的事件，在“获取焦点时”事件添加“设置变量值”动作，分别如图 11-38 和图 11-39 所示。

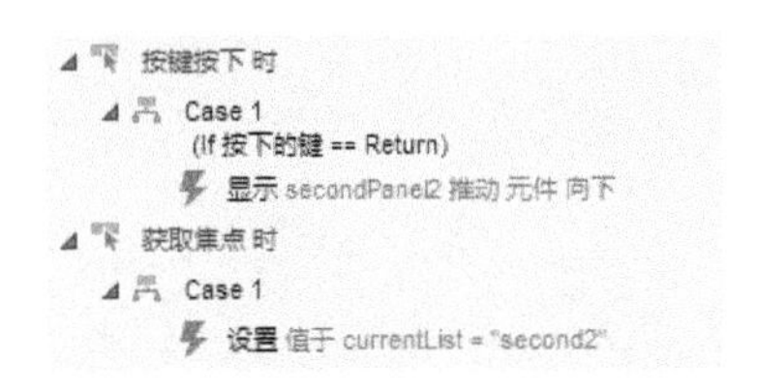

图 11-37　secondListField1 事件交互

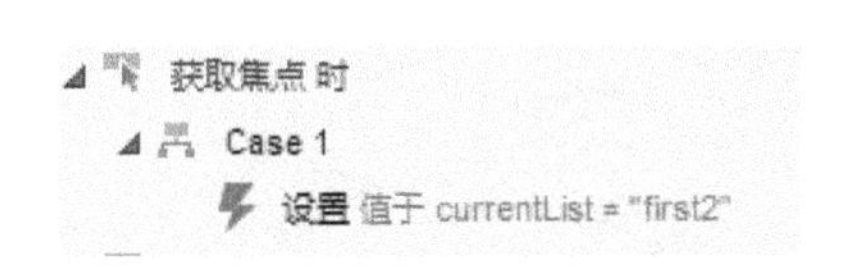

图 11-38　firstListField2 事件交互

4. 步骤四：添加思维导图

1）选中 keyBoardPanel 动态面板元件下的 indentHotspot 热区元件，在“鼠标单击时”事件添加“当全局变量 currentList == “first2”，并且面板 secondPanel 元件可见时”的触发条件，添加“隐藏”动作，隐藏 firstPanel2 动态面板元件，并且拉动元件；添加“设置文本”动作，将 firstListField2 文本框元件的值赋值给局部变量，而后赋值给 secondListField2 元件；最后，显示 secondPanel2 动态面板元件。

接着，在该“鼠标单击时”事件添加第二个条件，当全局变量 currentList == “first2”时，添加“隐藏”动作，隐藏 firstPanel2 元件，并且拉动元件；添加“设置文本”动作，将 firstListField2 文本框元件的值赋值给局部变量，而后赋值给 secondListField1；最后显示 secondPanel1 元件，并且向下推动元件，“鼠标单击时”事件交互如图 11-40 所示。

图 11-39　secondListField2 获取焦点时事件

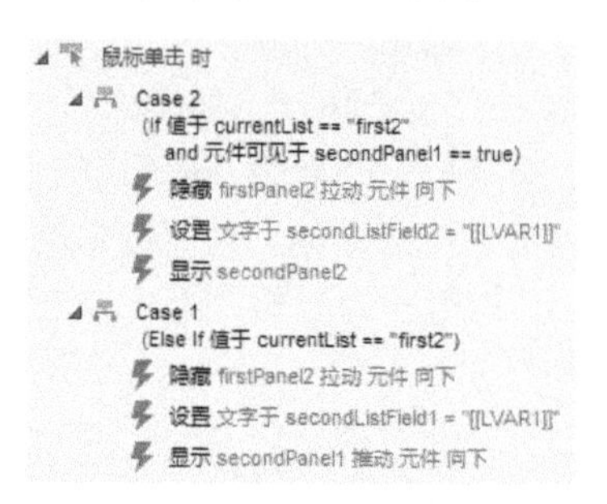

图 11-40　indentHotspot 的鼠标单击时事件

2）选中 keyBoardPanel 动态面板元件下的 returnHotspot 热区元件，在“鼠标单击时”事件中，“当全局变量 currentList == “second1”时”触发条件发生时，添加“隐藏”动作，隐藏 secondPanel1 元件，并且拉动元件；添加“设置文本”动作，将 secondListField1 文本框元件赋值给局部变量，而后赋值给 firstListField2 元件；最后显示 firstPanel2 元件。

接着，在“鼠标单击时”事件添加第二个条件，当全局变量 currentList == “second2”时，添加“隐藏”动作，隐藏 secondPanel2 元件，并且拉动元件；添加“设置文本”动作，将 secondListField2 文本框的值赋值给局部变量，而后赋值给 firstListField2 元件。最后，显示 firstPanel2 元件，并且推动元件，事件交互如图 11-41 所示。

5. 步骤五：生成思维导图

1）单击 mapHotspot 热区元件，显示 mapPanel 动态面板元件，如图 11-42 所示。

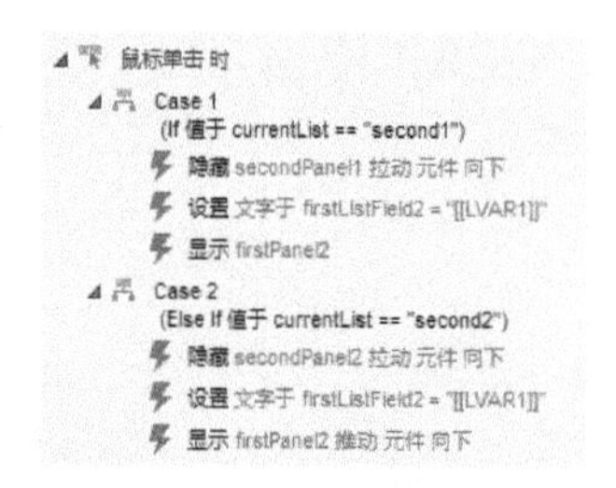

图 11-41　returnHotspot 元件的鼠标单击事件

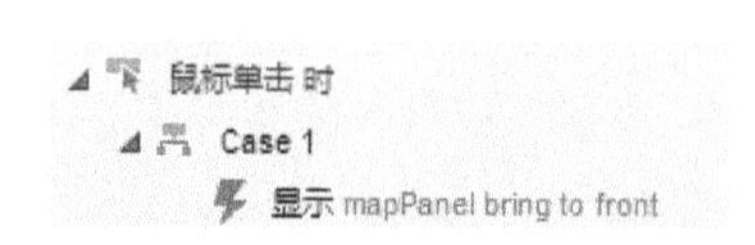

图 11-42　mapHotspot 元件的鼠标单击事件

2）在 mapPanel 动态面板元件显示时，判断添加思维列表时，所发生的不同的情况，对于本案例共有 5 种不同的情况，如图 11-43 所示。

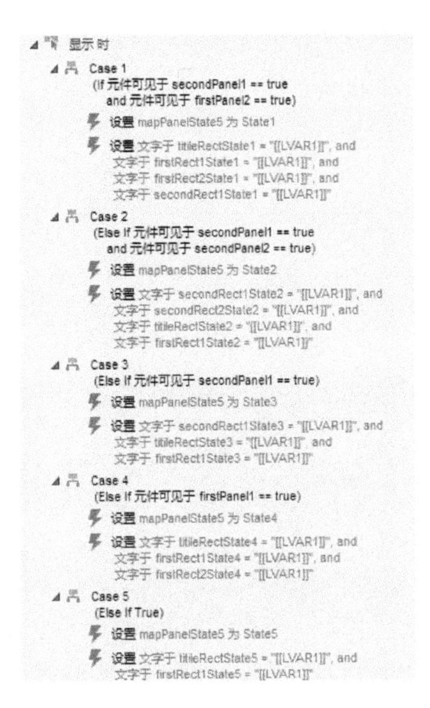

图 11-43　mapPanel 元件显示时事件

11.3.4　案例演示效果

使用〈F5〉快捷键查看预览效果。单击“⊕”（添加）按钮，显示效果如图 11-44 所示。之后单击“新建文档”按钮，跳转到新建文档页面，如图 13-45 所示。编辑内容后，单击“⊶”图标，如图 13-46 所示。

图 11-44　添加思维导图案例单击添加按钮效果

图 11-45　新建思维导图页面

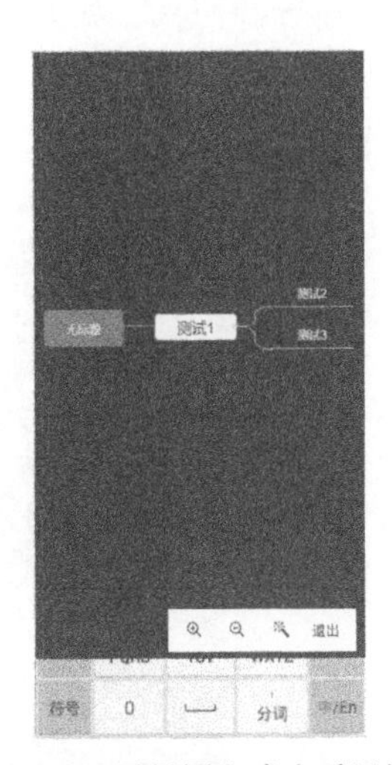

图 11-46　以导图方式查看思维导图

11.4 微信发朋友圈动态效果

11.4.1 案例要求

打开微信，单击“发现”，可以找到“朋友圈”的入口，如图 11-47 所示。

进入“朋友圈”，单击自己的头像，进入自己的相册详情页面，如图 11-48 所示。单击“今天”旁边的相机图标，选择来源“拍摄”或者“从相册选择”，如图 11-49 所示。

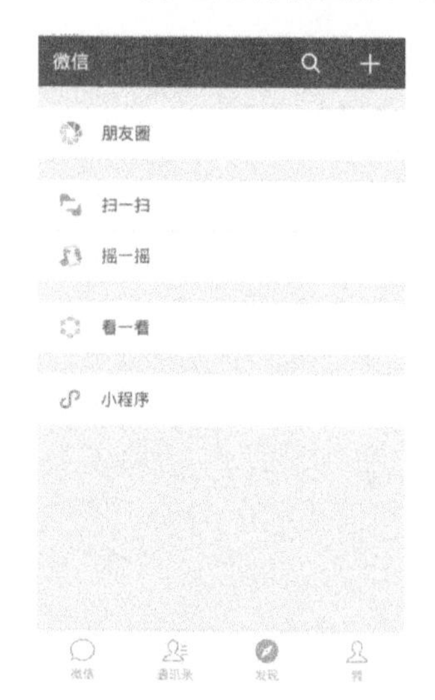

图 11-47 发现-朋友圈入口

图 11-48 朋友圈-我的相册

图 11-49 朋友圈-我的相册-选择照片来源

从相册选择照片（如图 11-50 所示），选择相片后，在“发布动态”页面（如图 11-51 所示）填写发送内容，单击“发送”按钮，完成发送。在“朋友圈”和“我的相册”页面会显示刚才发送的内容。

图 11-50 选择-从相册选择

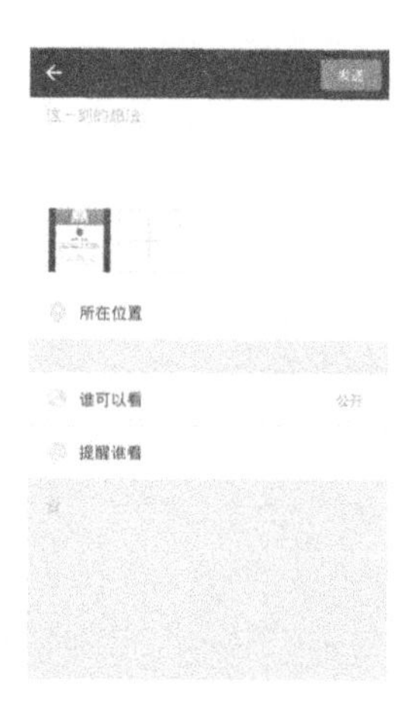

图 11-51 发送动态

11.4.2　案例分析

本案例的关键知识点分析如下。

1）该案例主要实现朋友圈发动态，所以，有些页面和元件，会直接使用微信的截图。

2）新发布的动态，在“朋友圈”和“我的相册”页面会进行显示，添加一个全局变量来判断是否发布了新动态。如果全局变量值为 true，就显示新动态；如果全局变量值为 false，就隐藏新动态。

3）在相册选择照片之后，会传递到“发布动态”页面，简便的方式就是“选择照片”和“发布动态”放置在动态面板元件的不同状态，“选择照片”状态使用中继器来放置照片，选择该状态的照片，将该值传递到“发布动态”状态的中继器元件。

11.4.3　案例实现

1. 步骤一：元件准备

1）朋友圈页面的主要元件如图 11-52 所示。元件属性如表 11-7 所示。

表 11-7　“朋友圈”页面的主要元件属性

元件名称	元件种类	坐标	尺寸	备注	可见性
headImg	图片	X272;Y275	W90;H90	无	Y
finishedThoughtPanel	动态面板	X15;Y380	W360;H143	一个 State1 状态	Y

2）“我的相册”页面的主要元件如图 11-53 所示。元件属性如表 11-8 所示。

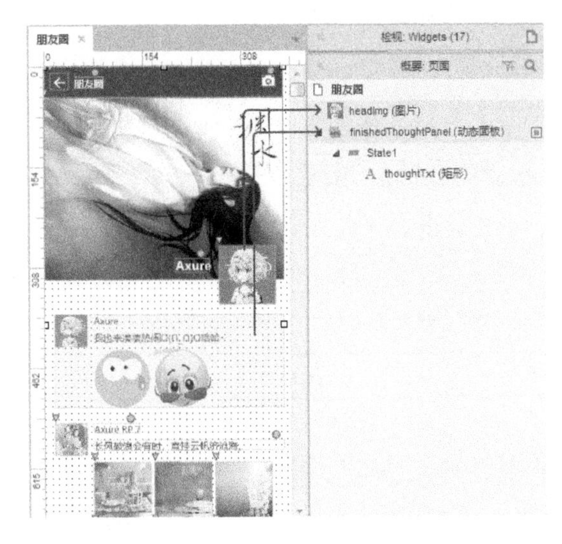

图 11-52　“朋友圈”页面的主要元件

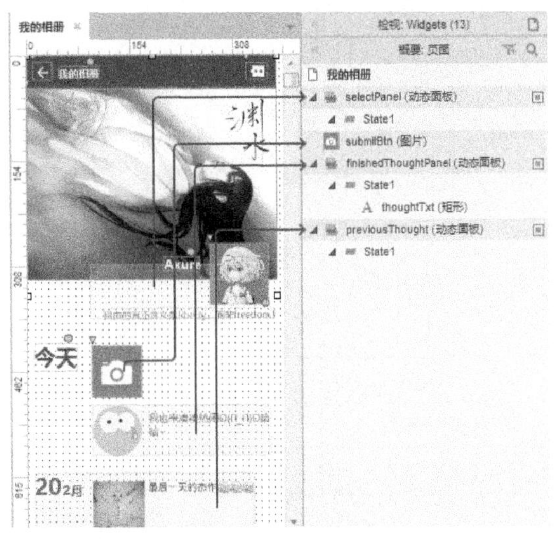

图 11-53　“我的相册”页面的主要元件

表 11-8 “我的相册”页面的主要元件属性

元件名称	元件种类	坐标	尺寸	备注	可见性
selectPanel	动态面板	X93;Y305	W190;H80	一个 State1 状态	Y
submitBtn	图片	X95;Y424	W75;H76	无	Y
finishedThoughtPanel	动态面板	X95;510	W270;H75	一个 State1 状态	Y
previousThought	动态面板	X9;609	W330;H91	一个 State1 状态	Y

3）“发布动态”页面的主要元件如图 11-54 所示。元件属性如表 11-9 所示。

表 11-9 “发布动态”页面的主要元件属性

元件名称	元件种类	坐标	尺寸	备注	可见性
submitThoughtPanel	动态面板	X0;Y0	W375;H646	三个状态	Y

4）submitThoughtPanel 动态面板元件的“选择照片”状态下的主要元件如图 11-55 所示。元件属性如表 11-10 所示。

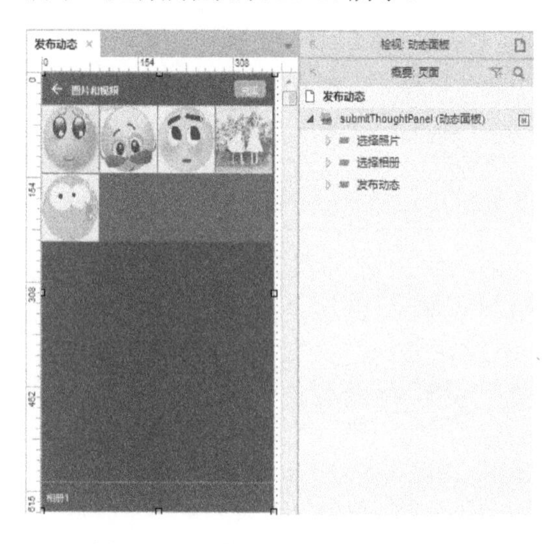

图 11-54 “发布动态”页面的主要元件

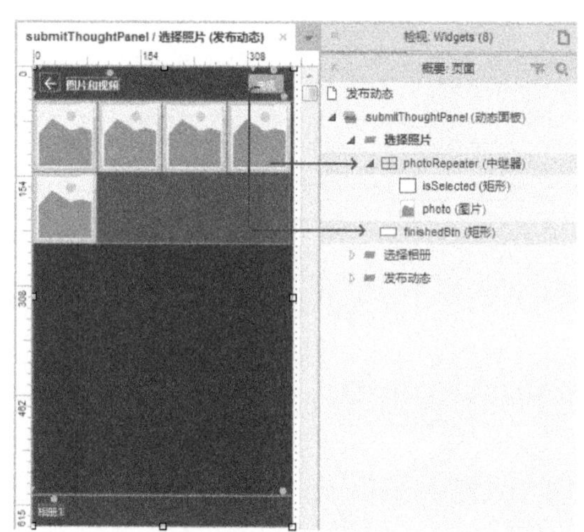

图 11-55 submitThoughtPanel“选择照片”状态下的主要元件

表 11-10 “选择照片”状态下的主要元件属性

元件名称	元件种类	坐标	尺寸	备注	可见性
photoRepeaterPanel	中继器	X0;Y48	—	一个字段	Y
finishedBtn	图片	X310;Y11	W50;H25	无	Y

5）submitThoughtPanel 动态面板元件的“发布动态”状态下的主要元件，如图 11-56 所示。元件属性如表 11-11 所示。

表 11-11　“发布动态”状态下的主要元件属性

元件名称	元件种类	坐标	尺寸	备注	可见性
submitPhotoRepeater	中继器	X9;Y179	—	一个字段	Y
addPhoto	图片	X8;Y256	W69;H69	无	Y
thoughtField	多行文本框	X16;Y52	W334;H118	隐藏边框	Y
submitBtn	矩形	X320;Y11	W40;H25	无	Y

2. 步骤二：设置进入朋友圈

这里有些页面和元件直接用的是微信截图。

1）选中 index 页面中的 inllineFrame 内联框架元件，链接到项目的“发现”页面。

2）在“发现”页面，在“朋友圈”一栏添加热区元件，在该热区的“鼠标单击时”事件添加“链接”→“打开链接”→“当前窗口”动作，打开“朋友圈”页面。

3. 步骤三：设置新发布的动态显示与隐藏效果

1）添加 isSubmitThought 和 submitContent 全局变量。isSubmitThought 默认值为 false，表示是否发布了新的动态，发布成功值变为 true；submitContent 表示发布新动态的内容，全局变量管理对话框如图 11-57 所示。

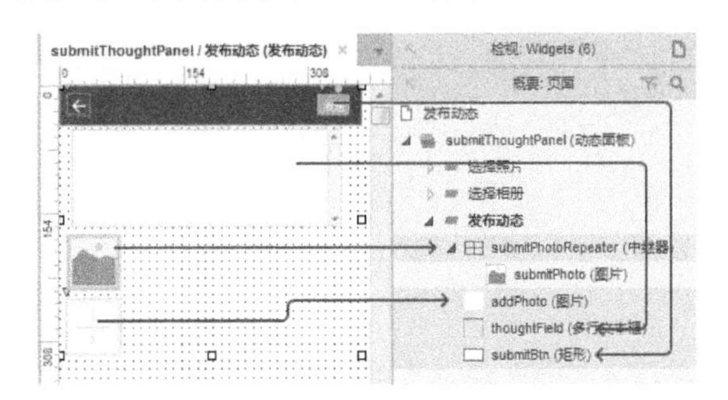

图 11-56　SubmitThoughtPanel“发布动态”状态下的主要元件

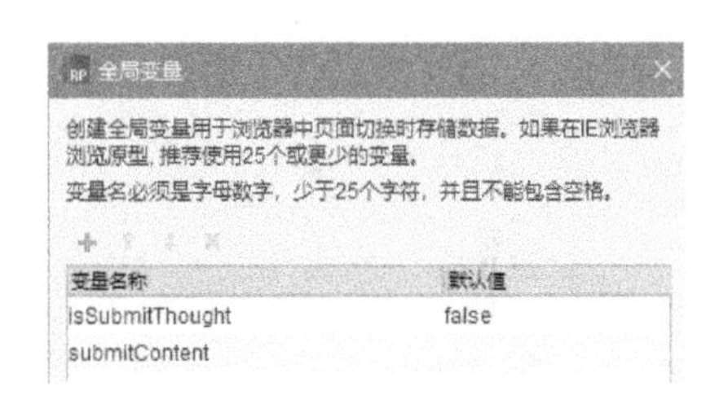

图 11-57　全局变量对话框

2）在“朋友圈”页面的“页面载入时”事件添加条件，如果全局变量的值为 true 时，添加“显示”动作，显示新发布的 finishedThoughtPanel 动态面板元件，并且为向下推动元件；继续添加“设置文本”动作，将 submitContent 全局变量的值赋给 thoughtTxt 文本标签元件。否则隐藏面板 finishedThoughtPanel，向下拉动元件，如图 11-58 所示。

3）“我的相册”页面与步骤 2）类似，事件交互如图 11-59 所示。

图 11-58　“朋友圈”页面的页面载入时事件

图 11-59　“我的相册”页面的载入时事件

4. 步骤四：准备发布动态

1）在“朋友圈”页面选中 headImg 用户头像，在“鼠标单击时”事件添加动作，在当前窗口打开“我的相册”页面。

2）在“我的相册”页面选中 submitBtn 元件，在“鼠标单击时”事件添加“显示”动作，显示 selectPanel 元件，并带有灯箱效果，如图 11-60 所示。

图 11-60　submitBtn 鼠标单击事件

3）在 selectPanel 动态面板元件下有两个矩形元件，“拍摄”矩形元件单击之后，链接到“拍摄”页面；“从相册选择”矩形元件单击之后，链接到“发布动态”页面。

5. 步骤五：发布动态

1）在 submitThoughtPanel 动态面板元件的“选择照片”状态下，选中 photoRepeater 中继器元件，设置排列为水平排列，每排项目数为 4 个，行间距和列间距都为 1，如图 11-61 所示。添加一个字段 PHOTO，并且在每一行添加数据，在“每项加载时”事件添加“设置图片”动作，如图 11-62 所示。

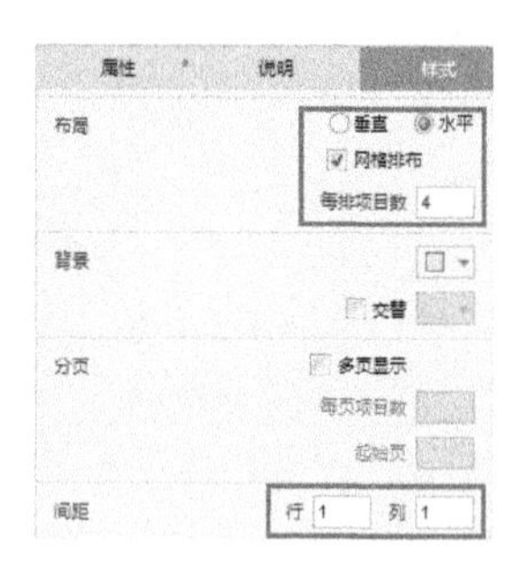

图 11-61　photoRepeater 属性

图 11-62　设置 photoRepeater 每项加载时事件

2）在 submitThoughtPanel 动态面板元件的“发布动态”状态下，选中 submitPhotoRepeater 中继器元件，设置排列为水平排列，每排项目数为 4 个，行间距和列间距都为 5，如图 11-63 所示。添加一个 SUBMIT_PHOTO 字段，并且将数据清空，在“每项加载时”事件添加“设置图片”动作，如图 11-64 所示。

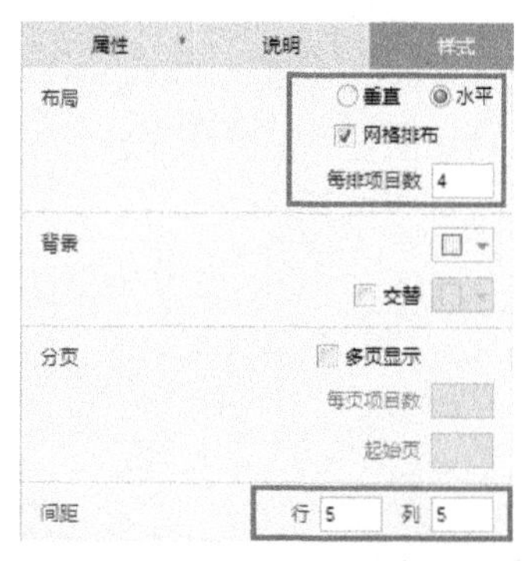

图 11-63　submitPhotoRepeater 中继器样式

图 11-64　submitPhotoRepeater 每项加载事件

3）进入 photoRepeater 中继器元件的编辑页面，选中 isSelected 按钮元件，设置交互样式，填充颜色和边框颜色都为#00CC00。在“鼠标单击时”事件添加“选中”动作，选中该元件，继续添加“中继器”→“添加行”动作，给 submitPhotoRepeater 中继器元件添加行，并且设置 submitPhotoRepeater 中继器元件 SUBMIT_PHOTO 字段的值为 photoRepeater 中继器元件 PHOTO 字段的值，如图 11-65 和图 11-66 所示。

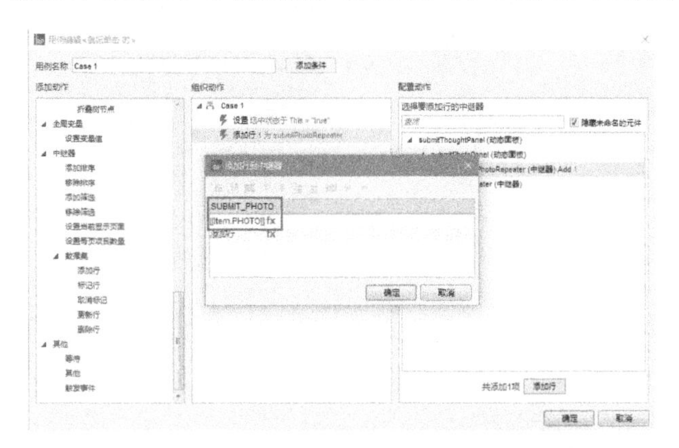

图 11-65　给 submitPhotoRepeater 中继器元件添加行

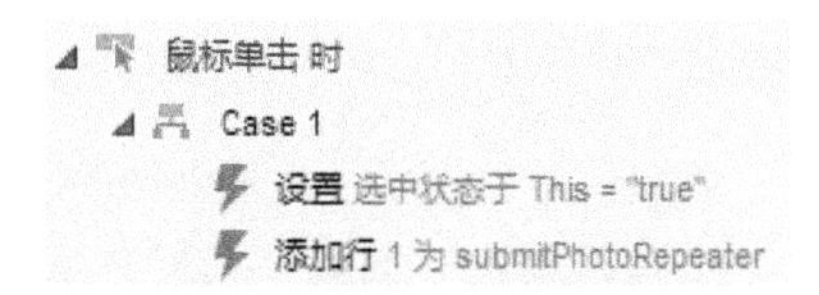

图 11-66　isSelected 鼠标单击时事件

4）在 submitThoughtPanel 动态面板元件的“发布动态”状态下，选中 submitBtn 按钮，在“鼠标单击时”事件添加“设置变量值”动作，将 isSubmitThought 全局变量的值改为 true，将 thoughtField 文本值赋值给局部变量，然后赋值给 submitContent 全局变量；最后添加链接，打开“朋友圈”页面，事件交互如图 11-67 所示。

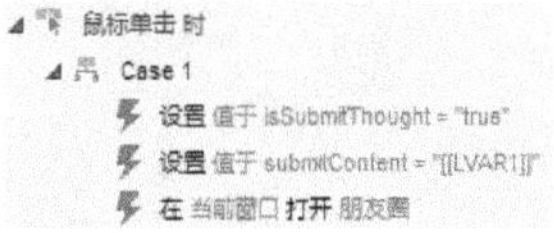

图 11-67　submitBtn 鼠标单击时事件

11.4.4　案例演示效果

按〈F5〉快捷键查看预览效果，默认时如图 11-68 所示。单击“朋友圈”图标，效果如图 11-69 所示。在该图中单击头像，效果如图 11-70 所示。接着，单击“ ”（发送动态）按钮，效果如图 11-71 所示。而后，单击“从相册选择”按钮，效果如图 11-72 所示。

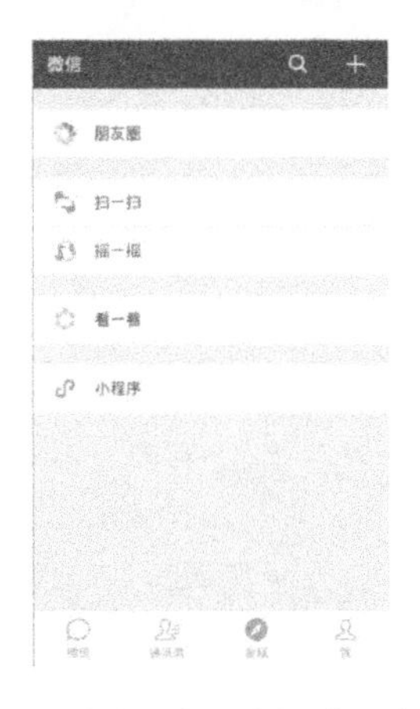

图 11-68　微信朋友圈案例默认时效果

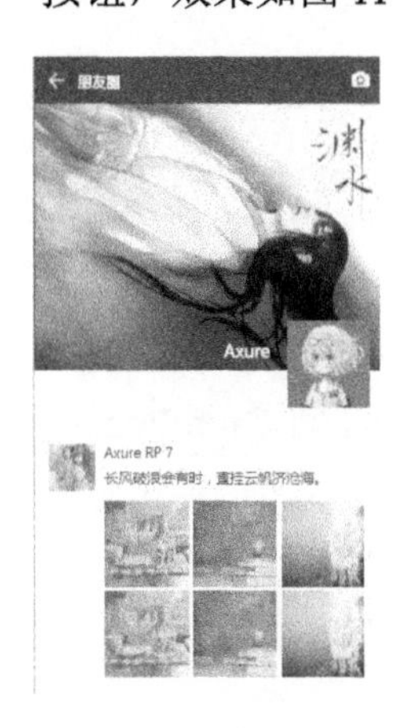

图 11-69　单击朋友圈图标时效果

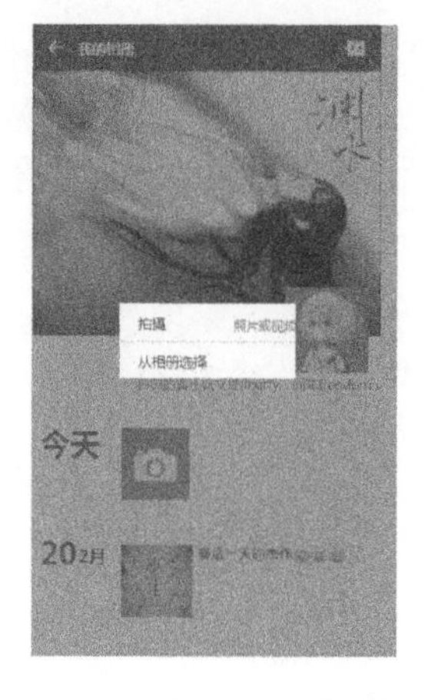

图 11-70　查看个人相册时效果　　图 11-71　发送动态时效果　　图 11-72　从相册选择图片时效果

在图 11-72 中，可以选择多张图片后，单击“完成”按钮，效果如图 11-73 所示。输入文字信息，单击“发送”按钮，效果如图 11-74 所示。

图 11-73　发送动态时效果

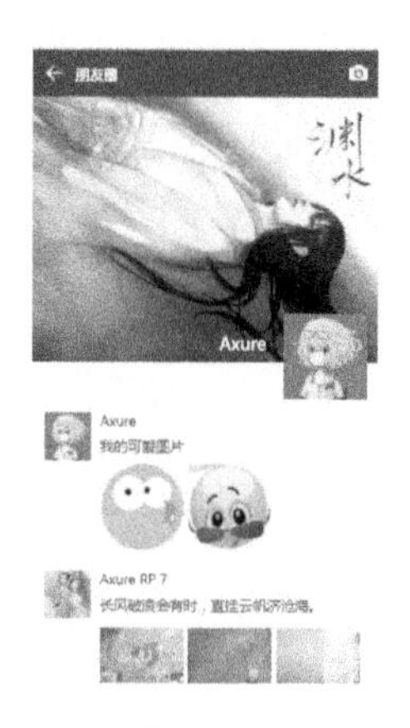

图 11-74　发送动态完成时效果

11.5　OnmiFocus 清除任务效果

11.5.1　案例要求

打开苹果 iPad 的 OnmiFocus 的 App，在该 App 中创建任务，在每个任务一栏中，向左滑动，显示“更多”“标记”“删除”按钮。

单击“删除”按钮，该任务就会在列表中消失，如图 11-75 所示。

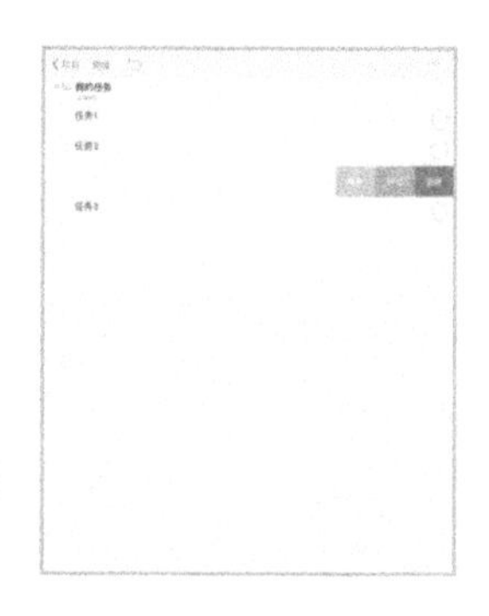

图 11-75　任务列表效果

11.5.2　案例分析

该案例的关键知识点分析如下。

1）对于任务栏的滑动，可以在一个动态面板添加两个状态，默认状态不显示“更多”“标记”“删除”按钮，向左向右的滑动可以利用“向左拖动结束时”和“向右拖动结束时”事件。

2）任务列表的创建，还是运用功能强大的中继器，利用中继器的“删除行”动作，删除当前任务。

11.5.3　案例实现

1. 步骤一：元件准备

1）页面中的主要元件就是中继器元件，如图 11-76 所示。元件属性如表 11-12 所示。

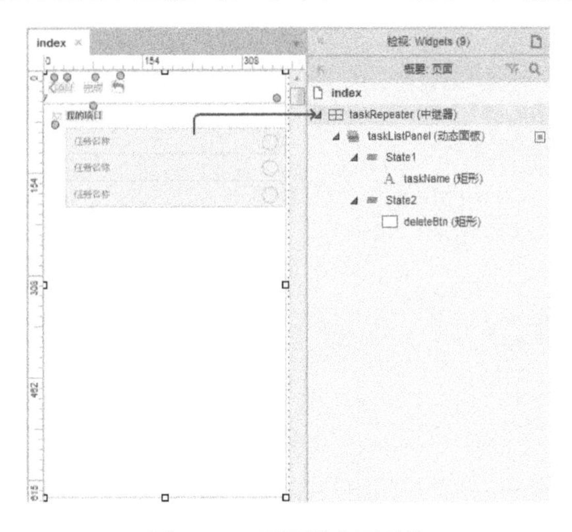

图 11-76　页面的主要元件

表 11-12　页面的主要元件属性

元件名称	元件种类	坐标	尺寸	备注	可见性
taskRepeater	中继器	X35;Y86	-	无	Y

2）taskRepeater 中继器元件中的 taskListPanel 动态面板元件如图 11-77 所示。元件属性如表 11-13 所示。

表 11-13　中继器 taskRepeater 的元件属性

元件名称	元件种类	坐标	尺寸	备注	可见性
taskListPanel	动态面板	X0;Y0	W340;H40	两个状态	Y

3）taskListPanel 动态面板的 State2 状态下的元件如图 11-78 所示。元件属性如表 11-14

所示。

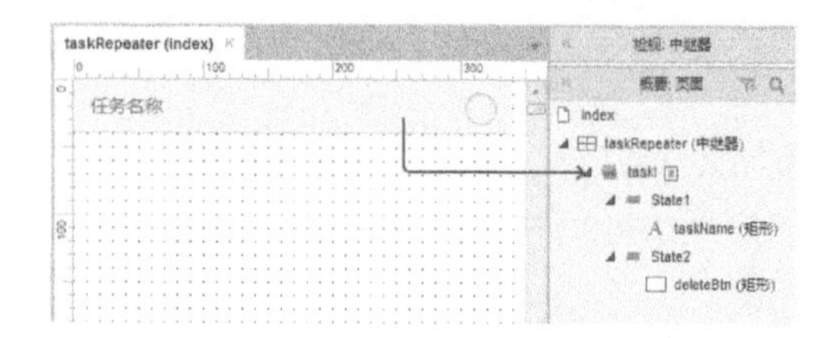

图 11-77　taskListPanel 元件的主要元件

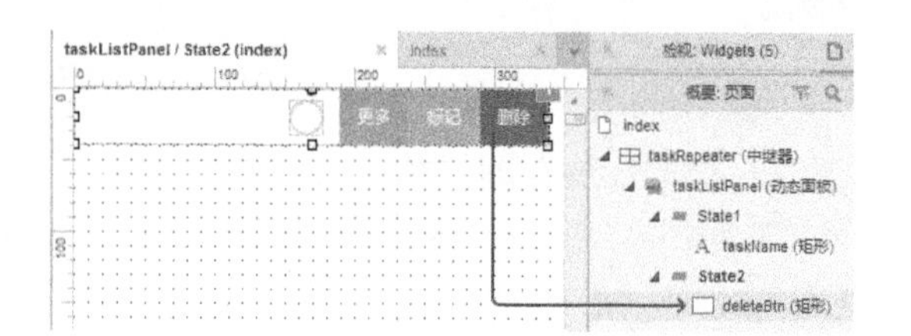

图 11-78　taskListPanel 元件的 State2 下的元件

表 11-14　面板 taskListPanel 的 State2 下的元件属性

元件名称	元件种类	坐标	尺寸	备注	可见性
deleteBtn	矩形	X289;Y0	W50;H40	填充颜色#FF3300	Y

2. 步骤二：中继器设置

1）选中 taskRepeater 中继器元件，在中继器元件添加 TASK_NAME 字段，在“每项加载时”事件添加“设置文本”动作，设置 taskName 的文本标签元件的值等于中继器 TASK_NAME 字段的值，如图 11-79 所示。

图 11-79　taskRepeater 元件每项加载时事件

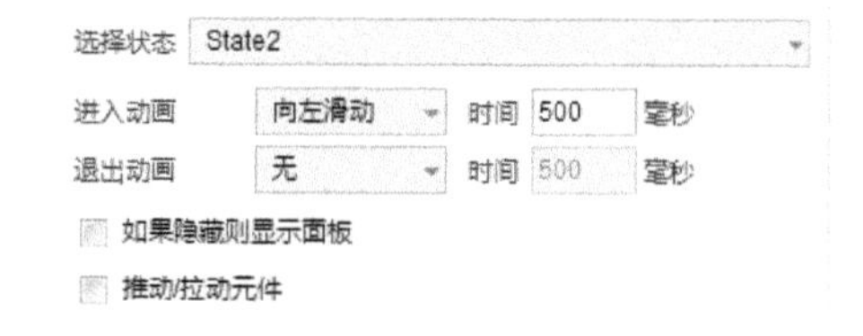

图 11-80　taskListPanel 向左拖动设置状态属性

2）选中 taskListPanel 动态面板元件，在“向左拖动结束时”事件添加“设置面板状态”动作，设置面板状态切换为 State2，并且进入动画为向左滑动，如图 11-80 所示。在“向右拖动结束时”事件添加“设置面板状态”动作，设置面板状态切换为 State1，并且进入动画为向右滑动，如图 11-81 所示。两个事件的交互如图 11-82 所示。

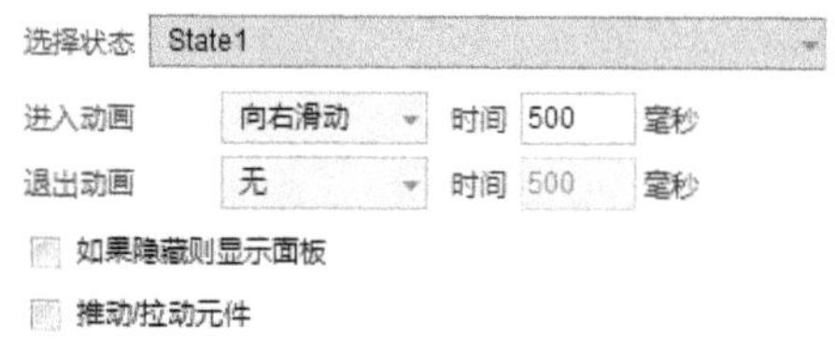

图 11-81　taskListPanel 向右拖动设置状态属性

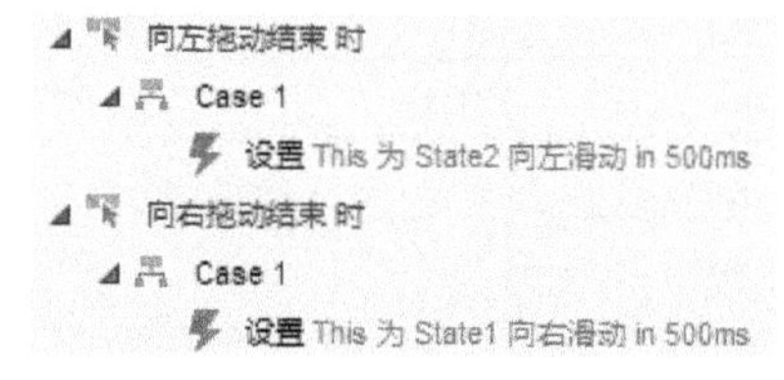

图 11-82　taskListPanel 向左和向右拖动结束时事件

3. 步骤三：删除任务

选中 taskListPanel 动态面板元件的 State2 状态下的删除按钮 deleteBtn，在“鼠标单击时”事件添加“中继器”→“删除行”动作，选择 taskRepeater 中继器元件，删除该行，事件交互如图 11-83 所示。

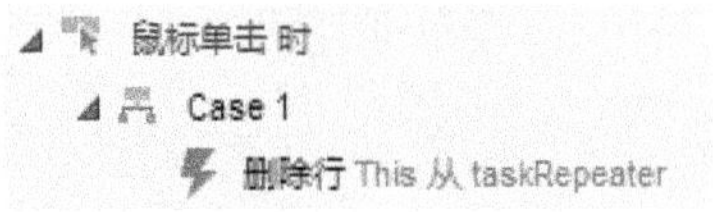

鼠标单击时
Case 1
删除行 This 从 taskRepeater

图 11-83　deleteBtn 鼠标单击事件

11.5.4　案例演示效果

按〈F5〉快捷键查看预览效果，默认时如图 11-84 所示。当向左拖动时，显示相应按钮，如图 11-85 所示。当向右拖动时，恢复到图 11-84 所示的效果。单击“删除”按钮，将删除所选中的数据行。

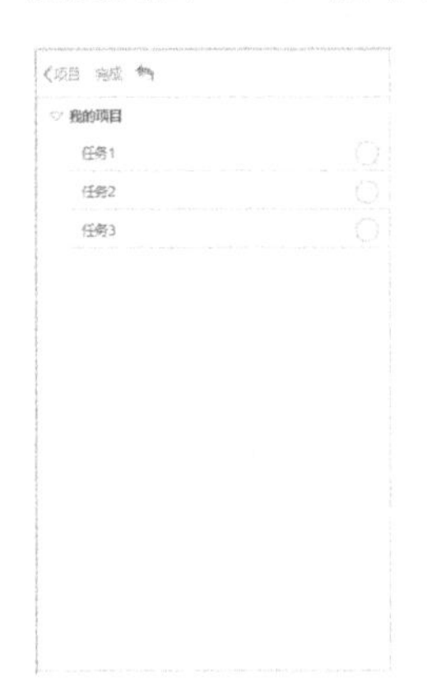

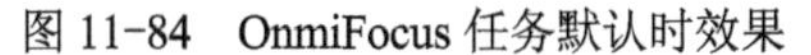

图 11-84　OnmiFocus 任务默认时效果

图 11-85　向左拖动时效果

11.6　QQ 会员活动抽奖大转盘

11.6.1　案例要求

在 QQ 会员服务号里，经常会有抽奖活动，以 QQ 会员抽奖活动为模板，制作一个抽奖活动转盘。在转盘中制作一个指针，单击中央“抽奖”按钮开始抽奖，如图 11-86 所示。

图 11-86　抽奖转盘效果图

11.6.2　案例分析

该案例的关键知识点分析如下。

1）在进入页面之后，转盘周围会有闪烁的圆点，仔细观察，其实为相邻两个圆点，交替转换颜色。可以在一个动态面板里，添加两个状态，两个状态的相同位置的圆点，颜色不一致，然后在该动态面板元件载入时将状态循环转换即可。

2）转盘中央指针的制作，可利用 Axure RP 8 的图片操作功能实现。

3）转盘的转动，用到 Axure RP 8 的“旋转”动作，转盘随其中心转动，在一定的时间内，固定旋转圈数，然后添加一个随机数确定转盘停止的随机位置。

11.6.3 案例实现

1. 步骤一：元件准备

页面的主要元件如图 11-87 所示。元件中的 panel、pointer 都是修改好的，大家不用担心，在之后的步骤中会讲解如何设置。元件属性如表 11-15 所示。

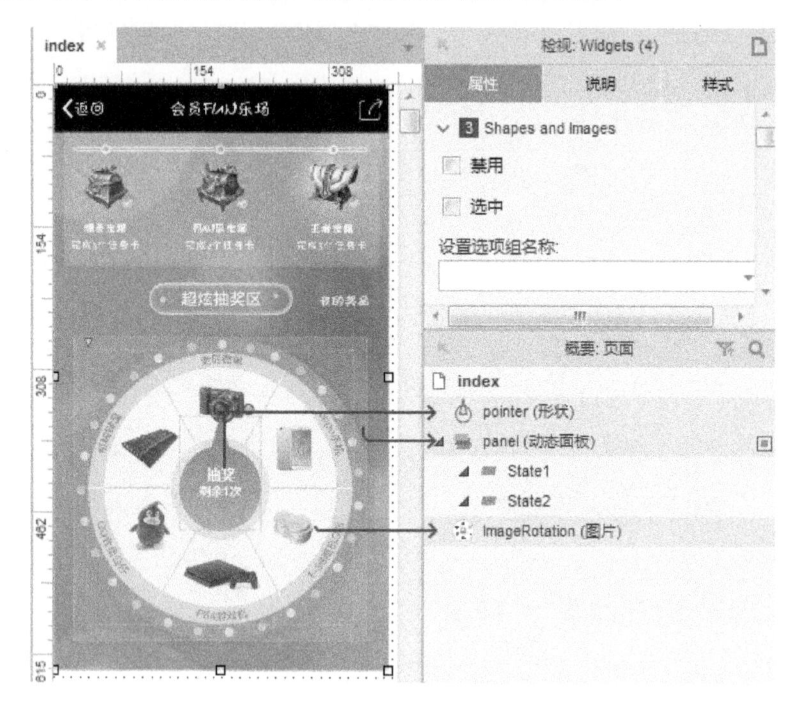

图 11-87 页面的主要元件

表 11-15 页面中的主要元件属性

元件名称	元件种类	坐标	尺寸	备注	可见性
pointer	形状元件	X142;Y358	W91;H124		Y
panel	动态面板	X23;Y273	W328;H328	两个状态	Y
ImageRotation	图片	X39;Y287	W297;H297		Y

2. 步骤二：实现闪烁光点效果

1）在 panel 动态面板元件中的 State1 状态中，拖入两个尺寸不同的椭圆元件，填充底部椭圆的颜色为#ff766e（ ），其中底部椭圆的尺寸为 W328;H328，上面的白色椭圆的尺寸为 W297;H297，如图 11-88 所示。

2）同时选中两个椭圆元件，然后右击选择“改变形状”→“去除”命令，去除底部椭圆的中心部位，如图 11-89 所示。

图 11-88　椭圆元件

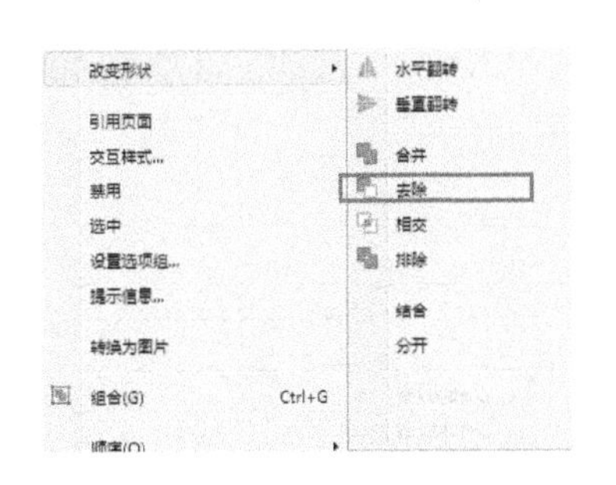

图 11-89　去除底部椭圆中心部位

3）制作周边的闪烁圆点，颜色不同的小椭圆元件相隔排列，颜色分别为# f8e386（　）和# ffb4af（　），如图 11-90 所示。复制 State1 所有的元件到 State2 中，选中所有的# f8e386（　）颜色的元件，更换为# ffb4af（　）；选中之前的# ffb4af（　）颜色的元件，更换为# f8e386（　）颜色，如图 11-91 所示。

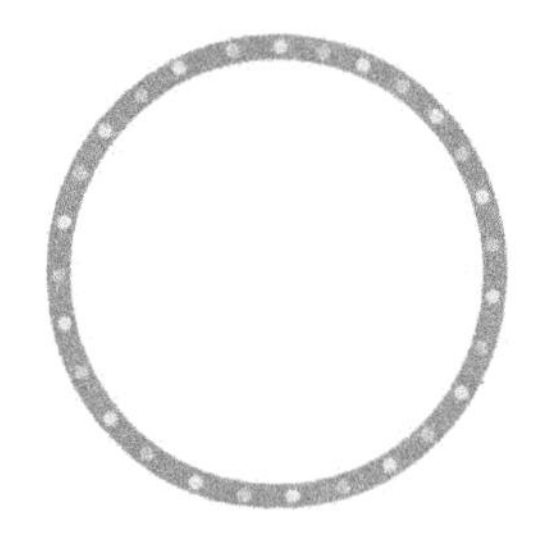

图 11-90　State1 小圆点相隔排列

图 11-91　State2 小圆点相隔排列

4）选中 panel 动态面板元件，在“载入时”事件添加“设置面板状态”动作，设置该面板状态为 next，设置属性如图 11-92 所示，事件如图 11-93 所示。

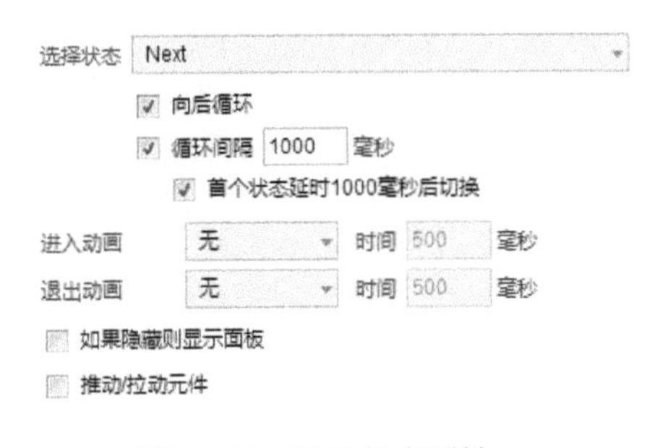

图 11-92　设置状态属性

图 11-93　panel 元件的载入时事件

3. 步骤三：实现有方向的转向指针效果

1）在页面添加一个椭圆元件，调整合适尺寸，填充颜色为#fd5b66（　）到#ffa078（　）的渐变色，如图 11-94 所示。

2）再拖入一个矩形元件，转换为三角形的形状，调整至合适的尺寸，放置在上面椭圆元件合适的位置，颜色填充和椭圆元件一致，如图 11-95 所示。

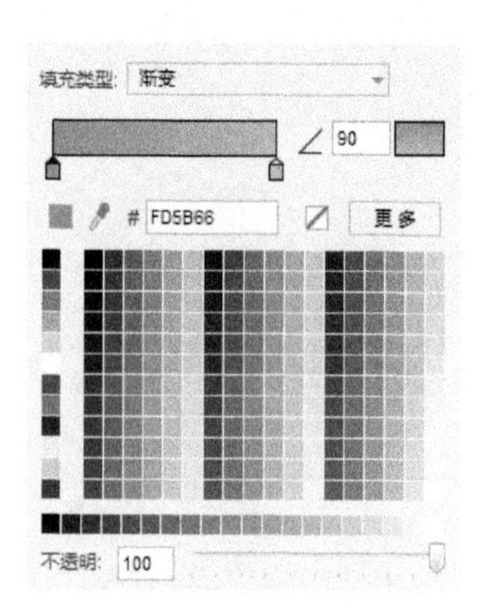

图 11-94　渐变颜色样式

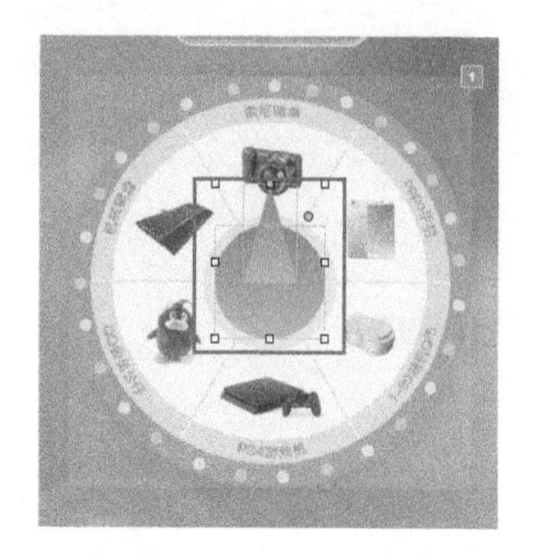

图 11-95　三角元件的效果

3）同时选中两个元件，然后右击选择“改变形状”→“合并”命令，如图 11-96 所示。

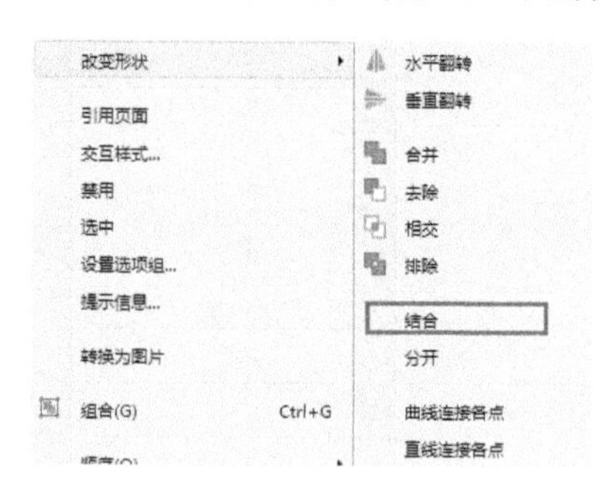

图 11-96　合并两个元件

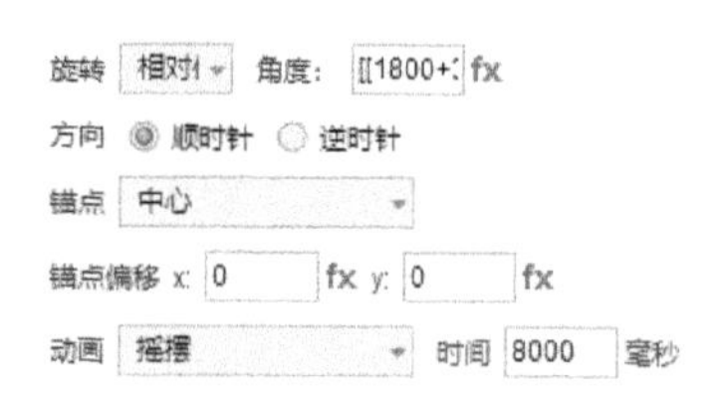

图 11-97　旋转属性设置

4. 步骤四：实现旋转操作

选中制作的指针 pinter，在“鼠标单击时”事件添加“旋转”动作，顺时针旋转元件 Image Rotation，锚点为中心，动画为摇摆，时间为 8 s，角度值为[[1800+360× Math.random()]]，固定旋转 5 圈加一个随机数，如图 11-97 所示，pointer 鼠标单击时事件如图 11-98 所示。

图 11-98　pointer 鼠标单击时事件

11.6.4　案例演示效果

按〈F5〉快捷键查看预览效果，默认时效果如图 11-99 所示。单击中间的“抽奖”图标，指针开始进行旋转，旋转 8 s 后，随机停留到某个位置，例如，在本案例中运行时指针停留在了 OPPO 手机的位置，效果如图 11-100 所示。

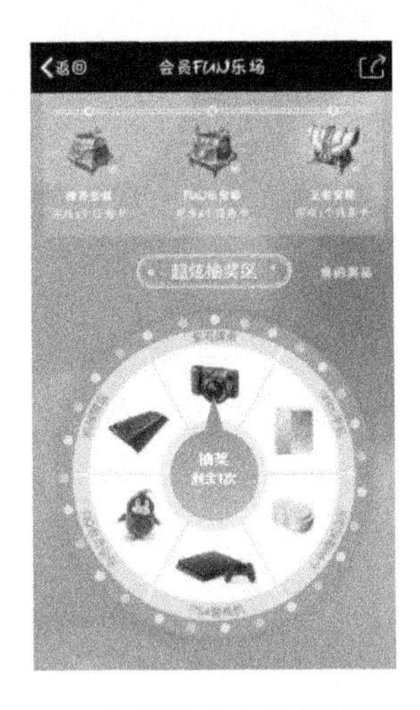

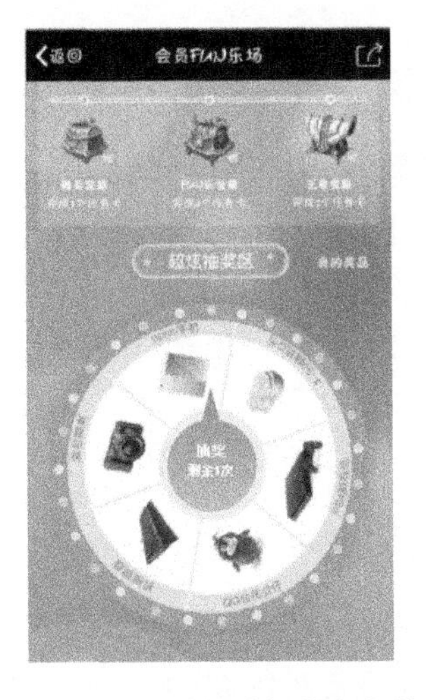

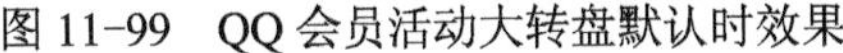

图 11-99 QQ 会员活动大转盘默认时效果　　图 11-100 指针旋转后随机停留在某个位置

11.7 网易云音乐更新动态的下滑效果

11.7.1 案例要求

在网易云音乐的动态列表页面，当向下滑动页面时，发布动态的按钮会消失；当页面向上滑动时，发布动态的按钮出现；单击发布的动态按钮，显示“发动态”和“发布视频”两个按钮，如图 11-101 至图 11-103 所示。

图 11-101 页面向下滑动时

图 11-102 页面向上滑动时

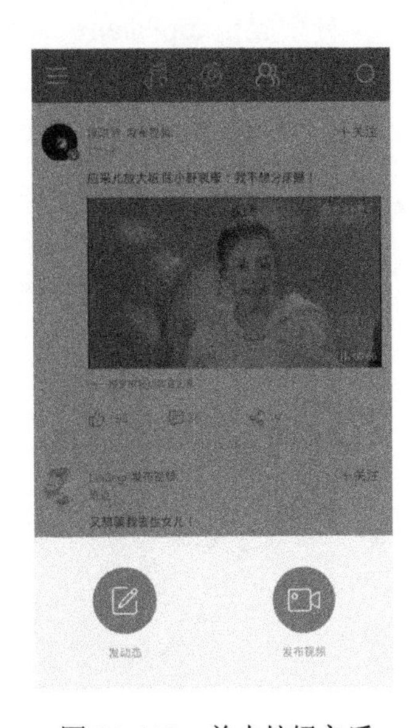

图 11-103 单击按钮之后

11.7.2　案例分析

该案例是一个相对简单的案例，主要用到的还是动态面板元件的显示与隐藏，以及“窗口向上滚动时”和“窗口向下滚动时”两个页面事件。

1）将发布动态的按钮固定于浏览器底部的位置，当窗口向上滚动时，显示该按钮；窗口向下滚动时，隐藏该按钮。

2）将“发动态”和“发布视频”的动态面板元件也固定在浏览器底部，单击“发动态”的按钮，显示该动态面板元件，单击灯箱部分，隐藏该面板。

11.7.3　案例实现

1. 步骤一：元件准备

页面的主要元件如图 11-104 所示。

元件属性如表 11-16 所示。

表 11-16　页面中的主要元件属性

元件名称	元件种类	坐标	尺寸	备注	可见性
topPanel	动态面板	-	W375;H54	一个 State1 状态	Y
addButtonPanel	动态面板	-	W50;H50	一个 State1 状态	Y
addPanel	动态面板	-	W375;H46	一个 State1 状态	N
bottomPanel	动态面板	-	W150;H150	一个 State1 状态	Y

2. 步骤二：设置固定面板

分别固定 topPanel、addButtonPanel、addPanel、bottomPanel 动态面板元件。

1）选中 topPanel 元件，右击选择“固定到浏览器”菜单项，将 topPanel 元件固定在浏览器左侧、顶部的位置，如图 11-105 所示。

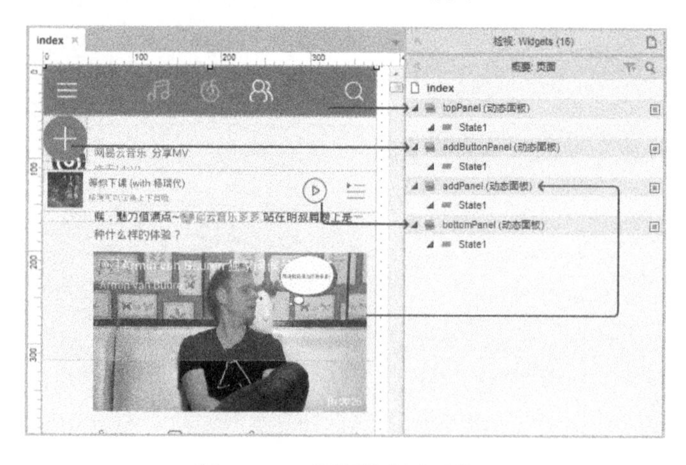

图 11-104　页面的主要元件

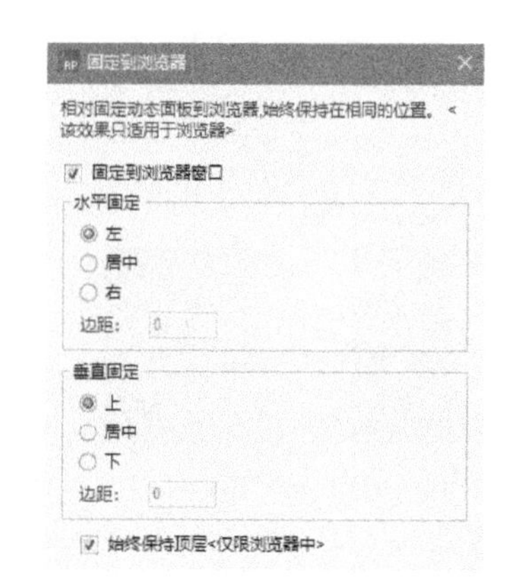

图 11-105　topPanel 元件的固定位置

2）addButtomPanel 动态面板元件固定在浏览器左侧、底部的位置，如图 11-106 所示。将 addPanel 动态面板元件固定在距离左侧 0 像素、底部 60 像素的位置，如图 11-107 所示。面板 bottomPanel 固定在浏览器左侧、底部的位置，如图 11-108 所示。

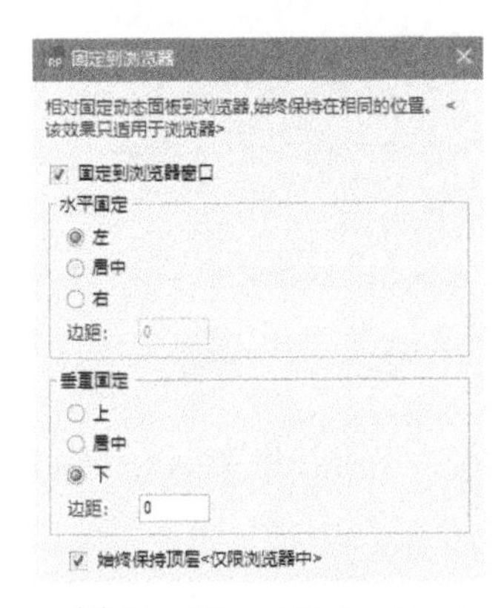

图 11-106　addButtomPanel 面板的固定位置

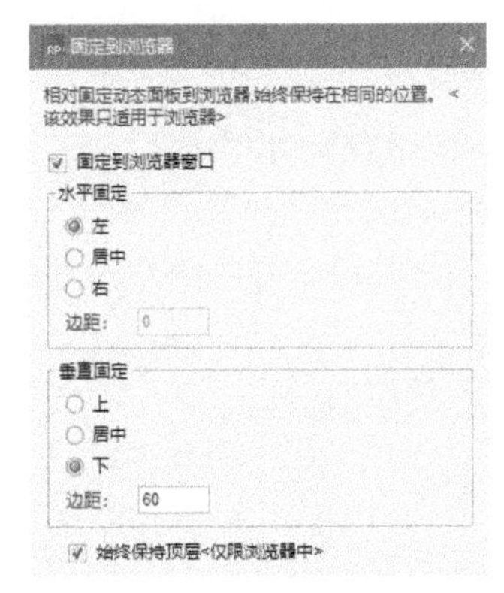

图 11-107　addPanel 面板的固定位置

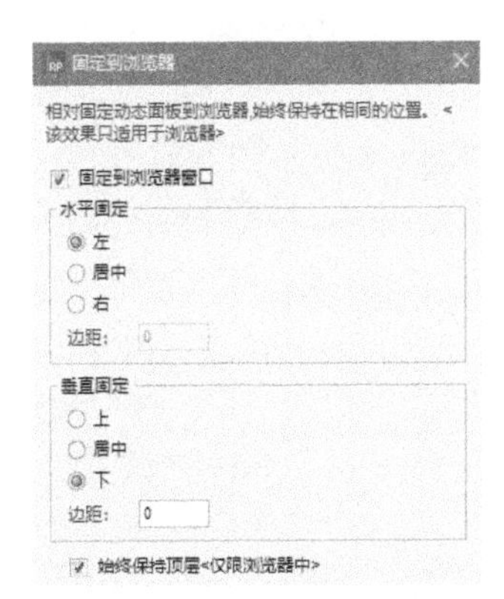

图 11-108　bottomPanel 面板的固定位置

3. 步骤三：设置页面事件

在“窗口向上滚动时”页面事件添加“显示”动作，向上滑动时显示 addButtomPanel 动态面板元件，并且置于顶层；在“窗口向下滚动时”页面事件添加“隐藏”动作，向下滑动时隐藏 addPanel 动态面板元件，如图 11-109 所示。

4. 步骤四：设置显示 addPanel 动态面板元件

选中 addButtonPanel 动态面板元件下的按钮，在“鼠标单击时”事件添加“显示”动作，向上滑动时显示 addPanel 动态面板元件，并且带有灯箱效果，也可以设置灯箱的背景颜色，如图 11-109 和图 11-110 所示。

图 11-109　addButtonPanel 的鼠标单击事件

图 11-110　显示面板 addPanel 设置

11.7.4　案例演示效果

按〈F5〉快捷键查看预览效果，默认时如图 11-111 所示。当窗口向下滑动时显示添加按钮，如图 11-112 所示。当窗口向上滑动时隐藏添加按钮，如图 11-112 所示。单击“●”（添加）按钮，效果如图 11-113 所示。

图 11-111　页面默认效果

图 11-112　页面向下滑动时效果

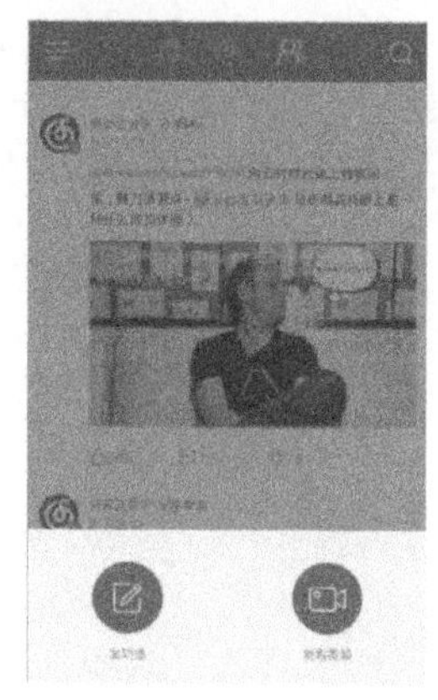

图 11-113　单击添加按钮时页面效果

11.8　印象笔记添加多媒体效果

11.8.1　案例要求

在印象笔记 App（苹果版本）中，添加笔记多媒体页面效果如图 11-114 所示。

单击图 11-115 的“ ”图标，进入添加多媒体页面，如图 11-115 所示。“ ”拍照按钮上方的灰色区域用于放置拍摄的图片，当单击“ ”后，当前的图片会在深灰色的这行添加，如图 11-116 所示为添加了三张图片时的效果。

图 11-114　添加笔记页面

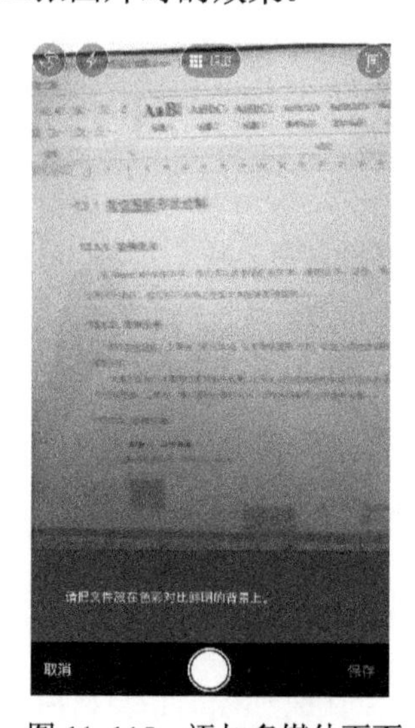

图 11-115　添加多媒体页面

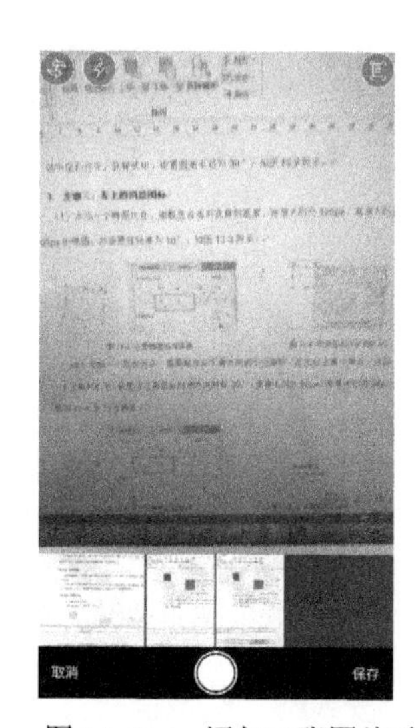

图 11-116　添加三张图片时

11.8.2　案例分析

本案例的关键知识点分析如下。

1）“添加笔记”页面跳转到“添加多媒体”页面时，在“ ”图标添加一个热区元件进行跳转操作。

2）为了实现在不同的拍摄内容时，单击“ ”图标时，下方的深灰色区域会添加对应图标，可将中间内容区域，以及下方的小图显示区域都设置为动态面板元件，对应单击“ ”图标次数（可借助于全局变量），这两个动态面板元件显示不同内容。

11.8.3　案例实现

1. 步骤一：元件准备

1）在“页面”面板，添加“添加笔记”和“添加多媒体”两个页面。

2）“添加笔记”页面比较简单，添加一张印象笔记中“添加笔记”页面（iOS 版本）的截图，并调整尺寸，在“ ”图标上添加热区元件。“添加笔记”页面的主要元件，如图 11-117 所示。元件属性如表 11-17 所示。

表 11-17　“添加笔记”页面中的主要元件属性

元件名称	元件种类	坐标	尺寸	备注	可见性
statausBar	图片	X0;Y0	W414;H27	状态栏（iPhone 6 Plus）	Y
contentImg	图片	X0;Y27	W414;H709	截图的内容区域	Y
photoSpot	热区	X318;Y393	W41;H35	用于跳转到“添加多媒体”页面	Y

3）“添加多媒体”页面包括状态栏图片元件、内容动态面板元件、显示小图的动态面板元件，底部的操作区域的图片元件，以及“取消”和“ ”图标上的热区元件，如图 12-118 所示。元件属性如表 11-18 所示。

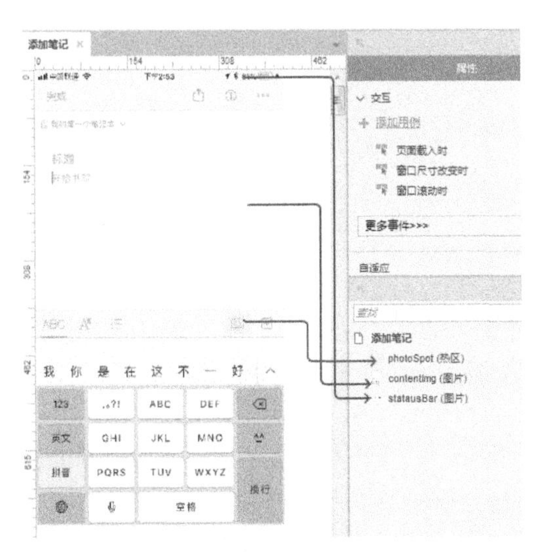

图 11-117　“添加笔记”页面的元件

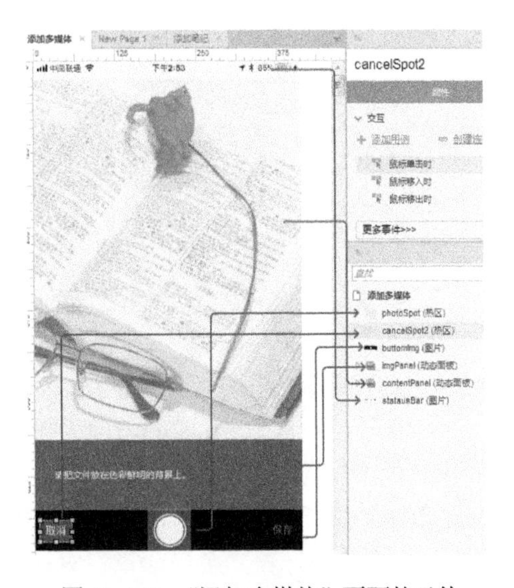

图 11-118　“添加多媒体”页面的元件

表 11-18 “添加多媒体”页面中的主要元件属性

元件名称	元件种类	坐标	尺寸	备注	可见性
statausBar	图片	X0;Y0	W414;H27	状态栏（iPhone 6 Plus）	Y
contentPanel	动态面板	X0;Y27	W414;H543	拍照内容区域	Y
imgPanel	动态面板	X0;Y570	W414;H104	拍照小图显示区域	Y
buttomImg	图片	X0;Y674	W414;H62	底部操作区域的矩形截图	Y
cancelSpot2	热区	X0;Y674	W414;H62	“取消”链接上的热区	Y
photoSpot	热区	X173;Y674	W66;H62	拍照图片上的热区	Y

4）“添加多媒体”页面的表示拍照内容区域 contentPanel 动态面板元件包括 6 个状态，分别为：img1_state、img2_state、img3_state、img4_state、img5_state 和 img6_state，分别代表在图片 1～图片 6 的不同状态，这里用了 6 张同样大小（宽度为 414 像素，高度为 543 像素）的图片，这 6 个状态图片元件的 X 坐标和 Y 坐标都为 0。

5）“添加多媒体”页面的表示拍照内容小图区域 imgPanel 动态面板元件包括 6 个状态，分别为：default、img1、img2、img3、img4 和 img5，分别代表小图区域没有图，以及有 1～5 张图时的状态。default 状态如图 11-119 所示，img1 状态如图 11-120 所示，img2 状态如图 11-121 所示，img5 状态时如图 11-122 所示。

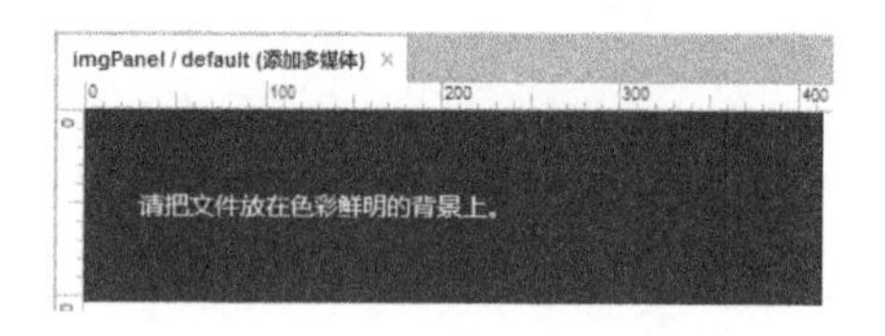

图 11-119 imgPanel 元件 default 状态

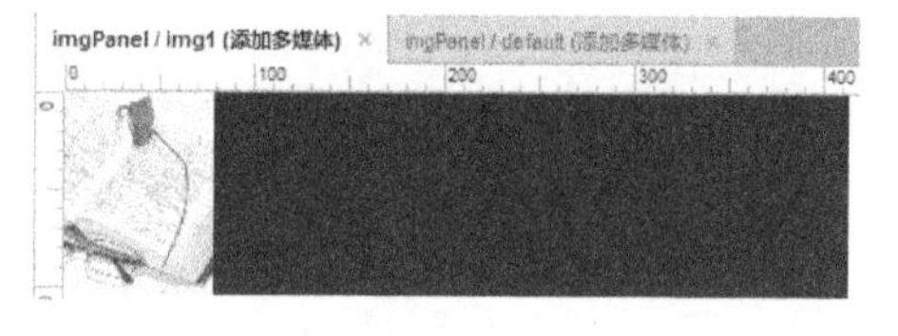

图 11-120 imgPanel 元件 img1 状态

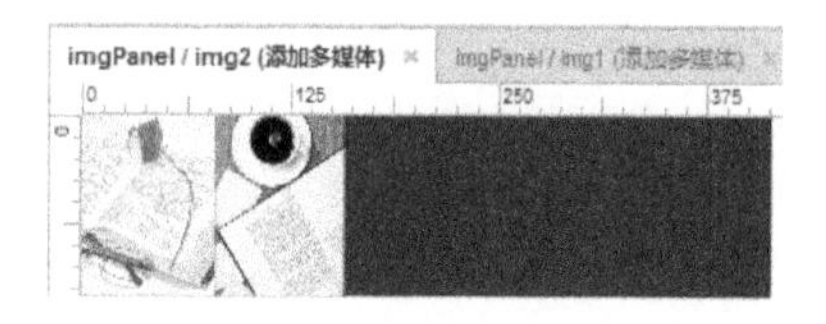

图 11-121 imgPanel 元件 img2 状态

图 11-122 imgPanel 元件 img5 状态

2. 步骤二：设置“添加笔记”页面的事件

在“添加笔记”页面的 photoSpot 热区元件上，添加“鼠标单击时”事件，使用“链接”→“打开链接”→“当前窗口”动作打开“添加多媒体”页面，如图 11-123 所示。

3. 步骤三：设置 imgCount 全局变量

为了记录当前已经拍了多少张照片（最多拍照 5 张，已满 5 张时，则在小图动态面板元件区域不再添加），这里可以设置一个 imgCount 的全局变量。在菜单栏选择“项目”→“全局变量”菜单项，在“全局变量”对话框添加名称为 imgCount 的全局变量，默认值为 0，如图 11-124 所示。

图 11-123　photoSpot 元件鼠标单击时事件

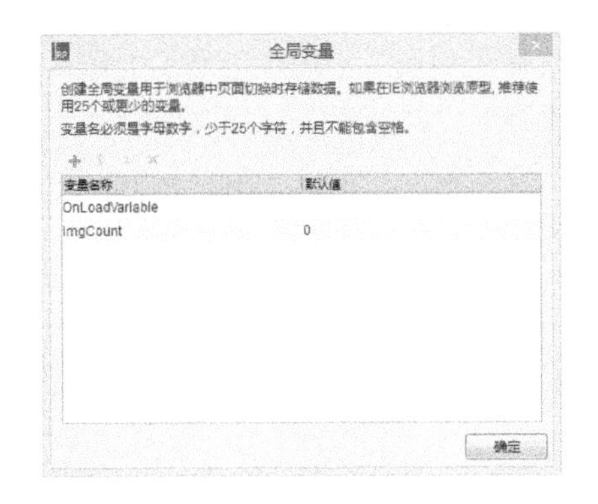

图 11-124　添加 imgCount 全局变量

4. 步骤四：设置 cancelSpot2 热区元件的鼠标单击时事件

在“添加多媒体”页面设置“取消”按钮上的 cancelSpot2 热区元件的“鼠标单击时”事件，使用“链接”→“打开链接”→“当前窗口”动作打开“添加笔记”页面，如图 11-125 所示。

5. 步骤五：设置 photoSpot 热区元件的鼠标单击时事件

最后，是本案例的核心部分，设置“”图标上的 photoSpot 热区元件的“鼠标单击时”事件，在该事件中添加条件 imgCount<5（已达到 5 张时，不进行后续动作）时，将 imgCount 设置为：[[imgCount+1]]，即在当前值上自增 1。并且，将拍照区域的 contentPanel 动态面板元件和小图预览区域的 imgPanel 都设置为下一个状态。photoSpot 热区元件的“鼠标单击时”事件如图 11-126 所示。

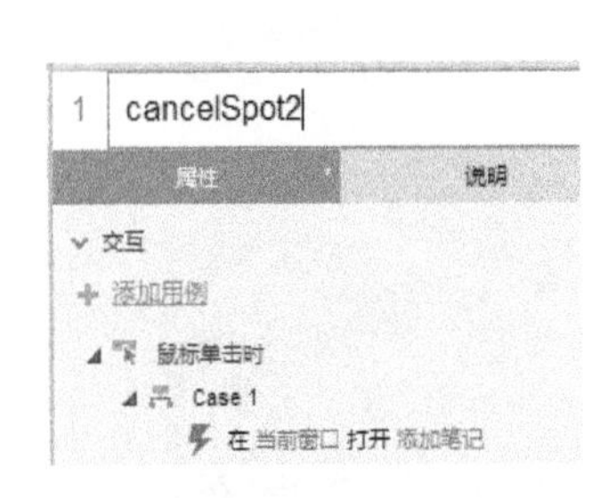

图 11-125　cancelSpot2 元件的鼠标单击时事件

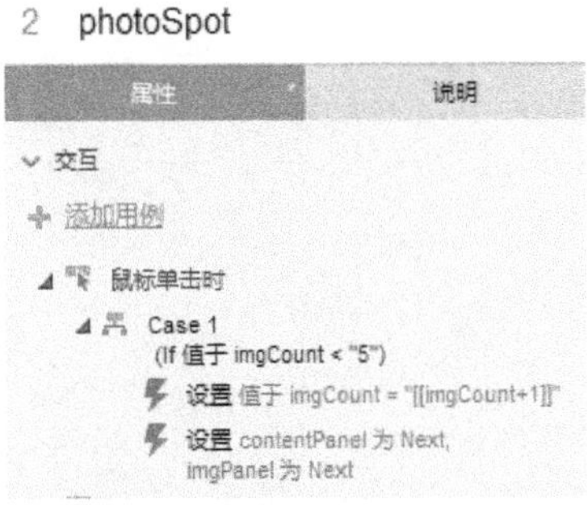

图 11-126　photoSpot 元件的鼠标单击时事件

11.8.4　案例演示效果

按〈F5〉快捷键查看预览效果，打开“添加笔记”页面，如图 11-127 所示。

单击图 11-128 的“”图标，进入“添加多媒体”页面，默认情况下该页面如图 11-128 所示。第一次单击“”图标，下方显示第一张图片，内容区域的大图变成第二张图片，如图 11-129 所示。第二次单击“”图标，下方显示第一张和第二张图片，内容区域的大图变成第三张图片，如图 11-130 所示。后续操作与此类似，当单击第五次“”图标时，下方显示第一张～第五张图片，内容区域的大图变成第六张图片，如图 11-131 所示。而后，再继续单击，将不会触发任何实际交互效果。

图 11-127　添加笔记页面

图 11-128　添加多媒体页面

图 11-129　单击第一次拍照按钮

图 11-130　第二次单击拍照按钮

图 11-131　第五次单击拍照按钮

11.9　航旅纵横飞行统计效果

11.9.1　案例要求

打开航旅纵横 App，登录用户单击底部“行程”图标，当前默认为“当前行程”按钮，进入“行程列表”页面，单击右下角的“航线图”图标，打开飞行统计航线图。

在进入飞行统计航线图页面时，只显示来往航线，定位的红色圆点点向下以弹跳方式出现，如图 11-132 所示。

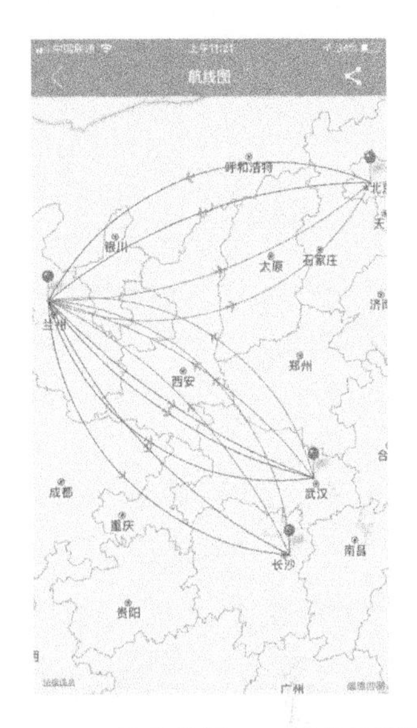

图 11-132　航旅纵横 App 的航线图效果

11.9.2　案例分析

该案例的关键知识点如下。

1）用手指拖动航线图的地图，地图会随着手指一起移动。可以使用两个动态面板元件相互嵌套，外层的动态面板为手机固定尺寸，里层的动态面板元件放置地图图片，尺寸根据地图的尺寸自适应，与外层的动态面板元件相比，宽度更宽，高度更高。里层动态面板元件坐标可以随意设定，但是注意所展示的内容一定要充满整个外层的动态面板，类似图如图 11-133 所示。

2）这里所放置的地图尺寸是固定的，在拖动里层动态面板元件时，可能会脱离可视范围。所以，在拖动结束时需要做判断，上下左右都可以拖动，就会存在 8 种情况。

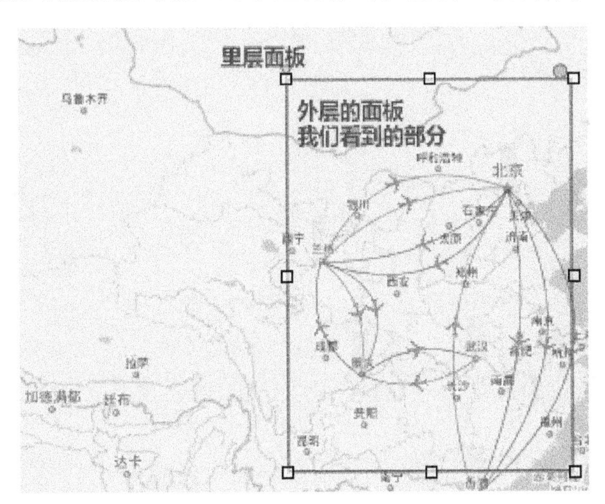

图 11-133　动态面板放置类似图

左上角脱离，里层面板坐标移动到（X:0,Y:0），示意图如图 11-134 所示。

右上角脱离，里层面板坐标移动到（X:-（里层面板的宽度 – 外层面板的宽度），Y:0），也可理解为里层面板坐标移动到：（X:外层面板的宽度 – 里层面板的宽度, Y:0），示意图如图 11-135 所示。

左下角脱离，里层面板坐标移动到：（X:0,Y:-（里层面板的高度 – 外层面板的高度）），也可理解为里层面板坐标移动到：（X:0,Y:外层面板的高度 – 里层面板的高度），示意图如图 11-136

所示。

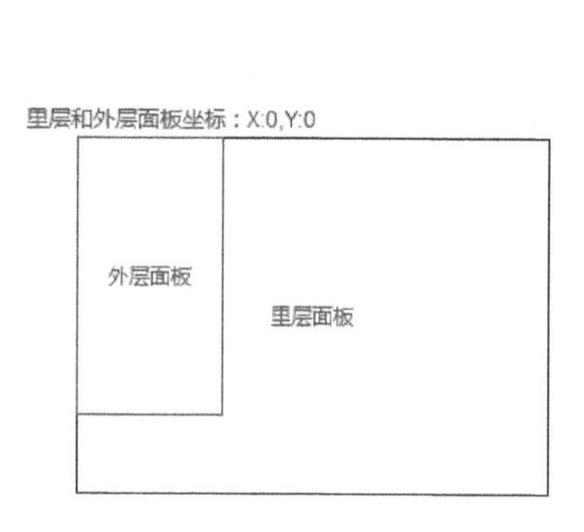

图 11-134　左上角脱离示意图

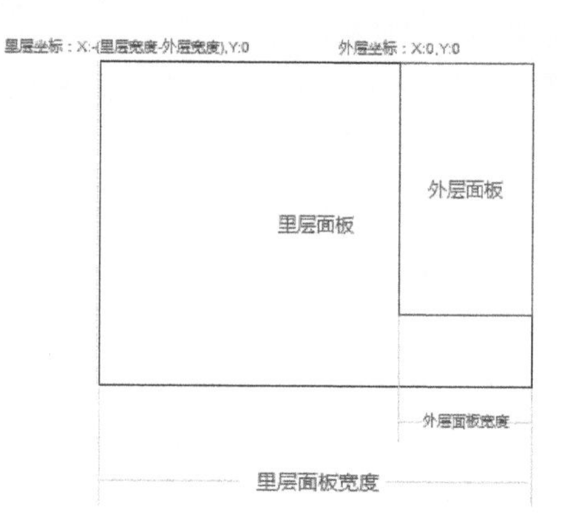

图 11-135　右上角脱离示意图

右下角脱离，里层面板坐标移动到（X:外层面板的宽度 – 里层面板的宽度, Y:外层面板的高度 – 里层面板的高度），示意图如图 11-137 所示。

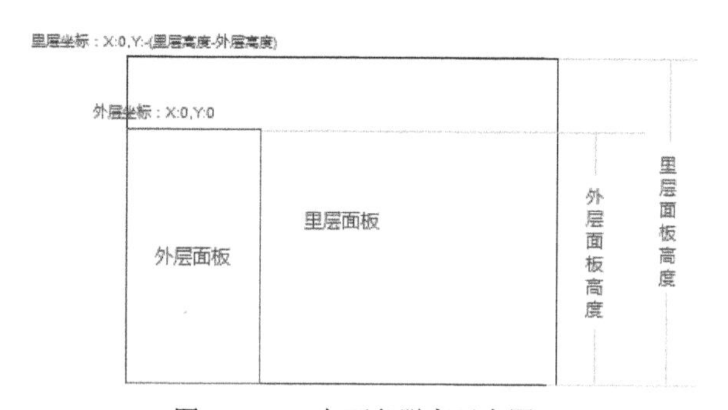

图 11-136　左下角脱离示意图

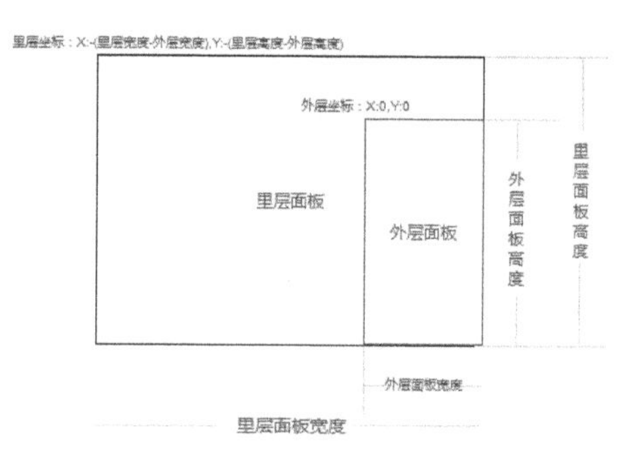

图 11-137　右下角脱离示意图

仅仅顶部脱离，里层面板坐标移动到（X:里层面板当前 X 坐标值, Y:0）。

仅仅左侧脱离，里层面板坐标移动到（X:0,Y:里层面板当前 Y 坐标值）。

仅仅右侧脱离，里层面板坐标移动到（X:外层面板的宽度 – 里层面板的宽度，Y:里层面板当前 Y 坐标值）。

仅仅底部脱离，里层面板坐标移动到（X:里层面板当前 X 坐标值，Y:外层面板的高度 – 里层面板的高度）。

3）航线是以曲线的方式存在，可以将水平线元件或者垂直线元件右击选择“转换为自定义形状”选项，将其转换为自定义形状，在中间添加边界点，而后进行拖动操作，在选中边界点的情况下，右击选择“曲线”菜单项，就可以形成一条航线，如图 11-138 所示。

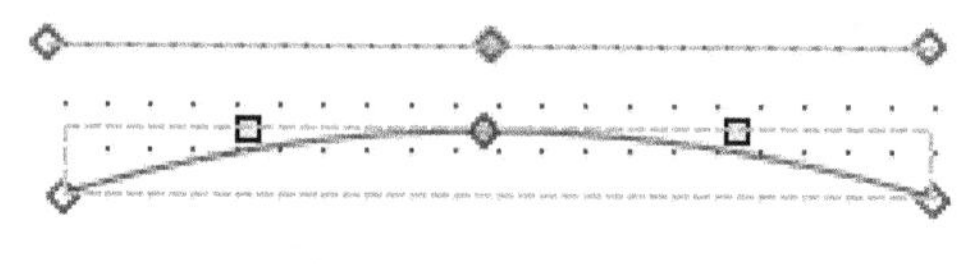

图 11-138　制作航线

4）定位点的弹跳，将定位点全部放置于里层面板的顶部，在载入时显示该定位点，并且移动至所要求的地点坐标即可。

5）因为地图的尺寸是固定的，放大地图的时候，在不影响清晰度的情况下，可以以固定值放大；在缩小地图的时候，不能小于外层面板的尺寸，并且需要略微大于该尺寸。

11.9.3　案例实现

1. 步骤一：元件准备

1）页面的主要元件如图 11-139 所示。元件属性如表 11-19 所示。

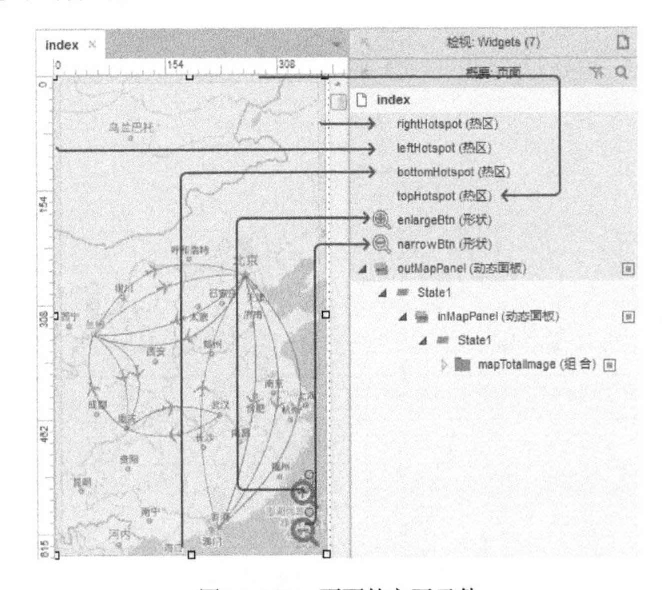

图 11-139　页面的主要元件

表 11-19　页面的主要元件属性

元件名称	元件种类	坐标	尺寸	备注	可见性
rightHotspot	热区	X365;Y10	W10;H624	无	Y
leftHotspot	热区	X0;Y10	W10;H624	无	Y
bottomHotspot	热区	X0;Y634	W375;H10	无	Y
topHotspot	热区	X0;Y0	W375;H10	无	Y
enlargeBtn	图标	X325;Y544	W40;H40	填充颜色	Y
narrowBtn	图标	X325;Y594	W40;H40	填充颜色	Y
outMapPanel	动态面板	X0;Y0	W375;H644	一个 State1 状态	Y
inMapPanel	动态面板	X-548;Y-78	W1278;H800	嵌套在 outMapPanel 中，一个 State1 状态	Y

2）inMapPanel 动态面板元件内部的主要元件如图 11-140 所示。元件属性如表 11-20 所示。

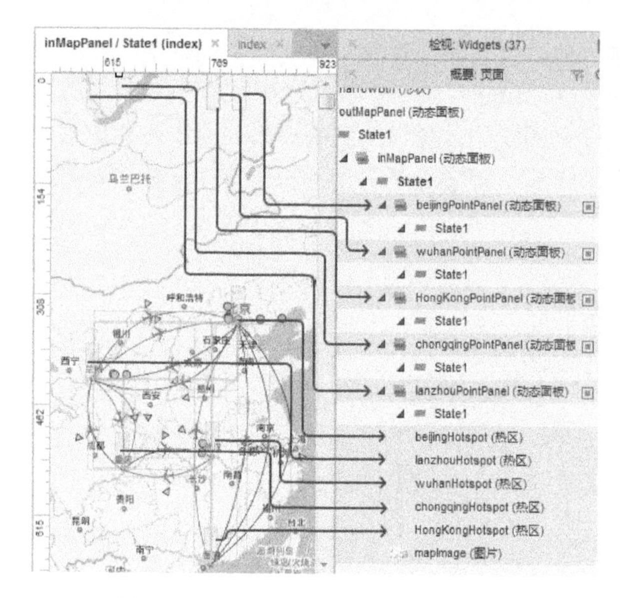

图 11-140　inMapPanel 内部的主要元件

表 11-20　inMapPanel 动态面板元件内部主要元件属性

元件名称	元件种类	坐标	尺寸	备注	可见性
beijingPointPanel	动态面板	X802;Y0	W20;H51	一个 State1 状态	N
wuhanPointPanel	动态面板	X766;Y0	W20;H51	一个 State1 状态	N
HongKongPointPanel	动态面板	X765;Y0	W20;H51	一个 State1 状态	N
chongqingPointPanel	动态面板	X636;Y0	W20;H51	一个 State1 状态	N
lanzhouPointPanel	动态面板	X592;Y0	W20;H51	一个 State1 状态	N
beijingHotspot	热区	X802;Y296	W20;H51	无	Y
lanzhouHotspot	热区	X802;Y376	W20;H51	无	Y
wuhanHotspot	热区	X766;Y485	W20;H51	无	Y
chongqingHotspot	热区	X636;Y500	W20;H51	无	Y
HongKongHotspot	热区	X765;Y633	W20;H51	无	Y
mapImage	图片	X0;Y0	W1278;H800	无	Y

2. 步骤二：实现拖动地图效果

1）选中外层 outMapPanel 动态面板元件，在“拖动时”事件添加“移动”动作，移动里层 inMapPanel 动态面板元件，事件交互如图 11-141 所示。

2）继续选中 outMapPanel 动态面板元件，在“拖动结束时”事件，判断 inMapPanel 动态面板元件是否脱离可视范围时，根据 inMapPanel 元件是否接触 outMapPanel 元件周围的热区来判断，并根据案例分析的 8 种情况添加条件。注意条件的顺序，两个未接触的热区一定要在单个未接触的热区之前判断，事件交互如图 11-142 所示。

拖动时
Case 1
移动 inMapPanel 拖动

图 11-141　outMapPanel 拖动时事件

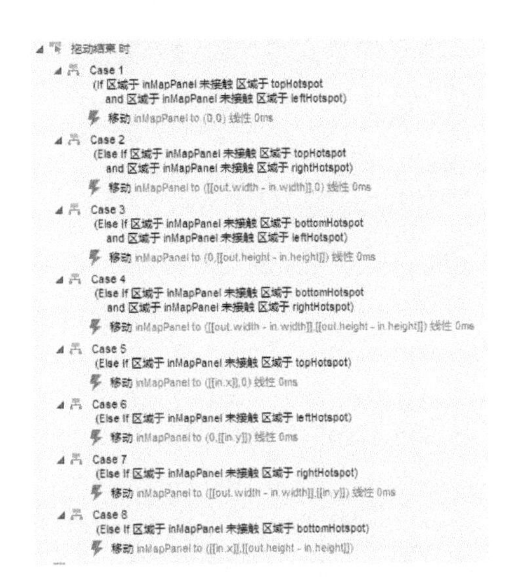

图 11-142　outMapPanel 拖动结束时事件

3. 步骤三：实现航线和定位点效果

1）双击进入 inMapPanel 动态面板元件的 State1 状态，在地图随机添加几条来往航线，调整飞机图标角度，跟航线对齐，如图 11-143 所示。需要注意的是：所添加的航线，最好添加在页面加载时所看的可视地图内。

2）根据图 11-143 所示的航线图，在北京、兰州、重庆、武汉、香港，放置 5 个热区元件，元件的尺寸最好跟定位点的尺寸相同，坐标也要和定位点到达的坐标相同。

3）在顶部选中北京定位点 beijingPointPanel，在“载入时”事件添加“显示”动作，显示该定位点，再添加“移动”动作，移动该元件至相应的坐标（该元件的 X 值，热区 beijingHotspot 的 Y 值），动画在 1s 时间内，以弹跳的方式移动，如图 11-144 所示。其中，beijing.y 中的 beijing 是一个局部变量，获取的是 beijingHotspot 热区元件，因此，beijing.y 获取的是 beijingHotspot 的 Y 坐标。

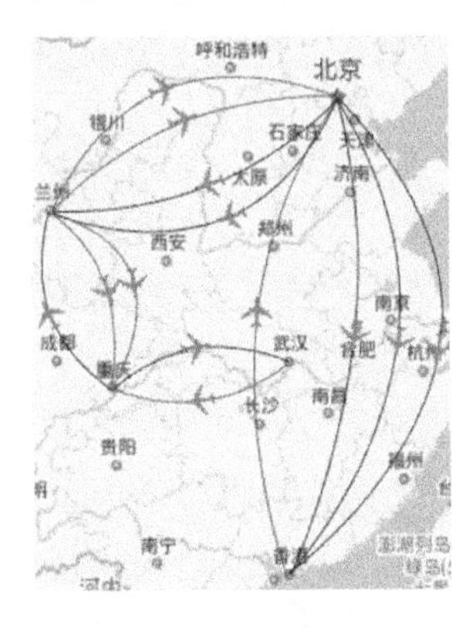

图 11-143　航线图的效果

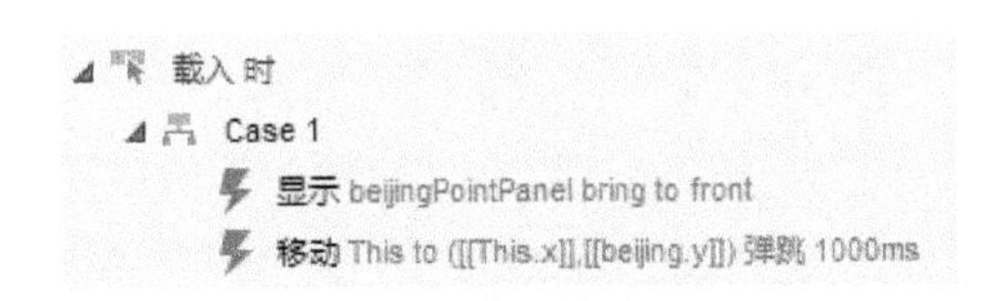

图 11-144　beijingPointPanel 载入时事件

4）其他的定位点事件与 3）类似，只是各定位点移动的事件和坐标不同，分别如图 11-145～图 11-148 所示。

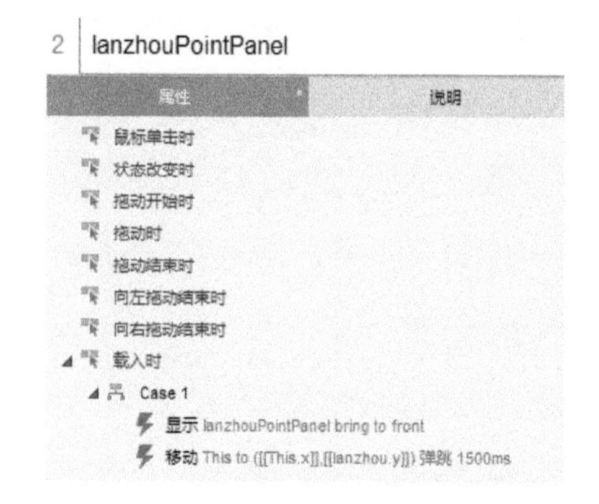

图 11-145　lanzhouPointPanel 元件的载入时事件

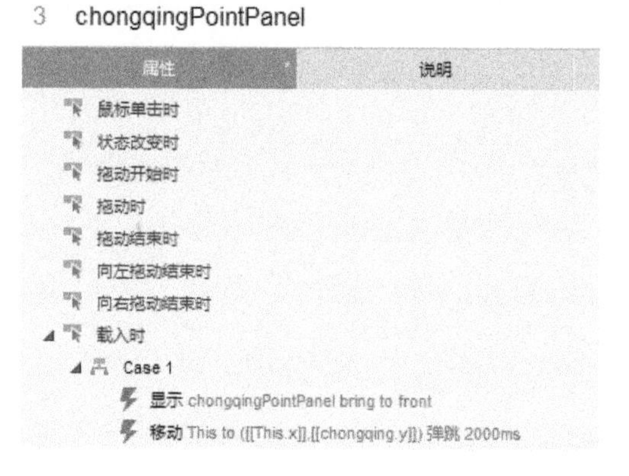

图 11-146　chongqingPointPanel 元件的载入时事件

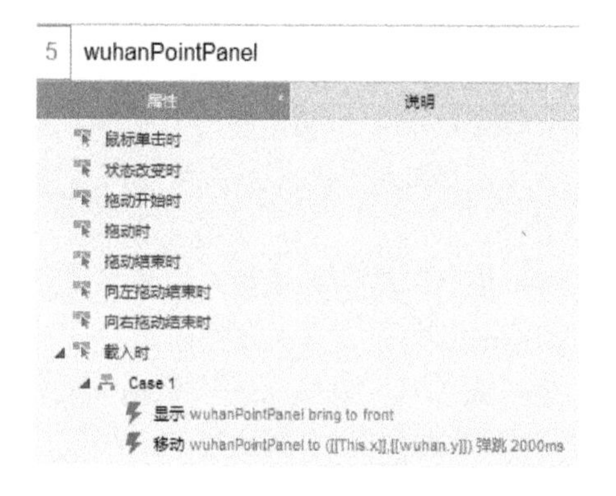

图 11-147　wuhanPointPanel 元件的载入时事件

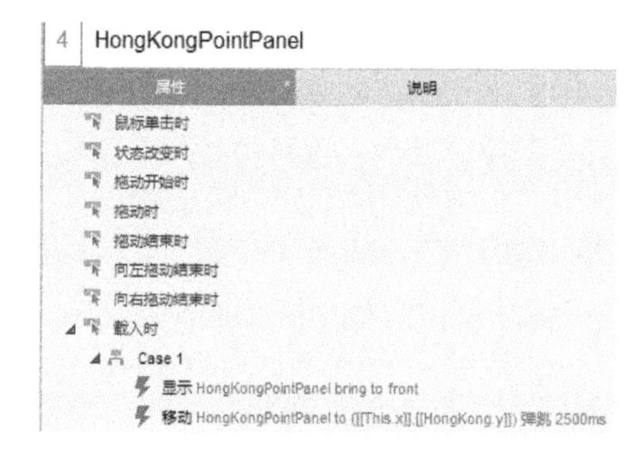

图 11-148　HongKongPointPanel 元件的载入时事件

4. 步骤四：实现放大和缩小地图效果

1）双击进入 inMapPanel 动态面板元件的 State1 状态，选中所有的元件，右击选择“组合”菜单，设置名称为 mapTotalImage。

2）选中放大图标 enlargeBtn 元件，在“鼠标单击时”事件添加“设置尺寸”动作，设置地图组合 mapTotalImage 的尺寸从中心点扩大至 1598×1000，如图 11-149 所示。

3）选中缩小图标 narrowBtn 元件，在“鼠标单击时”事件添加“设置尺寸”动作，设置地图组合 mapTotalImage 尺寸从中心点缩小至 1278×800，如图 11-150 所示。

图 11-149　enlargeBtn 元件的鼠标单击时事件

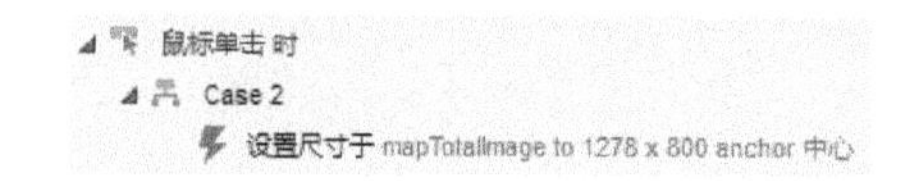

图 11-150　narrowBtn 元件的鼠标单击时事件

11.9.4 案例演示效果

按〈F5〉快捷键查看预览效果，刚打开时、定位点载入完毕后分别如图 11-151 和图 11-152 所示。

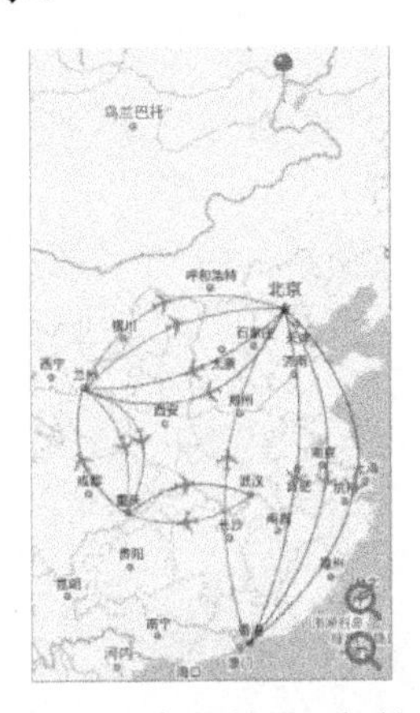

图 11-151 航线效果（初始时）

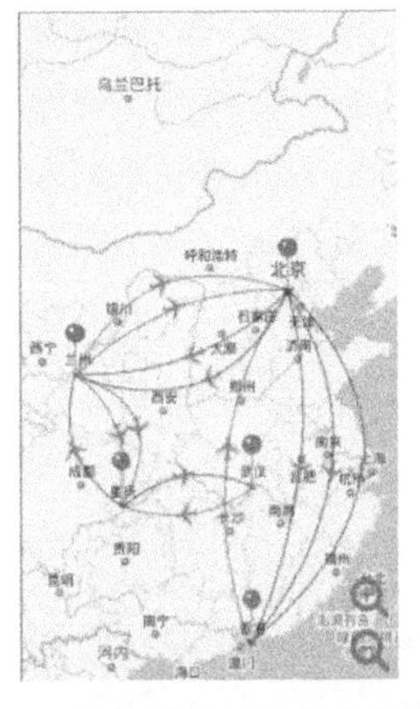

图 11-152 航线效果（定位点加载结束时）

单击“”（放大）按钮，显示效果如图 11-153 所示。

单击“”（缩小）按钮，又缩放为原始尺寸，如图 11-154 所示。拖动地图时，将移动地图，显示效果如图 11-155 所示。

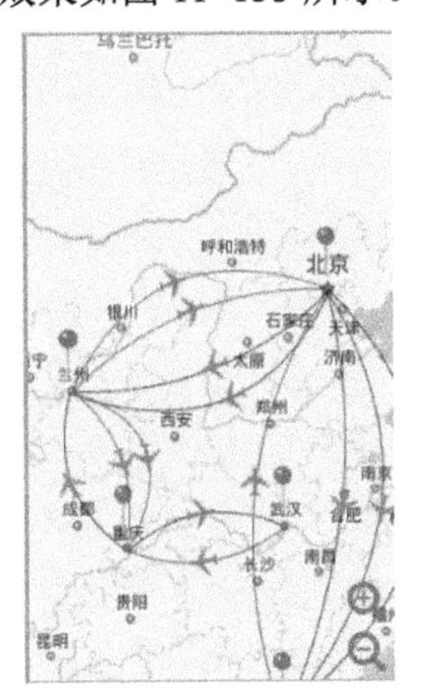

图 11-153 航线效果（放大时）

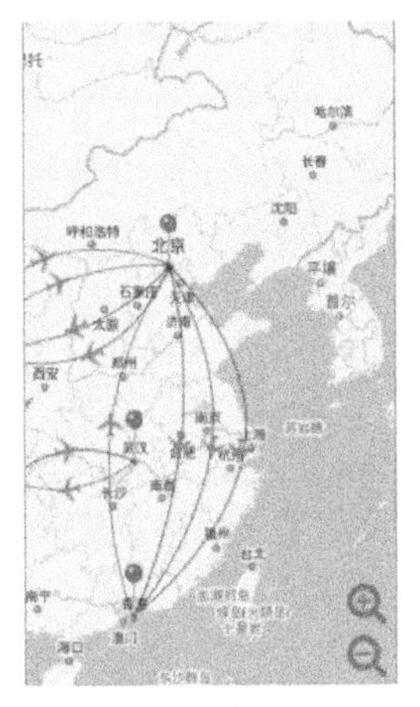

图 11-154 航线效果（拖动后）

11.10 墨迹天气显示效果

11.10.1 案例要求

打开墨迹天气 App，定位某个城市，本例中首页展示的是兰州当时的天气情况，如

图 11-155 所示。当向上滑动页面时，会滚动到“24 小时预报”和“15 天预报”页面，如图 11-156 所示。

图 11-155　墨迹 App 首页

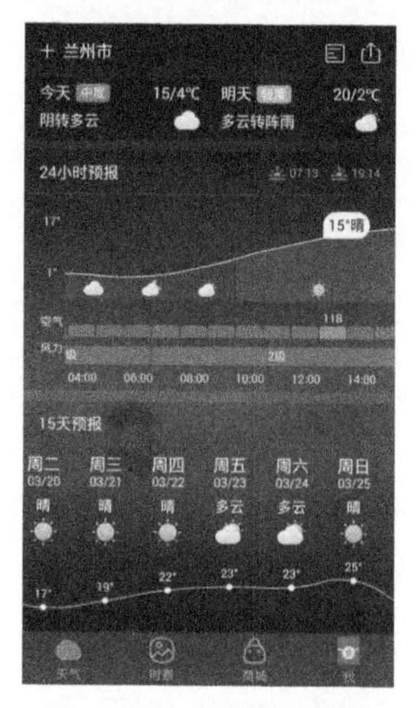

图 11-156　天气预报详情

在进入页面时，会有一个动态的人物图像。在向下滑动时，背景图是不会变的，但是，在背景图的上一层会有一个颜色渐变的过程，欢迎的人物图像会消失。

在“24 小时预报”和“15 天预报”，在向右滑动时，分别会显示未来 24 小时的天气详情和未来 15 天的天气详情。

11.10.2　案例分析

本案例的关键知识点分析如下。

1）进入页面欢迎的人物图像，需要找同一人物的几张图片，分别放置在一个动态面板元件中的几个状态里，让其循环切换即可。

2）主页面背景的颜色渐变过程，其实，就是在里层面板的背景图上，放置一个矩形元件，填充颜色为渐变颜色，然后在上面添加内容。

3）为了实现欢迎人物图像的隐藏，需要判断里层面板拖动至什么位置，满足条件就对人物进行隐藏；当里层面板离开了那个位置，再显示即可。

4）在本章“航旅纵横的飞行统计效果”案例中，提到两个动态面板互相嵌套可以达到拖动效果。在本案例中，会多次用到该功能。使用该功能的场景包括：主页面的垂直拖动、“24 小时预报”的水平拖动和“15 天预报”的水平拖动。

11.10.3　案例实现

1. 步骤一：元件准备

1）页面中的主要元件如图 11-157 所示。元件属性如表 11-21 所示。

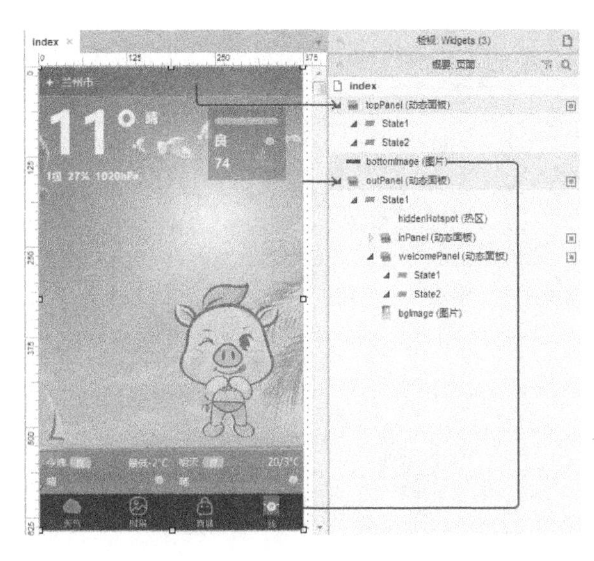

图 11-157　页面中的主要元件

表 11-21　页面中的主要元件属性

元件名称	元件种类	坐标	尺寸	备注	可见性
topPanel	动态面板	X0;Y0	W375;H42	两个状态，State1 和 State2	Y
bottomImage	图片	X0;Y591	W375;H53	无	Y
outPanel	动态面板	X0;Y644	W375;H10	一个 State1 状态	Y

2）outPanel 动态面板元件的 State1 状态的主要元件如图 11-158 所示。元件属性如表 11-22 所示。

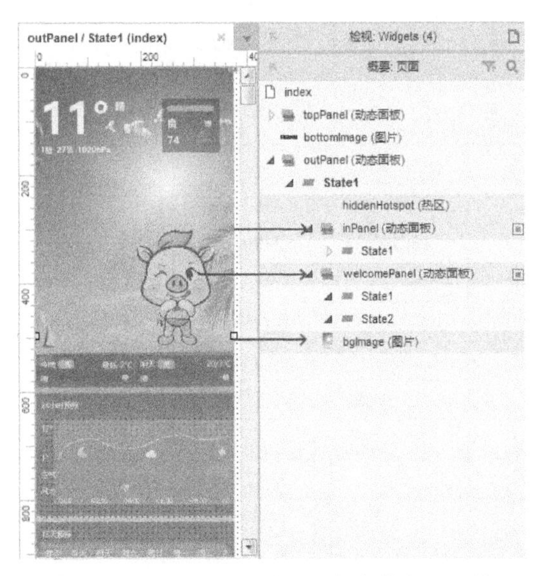

图 11-158　outPanel 动态面板中的主要元件

表 11-22　outPanel 动态面板中的主要元件属性

元件名称	元件种类	坐标	尺寸	备注	可见性
hiddenHotspot	热区	X0;Y-300	W375;H20	无	Y
inPanel	动态面板	X0;Y0	W375;H1290	一个 State1 状态	Y
welcomePanel	动态面板	X190;Y300	W150;H221	置于 bgImage 上一层	Y
bgImage	图片	X0;Y0	W375;H644	置于最底层	Y

3）inPanel 动态面板元件的 State1 状态的主要元件如图 11-159 所示。元件属性如表 11-23 所示。

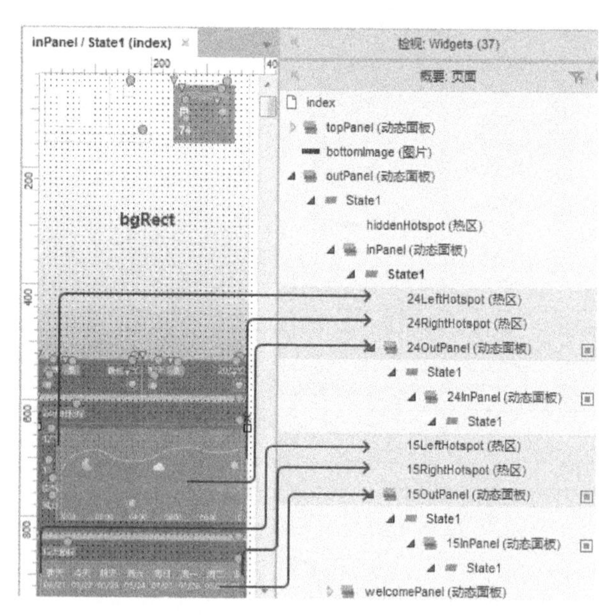

图 11-159　inPanel 动态面板元件中的主要元件

表 11-23　inPanel 动态面板中的主要元件属性

元件名称	元件种类	坐标	尺寸	备注	可见性
24LeftHotspot	热区	X35;Y651	W8;H157	无	Y
24RightHotspot	热区	X365;Y651	W8;H157	无	Y
24OutPanel	动态面板	X43;Y651	W322;H157	一个 State1 状态	Y
24InPanel	动态面板	X0;Y0	W743’H157	一个 State1 状态；嵌套在 24OutPanel	Y
15LeftHotspot	热区	X0;Y889	W8;H351	无	Y
15RightHotspot	热区	X361;Y889	W8;H351	无	Y
15OutPanel	动态面板	X8;Y879	W353;H361	一个 State1 状态	Y
15InPanel	动态面板	X0;Y0	W722;H359	一个 State1 状态；嵌套在 15OutPanel	Y
bgRect	矩形	X0;Y0	W375;H1260	填充颜色为渐变 90 # FFFFFF 更多	Y

2. 步骤二：设置欢迎人物图像

1）进入外层 outPanel 动态面板元件的 State1 状态中，选中 welcomePanel 动态面板元件，在“载入时”事件添加“等待”动作，延迟 1000 毫秒（即 1 秒），再添加“设置面板状态”动作，设置该面板状态切换至 State2 状态，并且选择“如果隐藏则显示面板”，如图 11-160 所示。

2）继续选中 welcomePanel 元件，在“状态改变时”事件添加 Case1 用例，设定 “如果状态为 State2”触发条件，在该条件下添加“等待”动作，延迟 3000 毫秒，再添加“设置面板状态”动作，切换至 State1 状态。继续添加 Case2 用例，即设定“如果状态不等于 State2”的触发条件，在该条件下添加“等待”动作，延迟 1000 毫秒（即 1 秒），再添加“设置面板状态”动作，状态切换至 State2，事件交互如图 11-161 所示。

图 11-160 welcomePanel 元件的载入时事件

图 11-161 welcomePanel 元件状态改变时事件

3. 步骤三：设置背景渐变颜色

进入 inPanel 动态面板元件的 State1 状态，选中 bgRect 矩形元件，另外，添加两个色标，拖至合适位置，然后设置颜色，如图 11-162 所示。

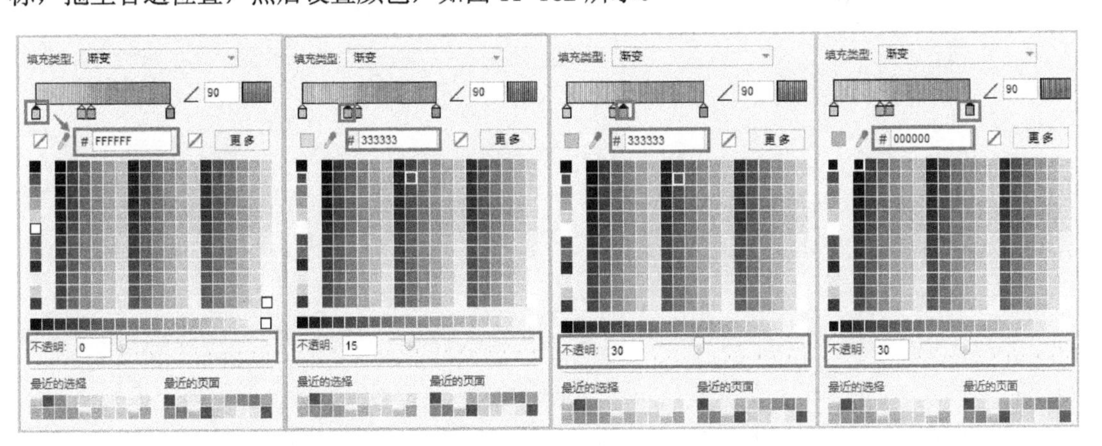

图 11-162 设置 bgRect 元件的渐变颜色

4. 步骤四：设置主页面的拖动效果

1）在主页面中，选中外层 outPanel 动态面板元件，在“拖动时”事件，添加“移动”动作，移动里层 inPanel 动态面板元件为垂直移动，如图 11-163 所示。

2）继续选中 outPanel 元件，在“拖动结束时”事件添加 Case1 用例，设定“inPanel 元件未接触 topPanel 元件”触发条件，添加“移动”动作，将 inPanel 动态面板元件的坐标移至（X0;Y0）；继续添加 Case2 用例，设定“inPanel 元件未接触 bottomImage 图片，而且接触 topPanel 元件”的触发条件，添加“移动”动作，将 inPanel 动态面板元件的坐标移至（X0；Y（outPanel 的高度 – inPanel 的高度）），事件交互如图 11-164 所示。

图 11-163　outPanel 元件的拖动时事件

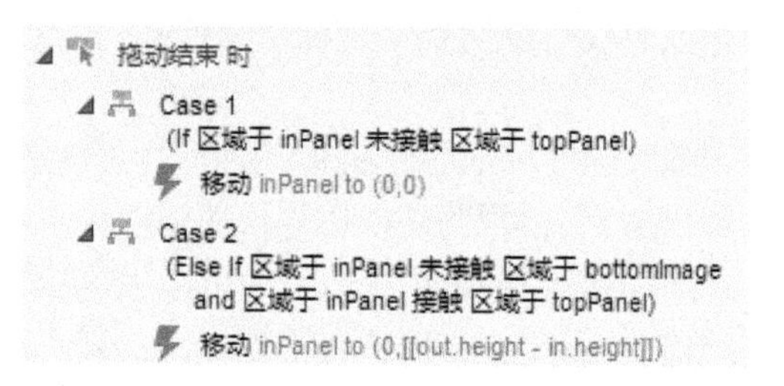

图 11-164　outPanel 元件的拖动结束时事件

3）选中里层 inPanel 动态面板元件，在“移动时”事件添加 Case1 用例，设定“该动态面板元件接触 hiddenHotspot 热区元件”的触发条件，添加“隐藏”动作，逐渐隐藏面板 welcomePanel，添加“设置面板状态”动作，将 topPanel 的状态逐渐切换至 State2 状态；添加 Case2 用例，设定条件为“该面板未接触 hiddenHotspot 热区元件”，添加“显示”动作，逐渐显示 welcomePanel 元件，添加“设置面板状态”动作，将 topPanel 元件的状态逐渐切换至 State1 状态，事件交互如图 11-165 所示。

5. 步骤五：设置“24 小时预报”和“15 天预报”的拖动效果

1）双击进入里层 inPanel 动态面板元件，选中 24OutPanel 动态面板元件，在“拖动时”事件，添加“移动”动作，移动里层 24InPanel 动态面板元件为水平移动，如图 11-166 所示。

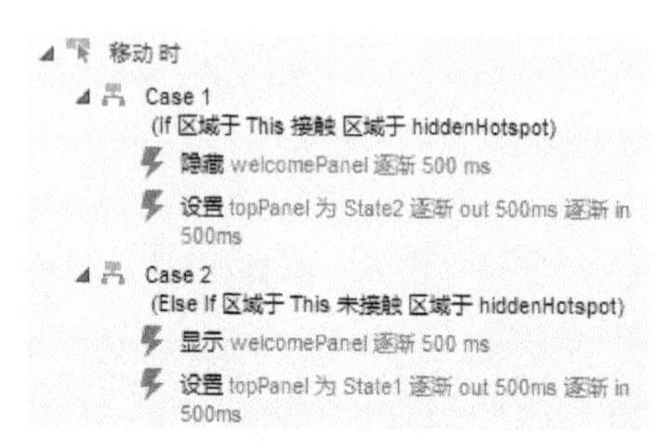

图 11-165　inPanel 动态面板元件的移动时事件

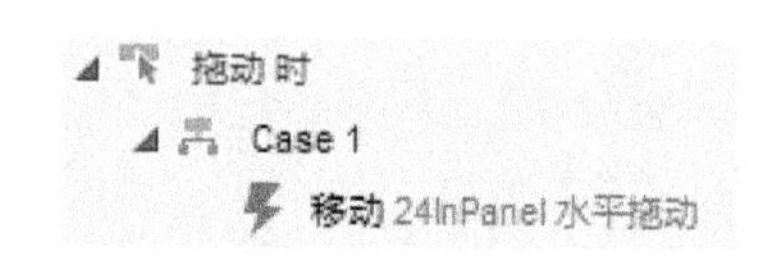

图 11-166　24OutPanel 动态面板元件拖动事件

2）继续选中 24OutPanel 元件，在“拖动结束时”事件添加 Case1 用例，设定“面板 24InPanel 未接触热区 24LeftHotspot”的触发条件，添加“移动”动作，24InPanel 动态面板元件的坐标移至（X0;Y0）；添加 Case2 用例，设定“24InPanel 动态面板元件未接触热区 24RightHotspot 元件，但是接触 24LeftHotspot 元件”的触发条件，添加“移动”动作，将 24InPanel 动态面板元件的坐标移至（X（24OutPanel 的宽度– 24InPanel 的宽度）, Y0），事件交互如图 11-167 所示。

3）双击进入里层 inPanel 动态面板元件，选中 15OutPanel 动态面板元件，在“拖动时”事件，添加“拖动时”动作，移动里层 15InPanel 动态面板元件为水平移动，如图 11-168 所示。

拖动结束 时
Case 1
(If 区域于 24InPanel 未接触 区域于 24LeftHotspot)
移动 24InPanel to (0,0)
Case 2
(Else If 区域于 24InPanel 未接触 区域于 24RightHotspot
and 区域于 24InPanel 接触 区域于 24LeftHotspot)
移动 24InPanel to ([[out.width - in.width]],0)

图 11-167　24OutPanel 元件的拖动结束时事件

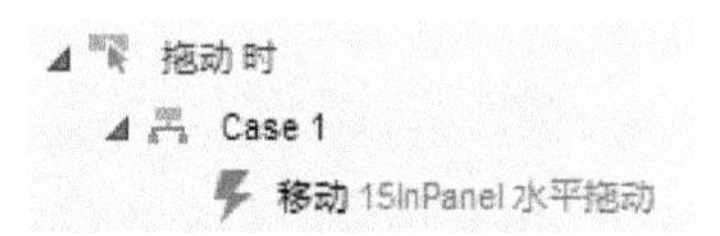

图 11-168　15OutPanel 动态面板拖动事件

4）继续选中 15OutPanel 元件，在“拖动结束时”事件添加 Case1 用例，设定条件为“15InPanel 元件未接触 15LeftHotspot 热区元件”，添加“移动”动作，将 15InPanel 动态面板元件的坐标移至（X0;Y0）；添加 Case2 用例，设定条件为“15InPanel 元件未接触 15RightHotspot 热区，但是接触 15LeftHotspot 元件”，添加“移动”动作，将 15InPanel 动态面板元件的坐标移至（X（15OutPanel 的宽度 – 15InPanel 的宽度）, Y0），事件交互如图 11-169 所示。

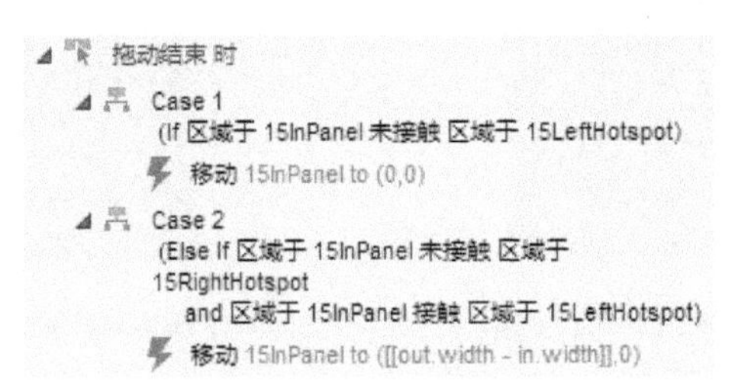

图 11-169　15OutPanel 动态面板元件拖动结束时事件

11.10.4　案例演示效果

按〈F5〉快捷键查看预览效果，默认时效果如图 11-170 所示。当向上拖动到一定位置时，小猪图像会被隐藏，背景会发生渐变，如图 11-171 所示。

图 11-170　墨迹天气案例效果（默认时）

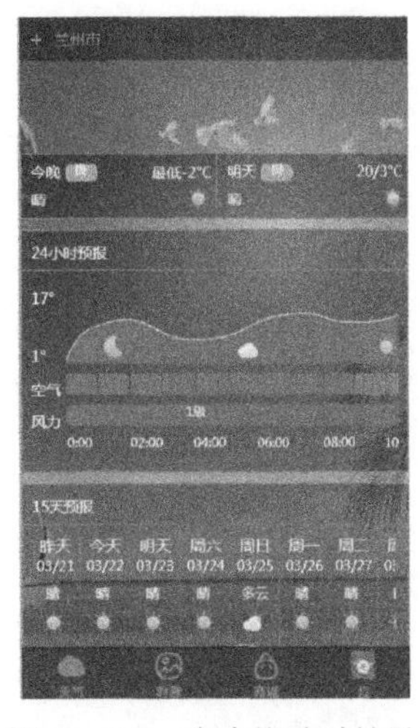

图 11-171　向上拖动时效果

在“24 小时预报”区域向左拖动，会展示更多小时内的天气信息，如图 11-172 所示。继续向上移动，接着，向左拖动 15 天预报区域，会展示后续几天的天气预报，如图 11-173 所示。

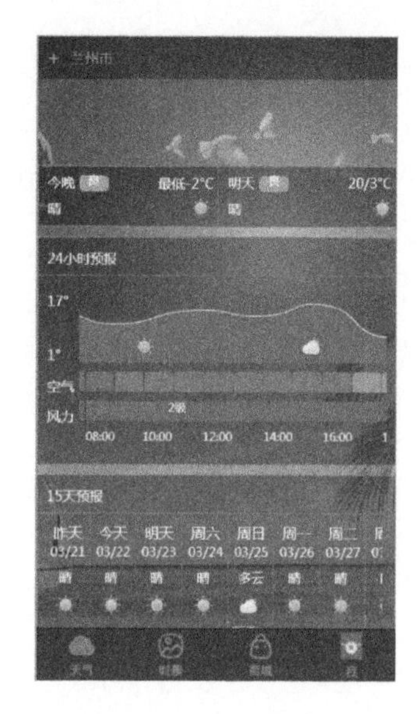

图 11-172　24 小时预报向左拖动

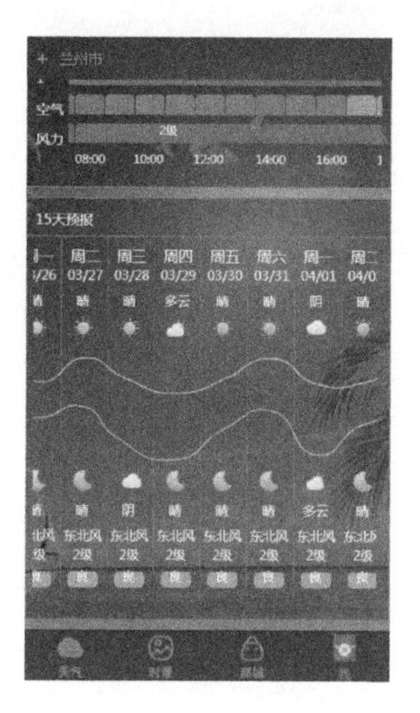

图 11-173　15 天预报向左拖动

11.11　移动建模场景模拟效果

设计 App 原型后，如果在计算机上进行访问，同时，又想带有逼真的手机终端访问效果，可以在所有页面的内容区域外，根据需要添加不同型号的手机图片（例如 iPhone 6 Plus 手机）作为背景，让其看起来更像一个真实的 App，将这种情况称之为移动建模场景模拟效果。

11.11.1　案例要求

本案例以微信读书为例，向大家展示在桌面浏览器中浏览 App 页面时，通过模拟手机真实效果，给大家带来更直观的感受。

本案例的具体要求如下。

1）在网页浏览器中浏览 App 页面，模拟手机真实效果。

2）场景模拟时，以真实的场景打开微信读书 App 的“发现”页面。

11.11.2　案例分析

本案例的关键知识点分析如下。

1）准备比较常用的 iPhone 6 Plus 的手机图片作为背景。

2）在中间的内容区域添加动态面板元件，并且，在动态面板元件添加内联框架元件，内联框架元件引入的页面地址是真实的页面地址。

11.11.3　案例实现

1. 步骤一：准备 iPhone 6 Plus 手机图片

（1）移动 App 原型设计尺寸问题

在移动 App 产品原型设计过程中，存在多种设备尺寸适配问题，过去这个难题只属于 Android 阵营的头疼事儿，只是很多设计师选择性地忽视 Android 手机适配问题，只出一套 iOS 平台设计稿。

随着苹果发布新尺寸的大屏 iPhone 6 Plus 和 iPhone 7 Plus，iOS 平台尺寸适配问题随之而来。例如仅看下面三款 iPhone 的物理分辨率、逻辑分辨率、屏幕尺寸知道屏幕适配问题有多繁杂，如图 11-174 所示。

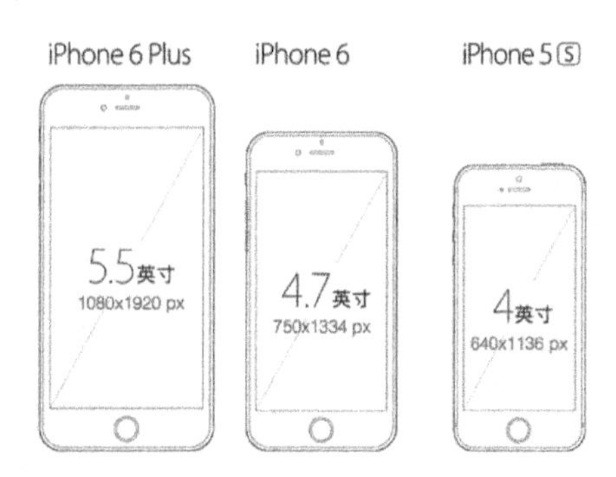

图 11-174　三款 iPhone 手机的尺寸

手机型号、物理分辨率、逻辑分辨率和物理尺寸等详细信息如表 11-24 所示。

表 11-24　三款 iPhone 手机分辨率和尺寸

手机型号	物理分辨率	逻辑分辨率	屏幕尺寸	像素密度
iPhone 5S	640×1136 像素	320×568 pt	4.87×2.31 英寸	326 ppi
iPhone 6	750×1334 像素	375×667 pt	5.44×2.64 英寸	326 ppi
iPhone 6 Plus	1242×2208 像素	414×736 pt	6.22×3.06 英寸	401 ppi

虽然，iPhone 8 和 iPhone X 都已经面世，但是，只需要选择一种尺寸作为设计和开发基准，定义一套适配规则，自动适配其他的尺寸即可。

（2）导入手机机身图片

可在原型设计时添加手机背景，使得在网页浏览器中跟在手机上浏览看似一样。

在此选择 iPhone 6 Plus 作为场景模拟案例的尺寸，对应的设计尺寸为宽度为 414 像素，高度为 736 像素（其中状态栏高度为 27 像素，内容区域高度为 709 像素，宽度都为 414 像素）。

在 Axure RP 中添加 iPhone 6 Plus 手机背景图片，在本章案例目录中提拱了带有该手机背景 iPhone Bodies All.rplib 元件库，以及手机图标的 iOS8 UI Kit.rplib 元件库，大家也可自行从如下网址下载：https://www.axure.com.cn/2217/。

在“元件库”面板使用“载入元件库…”菜单，选择该元件库，实现这两个元件库的导入，导入成功后如图 11-175 所示，将银色 iPhone 6 Plus 机身拖入“场景模拟”页面的“页面设计”面板区域，如图 11-176 所示。

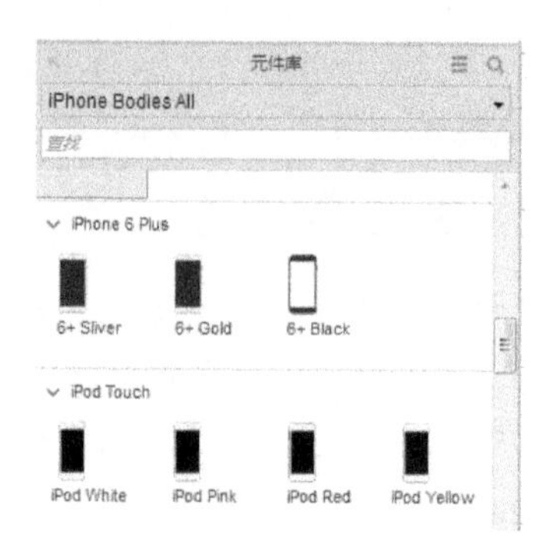

图 11-175　导入 iPhone 元件库

2. 步骤二：准备状态栏图片

在手机图片上放置宽度为 414 像素，高度为 27 像素的状态栏图片，放置完成后如图 11-177 所示。

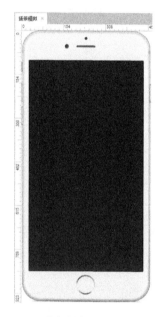

图 11-176　准备银色 iPhone 6 Plus 图片

图 11-177　放置状态栏图片

3. 步骤三：准备内容区域元件

在状态栏下方，准备内容区域动态面板元件，并在内部放置内联框架元件，放置完成后，该页面的主要元件如表 11-25 所示。

表 11-25　场景模拟页面的主要元件

元件名称	元件种类	坐标	尺寸	备注	可见性
iPhoneImg	图片	X0;Y0	W473;H954	iPhone 6 Plus 手机图片	Y
statusBarImg	图片	X29;Y105	W414;H27	状态栏图片	Y
contentPanel	动态面板	X29;Y132	W414;H709	内容区域动态面板元件	Y
contentFrame	内联框架	X0;Y0	W431;H730	在 contentPanel 的 State1 内部	Y

4. 步骤四：准备场景模拟内部页面

在“页面”面板添加场景模拟内部页面，在其中加入微信读书的“发现”页面（去掉状态栏），调整宽度为 414 像素，高度为 709 像素，如图 11-178 所示。

5. 步骤五：设置内联框架元件指向地址

在“场景模拟”页面，进入 contentPanel 动态面板元件的内部，双击 contentFrame 内联框架元件，设置“链接属性”对话框指向“场景模拟内部”页面，如图 11-179 所示。

图 11-178　场景模拟内部页面

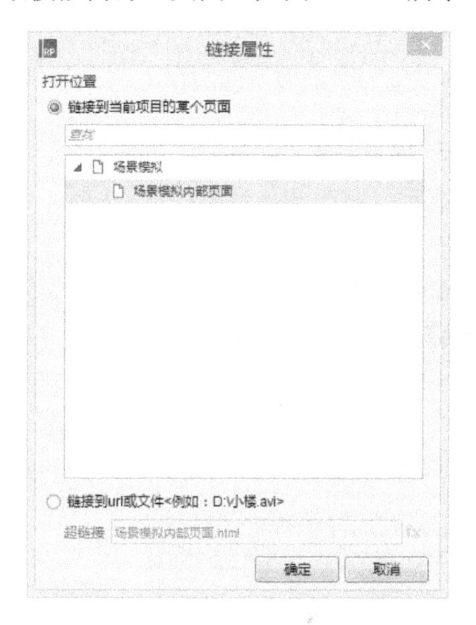

图 11-179　内联框架元件链接属性

11.11.4　案例演示效果

按〈F5〉快捷键查看预览效果，可看到接近真实场景的浏览效果，如图 11-180 所示。

图 11-180　场景模拟效果

11.12　移动建模真实模拟效果

在设计 App 原型时，为了更好地给客户或领导进行逼真的演示，Axure RP 8 允许在手机上进行真实模拟。在手机上访问设计好的 App 原型，利用移动建模真实模拟功能，虽然没有后台程序，没有提供数据存储和访问操作，但是，看起来就如同访问已开发完毕的 App 效果一样，我们将这种情况称之为移动建模真实模拟效果。

11.12.1　案例要求

在 iPhone 6 Plus 手机上真实模拟“移动建模场景模拟”中的内

容区域的内容。

11.12.2 案例分析

本案例的关键知识点分析如下。

1）如何设置发布参数。

2）为了让我们通过手机访问演示效果，我们需要一个外部环境，可以考虑将项目发布到 Axure Share 官网来获得外部的访问地址。

3）如何在手机上浏览我们真实模拟的 App。

11.12.3 案例实现

1. 步骤一：编辑内容界面

创建“移动建模场景模拟效果”案例中内容页面的内容，并将所有内容向下移动 27 像素，在上方添加黑色矩形，并调整所有页面区域的高度为 709 像素，如图 11-181 所示。

2. 步骤二：设置发布参数

因为需要在手机上真实模拟，所以不需要带有手机背景，而且需要做一些参数设置，在菜单栏元件的“发布”→“预览选项”命令，或者按〈Ctrl+F5〉快捷键，打开“预览选项”对话框，如图 11-182 所示。

图 11-181　真实模拟页面

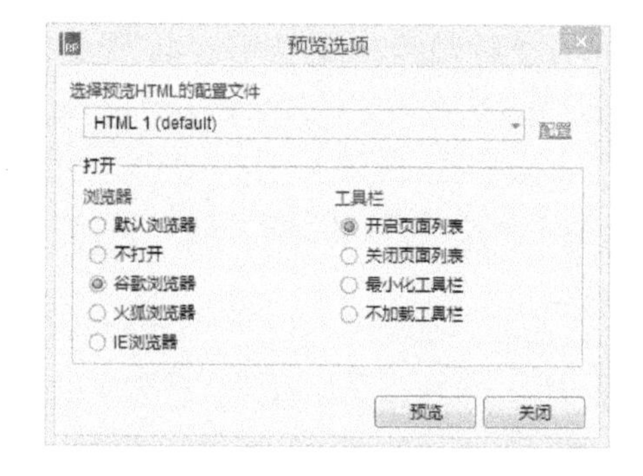

图 11-182　“预览选项”对话框

单击预览参数设置页面的“配置”按钮，在“生成 HTML”对话框选择“移动设备”选项卡，可设置在移动设备上的发布参数。

1）包含视口标签：添加视图标签，勾选它后，才能定义宽度、高度等参数。

2）宽度：像素值或根据设备宽度自动设置。这里创建的 iPhone 6 Plus 原型都设置为

414 像素。

3）高度：像素值或根据设备高度自动设置，一般不需要设置。

4）初始缩放倍数（0～10.0）：默认为 1.0，即不进行缩放。iPhone 可通过双指的缩放来放大和缩小页面，该参数用于指定打开时的缩放比例。

5）最小缩放倍数（0～10.0）：能够被缩放的最小缩放比例。默认为空，一般不需要设置。

6）最大缩放倍数（0～10.0）：能够被缩放的最大缩放比例。默认为空，一般不需要设置。

7）允许用户缩放（no or blank）：用户是否能放大或缩小页面，默认为空，即允许放大或缩小，若不允许放大或缩小，可将其设置为 no。

8）禁止页面垂直滚动：禁止垂直滚动（也阻止 iOS 的弹性滚动）。

9）自动检测并链接电话号码（iOS）：针对 iOS 设备，是否自动检测并链接手机号码。当包含手机号码文字时，单击后将出现“拨打该电话”选项。

10）主屏图标（114 像素×114 像素）：主屏幕图标，推荐尺寸为 114 像素×114 像素，单击“导入”按钮后导入图片。

11）iOS 启动界面：过渡页面，即在打开 App 图标后，应用程序正式运行前的过渡页面。

勾选“包含视口标签”，设置宽度为 414 像素，并设置主屏图标，如图 11-183 所示。

3. 步骤三：将项目发布到 Axure Share 共享官网

在菜单栏选择“发布”→“发布到 Axure Share”命令，选择“创建一个新项目”，将项目发布到 Axure Share 官方共享网站，笔者发布后，该项目的访问地址为：https://t8ukn2.axshare.com

访问“真实模拟”页面，并勾选“不加载工具栏”，此时蓝色的地址将变成不带地图的页面访问地址。复制该地址：https://t8ukn2.axshare.com/#c=2

浏览器访问效果如图 11-184 所示。

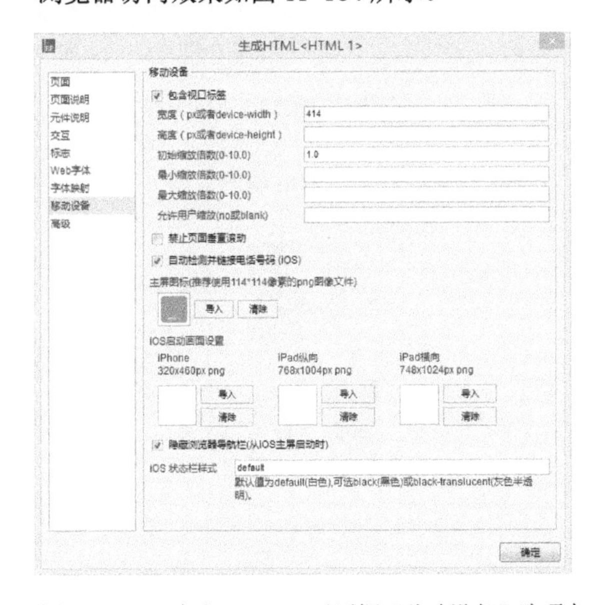

图 11-183 “生成 HTML”对话框“移动设备”选项卡

图 11-184 真实模拟浏览器显示效果

11.12.4 案例演示效果

使用真实的 iPhone 6 Plus 手机，可使用默认的 Safari 浏览器访问复制的真实模拟页面的不加载工具栏的地址，如图 11-185 所示。

单击“ ”按钮，打开共享选择项菜单，如图 11-186 所示。

图 11-185　使用 iPhone 自带 Safari 浏览器访问效果　　图 11-186　共享选择项菜单页面

单击“添加到主屏幕”菜单，可查看图标、标题和链接地址，单击“添加”按钮将“真实模拟”页面添加到主屏幕，如图 11-187 所示。添加成功后可在主屏幕看到该 App 图标。

在主屏幕单击真实模拟 App 的图标，直接进入后，页面的访问效果如图 11-188 所示。

图 11-187　添加到主屏幕页面　　图 11-188　直接从主屏图标进入时效果

11.13　自适应视图效果

11.13.1　案例要求

当将 iPhone 手机切换横屏/竖屏时，有些应用程序的界面会随之变化，这是 iPhone 等手机终端常见的交互方式，可以采用 Axure RP 8 的自适应视图实现。另外，针对 iPhone 不同机型、iPad 和计算机等不同宽度的显示终端，我们也可以使用 Axure RP 8 的自适应视图实现不同终端的兼容性。

如当前在 App 单击小图浏览大图时：当为竖屏时，图片宽度为 414 像素；当切换为横屏时，即屏幕宽度切换为 736 像素时，图片宽度将自动切换为 736 像素。

图 11-189　自适应视图页面布局

11.13.2　案例分析

本案例的关键知识点是 Axure RP 8 中自适应视图功能的使用。

11.13.3　案例实现

1. 步骤一：准备元件和全局辅助线

创建“自适应视图”页面，并创建两条全局辅助线，垂直辅助线的 X 坐标为 414 像素，水平辅助线的 Y 坐标为 736 像素。在内部添加矩形元件作为状态栏，并添加一张内容图片，完成后页面布局如图 11-189 所示。该页面的主要元件如表 11-26 所示。

表 11-26　自适应视图页面的主要元件

元件名称	元件种类	坐标	尺寸	备注	可见性
statusBarRect	矩形	X0;Y0	W414;H27	状态栏图片矩形	Y
contentImg	图片	X0;Y27	W414;H706	内容区域图片	Y

2. 步骤二：设置自适应视图

在菜单栏选择“项目”→“自适应视图”命令，打开“自适应视图”对话框，如图 11-190 所示。单击“ + ”（添加）按钮，新建名称为“横屏视图”的视图，设置宽度大于等于 736 像素时的视图，如图 11-191 所示。

在图 11-191 中单击“确定”按钮完成设置，之后单击“检视”面板“样式”选项卡，勾选启用自适应选项，此时，在“页面设计”面板可看到除了“基本”外，还提供了名为“736”的视图，如图 11-192 所示。将图片等比缩小到 414 像素的高度，宽度为 241 像素，并将其设置到“736”视图的页面中间位置，并在下方放置一个黑色矩形元件，如图 11-193 所示。

图 11-190 “自适应视图”对话框（默认）

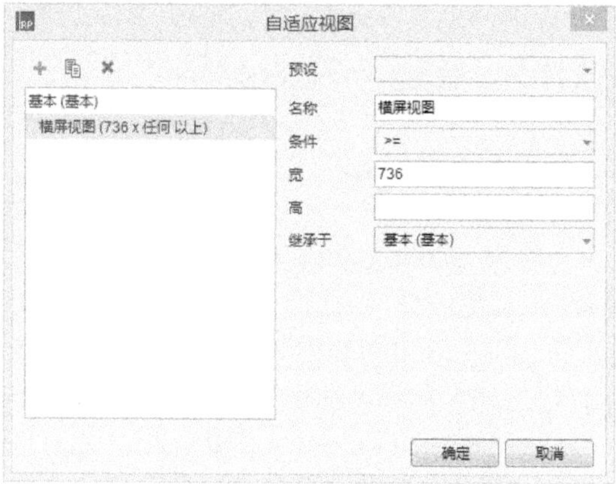

图 11-191 新增横屏视图设置

图 11-192 横屏视图（初始时）

图 11-193 横屏视图（调整后）

3. 步骤三：设置发布参数

在菜单栏选择“发布”→“预览选项”命令，或者按〈Ctrl+F5〉快捷键，打开“预览选项”对话框，采用“移动建模真实模拟效果”中的方法设置发布参数，设置视图宽度为 414 像素。

4. 步骤四：将项目发布到 Axure Share 官网

采用“移动建模真实模拟效果”中的方法将该项目发布到 Axure Share，不加载工具栏的访问地址为：https://gagdx6.axshare.com/#c=2。

11.13.4 案例演示效果

使用 iPhone 6 Plus 手机默认的 Safari 浏览器访问复制的真实模拟页面的不加载工具栏的

地址，也可在浏览器中访问，当页面宽度小于 736 像素或大于等于 736 像素时会有不同的显示效果。例如在 iPhone 6 Plus 手机使用默认的 Safari 浏览器，而后将打开的页面添加到主屏幕，单击主屏幕图标，竖屏时的页面显示效果如图 11-194 所示，切换为横屏时，页面显示效果如图 11-195 所示。

图 11-194　竖屏显示效果

图 11-195　横屏显示效果

11.14　本章小结

本章通过讲解 13 个 App 原型设计实践案例，可以让大家更加精通 Axure RP 基础元件和高级元件的使用，本章通过 App 经典案例讲解了自定义形状，以及合并、去除等图形处理操作。另外，还重点讲解了“拖动时”“向左拖动结束时”“向右拖动结束时”和“移动时”等实现手机终端操作、很方便的事件。此外，还详细讲解了如何在计算机桌面进行手机终端的场景模拟，以及在手机终端进行真实模拟，另外，还讲解了如何通过自定义视图功能适配横屏、竖屏，以及不同的屏幕尺寸的内容。

第 12 章 菜单原型设计实践

手机屏幕相对较小，分辨率也相对较低，因此，在设计手机网站或 App 时，对导航菜单的要求比 Web 网站更高，除功能考虑周全外，还需尽量保持简约和易用性高。

在手机 App 中，常用的导航菜单如标签式菜单、顶部菜单、九宫格菜单、抽屉式菜单、分级菜单、下拉列表式菜单和三级导航菜单，大部分的 App 菜单设计都带有 7 种常用菜单的影子。Axure RP 可以轻松实现这些常用菜单的原型设计。本章对这些内容进行介绍，并且除了介绍以上常用的 7 种菜单外，还将讲解一个特色菜单的案例。

12.1 标签式菜单

标签式菜单是 App 中最常见的导航方式，如微信、QQ、QQ 空间、京东等都采用此种方式，微信的“通讯录”菜单如图 12-1 所示，“发现”菜单如图 12-2 所示。适合 3～5 个导航菜单的情况，它的特点是比较直观，而且可以通知用户有多少内容更新，如微信的朋友圈的动态更新条数、未读聊天数量等。

图 12-1 微信通讯录菜单

图 12-2 微信发现菜单

12.1.1　案例要求

本案例需要实现标签式菜单的通用布局，如图 12-3 所示。

要求切换不同的菜单时，顶部的菜单名称需要进行切换，另外，中间的内容也需要进行切换，例如切换到“导航菜单 2”时，如图 12-4 所示。

图 12-3　标签式菜单的通用布局-导航菜单 1

图 12-4　标签式菜单的通用布局-导航菜单 2

12.1.2　案例分析

本案例的关键知识点分析如下。

1）页头、菜单和内容区域都可采用动态面板元件实现，其中，菜单区域的动态面板元件对应 4 个不同一级导航菜单，有 4 个状态。内容区域的动态面板元件，内部包含一个在需要时有滚动条的内联框架元件（内容可能需要滚动）。

2）在菜单的动态面板元件的 4 个菜单上方，添加 4 个热区元件。

3）设置 4 个导航菜单热区元件的“鼠标单击时”事件，改变菜单元件的状态，改变内容区域内部框架元件的链接地址，更改页头动态面板元件矩形元件的值。

12.1.3　案例实现

1. 步骤一：添加页面

在“页面”面板添加“标签式菜单案例”页面，并添加“导航菜单 1”～“导航菜单 4”的 4 个子页面。

2. 步骤二：添加主页面上的元件

1）从上到下依次添加 1 个黑色矩形元件、3 个动态面板元件（页头区域、内容区域和标签式导航区域），分别命名为：topPanel、contentPanel 和 menuPanel。4 个元件的宽度假设都设置为 320 像素，高度分别为：20 像素、60 像素、430 像素和 58 像素。

2）开始设置动态面板内部元件，在 topPanel 动态面板元件内部添加一个矩形元件，命名为：topRect（宽度和高度分为 320 像素、60 像素）。

3）contentPanel 动态面板元件内部添加一个内联框架元件，命名为：contentFrame（宽度和高度分为 338 像素、448 像素），并在“检视”面板的“属性”选项卡设置隐藏边框，自动显示或隐藏框架滚动条，默认指向地址为“导航菜单 1”页面。

4）为 menuPanel 动态面板元件添加 4 个状态，“导航菜单 1”～“导航菜单 4”，每个状态横向并排添加 4 个矩形元件，例如，“导航菜单 1”状态添加的第一个矩形元件（文字为“导航菜单 1”）设置填充色为绿色，另外 3 个矩形元件设置为白色填充色。其余 3 个状态与此类似。

5）在 menuPanel 元件上方，按照 4 个矩形元件的位置添加 4 个热区元件，分别命名为：menuSpot1～ menuSpot4。

3. 步骤三：添加子页面的元件

在 4 个子页面添加对应内容，添加一个有边框的矩形元件，为了测试多种情况，部分页面的内容所占据的高度可以设置为大于 430 像素（内容显示区域高度）。

4. 步骤四：设置元件交互效果

最后，开始设置元件交互效果，开始设置“导航菜单 1”上的 menuSpot1 热区元件的“鼠标单击时”事件，选择该元件后，双击“检视”面板的“属性”选项卡的“鼠标单击时”事件进行设置，设置完成后如图 12-5 所示。

menuSpot2 热区元件的“鼠标单击时”事件如图 12-6 所示。menuSpot3 元件和 menuSpot4 元件与此类似，不再赘述。

1 menuSpot1

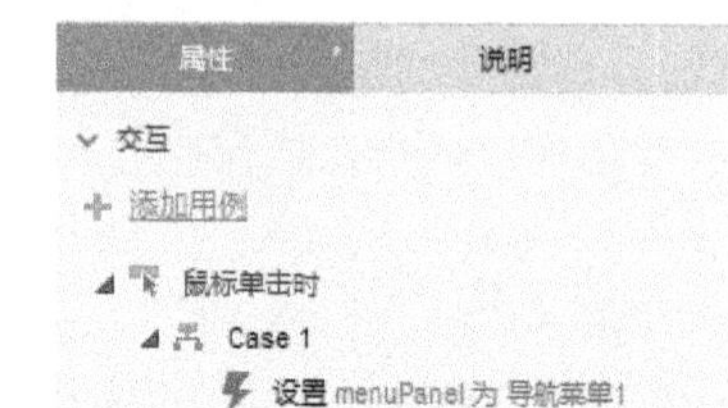

图 12-5　menuSpot1 元件的鼠标单击时事件

2 menuSpot2

图 12-6　menuSpot2 元件的鼠标单击时事件

12.1.4　案例演示效果

按〈F5〉快捷键进行预览，该案例默认时如图 12-7 所示。

单击“导航菜单 2”时，顶部的导航名称、中间的显示内容，以及下方的导航菜单选中状态都会发生改变，而且当页面内容超过中间内容的显示高度时，可以上下滚动，如图 12-8 所示。

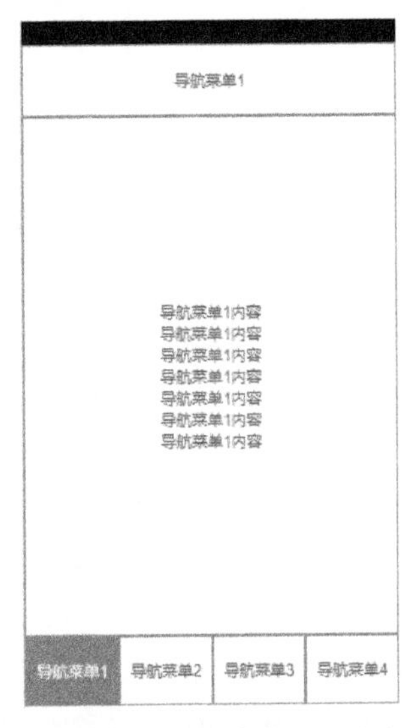

图 12-7　选中“导航菜单 1”时演示效果

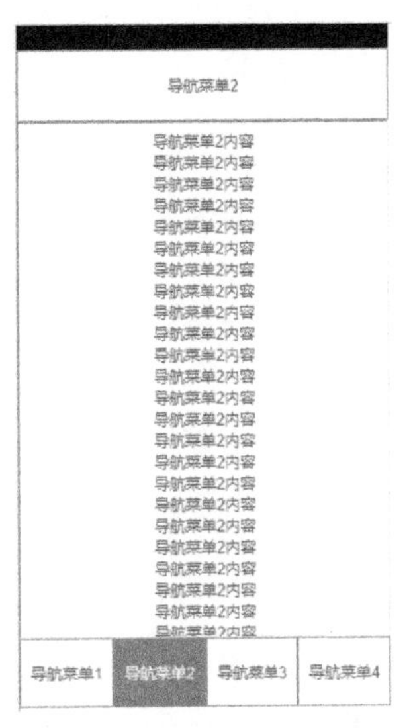

图 12-8　选中“导航菜单 2”时演示效果

12.2　顶部菜单

顶部菜单的特点是应用的导航菜单在顶部，用户可单击某个菜单，将该菜单设置为选中，其余菜单变成未选中，并且内容区域显示对应菜单的内容。用户也可在内容区域向左或向右滑动，切换内容区域的内容和菜单的选中状态。

今日头条、腾讯新闻客户端等新闻类 App 都是这种顶部导航菜单，这种 App 布局适应于一级菜单较多的情况。新闻类 App 定制栏目都作为一级菜单，所以可能有很多一级菜单项。

今日头条的“推荐”菜单和“热点”菜单分别如图 12-9 和图 12-10 所示。

图 12-9　今日头条的“推荐”菜单

图 12-10　今日头条的“热点”菜单

12.2.1 案例要求

本案例需要实现类似今日头条顶部菜单的效果，案例具体要求如下。

1）当单击顶部导航菜单项时，对应的菜单项设置为选中交互样式，其余菜单项设置为非选中交互样式，并且新闻内容区域需要对应更换为所选菜单项的内容。

2）当在新闻内容区域向左拖动结束时，如果不是最后一个菜单项（我们的案例只有 7 个菜单项），则移动内容区域，使得显示区域为右侧菜单项新闻内容，并且，右侧菜单项设置为选中交互样式，其余菜单项设置为非选中交互样式。

3）当在新闻内容区域向右拖动结束时，如果不是第一个菜单项，则移动内容区域，使得显示区域为左侧菜单项新闻内容，并且，左侧菜单项设置为选中交互样式，其余菜单项设置为非选中交互样式。

4）因为有 7 个菜单项，而只有 5 个菜单项在视野范围内，所以切换菜单项选中状态时，根据需要调整菜单元件的位置。如果左侧和右侧都有两个菜单项，要移动菜单元件，将所选菜单项设置到屏幕中间区域。如果左侧少于等于两个菜单项（对应第 1、2、3 个菜单项），则将菜单元件（包含 7 个菜单项）移动到 X0;Y0 位置。如果右侧少于两个菜单项（对应第 6、7 个菜单项），则将菜单元件（包含 7 个菜单项）移动到 X-134;Y0 位置。

12.2.2 案例分析

本案例的关键知识点分析如下。

1）将 7 个菜单项文本框元件转换到一个 menuPanel 动态面板元件，文本框元件设置“选中”样式，并将其设置为同样的组（当某个的选中状态设置为 true 时，其余默认会变成 false）。

2）将新闻内容区域设置为动态面板元件，并设置宽度为 320 像素，在内部添加 320 像素×7 像素的 contentInnerPanel 动态面板元件，contentInnerPanel 内部添加对应第 1～第 7 个菜单项的显示内容。

3）设置 7 个菜单项文本框元件的“鼠标单击时”事件，将当前元件的“选中”状态设置为 true，并移动菜单的动态面板元件到合适位置，移动内容区域到合适位置，将需要显示的新闻内容移动到屏幕 320 像素区域。

4）设置包含 7 个菜单项新闻真实内容的 contentInnerPanel 动态面板元件的“向左拖动结束时”事件，如果 contentInnerPanel 坐标大于-1920 像素，即显示的不是随后一个菜单项内容，根据当前哪个菜单项文本框元件项为“选中”状态，将右侧的菜单项文本框元件的“选中”属性设置为 true，并移动菜单元件到合适位置，将内部 contentInnerPanel 元件向左移动 320 像素。

5）设置包含 7 个菜单项新闻真实内容的 contentInnerPanel 动态面板元件的“向右拖动

结束时”事件，如果 contentInnerPanel 元件的 X 坐标小于 0 像素，即显示的不是第一个菜单项内容，根据当前哪个菜单项文本框元件项为选中状态，将左侧的菜单项文本框元件的“选中”状态设置为 true，并移动菜单元件到合适位置，将 contentInnerPanel 元件向右移动 320 像素。

12.2.3　案例实现

1. 步骤一：添加页面和元件

添加“顶部菜单案例”页面，并在内部添加图片和动态面板元件，菜单区域和内容区域采用的都是动态面板元件，元件分别命名为：menuPanel（宽度 455 像素，高度 35 像素）和 contentPanel（宽度 320 像素，高度 459 像素），添加完成后，如图 12-11 所示。

在“概要”面板可看到该页面的所有元件信息，如图 12-12 所示。

概要：页面
顶部菜单案例
contentPanel (动态面板)
State1
contentInnerPanel (动态面板)
State1
(图片)
(图片)
(图片)
(图片)
(图片)
(图片)
(图片)
menuPanel (动态面板)
State1
menuLabel7 (矩形)
menuLabel6 (矩形)
menuLabel5 (矩形)
menuLabel4 (矩形)
menuLabel3 (矩形)
menuLabel2 (矩形)
menuLabel1 (矩形)
(矩形)
(图片)
(矩形)

图 12-11　今日头条顶部菜单页面布局

图 12-12　今日头条顶部菜单案例的“概要”面板

需要注意的是，在 menuPanel 动态面板元件的 State1 状态时，在矩形元件上方有 7 个文本框元件，分别代表“推荐”“热点”“本地”“视频”“问答”“娱乐”和“科技”。contentPanel 动态面板元件内部还有一个动态面板元件，名称为 contentInnerPanel，高度为 469 像素，与 contentPanel 保持一致，但是，宽度为 2240 像素（是 contentPanel 元件宽度的 7 倍）。在 contentInnerPanel 元件的内部，从左往右依次放置 7 个图片元件，分别对应“推荐”“热点”“本地”“视频”“问答”“娱乐”和“科技”7 个菜单项的内容，如图 12-13 所示。

图 12-13　contentInnerPanel 元件内部的 7 个图片元件

2. 步骤二：设置 7 个菜单元件的选中时样式

进入 menuPanel 动态面板元件的 State1 状态，设置 menuLabel1～ menuLabel7 的 7 个文本框元件的交互样式设置为选中时为颜色“#CC3031”（深红色），如图 12-14 所示。

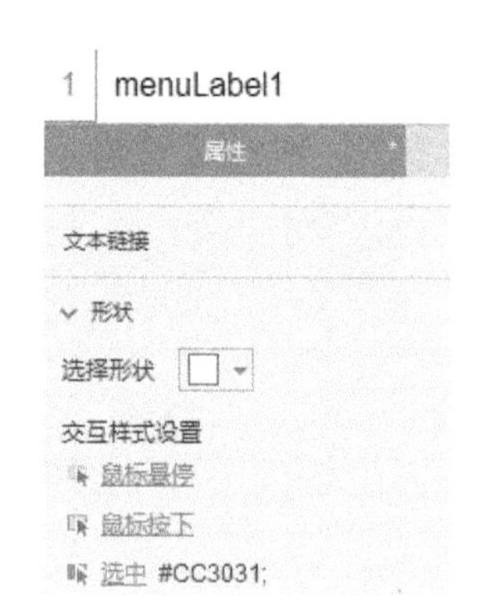

图 12-14　设置菜单文本框元件选中时的样式

3. 步骤三：设置 7 个菜单元件为同一分组

为了使某一个菜单文本框元件设置为“选中”状态时，另外 6 个为未选中状态的样式，需要将这 7 个菜单元件设置为同一个分组。选择 7 个菜单文本框元件后，右击选择“设置选项组”菜单项，设置为分组：menuGroup。

4. 步骤四：设置 7 个菜单元件的鼠标单击时事件

1）设置 7 个菜单元件的“鼠标单击时”事件，menuLabel1～menuLabel3 3 个元件的鼠标单击时事件如图 12-15 所示。

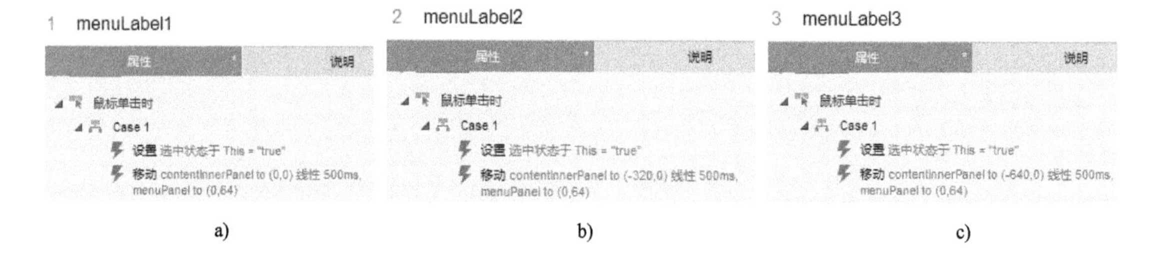

图 12-15　menuLabel1～menuLabel3 的鼠标单击时事件

a) menuLabel1 元件属性　b) menuLabel2 元件属性　c) menuLabel3 元件属性

该事件比较简单，实现的操作是：将当前菜单文本框元件设置为选中状态（对应该菜单会变成选中时样式，其余 6 个菜单会变成未选中时样式），将 contentInnerPanel 这个包含 7 个图片并排排列的动态面板元件进行移动操作，将对应的图片移动到外部动态面板元件 contentPanel 的显示区域，将 menuPanel 移动到原始位置。

2）menuLabel4 元件和 menuLabel5 元件的“鼠标单击时”事件如图 12-16 所示。

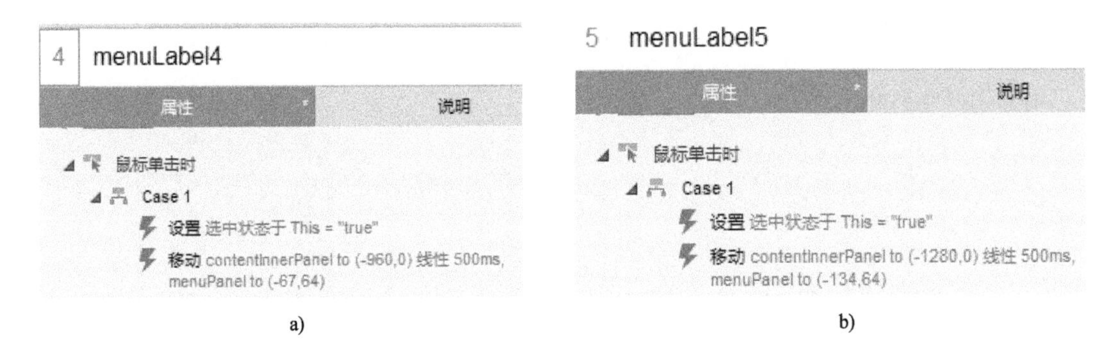

a)　　　　b)

图 12-16　menuLabel4 元件和 menuLabel5 元件的鼠标单击时事件

a) menuLabel4 元件属性　b) menuLabel5 元件属性

在此，需要注意的是，menuPanel 动态面板元件移动的位置稍有不同，以便将当前选择的菜单置为屏幕中间区域。

3）menuLabel6 元件和 menuLabel7 元件的“鼠标单击时”事件如图 12-17 所示。

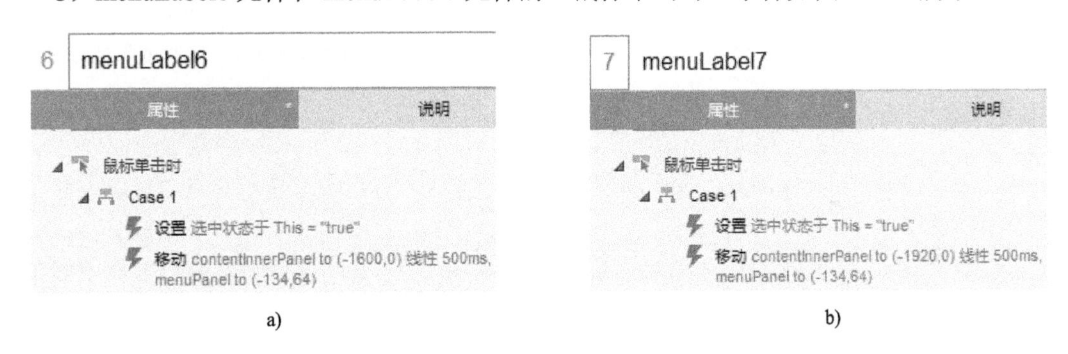

a)　　　　b)

图 12-17　menuLabel6 元件和 menuLabel7 元件的鼠标单击时事件

a) menuLabel6 元件属性　b) menuLabel7 元件属性

5. 步骤五：设置 contentInnerPanel 元件的向左和向右拖动结束时事件

1）若要实现向左拖动或向右拖动内容区域达到切换菜单项的效果，需要通过向左或向右拖动 contentInnerPanel 元件时事件，可设置该元件的“向左拖动结束时”事件，如图 12-18 所示。

2）该事件判断的条件是都需要满足拖动后 X 坐标大于-1920 像素，即移动到了最左边再往左的位置，另外根据当前选中的是 menuLabel1～ menuLabel7 中的哪一个，设置菜单项后一个为当前的选中菜单元件，并将 menuPanel 移动到正确的位置。

3）设置 contentInnerPanel 元件的“向右拖动结束时”事件，如图 12-19 所示。

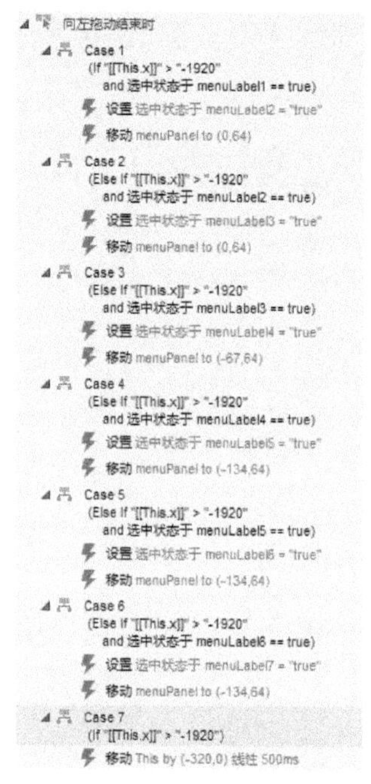

图 12-18 contentInnerPanel 向左拖动结束时事件

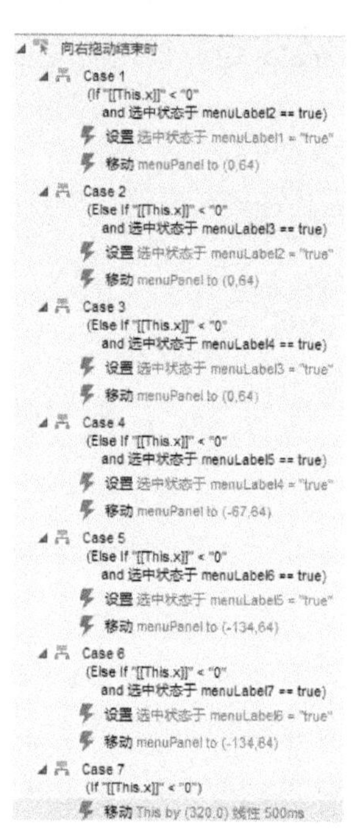

图 12-19 contentInnerPanel 向右拖动结束时事件

12.2.4 案例演示效果

按〈F5〉快捷键进行预览，在手机屏幕上页面显示区域，此时显示的是“推荐”菜单如图 12-20 所示。

单击“热点”菜单时的显示效果如图 12-21 所示。单击“视频”菜单时的显示效果如图 12-22 所示。单击“问答”菜单时的显示效果如图 12-23 所示。

图 12-20 选中“推荐”时的显示效果

图 12-21 选中“热点”时的显示效果

图 12-22　选中“视频”时的显示效果

图 12-23　选中“问答”时的显示效果

可向左或向右拖动内容区域，也可切换菜单。

12.3　九宫格菜单

九宫格菜单不一定是 9 个一级菜单，而只是针对那种将大菜单放在首页，内容都需要在单击一级菜单后才能看到。这种 App 布局的缺点是经常需要返回到首页。

美图秀秀就是比较典型的九宫格菜单（不过它的多个一级菜单分布在两屏中），第一屏如图 12-24 所示，第二屏如图 12-25 所示。

图 12-24　美图秀秀第一屏菜单

图 12-25　美图秀秀第二屏菜单

12.3.1　案例要求

本案例需要实现的主要功能如下。

1）当单击每一个一级菜单项时，进入对应一级菜单页面。

2）单击一级菜单页面的“首页”按钮返回首页。

3）在第一屏时，向左拖动结束时移动到第二屏。

4）在第二屏时，向右拖动结束时移动到第一屏。

12.3.2　案例分析

主页面可采用动态面板元件实现，在动态面板内部添加一个内层动态面板元件，宽度是外层动态面板元件的两倍，在其里面添加第一屏和第二屏的两张图片。设置内层动态面板元件的“向左拖动结束时”事件和“向右拖动结束时”事件，响应向左拖动和向右拖动。当前是第一屏时，向左拖动，移动到第二屏显示，并带有线性效果；当前是第二屏时，向右拖动，移动到第一屏显示，并带有线性效果。

设置“美化图片”图标上的热区元件，并设置鼠标单击时事件，进入“美化图片”页面。

12.3.3　案例实现

1. 步骤一：添加页面

添加“九宫格菜单案例”页面和“美化图片”子页面。

2. 步骤二：添加页面元件

在“九宫格菜单案例”页面添加一个动态面板元件，X0;Y0，宽度这里采用的是 512 像素，高度为 910 像素，命名为：indexPanel。在 inexlPanel 元件的 State1 状态添加 indexInnerlPanel 元件，宽度为 1024 像素，高度为 910 像素，在内部横向排列两张宽度为 512 像素，高度为 910 像素的图片，分别使用美图秀秀第一屏和第二屏的图片。在“美化图片”图标上方添加一个热区元件，命名为：menuSpot1，页面元件如图 12-26 所示。

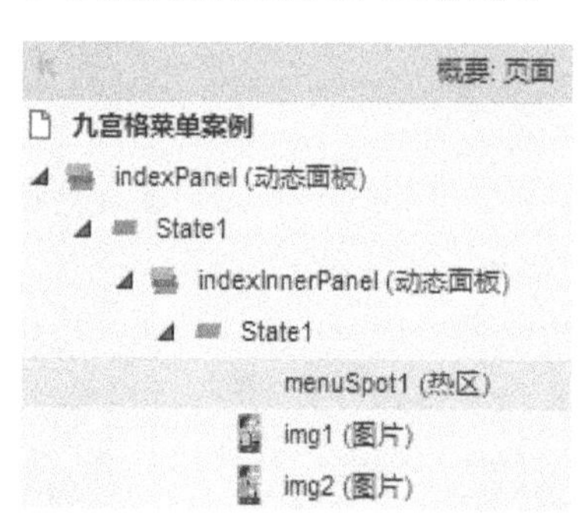

图 12-26 “九宫格菜单案例”页面元件

“美化图片”页面比较简单，添加单击美化图片按钮后的一张截图即可。

3. 步骤三：添加 inexInnerlPanel 元件的向左和向右拖动结束时事件

设置 indexInnerlPanel 动态面板元件的“向左拖动结束时”事件，如图 12-27 所示。

该事件表示的是，当前选择是第一屏时（该元件 X 坐标此时为 0，大于-512 像素位置），将 indexInnerlPanel 元件线性移动到 X -512; Y 0，即移动到第二屏。

类似设置 indexInnerlPanel 元件的“向右拖动结束时”事件，如图 12-28 所示。表示的是当前选择是第二屏时（该元件 X 坐标此时为-512 像素，即小于 0 的位置），将 indexInnerlPanel 元件线性移动到 X0;Y0，即移动到第一屏。

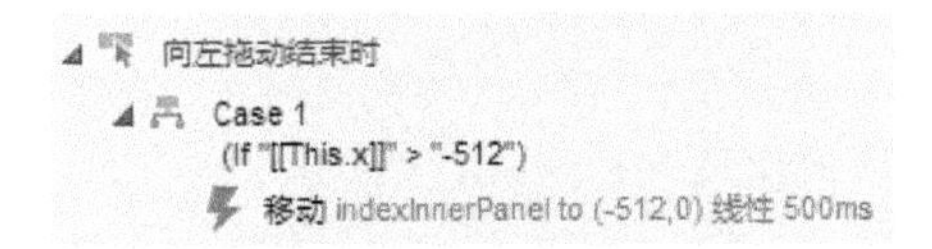

图 12-27　indexInnerPanel 元件的向左拖动时结束时事件

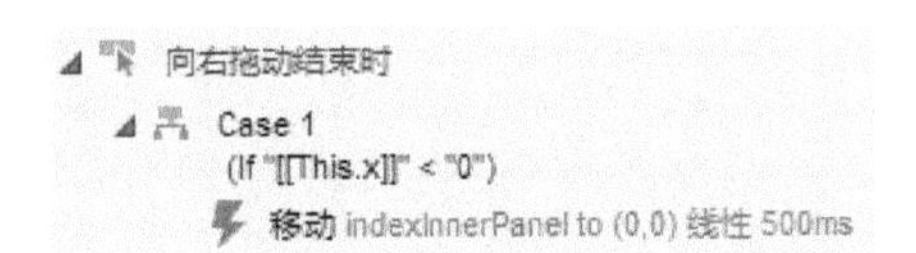

图 12-28　indexInnerPanel 元件的向右拖动时结束时事件

12.3.4　案例演示效果

按〈F5〉快捷键进行预览，默认时演示效果如图 12-29 所示。

当在默认页面向左拖动结束时，线性效果移动到第二屏，如图 12-30 所示；在第二屏状态下，向右拖动结束时，效果如图 12-29 所示；单击“美化图片”按钮，打开“所有照片”页面，选择需要美化的照片，如图 12-31 所示。

图 12-29　九宫格菜单默认效果

图 12-30　默认情况下向左拖动

图 12-31　单击“美化图片”按钮时

12.4　抽屉式菜单

抽屉式菜单也算是比较常用的一种 App 导航菜单，之所以叫抽屉式，是因为它的菜单默认是被隐藏状态。当单击主页面显示菜单的按钮后，在左侧显示菜单，并且主页面和显示菜单按钮位于右侧边缘；当单击主页面内容区域，或将主页面内容区域往左拖动并达到屏幕中线左侧时，将主页面移动到屏幕显示区域。

12.4.1 案例要求

本案例要实现类似 189 邮箱的抽屉式菜单，页面在菜单关闭状态如图 12-32 所示。在抽屉式菜单打开状态如图 12-33 所示。

图 12-32　抽屉式菜单关闭状态

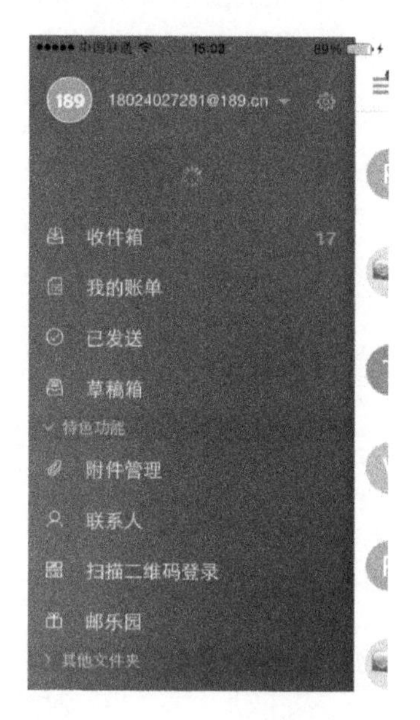

图 12-33　抽屉式菜单打开状态

12.4.2 案例分析

该案例的关键知识点分析如下。

1）将主页面内容的元件设置到动态面板元件中，并将菜单的元件放置在动态面板元件的下方。

2）当单击显示菜单按钮 时，将主页面内容的动态面板元件向右边移动，从而将菜单内容显示出来。

3）设置主页面内容动态面板元件的“鼠标单击时”事件，当主页面内容的动态面板元件显示在右侧时，在鼠标单击时，将主页面内容的动态面板元件向左侧移动到 X0;Y0，将菜单区域隐藏。

4）设置主页面内容动态面板元件的“拖动时”事件，当将该元件向左拖动时跟随拖动。并设置“拖动结束时”事件，判断是否移动超过屏幕距离的一半，如果没超过，将拖动事件回退。否则，将主页面内容的动态面板元件向左侧移动到 X0;Y0，将菜单区域隐藏。

12.4.3　案例实现

1．步骤一：添加页面

添加“抽屉式菜单案例”页面。

2．步骤二：添加页面中的元件

在添加的页面中添加元件，如图 12-34 所示。

该页面的布局如图 12-35 所示。在该页面没看到抽屉式菜单打开时的蓝色图片 navImg，是因为它不在显示区域，而是在 contentPanel 动态面板元件的下方。

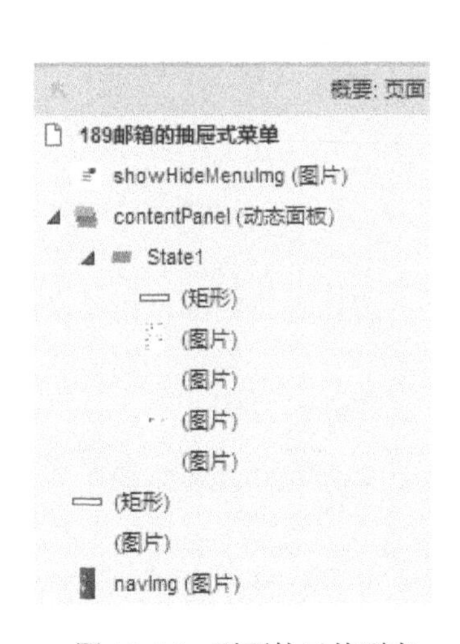

图 12-34　页面的元件列表

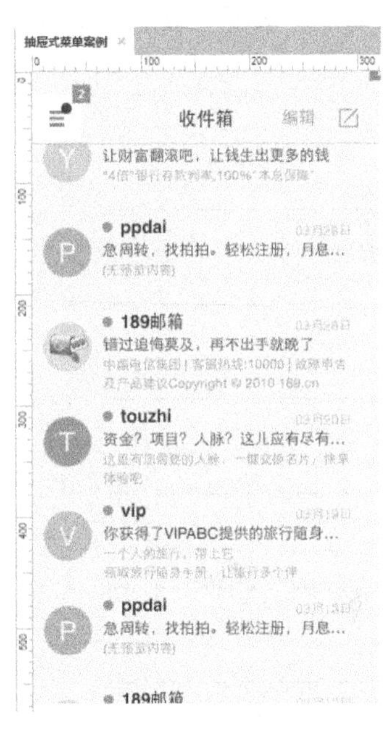

图 12-35　页面的布局

3．步骤三：设置 showHideMenuImg 元件的鼠标单击时事件

首先设置 ≡•（showHideMenuImg）元件的“鼠标单击时”事件，如图 12-36 所示。

在该事件中，如果这个图片元件当前位置的 X 坐标为 0，则将 contentPanel 元件向右边移动 290 个像素，此时，动态面板元件下方的菜单图片 navImg 会显示出来，同时，showHideMenuImg 的位置也要对应向右边移动 290 个像素。

当该元件的 X 坐标不等于 0，也就是说当前抽屉菜单已经是打开状态时，此时，将 contentPanel 和 showHideMenuImg 的 X 坐标移动到 0 处，也就是初始位置，将下方的 navImg 掩盖住。

4．步骤四：设置 contentPanel 元件的鼠标单击时事件

接着，开始设置 contentPanel 元件的“鼠标单击时”事件，如图 12-37 所示。表示的是当前该元件的 X 坐标为 290，即 navImg 菜单图片显示出来时，将该元件和 showHideMenuImg 元件移动到初始状态，将菜单元件遮盖住。

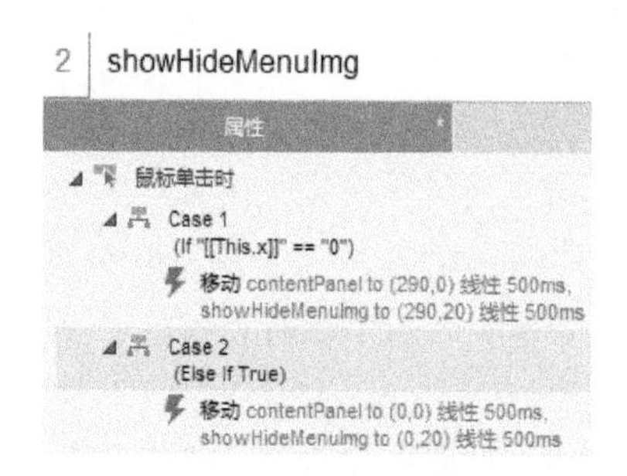

图 12-36　showHideMenuImg 元件的鼠标单击时事件

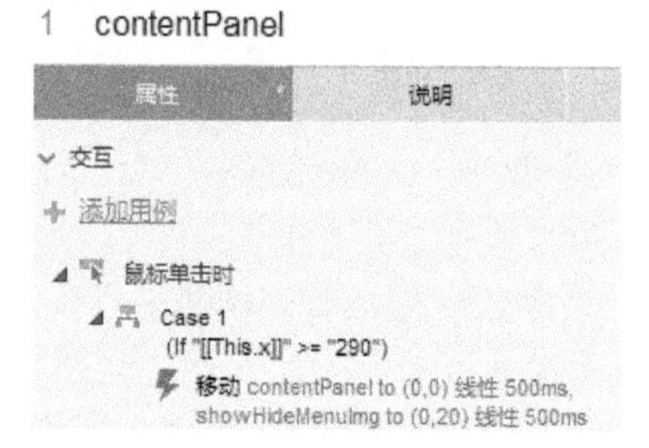

图 12-37　contentPanel 的鼠标单击时事件

5. 步骤五：设置 contentPanel 元件的拖动时和拖动结束时事件

最后，设置 contentPanel 元件的“拖动时”事件和“拖动结束时”事件，如图 12-38 所示。

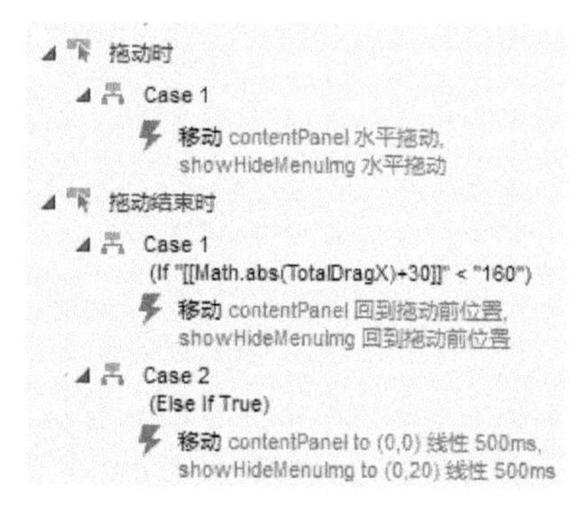

图 12-38　contentPanel 元件的拖动时、拖动结束时事件

在“拖动时”事件中，将 contentPanel 元件和 showHidMenuImg 元件都水平移动对应的位置。

在“拖动结束时”事件中，如果发现拖动的总距离小于 160 像素（整个 contentPanel 元件的宽度为 320 像素，即没有拖动超过中线时），将 contentPanel 元件和 showHidMenuImg 元件移动到拖动前的位置。如果大于等于 160 像素（即达到一半或超过一半时），则将 contentPanel 元件和 showHidMenuImg 元件移动到初始位置，覆盖 navImg 菜单图片。

12.4.4　案例演示效果

按〈F5〉快捷键预览该案例，默认如图 12-32 所示，当单击“ ≡ ”后，如图 12-33 所示，再次单击，如图 12-32 所示。在图 12-33 所示状态，拖动内容面板超过 160 像素时，又恢复到如图 12-32 所示的默认状态，如果没有超过 160 像素，则回退到如图 12-33 所示的状态。

12.5　分级菜单

分级菜单是指不止包括一级菜单项，还具有二级、三级菜单项，例如包括二级菜单的菜单就是很常见的一种分级菜单，一般用在菜单项比较多时。

当菜单项比较多时，一般将菜单分组，单击分组时，切换菜单的展开/关闭状态，在展开时，需要将下方的元件全部下移，当关闭时，需要将下方的元件全部上移。

如 189 邮箱的“特色功能”是分级菜单，如图 12-39 所示，“其他文件夹”同样是分级菜单，如图 12-40 所示。

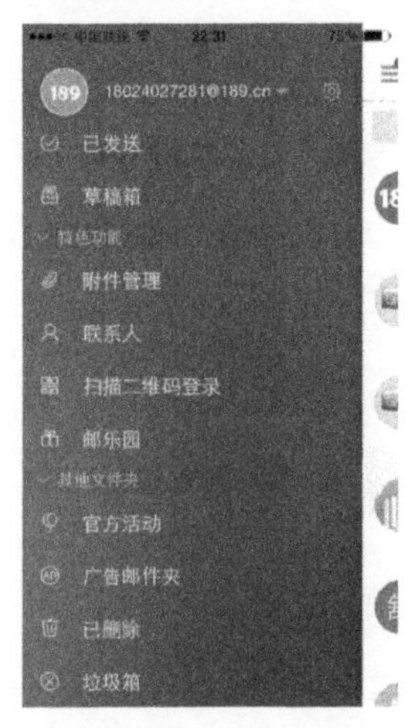

图 12-39　189 邮箱的“特色功能”分级菜单

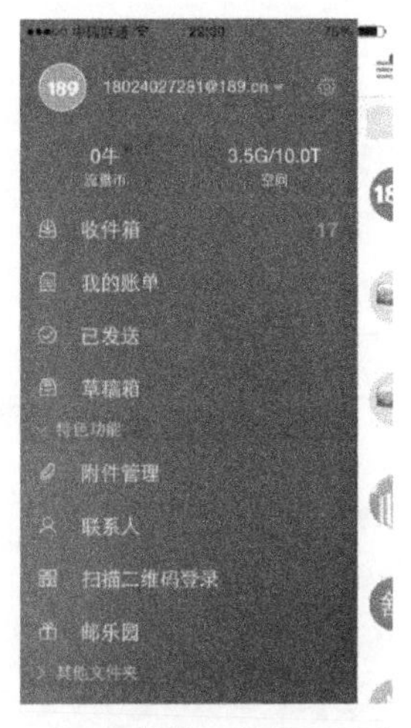

图 12-40　189 邮箱的“其他文件夹”分级菜单

12.5.1　案例要求

本案例要实现的主要功能如下。

1）在默认情况下“特色功能”的子菜单是显示状态，“其他文件夹”的子菜单隐藏。

2）当单击“特色功能”菜单时，如果当前子菜单是显示状态，将其设置为隐藏，如果当前子菜单是隐藏状态，将其设置为显示，并自动将下方元件上移或下移。

3）当单击“其他文件夹”菜单时，如果当前子菜单是显示状态，将其设置为隐藏，如果当前子菜单是隐藏状态，将其设置为显示，并自动将下方元件上移或下移。

12.5.2　案例分析

本案例的关键知识点分析如下。

1）将两个子菜单都设置为动态面板元件，“特色功能”的子菜单动态面板元件默认为显示，“其他文件夹”的子菜单动态面板元件默认为显示。

2）设置“特色功能”菜单矩形元件的“鼠标单击时”事件，根据其子菜单当前的显示/隐藏状态，进行隐藏/显示操作，为了实现下方元件的自动上移/下移效果，需要带有“拉动/推动元件”效果。

3）设置“其他文件夹”菜单矩形元件的鼠标单击时事件，与“特色功能”元件类似。

12.5.3　案例实现

1. 步骤一：添加页面

添加“分级菜单案例”页面。

2. 步骤二：添加页面中的元件

添加一级菜单“收件箱”“我的邮件”“已发送”“草稿箱”“特色功能”和“其他文件夹”的矩形元件。将“特色功能”的矩形元件命名为：menu1Rect，将“其他文件夹”的矩形文件命名为：menu2Rect。

添加“特色功能”子菜单的动态面板元件，命名为：submenu1Panel，里面包括 4 个子菜单矩形元件，分别表示：附件管理、联系人、扫描二维码登录和邮乐园。

添加“其他文件夹”子菜单的动态面板元件，命名为：submenu2Panel，里面包括 3 个子菜单矩形元件，分别表示：官方活动、广告文件夹和已删除。

页面布局如图 12-41 所示。

该案例的元件名称和包含关系可在“概要”面板查看，如图 12-42 所示。

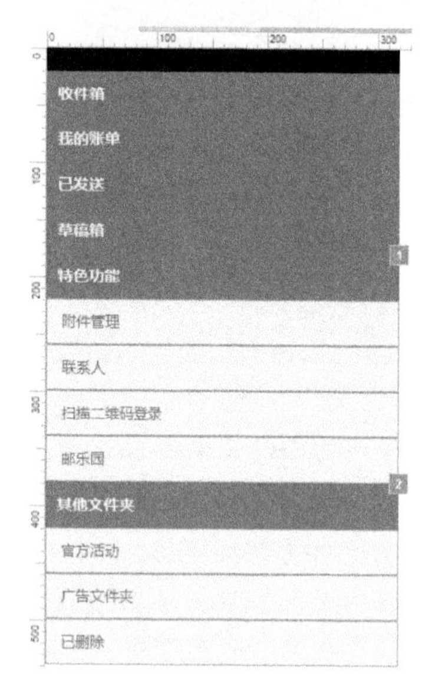

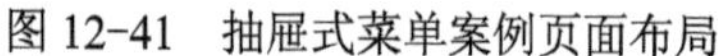

图 12-41　抽屉式菜单案例页面布局

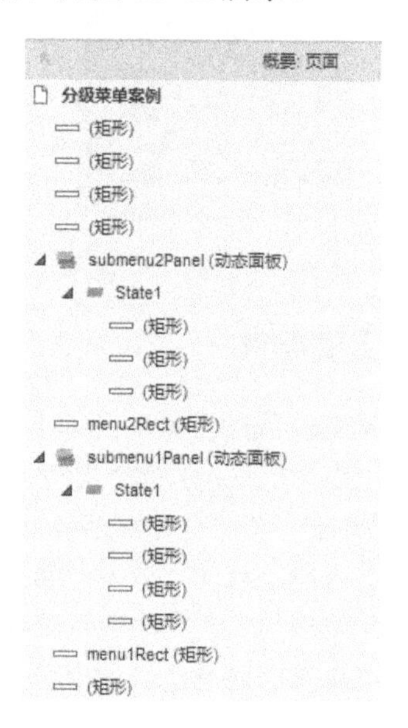

图 12-42　抽屉式菜单案例所有元件

3. 步骤三：设置“特色功能”元件的鼠标单击时事件

设置“特色功能”菜单矩形元件（名称为 menu1Rect）的“鼠标单击时”事件，如图 12-43 所示。

该事件表示的意思是，当单击“特色功能”菜单时：

1）如果下方的子菜单当前为显示状态时，隐藏下方的子菜单，并带有拉动效果，即将下方的元件都往上移动对应位置。

2）如果下方的子菜单当前为隐藏状态时，显示下方的子菜单，并带有推动效果，即将下方的元件都往下移动对应位置。

4. 步骤四：设置“其他文件夹”元件的鼠标单击时事件

最后，设置“其他文件夹”菜单矩形元件（名称为 menu2Rect）的“鼠标单击时”事件，如图 12-44 所示。事件的触发条件和动作与 menu1Rect 类似，不再赘述。

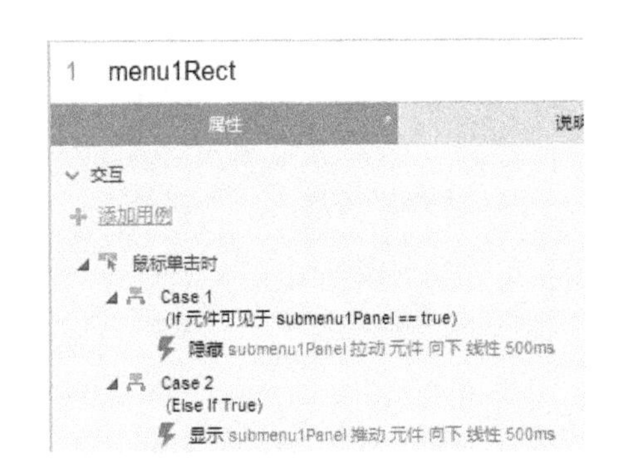

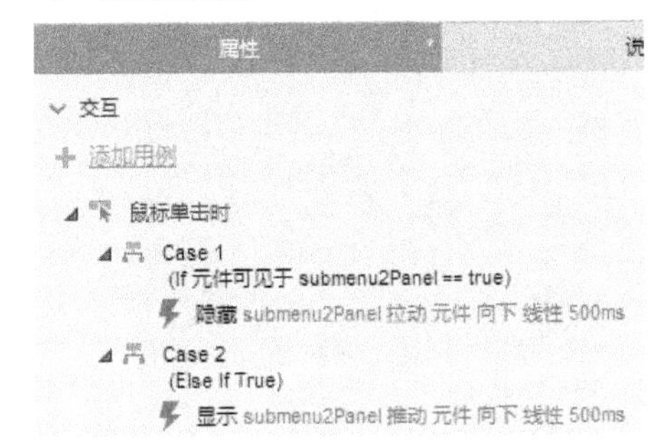

图 12-43　“特色功能”矩形元件的鼠标单击时事件　　图 12-44　“其他文件夹”矩形元件的鼠标单击时事件

12.5.4　案例演示效果

按〈F5〉快捷键预览该案例，默认如图 12-45 所示。

单击“特色功能”时，下方子菜单被隐藏，“其他文件夹”以及子菜单上移，如图 12-46 所示。接着，单击“其他文件夹”菜单，它下方的子菜单将被隐藏，如图 12-47 所示。

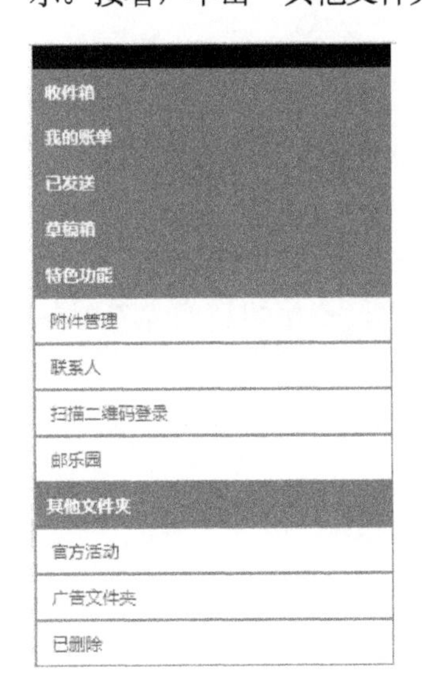

图 12-45　分级菜单默认状态

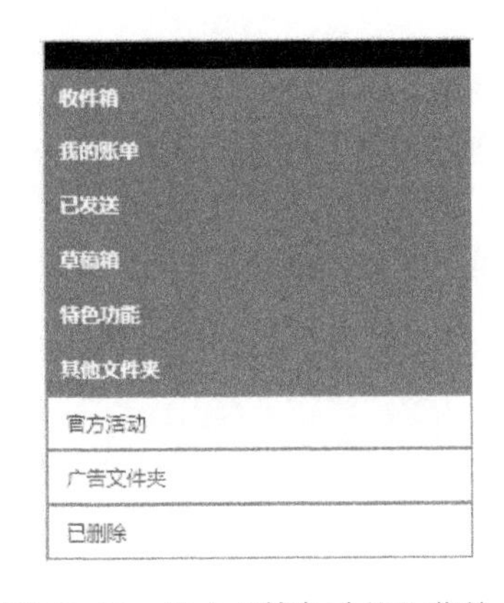

图 12-46　单击“特色功能”菜单

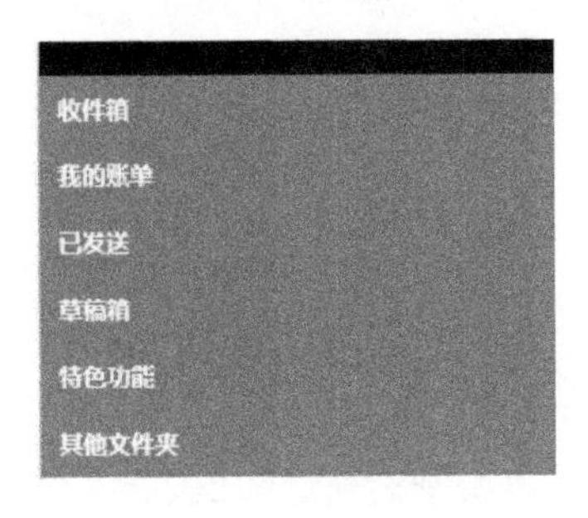

图 12-47　单击“其他文件夹”菜单

12.6　下拉列表式菜单

在下拉列表式菜单布局中，菜单项默认是隐藏状态，当单击打开菜单按钮时，将菜单设置为显示状态。下拉列表式菜单作为一级菜单很少见，一般用于作为小菜单项。

如数米基金宝显示 7 日收益的子菜单关闭状态，如图 12-48 所示。7 日收益的子菜单的打开状态，如图 12-49 所示。

图 12-48 “数米基金宝”下拉列表式菜单关闭状态

图 12-49 “数米基金宝”下拉列表式菜单打开状态

12.6.1 案例要求

本案例的下拉列表式菜单项需要实现的主要功能如下。

1）单击“打开菜单”按钮，显示子菜单项，此时，“打开菜单”按钮切换成“关闭菜单”按钮。

2）单击打开的子菜单项，子菜单项变成选中状态，并且内容区域变成所选择子菜单项的内容，并且，“关闭菜单”按钮切换成“打开菜单”按钮。

3）子菜单是打开状态时，单击“关闭菜单”按钮，关闭菜单。

12.6.2 案例分析

本案例的关键知识点分析如下。

1）将打开、关闭菜单按钮设置为动态面板元件，包括“open”（打开，内有“关闭菜单”的图片）和“close”（关闭，内有“打开菜单”的图片）两个状态。

2）将子菜单设置为动态面板元件，默认隐藏，包括子菜单项文本框元件（案例模拟 3 个子菜单，分别为：子菜单 1～子菜单 3），并设置交互样式，以及属于同样的分组。

3）将内容区域设置为动态面板元件，对应多个子菜单项，包括多个内容。

4）设置打开、关闭菜单按钮的动态面板元件的“鼠标单击时”事件，将打开、关闭菜单按钮动态面板元件设置为下一个状态，切换子菜单动态面板元件的显示和隐藏状态。

5）设置子菜单项矩形元件的“鼠标单击时”事件，将当前的选中状态设置为 true，将内容区域动态面板元件设置为所选择子菜单项的内容，隐藏子菜单动态面板元件，将页头区域显示子菜单项名称的文本框元件设置为所选择子菜单项的名称。

12.6.3　案例实现

1. 步骤一：添加页面

添加“下拉列表式菜单案例”页面。

2. 步骤二：添加页面中的元件

添加页面中的矩形元件和动态面板元件，需要注意的是，打开和关闭下拉列表式菜单的按钮因为有“close”（关闭，默认状态）和“open”（打开）两个状态，设置为动态面板元件，命名为：openClosePanel。3 个子菜单项矩形元件也封装到一个动态面板元件，命名为：submenuPanel，默认为不可见状态。内容区域因为要响应 3 个子菜单的不同显示内容，也设置为动态面板元件，命名为：contentPanel。页面布局如图 12-50 所示，“概要”面板中显示的元件列表和包含关系如图 12-51 所示。

图 12-50　下拉列表式菜单的页面布局

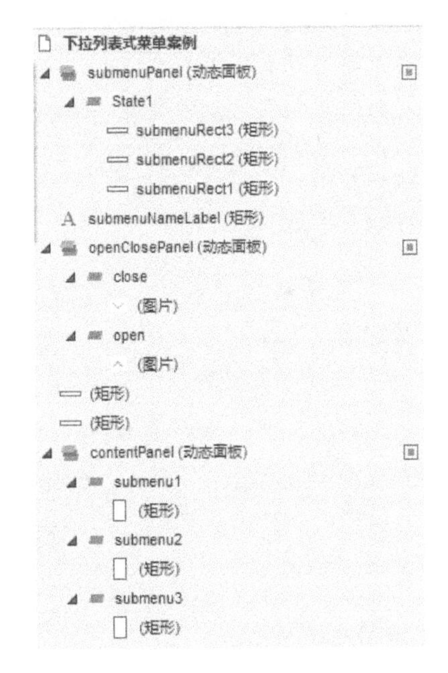

图 12-51　下拉列表式菜单的元件

3. 步骤三：设置打开和关闭菜单按钮的鼠标单击时事件

设置打开和关闭按钮的动态面板元件（名称为：openClosePanel）的“鼠标单击时”事件，如图 12-52 所示。

包含两个动作：切换 openClosePanel 动态面板元件的状态（即当前为 open，则 close；当前为 close，则 open）。切换子菜单 submenuPanel 动态面板元件的显示/隐藏状态（当前为隐藏则显示，当前为显示则隐藏），并带有逐渐的动态效果。

4. 步骤四：设置子菜单矩形元件的鼠标单击时事件

设置 3 个子菜单元件的“鼠标单击时”事件，其中，submenuRect1 元件的“鼠标单击时”事件如图 12-53 所示。包含 4 个动作，分别如下。

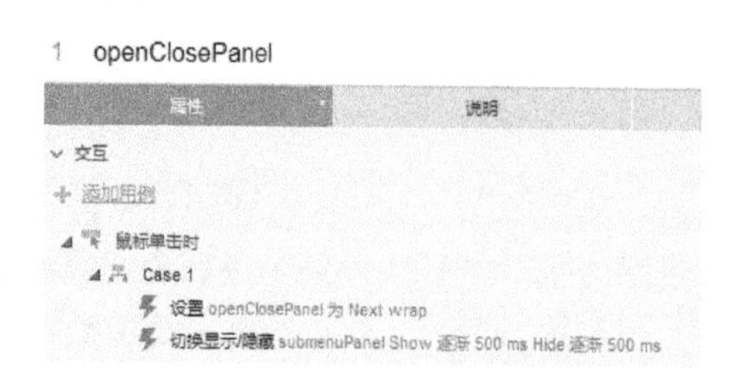

图 12-52　openClosePanel 元件的鼠标单击时事件

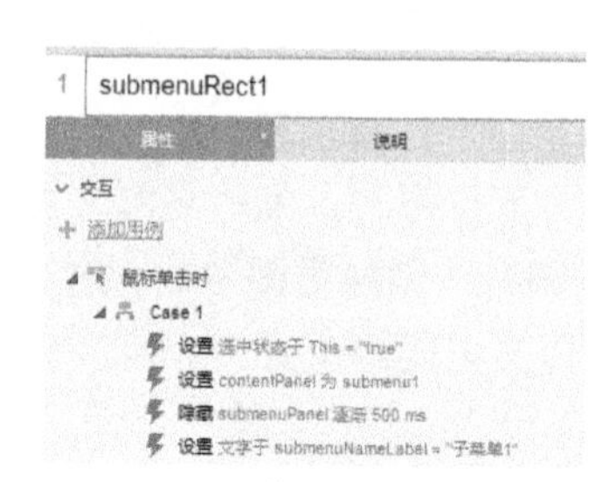

图 12-53　submenuRect1 元件的鼠标单击时事件

1）设置当前的选中状态为 true（在此之前需要将 3 个子菜单设置为同一分组，而且设置选中时的背景颜色有所改变，在这里设置的样式是选中时是鲜红色）。

2）将 contentPanel 动态面板元件的内容区域设置为 submenu1 状态。

3）隐藏子菜单动态面板元件 submenuPanel。

4）设置显示菜单名称的文本框元件的值为“子菜单 1”。

submenuRect2 元件和 submenuRect3 元件的“鼠标单击时”事件与此类似，不再赘述。

12.6.4　案例演示效果

按〈F5〉快捷键预览该案例，在默认情况下显示的是子菜单 1 的内容，子菜单是关闭状态，如图 12-54 所示。

单击“ ”（打开子菜单图标）按钮，打开子菜单，如图 12-55 所示。当单击“子菜单 2”时，如图 12-56 所示，显示子菜单 2 内容。

图 12-54　下拉列表式菜单默认状态

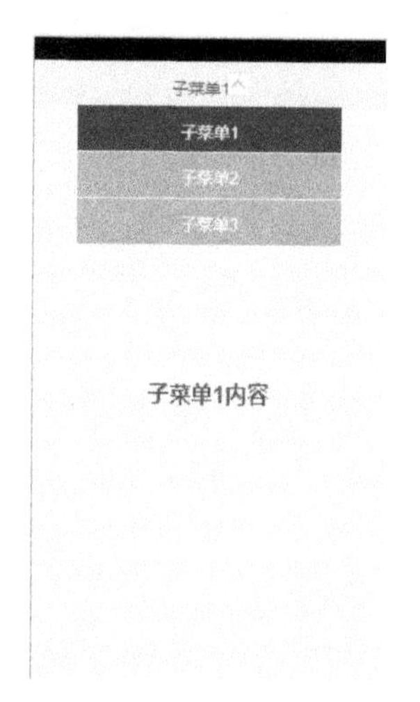

图 12-55　子菜单打开状态

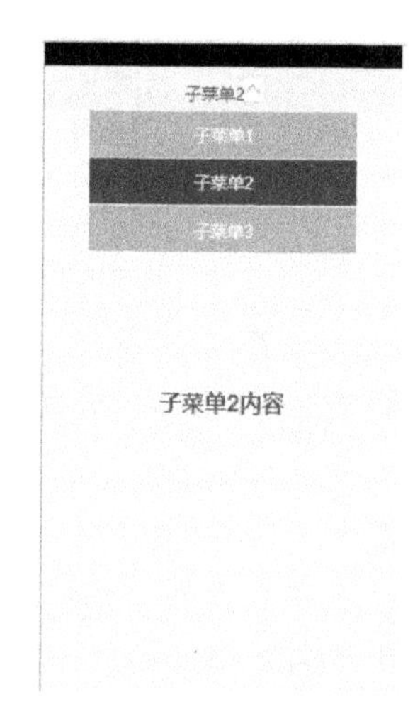

图 12-56　子菜单 2 被选择状态

12.7　多级导航菜单

电商网站如京东和天猫，因为其分类繁多，所以除一级菜单外，一般都带有二级和三级分类菜单。如京东 App 的三级导航菜单“推荐分类”和“京东超市”，分别如图 12-57 和图 12-58 所示。

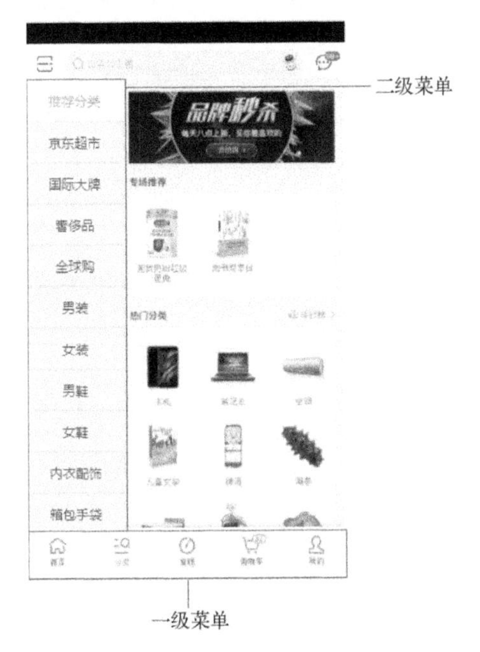

图 12-57　京东导航菜单——推荐分类

图 12-58　京东导航菜单——京东超市

12.7.1　案例要求

本案例需要实现的主要功能如下。

1）选中某个一级菜单，将跳转到对应页面，并将所选择的一级菜单设置为选中状态。

2）当单击某个二级菜单，将该二级菜单设置为选中状态，并且，自动切换显示内容。

3）因为二级菜单项非常多，一屏的高度不能完全显示，所以，可以拖动二级菜单项的动态面板元件，但是，二级菜单元件内部的第一个菜单项不能超过二级菜单面板元件的顶端，最后一个菜单项不能超过二级菜单面板元件的顶部。

12.7.2　案例分析

该案例的关键知识点分析如下。

1）将二级菜单元件设置为动态面板元件，高度为菜单在屏幕的可显示范围，在该动态面板元件的内部添加包含所有菜单项的动态面板元件（高度大于菜单在屏幕的可显示范围）。

2）所有菜单项设置为矩形元件，并设置交互样式，以及设置同样的分组。

3）将内容显示区域设置为动态面板元件，有多少二级菜单项，该元件就有多少个状态。

4）设置所有菜单项矩形元件的鼠标单击时事件，在单击某个菜单项时，将该菜单项元件的选中状态设置为 true，并将包含所有菜单项的动态面板元件移动到合适位置，将内容显示区域动态面板元件设置为对应的显示内容。

5）设置包含所有菜单项的动态面板元件的拖动时事件，在拖动时跟随鼠标沿着 Y 轴进行拖动。

6）设置包含所有菜单项的动态面板元件的拖动结束时事件，如果将元件拖动到 Y 坐标大于 0 的位置，则将其 Y 坐标重新设置为 0。如果将元件拖动到 Y 坐标小于-440 的位置，则将其 Y 坐标重新设置为-440 像素（此时最后一个菜单位于底部）。

12.7.3　案例实现

1. 步骤一：添加页面

添加该案例的“多级导航菜单案例”页面。

2. 步骤二：添加页面中的元件

添加页面中的图片（使用截图）、动态面板元件和热区元件，页面布局如图 12-59 所示，元件和元件的包含关系如图 12-60 所示。

图 12-59　多级导航菜单的页面布局

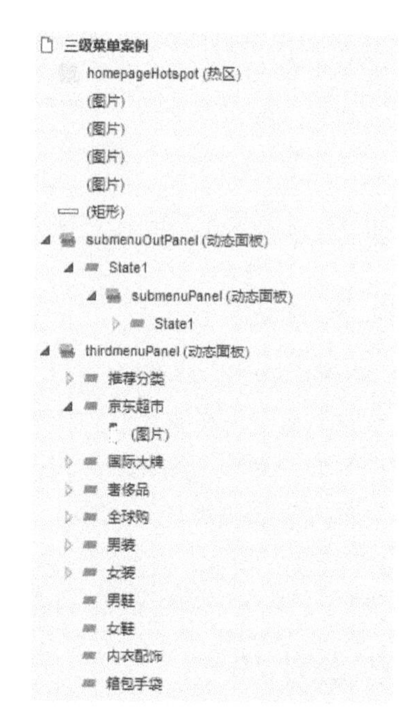

图 12-60　多级导航菜单的元件

3. 步骤三：添加二级菜单动态面板元件中的拖动时事件

设置二级菜单动态面板元件 submenuPanel 的“拖动时”事件，在拖动时跟随鼠标沿着

Y 坐标轴进行拖动，如图 12-61 所示。

4. 步骤四：添加二级菜单动态面板元件中的拖动结束时事件

接着，设置二级菜单 submenuPanel 动态面板元件的“拖动结束时”事件，如果将元件拖动到 Y 坐标大于 0 的位置，则将其 Y 坐标重新设置为 0。如果将元件拖动到 Y 坐标小于-440 的位置，则将其 Y 坐标重新设置为-440 像素（此时最后一个菜单位于底部），如图 12-62 所示。

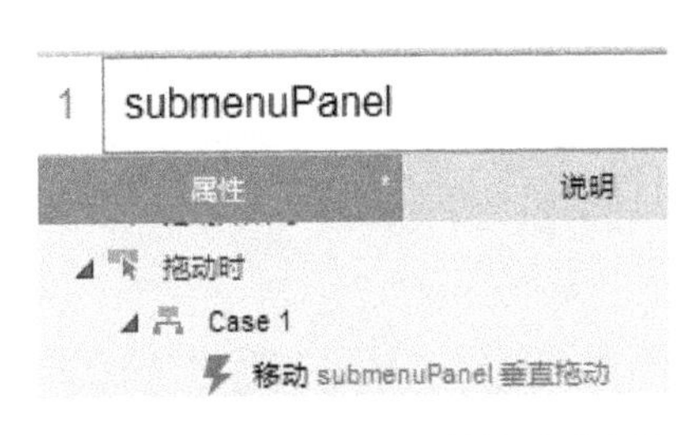

图 12-61　submenuPanel 的拖动时事件

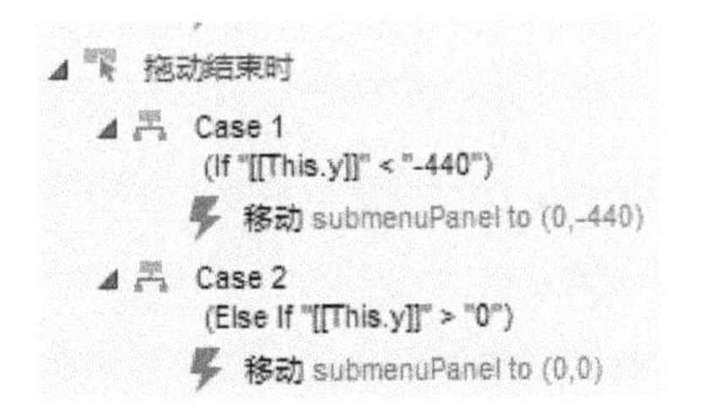

图 12-62　submenuPanel 的拖动结束时事件

5. 步骤五：添加“推荐分类”元件中的鼠标单击时事件

设置“推荐分类”文本框元件 submenuRect1 的鼠标单击时事件，如图 12-63 所示。

在这里，用到了一个 LVAR1 局部变量，它赋值为“推荐分类”矩形元件的文本值，即将内容显示区域切换到“推荐分类”状态。

6. 步骤六：添加“京东超市”元件中的鼠标单击时事件

设置“京东超市”文本框元件 submenuRect2 的“鼠标单击时”事件，如图 12-64 所示，动作和“推荐分类”矩形元件类似，不再赘述。

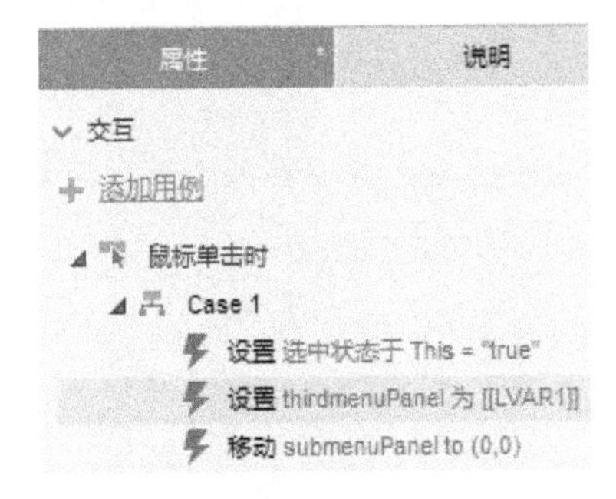

图 12-63　submenuRect1 的鼠标单击时事件

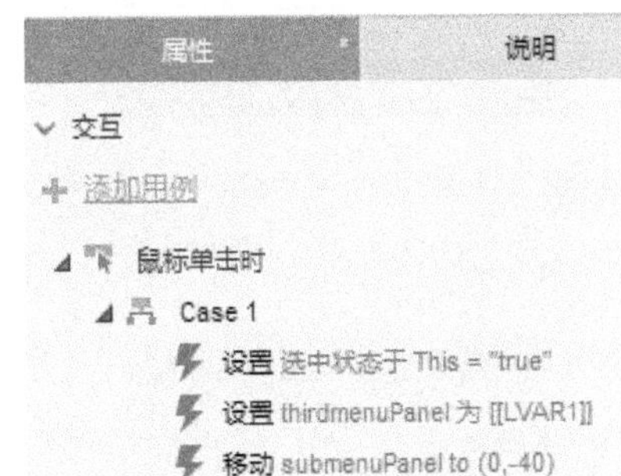

图 12-64　submenuRect2 的鼠标单击时事件

12.7.4　案例演示效果

按〈F5〉快捷键预览该案例，在默认情况下如图 12-65 所示。

左侧的二级菜单可以进行上下拖动操作，如图 12-66 所示。

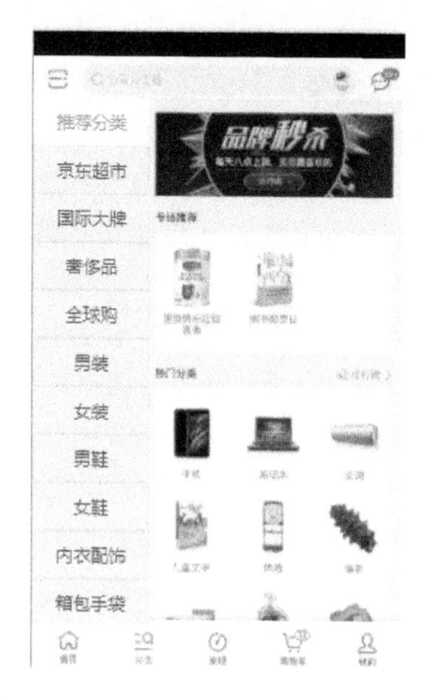

图 12-65　多级导航菜单——推荐分类

图 12-66　拖动二级菜单

12.8　特色菜单

有些菜单比较特殊，不遵循前面介绍的 7 种常用菜单布局，如 iPhone 5s 在发送短信息时可加入图片和视频（iPhone 7 Plus 已经更改了这个设计），而且不需要跳出短信息应用，可以很方便地通过滑动手指切换拍照/录像操作，单击“取消”按钮返回上一级。

选择拍照或录像后，默认显示如图 12-67 所示，当单击“视频”选项时，如图 12-68 所示。

图 12-67　iPhone 5s 发送图片或视频-选择照片

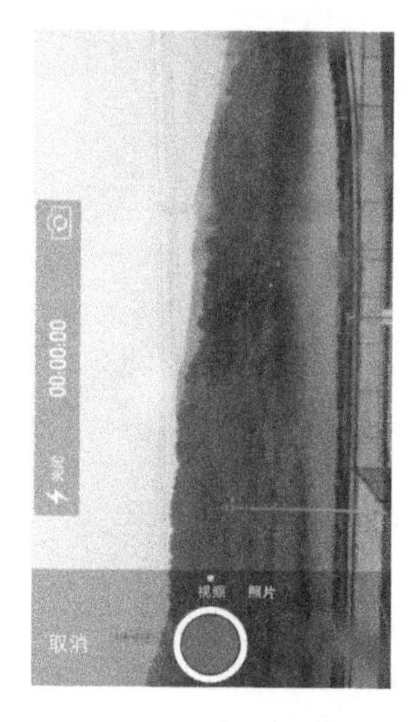

图 12-68　iPhone 5s 发送图片或视频-选择视频

12.8.1　案例要求

该案例需要实现的主要功能如下。

1）当前为“照片”状态（拍照），向右拖动或单击“视频”时，将“视频”菜单项设置为选中状态，并将菜单面板移动到“视频”菜单项居中位置，下方图标切换为录像图标。

2）当前为“视频”状态（录像），向左拖动或单击“图片”时，将“图片”菜单项设置为选中状态，并将菜单面板移动到“照片”菜单项居中位置，下方图标切换为拍照图标。

3）单击“取消”按钮，回到与某个联系人的信息列表页面。

12.8.2　案例分析

该案例的关键知识点分析如下。

1）设置“视频”和“照片”文本框元件的交互样式，并将其设置为同样的分组。

2）将表示当前选择菜单的图片转换为动态面板元件，包括 photo（照片）和 video（录像）两个状态。

3）设置“视频”和“照片”文本框元件的“鼠标单击时”事件，如果当前选中的是另一个菜单项，将单击菜单项设置为选中状态，移动“视频”和“照片”文本框元件，使得被单击的文本框元件位于屏幕中间，切换当前选择菜单的图片的动态面板状态元件。

4）将该页面的所有元件转换为动态面板元件：mainPanel。

5）设置 mainPanel 元件的“向左拖动结束时”事件，如果当前选中菜单项是“视频”时，将“照片”菜单项设置为选中状态，向左移动“视频”和“照片”文本框元件，切换当前选择菜单的图片的动态面板元件的状态。

6）设置 mainPanel 元件的“向右拖动结束时”事件，如果当前选中菜单项是“照片”时，将“视频”菜单项设置为“选中”状态，向左移动“视频”和“照片”文本框元件，切换当前选择菜单的图片的动态面板元件的状态。

12.8.3　案例实现

1. 步骤一：添加页面

首先，添加本案例的“特色菜单案例”页面。

2. 步骤二：添加页面中的元件

添加一些图片截图、主内容区域的动态面板元件，“”的动态面板元件（名称为：menuPanel），添加“照片”（名称为：photoLabel）、“视频”（名称为：videoLabel）和“取消”（名称为：cancelLabel）的文本框元件，页面布局和“概要”面板中的元件分别如图 12-69 和图 12-70 所示。

图 12-69　特色菜单案例页面布局

图 12-70　特色菜单案例的元件

3. 步骤三：设置 mainPanel 动态面板元件的向左/向右拖动结束时事件

接下来，设置 mainPanel 动态面板元件的“向左拖动结束时”事件和“向右拖动结束时”事件，这两个事件实现的是“案例分析”一节中 5）和 6）的动作效果，如图 12-71 所示。

4. 步骤四：设置 photoLabel 文本框元件的鼠标单击时事件

设置“照片”文本框元件（photoLabel）的“鼠标单击时”事件，如图 12-72 所示。所做的动作是：将“照片”文本框元件设置为选中状态，移动两个菜单文本框元件的位置到合适位置，将 menuPanel 元件设置为正确状态。

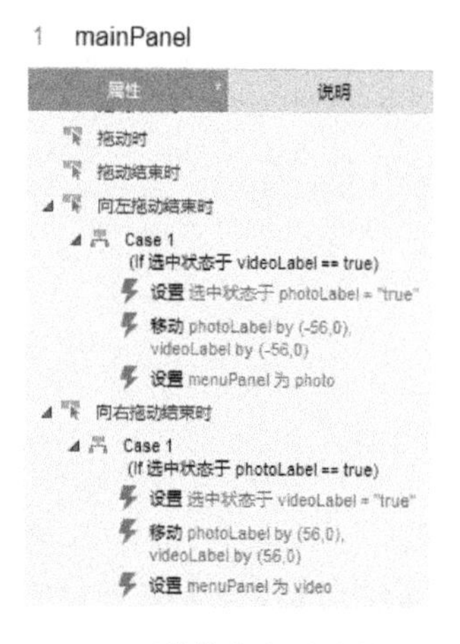

图 12-71　mainPanel 元件的向左/向右拖动结束时事件

图 12-72　photoLabel 元件的鼠标单击时事件

5. 步骤五：设置 videoLabel 文本框元件的鼠标单击时事件

设置“视频”文本框元件（videoLabel）的“鼠标单击时”事件，如图 12-73 所示。

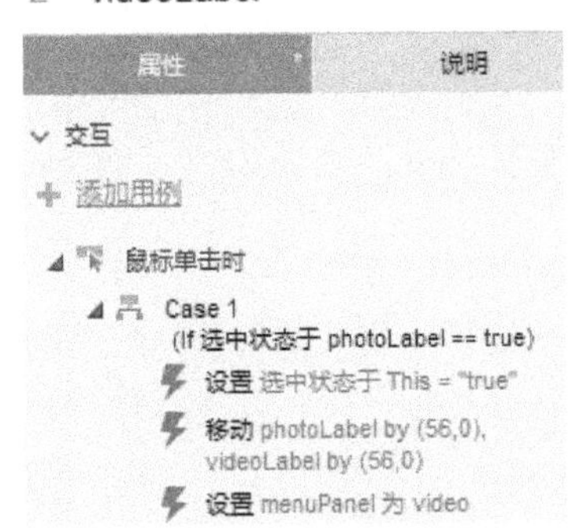

图 12-73　videoLabel 元件的鼠标单击时事件

3 个动作的设置与 photoLabel 元件类似，不再赘述。

12.8.4　案例演示效果

按〈F5〉快捷键预览该案例，在默认情况下显示“照片”菜单项的内容，如图 12-74 所示。

当在图 12-74 中单击“视频”按钮时，视频的文本框会移动到中间，照片的文本框会右移动，中间的圆形按钮也会切换到视频录制状态，如图 12-75 所示。在该状态下向左拖动，效果如图 12-74 所示，在图 12-74 状态向右拖动，则效果如图 12-75 所示。

图 12-74 “照片”菜单被选中状态

图 12-75 “视频”菜单被选中状态

12.9 本章小结

本章介绍了如何通过 Axure RP 实现常用菜单和特色菜单的设计，常用菜单包括标签式菜单、顶部菜单、九宫格菜单、抽屉式菜单、分级菜单、下拉列表式菜单和三级导航菜单。另外还讲解了 iPhone 中用到过的一款特色菜单，这几款菜单虽然实现方式有所不同，但用到的高级元件主要都是动态面板元件、热区元件和内联框架元件，另外，还用到了一些拉动、推动元件的效果。

第 13 章 整站原型设计——温馨小居

通过前 12 章内容的学习，大家应该已经掌握了 Axure RP 的基础功能和高级功能，本章通过一个整站原型设计综合案例，详细讲解温馨小居的 Web 网站和 App 原型设计，通过本章案例，可贯穿前面章节学到的知识，达到融会贯通的效果。本站案例以链家和安居客等国内知名的房地产租售服务平台为蓝本，为了简化案例，只实现了其中有关租房、楼讯、房价和个人中心的内容。

13.1 需求分析

本章需要实现 Web 网站和 App 原型设计，在进行设计之前，先简要介绍一下网站和 App 的具体需求，以便在进行原型设计时能有的放矢，更加高效。

温馨小居的网站需要实现类似于链家和安居客平台中的功能，App 设计因其屏幕比较小等原因，需要考虑一些特殊需求。

13.1.1 首页

首页提供首页幻灯、登录注册快捷入口、全局搜索区域，并提供精选租房房源区域、租房小区排行区域和热门楼讯区域。

13.1.2 租房

实现按区域租房、地图租房和小区租房，并可按照如下条件进行筛选，还可按照租金价格和发布时间进行排序。

筛选条件如下。

1）区域：北京的区域，包括朝阳、海淀、东城、西城、丰台、通州、石景山、昌平、大兴、顺义、房山、门头沟、密云、怀柔、平谷、延庆和北京周边，或者搜索所有区域。

2）租金范围：包括 1000 元以下、1000～1500 元、1500～2000 元、2000～2500 元、

2500～3000 元、3000～4000 元、4000～5000 元、5000～6000 元、6000～8000 元、8000～15000 元、15000 元以上，也可输入租房范围进行搜索，或者搜索全部。

3）房型：包括一室、两室、三室、四室、五室及以上，也可搜索全部。

4）类型：包括整租和合租，也可搜索全部。

5）房屋类型：包括普通住宅、公寓、平房、酒店公寓、商住两用、别墅、四合院和其他，也可搜索全部。

6）装修：包括简单装修、中等装修、精装修、豪华装修、毛坯和其他选项，也可搜索全部。

7）电梯：包括无电梯、有电梯，也可搜索全部。

8）来源：包括个人、经纪人、品牌公寓，也可搜索全部。

查询全部，或者筛选后进行查询，可查询出所有符合条件的租房房源信息，并可按照"默认""租金"降序或升序、"最新"（时间）降序进行排序。在租房房源列表页显示该房源的图片、名称、几室几厅、多少平米、楼层（总楼层中的第几层）、发布人、小区名称、地址、类型（整租/合租）、价格、房屋朝向（南北、东西、朝南、朝北、朝东和朝西等）。

单击租房房源列表页某个房源的任何一个区域进入该房源的租房详情页面，详情页显示的信息主要内容如下。

1）房源图片：可显示多张图片信息，例如提供室内图、户型图、环境图和周边地图。

2）发布人：包括发布人头像、姓名、联系电话、等级、房源得分、服务得分、评价得分、所属公司和门店等。

3）房屋信息：房屋编码、发布时间、租房价格、户型、面积、朝向（南北/东西//朝南/朝北/朝东/朝西等）、装修（精装修/简装等）、要求（如男女不限、限男性、限女性等）、楼层、小区名称、小区地址（地图和文字方式展示）、房屋配套、房屋概况。

4）看了又看：看过这套房的其他人看过的一些热门房源。

5）猜你喜欢：根据浏览记录和喜好推荐房源。

6）小区问答：展示小区的提问和回答情况。

7）租金走势：以本小区、本区域两条折线图的方式展示租金走势变化。

13.1.3 楼讯

提供有关租房、买房、房地产方面相关的国家政策等方面的热门新闻资讯。例如《北京市住建委发布文件：中介费由谁支付可协商约定》《调查：有北京郊区租金涨五成 通州涨幅几乎 100%》《楼市新局："租""共"担纲》等热点新闻。

13.1.4 房价

包括如下两个区域。

1）区域房价走势：默认以折线图的方式显示整个北京市的房价走势，并可单击朝阳、海淀、东城、西城、丰台、通州、石景山、昌平、大兴、顺义、房山、门头沟、密云、怀柔、平谷、延庆和北京周边等区域展示选择区域的房价走势，也可单击"全部"显示整个北京市的房价走势。

2）北京热门小区房价走势： 以折线图的方式显示北京热门小区的房价走势，并在某个小区右侧可以查看热门的租房房源，并可单击进入该租房房源的详情页面。

13.1.5　个人中心

个人中心提供如下功能。

1）个人资料： 查看和编辑个人资料的功能，个人信息主要包括头像、用户名、昵称、邮箱、手机号码、密码，其中，用户名不允许修改。

2）系统消息： 系统给用户发送的所有信息列表，包括标题、内容、发布时间、发布人信息。

3）问答： 显示所有已经回答的问题列表，列表项包括问题名称、发布人、发布时间、回答内容和回答时间。

4）我的积分： 显示积分原因、积分分数、积分时间列表。

13.1.6　App 设计特别需求

考虑到智能终端屏幕小等特点，App 原型设计需要考虑如下一些特殊需求。

1. 原型设计尺寸

本案例使用比较通用的 iPhone 6 Plus（或 iPhone 7 Plus）作为原型适配手机，设计时，按照宽度为 414 像素，高度为 736 像素进行设计。

2. 菜单数量

菜单数量不宜太多或太少，以 4～5 个为宜，本章 App 提供 4 个菜单，包括："首页"（从这进入租房、楼讯、房价等入口）、"推荐"（推荐租房小区）、"发现"（热门楼讯信息）、"我"（进入个人中心的入口），建议采用如微信、京东等 App 类似的底部标签式菜单。

3. 新手引导页面

为了对新用户有所指引，第一次进入时，需要提供首次引导效果，可选取新功能或特色功能的图片作为启动引导页面的图片，当看完引导页面后，进入首页。

4. 启动过渡页面

开始启动原型后，会有类似链家的启动过渡页面，或者有些 App 会展示广告信息作为启动过渡页面。

13.2　App 高保真线框图

本案例的 App 以 iPhone 6 Plus（或 iPhone 7 Plus）作为设计尺寸，内容区域宽度使用 414 像素，高度使用 709 像素（总高度为 736 像素，状态栏 27 像素，因此内容区域高度为 736-27=709 像素）。

13.2.1 新手引导

为了给新手用户以引导，在“页面”面板创建“新手引导”页面。

1. 步骤一：准备元件

首先创建一个 contentPanel 的动态面板元件，包括 img1 和 img2 两个状态。页面的主要元件如图 13-1 所示。

2. 步骤二：设置 contentPanel 元件的向左拖动结束时事件

设置 contentPanel 动态面板元件的“向左拖动结束时”事件，只有当该动态面板元件为 img1 状态时，才需要将其切换到 img2 状态，如图 13-2 所示。

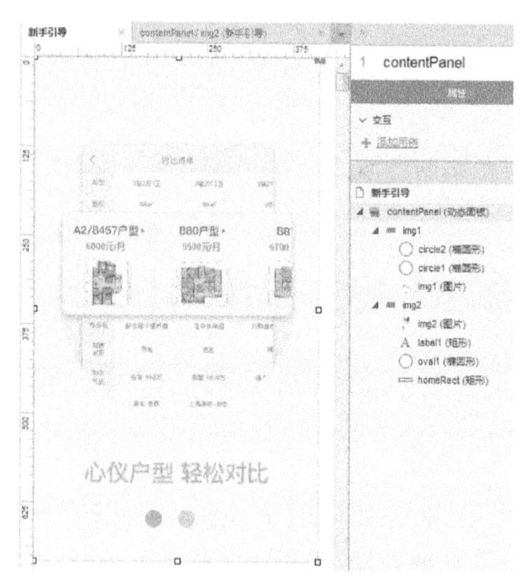

图 13-1 新手引导页面主要元件

图 13-2 contentPanel 元件的向左拖动结束时事件

3. 步骤三：设置 contentPanel 元件的向右拖动结束时事件

设置 contentPanel 动态面板元件的“向右拖动结束时”事件，只有当该动态面板元件为 img2 状态时，才需要将其切换到 img1 状态，如图 13-3 所示。

4. 步骤四：设置 homeRect 元件的鼠标单击时事件

最后，在 contentPanel 动态面板元件的 img2 状态，单击“立即体验”矩形元件，在“检视”面板的“属性”选项卡设置“鼠标单击时”事件，当单击时跳转到首页，如图 13-4 所示。

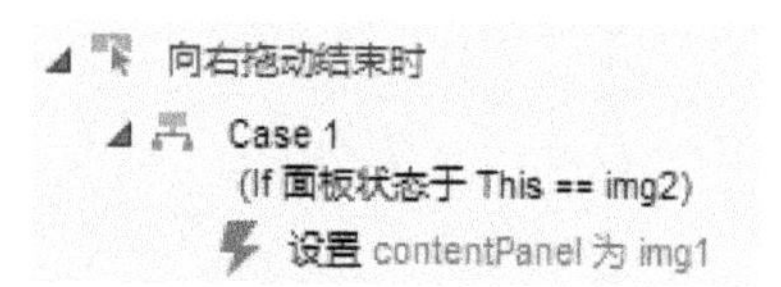

图 13-3 contentPanel 元件的向右拖动结束时事件

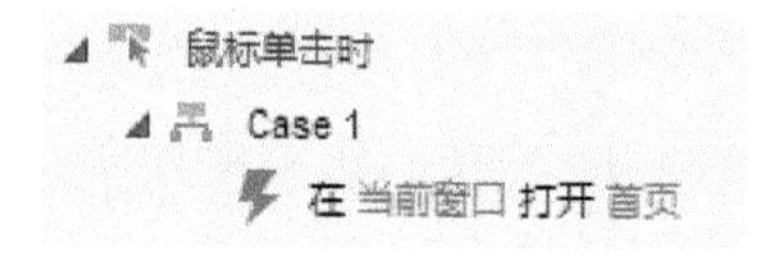

图 13-4 homeRect 元件的鼠标单击时事件

13.2.2 首页

在“页面”面板创建“首页”页面，首页主要包括：首页幻灯、快捷入口（租房、房价、新闻等）、全局搜索等入口，并可切换标签式菜单进入其他功能，另外，在首页中还将实现启动过渡页面，可以单击跳过启动过渡页面，如果不单击，在此进行模拟，默认 3 秒后展示首页内容。

1. 步骤一：准备“首页”元件

创建 contentPanel 动态面板元件，宽度 414 像素，高度 709 像素。包括两个状态：启动过渡效果（默认状态）、主页面，该页面的主要元件如图 13-5 所示。

图 13-5　首页的主要元件

“首页”页面的主要元件属性如表 13-1 所示。

表 13-1　“首页”页面的主要元件属性

元件名称	元件种类	坐标	尺寸	备注	可见性
contentPanel	动态面板	X0;Y0	W414;H709	最外层的动态面板元件，包括“启动过渡效果”和“主页面”两个状态	Y
transitionImage	图片	X0;Y0	W414;H612	contentPanel 元件的“启动过渡效果”状态下的广告图片	Y
transitionRect	矩形	X0;Y612	W414;H97	contentPanel 元件的“启动过渡效果”状态下的广告图片下方的白色矩形，带有文字“温馨小居”	Y
skipHotspot	热区	X320;Y18	W82;H34	contentPanel 元件的“启动过渡效果”状态下的广告图片“跳过广告”上方的热区元件，用于切换到“主页面”状态	Y
contentInPanel	动态面板	X0;Y0	W414;H649	contentPanel 元件的“主页面”状态下内部动态面板元件，用于添加内联框架引入实际的主页面内容区域	Y
contentInFrame	内联框架	X0;Y0	W434;H666	contentInPanel 元件内部的内联框架元件，设置“隐藏边框”，并设置链接到“首页内容区域”页面	Y

（续）

元件名称	元件种类	坐标	尺寸	备注	可见性
buttomPanel	动态面板	X0;Y649	W414;H60	contentPanel 元件的“主页面”状态下下方的标签式菜单，包括“首页”“推荐”“发现”“我”4 个状态，分别表示不同的按钮被选中时的菜单，被选中的菜单是绿色背景	Y
menuHotspot1	热区	X26;Y649	W43;H60	contentPanel 元件的“主页面”状态下 buttomPanel 上“首页”菜单上的热区元件	Y
menuHotspot2	热区	X143;Y649	W43;H60	contentPanel 元件的“主页面”状态下 buttomPanel 上“推荐”菜单上的热区元件	Y
menuHotspot3	热区	X261;Y649	W43;H60	contentPanel 元件的“主页面”状态下 buttomPanel 上“发现”菜单上的热区元件	Y
menuHotspot4	热区	X360;Y649	W43;H60	contentPanel 元件的“主页面”状态下 buttomPanel 上“我”菜单上的热区元件	Y

2. 步骤二：准备“首页内容区域”页面的元件

新建“首页内容区域”页面，包括除底部菜单外的首页其他内容区域，页面的主要元件如图 13-6 所示。

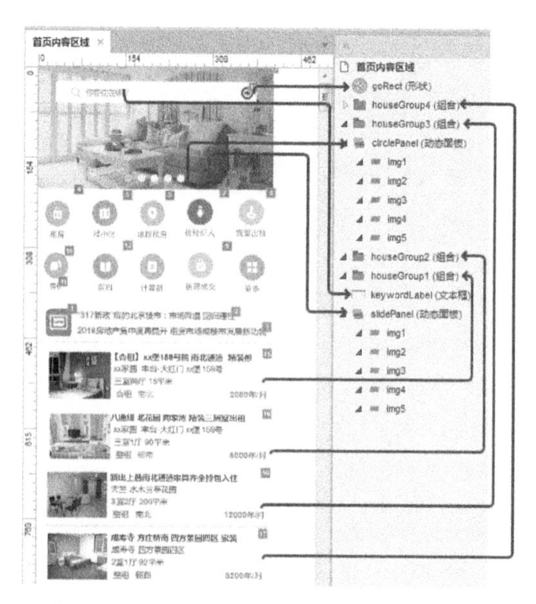

图 13-6 “首页内容区域”页面的主要元件

“首页内容区域”页面的主要元件属性如表 13-2 所示。

表 13-2 “首页内容区域”页面的主要元件属性

元件名称	元件种类	坐标	尺寸	备注	可见性
keywordLabel	文本框	X82;Y31	W268;H25	全局搜索的文本框元件，需要隐藏边框，设置提示文本为“你想住在哪？”，并设置提示文本的字体颜色为#999999	Y
goRect	形状	X357;Y33	W21;H21	引入的开始搜索形状的小图标	Y
slidePanel	动态面板	X0;Y0	W414;H208	首页幻灯效果的动态面板元件，包括 img1～img5 一共 5 个状态，分别代表 5 张幻灯图片	Y

（续）

元件名称	元件种类	坐标	尺寸	备注	可见性
circlePanel	动态面板	X153;Y182	W107;H14	首页幻灯上方的 5 个小圆点图片，与 slidePanel 对应，也有 img1～img5 一共 5 个状态，分别表示第一张～第五张图片中某种图片被播放的状态，例如正在播放第二张图片时，img2 状态中，第二个圆点为灰色背景色，其余 4 个小圆点为白色背景色	Y
houseGroup1	组合元件	X21;Y486	W384;H79	下方第一个租房信息多个元件组合而成，即选中多个元件后右击选择“组合”菜单项形成	Y
houseGroup2	组合元件	X21;Y589	W384;H79	下方第二个租房信息多个元件组合而成	Y
houseGroup3	组合元件	X18;Y689	W385;H80	下方第三个租房信息多个元件组合而成	Y
houseGroup4	组合元件	X19;Y793	W380;H79	下方第三个租房信息多个元件组合而成	Y

3. 步骤三：设置首页事件

（1）设置“首页”的“页面加载时”事件

为了让引导过渡效果在 3 秒后自动消失，切换为正式的首页内容，首先，单击菜单栏的“项目”→“全局变量”命令，在“全局变量”对话框创建名为 menuSelect 的全局变量，并设置其默认值为“首页”。接着，设置“首页”的“页面加载时”事件，如图 13-7 所示，还需要针对 menuSelect 全局变量的值将底部菜单切换为不同的内容，menuSelect 值改变的内容会在设置其余的页面时进行讲解。

在该事件中，Case2～Case4 用例都是为了后续页面进入该页面时能正常的跳转，在此，需要说明一下 Case1 用例，该用例比较简单，就是等待 3 秒后，将 contentPanel 由“引导过渡效果”状态，切换为“主页面”状态。

图 13-7　“首页”的页面加载时事件

（2）设置“首页”skipHotspot 元件的鼠标单击时事件

进入首页 contentPanel 动态面板元件的“引导过渡效果”状态，设置该状态内部的 skipHotspot 元件的“鼠标单击时”事件，当单击该热区元件时，将 contentPanel 元件切换到“主页面”状态，如图 13-8 所示。

（3）设置首页 menuHotspot1 元件～menuHotspot4 元件的鼠标单击时事件

进入首页 contentPanel 动态面板元件的“主页面”状态，设置 menuHotspot1 元件～menuHotspot4 元件的“鼠标单击时”事件，需要在该事件中将 buttomPanel 动态面板元件切换为正确状态，并且将 contentInFram3 内联框架元件指向正确的地址。例如 menuHotspot1 热区元件的“鼠标单击时”事件如图 13-9 所示，menuHotspot2 元件～menuHotspot4 元件的设置与此类似，不再赘述。

图 13-8　skipHotspot 元件的鼠标单击时事件

图 13-9　menuHotspot1 元件的鼠标单击时事件

4. 步骤三：设置“首页内容区域”页面的事件

（1）设置首页幻灯效果

打开“首页内容区域”页面，选中首页幻灯的 slidePanel 动态面板元件，设置它的“向左拖动结束时”事件。当向左拖动时，需要切换 slidePanel 为下一个状态，并且需要循环，即已经到 img5 时，又从 img1 开始循环，并将表示当前播放第几张图片的小圆点的 circlePanel 动态面板元件也切换为下一个状态，也需要进行循环，如图 13-10 所示。

slidePanel 动态面板元件的“向右拖动结束时”事件与此类似，不过切换到的是前一个状态，也需要进行循环，如图 13-11 所示。

向左拖动结束时
Case 1
设置 slidePanel 为 Next wrap,
circlePanel 为 Next wrap

图 13-10 slidePanel 元件的向左拖动结束时事件

向右拖动结束时
Case 1
设置 slidePanel 为 Previous wrap,
circlePanel 为 Previous wrap

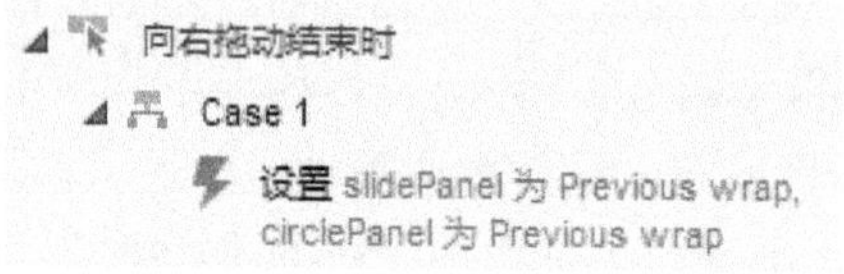

图 13-11 slidePanel 元件的向右拖动结束时事件

（2）设置到“租房”页面的链接

在首页内容区域页面，把“租房”“找小区”“地图”找房等图片创建到“租房”页面的链接，设置这些元件的“鼠标单击时”事件即可，非常简单，不再赘述。

（3）设置到“房价”页面的链接

在首页内容区域页面，在“房价”图片创建到“房价”页面的链接，设置该元件的“鼠标单击时”事件即可。

（4）设置到“租房详情”页面的链接

为 houseGroup1～ houseGroup4 总计 4 个组合元件设置到“租房详情”页面的链接，设置这些元件的“鼠标单击时”事件即可。

13.2.3 租房

在该部分创建“租房”“租房推荐”“租房详情”3 个页面，分别表示租房列表、租房推荐和租房详情页面。

1. 步骤一：准备“租房推荐”页面元件

标签式菜单单击“推荐”菜单项时，链接到该页面，该页面相对简单，添加一个 contentPanel 的动态面板元件，宽度为 440 像素（只显示垂直滚动条，可以稍微多设置几十像素宽度），高度为 649 像素，即：总 736 像素（总高度）-27 像素（状态栏）-60 像素（底部菜单）。

设置 contentPanel 动态面板元件的“滚动条”属性为“自动显示垂直滚动条”。接着，双击该元件的 State1 状态，添加 9 条租房信息，每条租房信息设置一个组合元件，9 个组合元件命名为：houseGroup1 ～ houseGroup9。

“租房推荐”页面的主要元件如图 13-12 所示。

2. 步骤二：准备“租房”页面元件

“租房”页面为租房的搜索页面，该页面是本章 App 案例中最复杂的一个页面，用到动态面板元件、中继器元件，包括：关键字搜索、条件（区域、方式、房型和租金）搜索等功能。该页面也包括一个 contentPanel 动态面板元件，宽度为 440 像素，高度为 649 像素。

在 contentPanel 动态面板元件的 State1 状态，主要元件如图 13-13 所示。

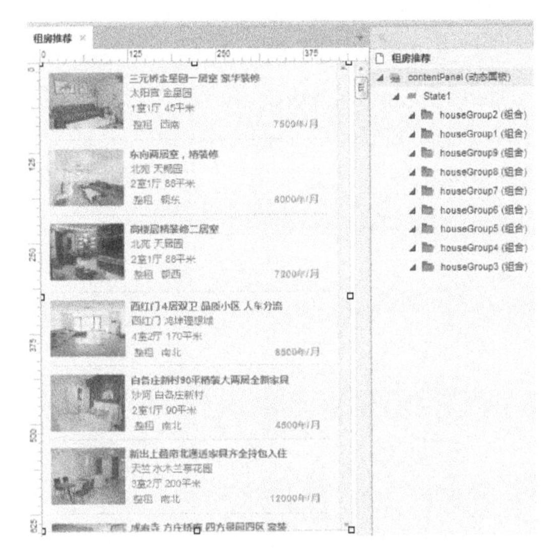

图 13-12　租房推荐页面的主要元件

图 13-13　租房页面的主要元件

“租房”页面的主要元件属性如表 13-3 所示。

表 13-3　“租房”页面 contentPanel 的 State1 状态的主要元件属性

元件名称	元件种类	坐标	尺寸	备注	可见性
keywordLabel	文本框	X82;Y9	W282;H25	全局搜索的文本框元件，需要隐藏边框，设置提示文本为“请输入小区/商圈/地铁站”，并设置提示文本的字体颜色为#999999	Y
backImage	形状	X9;Y6	W13;H22	返回按钮	Y
goRect	形状	X372;Y11	W21;H21	引入的开始搜索形状的小图标	Y
areaLabel	文本标签	X16;Y49	W29;H16	“区域”筛选文本框	Y
areaRect	矩形	X47;Y51	W16;H12	“区域”筛选倒三角形	Y
modeLabel	文本标签	X135;Y49	W29;H16	“方式”筛选文本框	Y
modeRect	矩形	X166;Y51	W16;H12	“方式”筛选倒三角形	Y
roomTypeLabel	文本标签	X247;Y49	W29;H16	“房型”筛选文本框	Y
roomTypeRect	矩形	X278;Y53	W16;H12	“房型”筛选倒三角形	Y
priceTypeLabel	文本标签	X356;Y49	W29;H16	“价格”筛选文本框	Y
priceTypeRect	矩形	X385;Y51	W16;H12	“价格”筛选倒三角形	Y
searchPanel	动态面板	X9;Y77	W406;H510	对应“区域”“方式”“房型”“价格”的搜索，具有 4 个不同状态的动态面板元件，设置“属性”选项卡中“自动调整为内容尺寸”，默认为隐藏状态	N
resultRepeater	中继器	X9;Y77	自适应状态的内容	搜索结果的中继器元件，会根据筛选条件筛选结果	Y

3. 步骤三：准备“租房详情”页面元件

“租房详情”页面为租房的详细信息页面，添加一个 contentPanel 的动态面板元件，宽度为 440 像素（只显示垂直滚动条，可以稍微多设置几十像素宽度），高度为 709 像素，即：总 736 像素（总高度）-27 像素（状态栏），该页面不需要带底部标签式菜单。

设置 contentPanel 动态面板元件的“滚动条”属性为“自动显示垂直滚动条”。接着，双击该元件的 State1 状态，添加详情信息，包括：图片区域 imgPanel 动态面板元件、租房基本信息（名称、方式、租金、房型、面积、装修、楼层、类型、年代、地址、小区、地址信息等）、房屋配套、房屋概况、猜你喜欢（5 条猜你会喜欢的推荐租房信息）、看了又看（看过该租房信息的人看过的其他 5 条推荐租房信息），State1 状态的内容如图 13-14 所示。

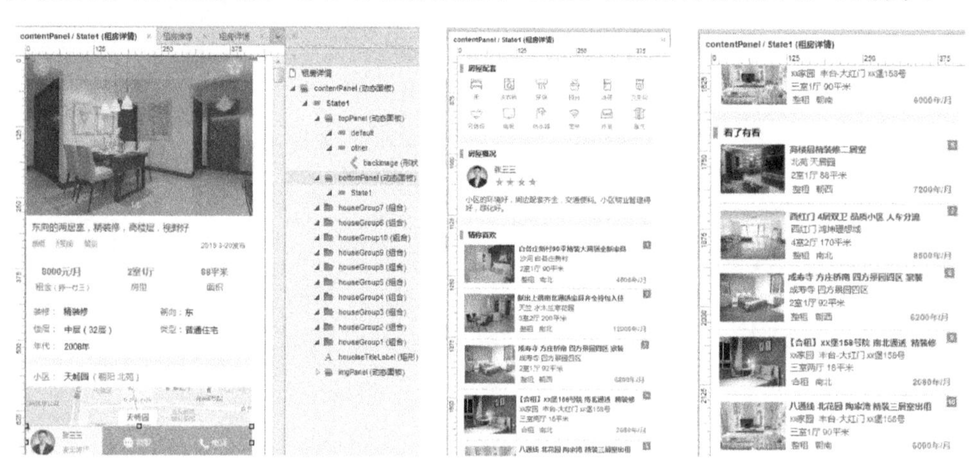

图 13-14　租房详情页面内部的主要元件

4. 步骤四：设置“租房推荐”页面的事件

该页面的事件比较简单，只需要设置 9 个组合元件 houseGroup1 ～ houseGroup9 的“鼠标单击时”事件即可，设置其在父级框架打开“租房详情”页面（因为在当前页面打开“租房详情”页会带有底部标签式菜单，详情页不需要底部菜单）。houseGroup1 组合元件的“鼠标单击时”事件如图 13-15 所示，其余 8 个组合元件与此类似，不再赘述。

5. 步骤五：设置“租房详情”页面的事件

（1）设置 imgPanel 元件的向左和向右拖动结束时事件

“租房详情”页面需要注意的是租房图片区域的动态面板元件，需要设置“向左拖动结束时”和“向右拖动结束时”事件，与“首页”页面的首页幻灯效果类似，如图 13-16 所示。

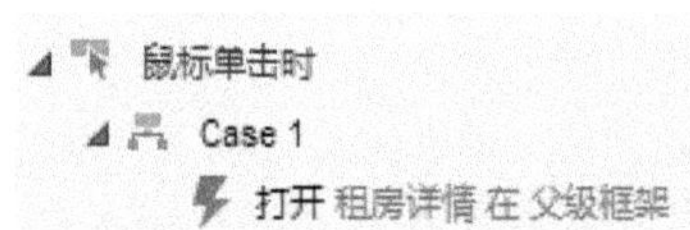

图 13-15　houseGroup1 元件的鼠标单击时事件

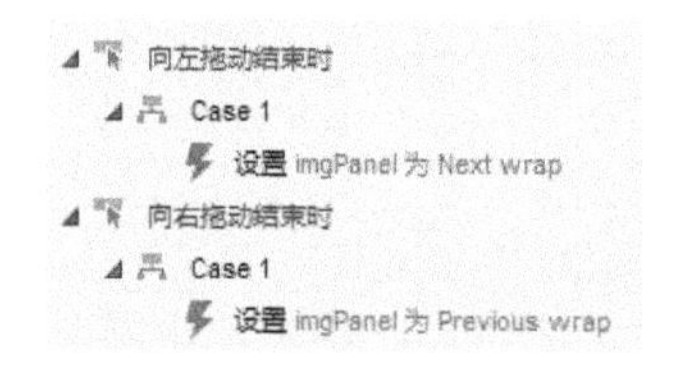

图 13-16　imgPanel 元件的向左/向右拖动结束时事件

（2）设置 houseGroup1 元件～houseGroup10 元件的鼠标单击时事件

为“看了又看”和“猜你喜欢”区域的 10 个租房信息组合元件设置“鼠标单击时”事件，在链接到“首页”时，更改 menuSelect 全局变量的值为“推荐”，在讲解“首页”的“页面加载时”事件时，根据该局部变量对内联框架元件所指向的地址，以及底部菜单的状态变化都做了相应处理。houseGroup1 元件的“鼠标单击时”事件如图 13-17 所示，其余 9 个组合元件与此类似，不再赘述。

（3）设置 bottomPanel 元件的属性

为了让带有头像、姓名、微聊和电话的底部菜单始终在底部固定位置，可在“检视”面板的“属性”选项卡设置 bottomPanel 动态面板元件“固定在浏览器”，X 坐标为 0 像素，Y 坐标等于 651 像素（即 736 像素-状态栏 27 像素-bottomPanel 元件高度 58 像素），如图 13-18 所示。

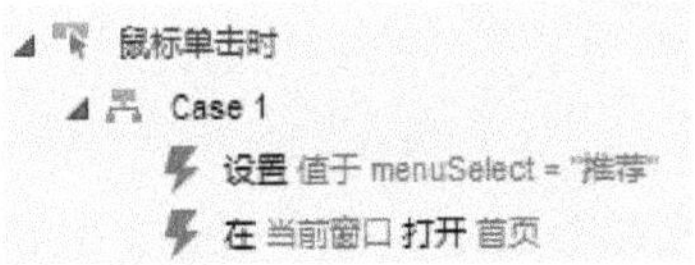

鼠标单击时
Case 1
设置 值于 menuSelect = "推荐"
在 当前窗口 打开 首页

图 13-17　houseGroup1 元件的鼠标单击时事件

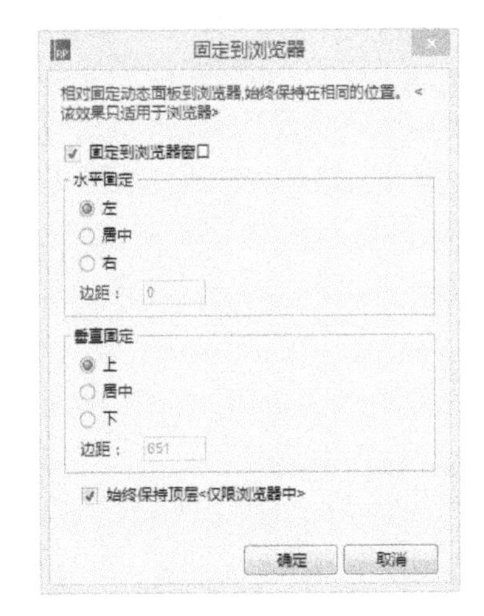

图 13-18　将 bottomPanel 元件固定在浏览器指定位置

（4）设置 topPanel 的属性

与 bottomPanel 元件类似，topPanel 元件一直处于顶部的位置，也可在“检视”面板的“属性”选项卡将其“固定到浏览器窗口”，如图 13-19 所示。

（5）设置 contentPanel 元件的“滚动时”事件

topPanel 元件还有一个特殊的效果，当“租房详情”页面向上滚动到一定位置时，背景颜色、返回按钮都会发生变化，可以为 topPanel 元件设置两个状态，分别为：default（默认时效果）和 other（移动后效果）。接着，设置“租房详情”页面 contentPanel 元件的“滚动时”事件，根据 scrollY（滚动坐标）来切换 topPanel 动态面板元件的状态，当向上滚动超过 100 像素时，切换到 other 状态，否则，切换为 default 状态，如图 13-20 所示。

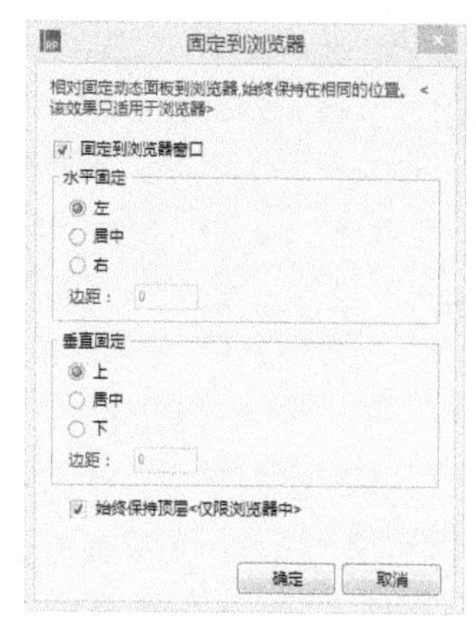

图 13-19　将 topPanel 元件固定在浏览器指定位置

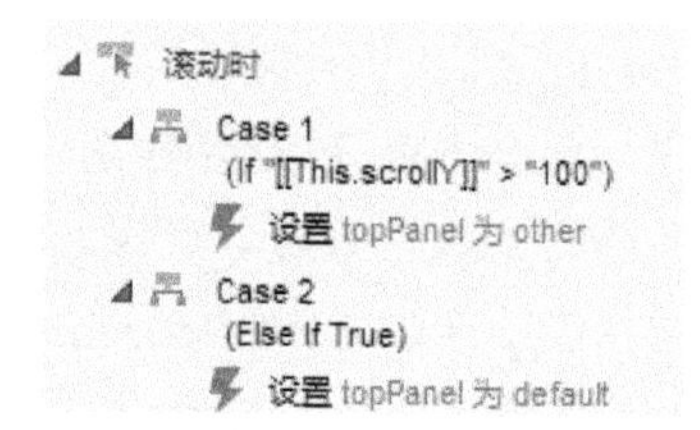

图 13-20　contentPanel 元件的滚动时事件

（6）设置 topPanel 元件内部返回按钮的鼠标单击时事件

设置 topPanel 动态面板元件内部返回按钮的“鼠标单击时”事件，如图 13-21 所示。

6. 步骤六：设置“租房”页面的属性和事件

（1）设置中继器元件列和行数据

双击 resultRepeater 中继器元件，设置其内部元件如图 13-22 所示。

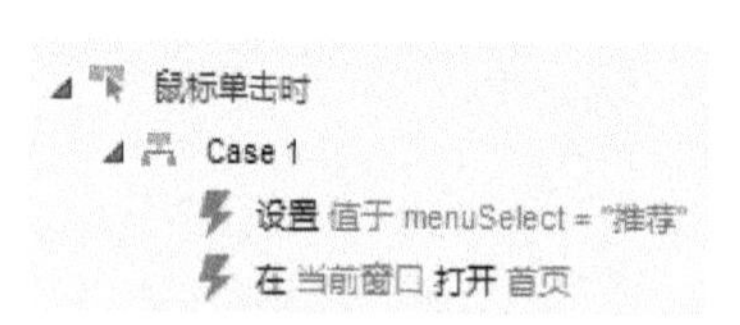

图 13-21　topPanel 元件内部返回按钮的鼠标单击时事件

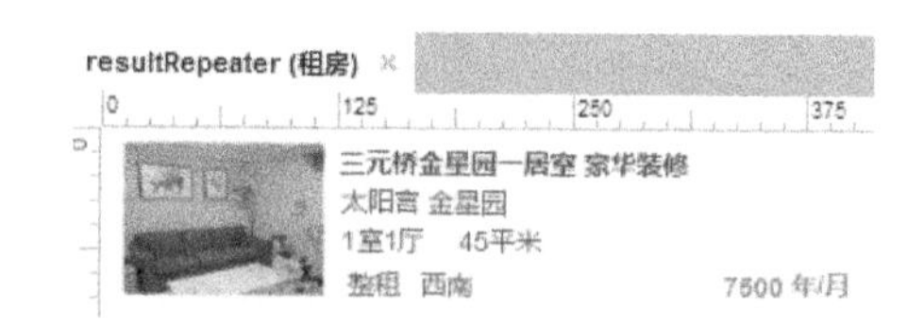

图 13-22　resultRepeater 元件内部

接着，在“检视”面板的“属性”选项卡，为该中继器元件添加 6 条数据，列和行的数据如图 13-23 所示。

中继器

houseImg	title	areaName	address	roomType	area	direction	mode	price
img1.png	三元桥金星园一居	朝阳	太阳宫 金星园	1室1厅	45平米	西南	整租	7500
img2.png	东向两居室，精装	朝阳	北苑 天畅园	2室1厅	88平米	西南	整租	8000
img3.png	高楼层精装二居室	朝阳	北苑 天居园	2室1厅	88平米	朝西	整租	7200
img4.png	西红门 4居双卫 品	大兴	西红门 鸿坤理想城	4室2厅	170平米	南北	整租	8500
img5.png	白各庄新村90平精	昌平	沙河 白各庄新村	2室1厅	90平米	南北	合租	4500
img6.png	新出上叠南北通透	顺义	天竺 水木兰亭花园	3室2厅	200平米	南北	整租	12000
添加行								

图 13-23　resultRepeater 元件列和行数据

（2）设置中继器元件的“每项加载时”事件

继续在“检视”面板的“属性”选项卡，设置该中继器的“每项加载时”事件，将中继器中不同列的数据赋值给中继器内部的各元件，如图 13-24 所示。

（3）设置搜索关键字的筛选条件

设置 goRect 元件的“鼠标单击时”事件，在该事件中，获取输入的 keywordLabel 搜索关键字的内容，赋值给 LVAR1 局部变量，接着，添加筛选条件搜索出 resultRepeater 中继器的 title 列包含输入的搜索关键字的所有行，即：[[Item.title.indexOf(LVAR1) != -1]]。goRect 元件的“鼠标单击时”事件如图 13-25 所示，其中 LVAR1 局部变量的设置如图 13-26 所示。

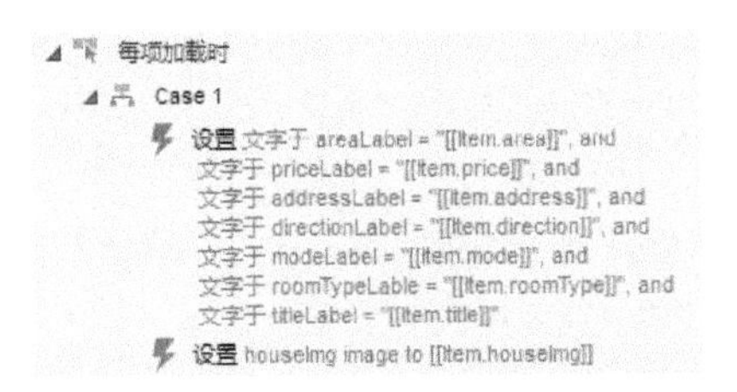

图 13-24　resultRepeater 元件的每项加载时事件

图 13-25　goRect 元件的鼠标单击时事件

（4）设置 areaLabel 元件和 areaRect 元件的鼠标单击时事件

设置 areaLabel 元件和 areaRect 元件的“鼠标单击时”事件，设置 searchPanel 动态面板元件的状态为 area，并切换 searchPanel 元件的显示和隐藏状态，如图 13-27 所示。

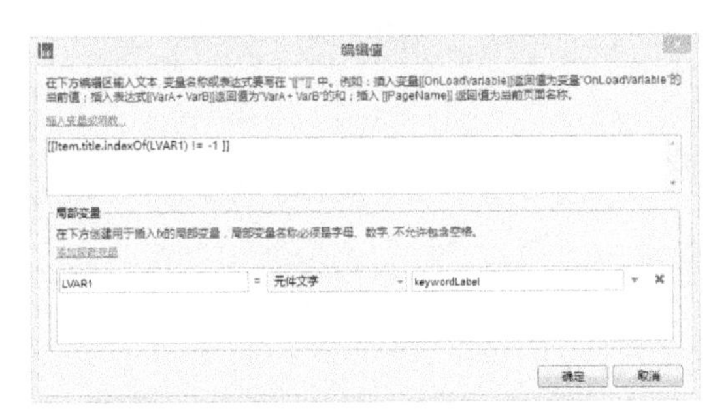

图 13-26　goRect 元件鼠标单击时事件中 LVAR1 赋值

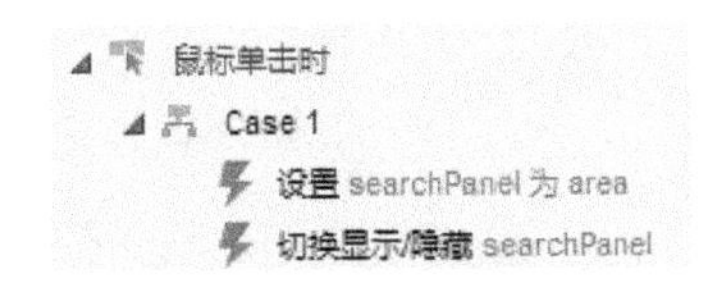

图 13-27　areaLabel 元件和 areaRect 元件的鼠标单击时事件

（5）设置 modeLabel 元件和 modeRect 元件的鼠标单击时事件

设置 modeLabel 元件和 modeRect 元件的“鼠标单击时”事件，设置 searchPanel 动态面板元件的状态为 mode，并切换 searchPanel 元件的显示和隐藏状态，如图 13-28 所示。

（6）设置 roomTypeLabel 元件和 roomTypeRect 元件的鼠标单击时事件

设置 roomTypeLabel 元件、roomTypeRect 元件的“鼠标单击时”事件，设置 searchPanel 动态面板元件的状态为 roomType，并切换 searchPanel 元件的显示和隐藏状态，如图 13-29 所示。

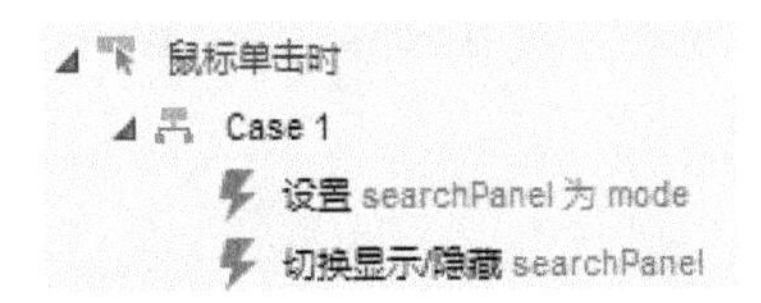

图 13-28　modeLabel 元件和 modeRect 元件的鼠标单击时事件

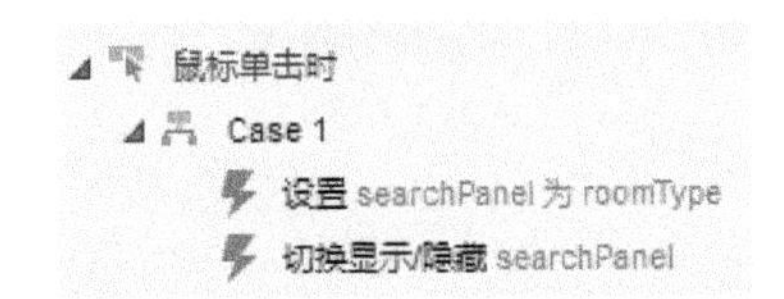

图 13-29　roomTypeLabel 元件和 roomTypeRect 元件的鼠标单击时事件

（7）设置 priceLabel 元件和 priceRect 元件的鼠标单击时事件

设置 priceLabel 元件、priceRect 元件的“鼠标单击时”事件，设置 searchPanel 动态面板元件的状态为 price，并切换 searchPanel 元件的显示和隐藏状态，如图 13-30 所示。

（8）设置 searchPanel 元件的 area 状态的事件

双击进入 searchPanel 动态面板元件的 area 状态，设置代表“不限”和不同区域的 areaSelectRect1～areaSelectRect18 的 18 个矩形元件为同一个选项组，名称为：areaGroup，如图 13-31 所示。并在“检视”面板的“属性”选项卡，设置这 18 个矩形元件选中时的颜色都为绿色，如图 13-32 所示。设置为同一个分组的好处在于当将其中一个的“选中”状态设置为 true 时，其余的 17 个同组的元件的“选中”状态都将自动变换为 false。

设置“不限”的矩形元件的“鼠标单击时”事件，设置其“选中”状态为 true，并将对应新建的 areaSearch 全局变量设置为空字符串，如图 13-33 所示。而后，设置“朝阳”区域的 areaSelectRect2 矩形元件的“鼠标单击时”事件，设置其“选中”状态为 true，并将对应新建的 areaSearch 全局变量设置为 areaSelectRect2 元件的文本值，并且需要去掉左右空格，如图 13-34 所示。areaSelectRect3～areaSelectRect18 元件的“鼠标单击时”事件与此类似，不再赘述。

图 13-30　priceLabel 元件和 priceRect 元件的鼠标单击时事件

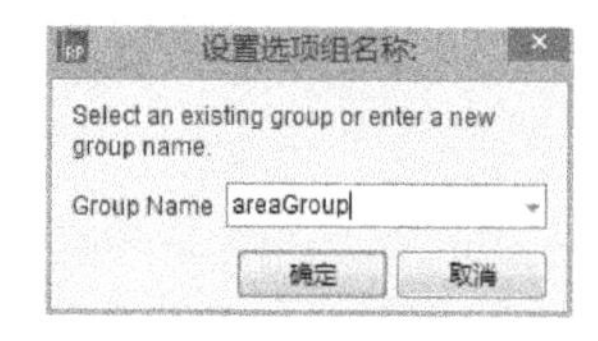

图 13-31　设置 areaSelectRect1 元件～18 元件为同一选项组

图 13-32　设置 areaSelectRect1 元件～18 元件的选中时样式

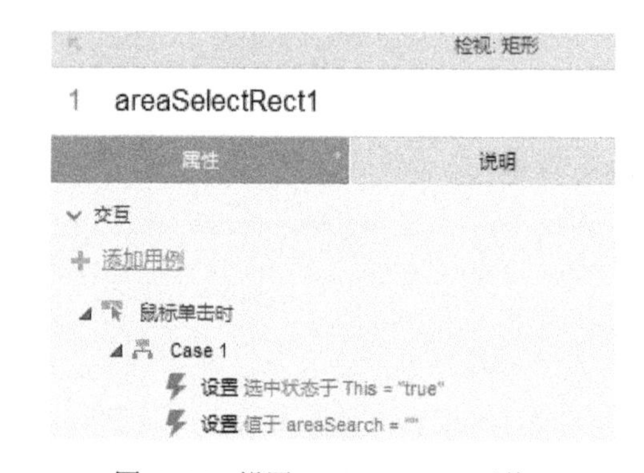

图 13-33　设置 areaSelectRect1 元件的鼠标单击时事件

图 13-34　areaSelectRect2 元件的鼠标单击时事件

接着，设置 area 状态下“重置”矩形元件的“鼠标单击时”事件，如图 13-35 所示。

设置 area 状态下“确定”矩形元件的“鼠标单击时”事件，如图 13-36 所示。其中 areaNameSearch 筛选条件的判断为：[[Item.areaName.indexOf(LVAR1) != -1]]，LVAR1 局部变量获得的是 areaSearch 全局变量的值。

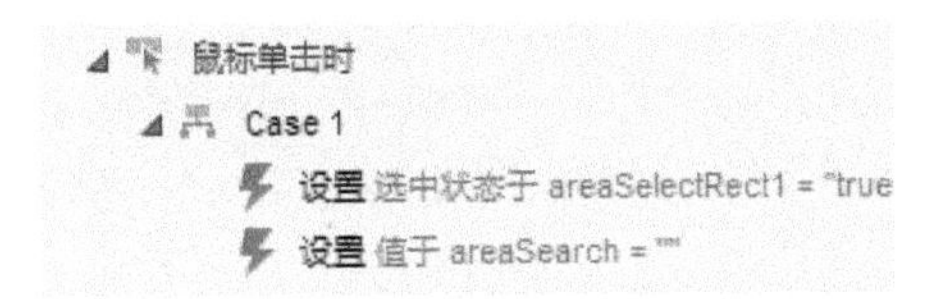

图 13-35 areaCancelRect 元件的鼠标单击时事件

图 13-36 areaOkRect 元件的鼠标单击时事件

（9）设置 searchPanel 元件的 mode 状态的事件

searchPanel 元件的 mode 状态包含 3 个选项矩形元件 modeSelectRect1～modeSelectRect3，分别为：不限、整租和合租。以及“重置”和“确定”的矩形元件，设置与（8）类似。

（10）设置 searchPanel 元件的 roomType 状态的事件

searchPanel 元件的 roomType 状态包含 6 个房型的选项矩形元件：roomTypeSelectRect1～roomTypeSelectRect6。分别为：不限、1 室、2 室、3 室、4 室和 5 室及以上。以及“重置”和“确定”的矩形元件，设置与（8）类似。

（11）设置 searchPanel 元件的 price 状态的事件

searchPanel 元件的 price 状态包含 12 个租金范围的选项矩形元件：priceSelectRect1～priceSelectRect12。分别为：不限、1000 元以下、1000～1500 元、1500～2000 元、2000～2500 元、2500～3000 元、3000～4000 元、4000～5000 元、5000～6000 元、6000～8000 元、8000～15000 元、15000 元以上，以及“重置”和“确定”的矩形元件，这些元件的设置与（8）类似。

13.2.4 发现

在该部分创建“发现”“楼讯详情”“楼讯详情内联框架”3 个页面，分别表示楼讯信息列表、楼讯详细信息和楼讯详细信息内容页面。

1. 步骤一：准备“发现”页面元件

该页面需要去掉高度为 27 像素的状态栏、高度为 60 像素的底部菜单栏，因此在该页面添加 contentPanel 动态面板元件，宽度为 440 像素，高度为 649 像素，在“检视”面板的“属性”选项卡，设置“滚动条”属性为“自动显示垂直滚动条”。

contentPanel 动态面板元件的 State1 状态下的元件如图 13-37 所示。

2. 步骤二：准备“楼讯详情”页面元件

在“楼讯详情”页面，添加一个矩形元件，在上方放置“返回”按钮，内容区域因行数超过了一屏显示高度，可添加一个内部的 newContentPanel 动态面板元件，在其内部添加 newInlineFrame 内联框架元件，如图 13-38 所示。newInlineFrame 内联框架元件的链接地址指向“楼讯详情内联框架”页面。

图 13-37 “发现”页面的主要元件

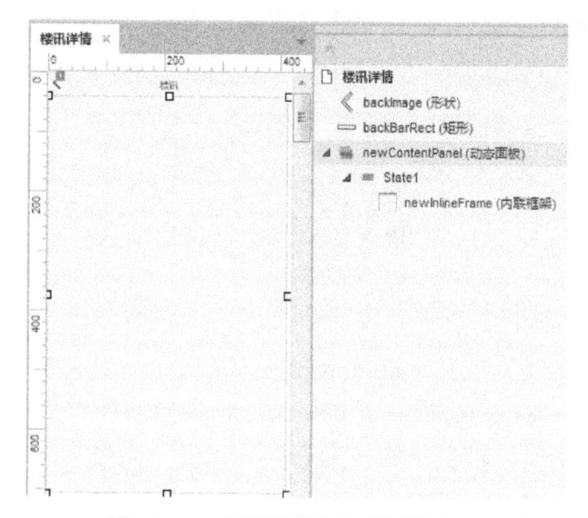

图 13-38 “楼讯详情”页面的主要元件

3. 步骤三：准备“楼讯详情内联框架”页面的元件

该页面为“楼讯详情”页面的内联框架元件指向页面，主要元件如图 13-39 所示。

4. 步骤四：设置“发现”页面的事件

该页面的事件很简单，为 6 个新闻组合元件（newsGroup1～newsGroup6）添加“鼠标单击时”事件，在父级框架页面指向“楼讯详情”页即可，如图 13-40 所示。

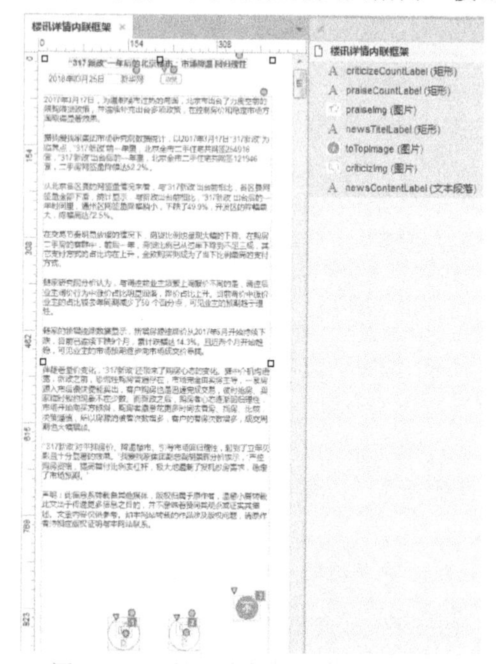

图 13-39 “楼讯详情内联框架”页面的主要元件

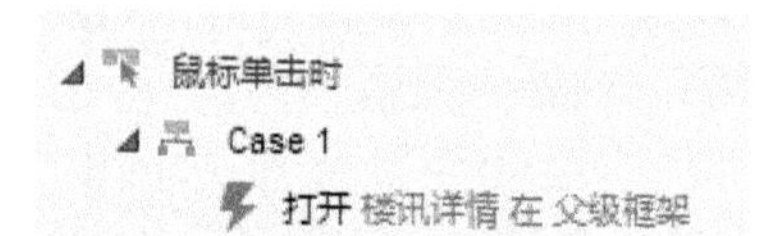

图 13-40 newsGroup1～newsGroup6 元件的鼠标单击时事件

5. 步骤五：设置“楼讯详情”页面的事件

该页面需要设置“返回”按钮的“鼠标单击时”事件，需要切换回“首页”，并在首页的内联框架元件指向“发现”页面，因此，需要首先将 menuSelect 全局变量设置为“发现”，而后在“当前窗口”打开“首页”，如图 13-41 所示。

6. 步骤六：设置“楼讯详情内联框架”页面的事件

1）该页面需要设置单击 toTopImage “ ” 图标时将页面滚动到顶部，需要将楼讯的标题元件的名称设置为 newsTitelLabel，接着，设置“ ”图标的“鼠标单击时”事件为仅仅在垂直方向滚动到该锚点即可，如图 13-42 所示。

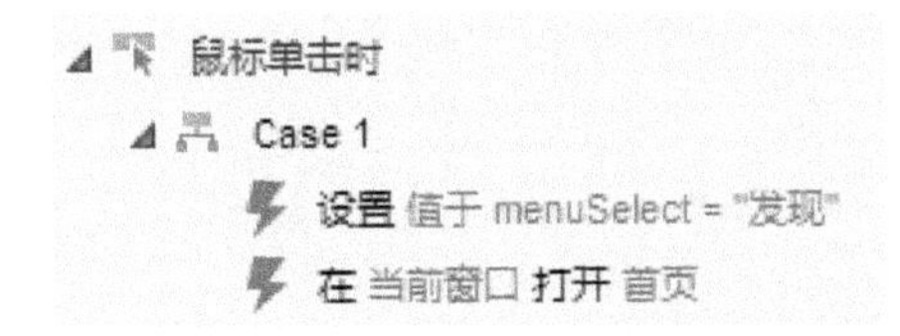

图 13-41　backImage 元件的鼠标单击时事件

图 13-42　toTopImage 元件的鼠标单击时事件

2）设置单击 praiseImg “ ”（点赞）图标时，将 praiseCountLabel 文本标签元件的值加 1，如图 13-43 所示。其中，LVAR1 局部变量获取的是 praiseCountLabel 元件的当前值。

3）设置单击 criticizImg “ ”（踩一脚）图标时，将 criticizeCountLabel 文本标签元件的值加 1，如图 13-44 所示。其中，LVAR1 局部变量获取的是 criticizeCountLabel 元件的当前值。

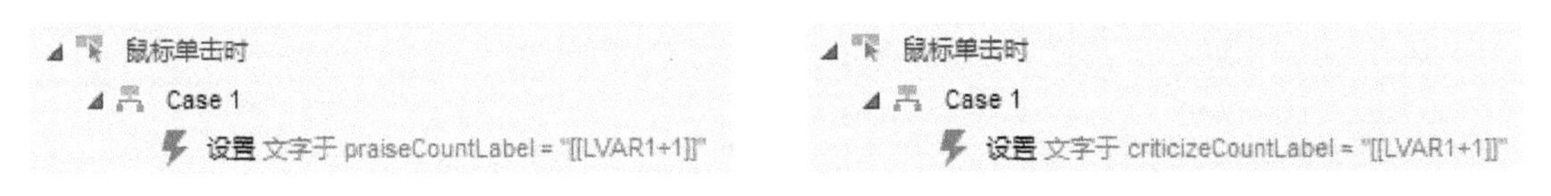

图 13-43　praiseImg 元件的鼠标单击时事件

图 13-44　criticizImg 元件的鼠标单击时事件

13.2.5　房价

并没有一级菜单链接到“房价”页面，在“首页”页面的“房价”图标可以链接到该页面。在本章 App 原型中，实现了查看北京市不同区域的房价，并可查看小区房价信息，这里只是模拟实现了其中的几个区。

1. 步骤一：准备元件

“房价”页面的主要元件如图 13-45 所示。“房价”页面的主要元件属性如表 13-4 所示。

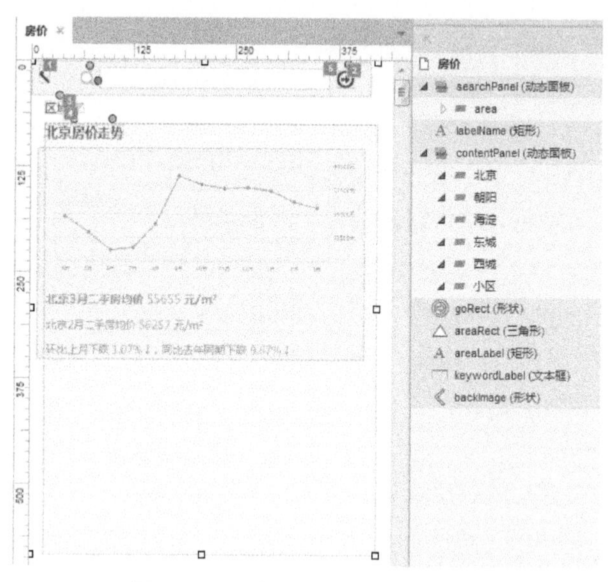

图 13-45 “房价”页面的主要元件

表 13-4 “房价”页面的主要元件属性

元件名称	元件种类	坐标	尺寸	备注	可见性
keywordLabel	文本框	X82;Y9	W282;H25	搜索的文本框元件，需要隐藏边框，设置提示文本为“请输入小区名称”，并设置提示文本的字体颜色为#999999	Y
backImage	形状	X9;Y6	W13;H22	返回按钮	Y
goRect	形状	X372;Y11	W21;H21	引入的开始搜索形状的小图标	Y
areaLabel	文本标签	X16;Y49	W29;H16	“区域”筛选文本框	Y
areaRect	矩形	X47;Y51	W16;H12	“区域”筛选倒三角形	Y
searchPanel	动态面板	X16;Y75	W406;H510	详细的区域搜索选项的动态面板元件，默认为隐藏状态	N
contentPanel	动态面板	X8;Y104	W399;H250	房价走势的内容区域，添加“北京”“朝阳”“海淀”“东城”“西城”“小区”几个模拟效果的状态	Y

2. 步骤二：设置 areaLabel 元件和 areaRect 元件的鼠标单击时事件

设置 areaLabel 元件和 areaRect 元件的“鼠标单击时”事件，切换 searchPanel 元件的显示和隐藏状态，如图 13-46 所示。

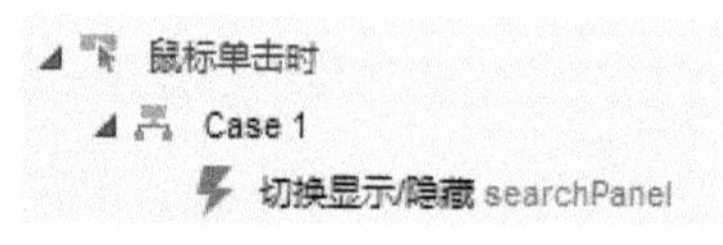

图 13-46 areaLabel 元件和 areaRect 元件鼠标单击时事件

3. 步骤三：设置 searchPanel 元件的 area 状态的事件

双击进入 searchPanel 动态面板元件的 area 状态，设置代表“不限”和不同区域的

areaSelectRect1～areaSelectRect18 的 18 个矩形元件为同一个选项组，名称为：areaGroup，如图 13-47 所示。并在“检视”面板的“属性”选项卡，设置这 18 个矩形元件“选中”时的颜色都为绿色。设置为同一个分组的好处在于当将其中一个的“选中”状态设置为 true 时，其余的 17 个同组的元件的“选中”状态都将自动变换为 false，如图 13-48 所示。

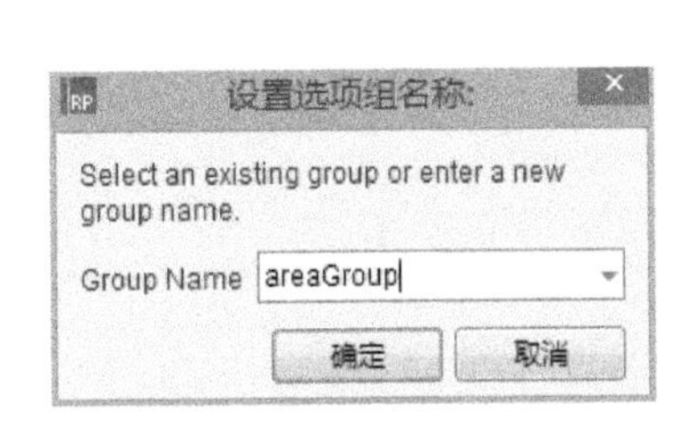

图 13-47　设置 areaSelectRect1 元件～18 元件为同一选项组

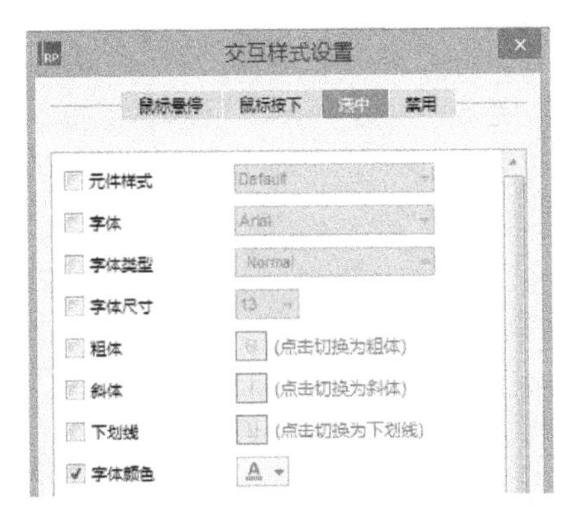

图 13-48　设置 areaSelectRect1 元件～18 元件的选中时样式

（1）设置 areaSelectRect1～areaSelectRect18 元件的鼠标单击时事件

设置“不限”的矩形元件 areaSelectRect1 的“鼠标单击时”事件，设置其“选中”状态为 true，并将对应新建的 areaSearch 全局变量的值设置为“北京”，如图 13-49 所示。

而后，设置“朝阳”区 areaSelectRect2 矩形元件的“鼠标单击时”事件，设置其“选中”状态为 true，并将对应新建的 areaSearch 全局变量的值设置为 areaSelectRect2 元件的文本值，并且需要去掉前后空格，如图 13-50 所示。areaSelectRect3 元件～areaSelectRect18 元件的设置与此类似，不再赘述。

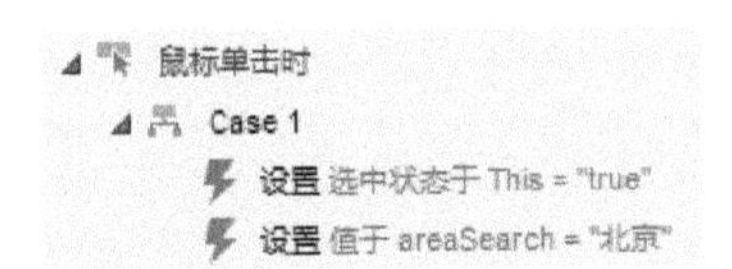

图 13-49　areaSelectRect1 元件的鼠标单击时事件

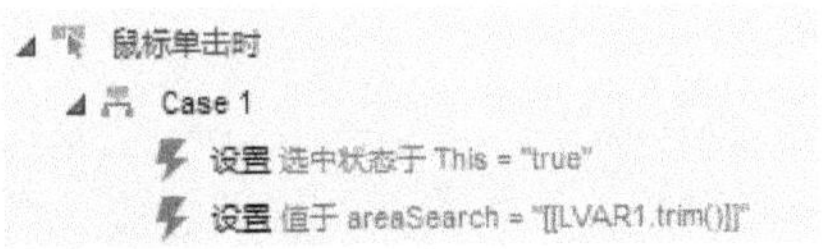

图 13-50　areaSelectRect2 元件的鼠标单击时事件

（2）searchPanel 元件 area 状态下“重置”鼠标单击时事件

设置 searchPanel 元件 area 状态下“重置”矩形元件 areaCancelRect 的“鼠标单击时”事件，如图 13-51 所示。

（3）searchPanel 元件 area 状态下“确定”鼠标单击时事件

设置 area 状态下“确定”矩形元件 areaOkRect 的“鼠标单击时”事件，隐藏 searchPanel 动态面板元件，并将 contentPanel 的状态值切换为等于 areaSearch 全局变量的值，并设置 labelName 为 areaSearch 后接“房价走势”，例如选择的是“朝阳”，则 labelName 文本标签文件的值为“朝阳房价走势”，如图 13-52 所示。

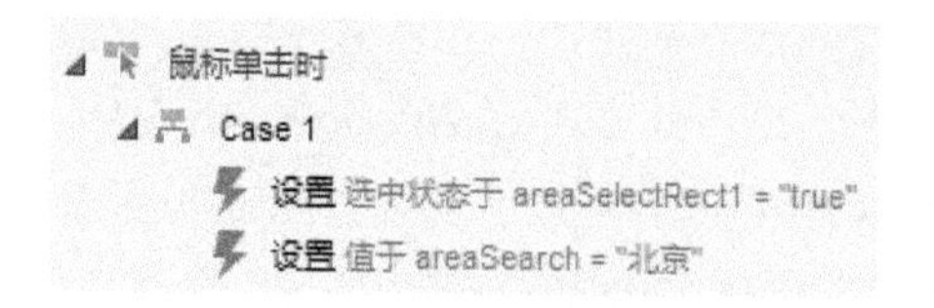

图 13-51 areaCancelRect 元件的鼠标单击时事件

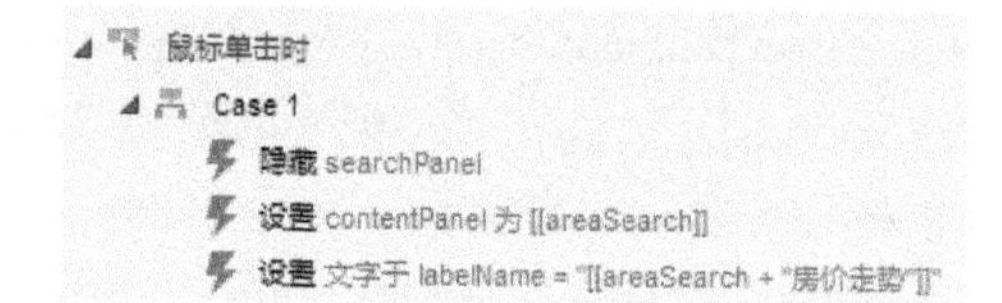

图 13-52 areaOkRect 元件的鼠标单击时事件

4. 步骤四：设置 goRect 元件的鼠标单击时事件

设置 goRect“➜”元件的“鼠标单击时”事件，切换 contentPanel 元件的状态为“小区”，并正确设置 labelName 文本标签元件的值，如图 13-53 所示。

图 13-53 goRect 元件的鼠标单击时事件

13.2.6 “我”页面

“我”页面的交互效果很简单，本章案例只是做了一个页面，其主要元件如图 13-54 所示。

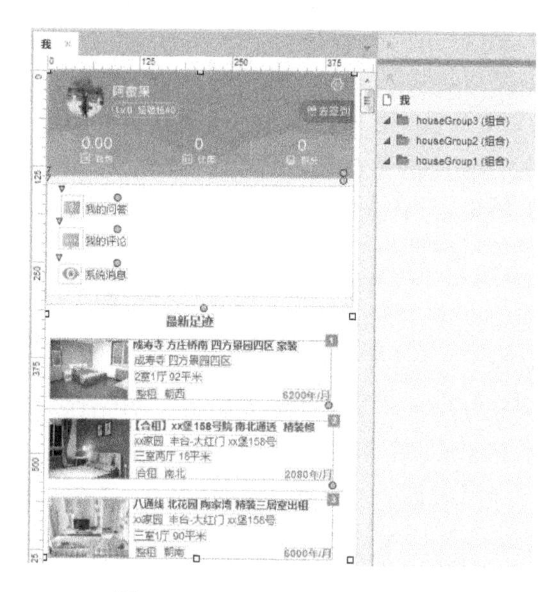

图 13-54 “我”页面的主要元件

13.2.7 App 演示效果

按〈F5〉快捷键查看预览效果，也可上传到 Axure Share 共享官网后，在手机上真实模拟。新手引导页如图 13-55 所示，向左拖动图片，进入新手引导第二页，如图 13-56 所示。

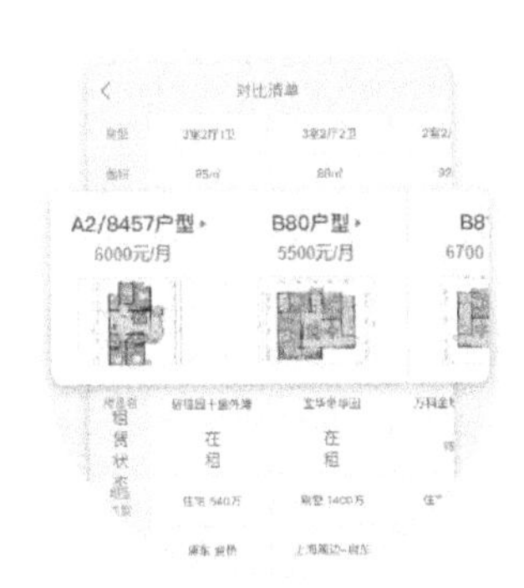

图 13-55　新手引导第一页

图 13-56　新手引导第二页

在图 11-56 中，单击“立即体验”按钮后，进入启动过渡效果页，如图 13-57 所示。等待几秒，或单击“跳过广告”按钮，进入温馨小居首页，如图 13-58 所示。

图 13-57　启动过渡效果

图 13-58　温馨小居首页

在首页单击“租房”，进入租房房源搜索页面，如图 13-59 所示。在该页面，可输入搜索关键字进行搜索，也可通过选择“区域”“方式”“房型”“租金”进行筛选，例如筛选区域为“朝阳”后，单击“确定”按钮，搜索结果如图 13-60 所示。

图 13-59　全部租房房源

图 13-60　租房房源筛选（朝阳）

单击某条房源信息，进入租房详情页面，如图 13-61 所示，该页面可以通过滚动查看下面的内容，也可单击“返回”按钮返回上一级菜单。

单击“推荐”一级菜单，可显示被推荐的租房房源信息，如图 11-62 所示。在此页面单击任意房源，也可进入“租房详情”页面。

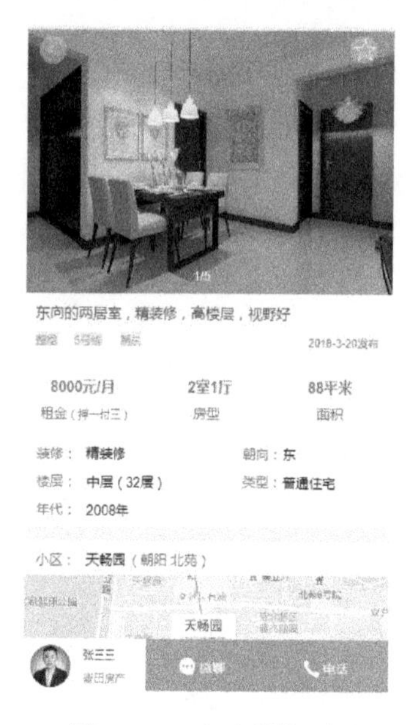

图 13-61　租房详情页面

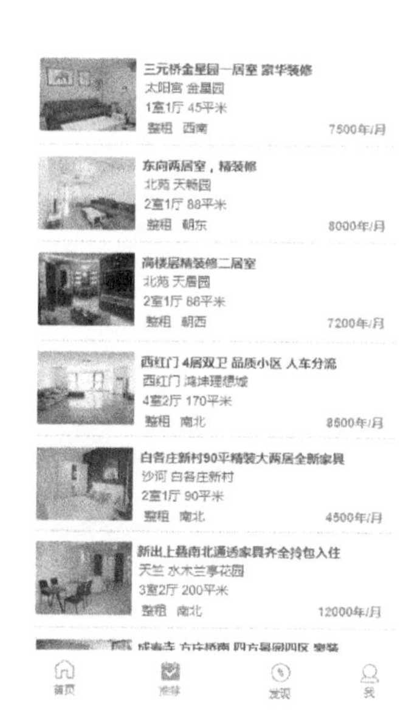

图 13-62　租房推荐页面

单击“发现”一级菜单，显示“发现”页面，显示的是楼房资讯信息列表，如图 13-63 所示。单击任意一条楼讯信息，进入“楼讯详情”页面，如图 13-64 所示。

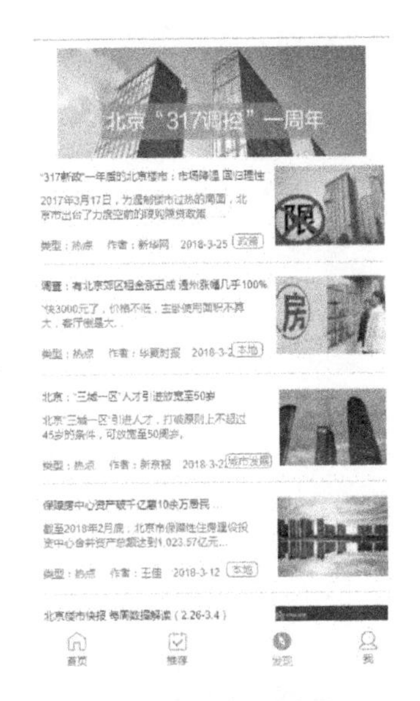

图 13-63　发现页面

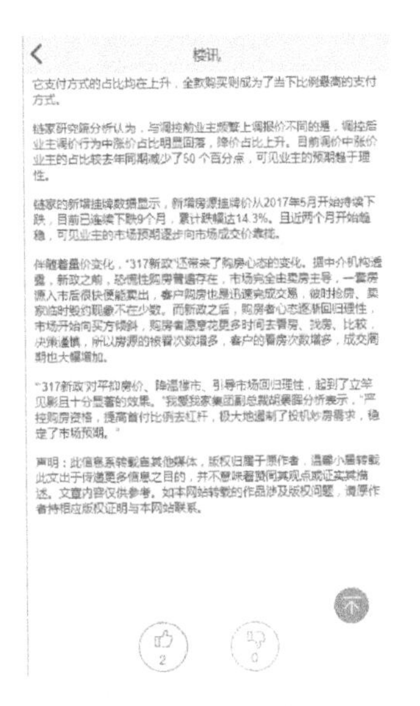

图 13-64　楼讯详情页面

在“首页”单击“房价”图标，默认显示北京市房价走势，如图 13-65 所示。在该页面，可输入小区名称进行搜索，也可切换区域查看某个区域的房价走势。

单击“我”一级菜单，显示“我”的页面，如图 13-66 所示。

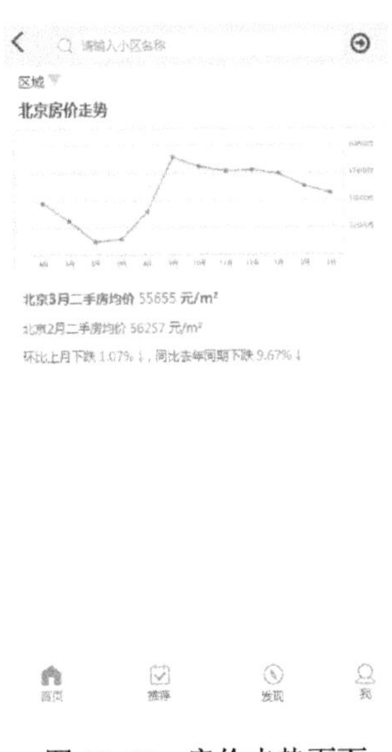

图 13-65　房价走势页面

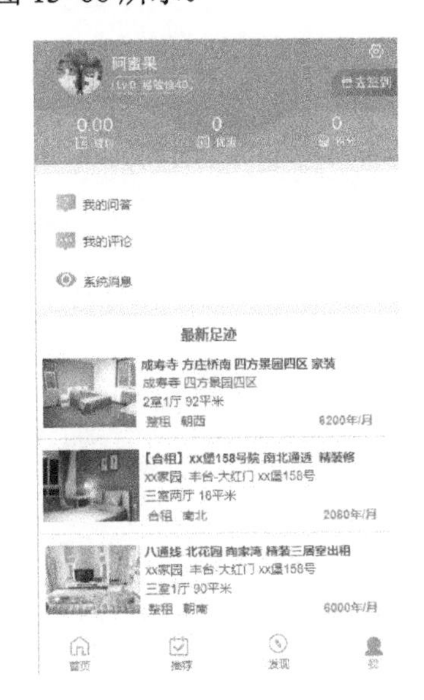

图 13-66　“我”的页面

13.3　网站高保真线框图

根据 13.1 的需求分析，需要创建 13 个 Web 网站页面，如图 13-67 所示。

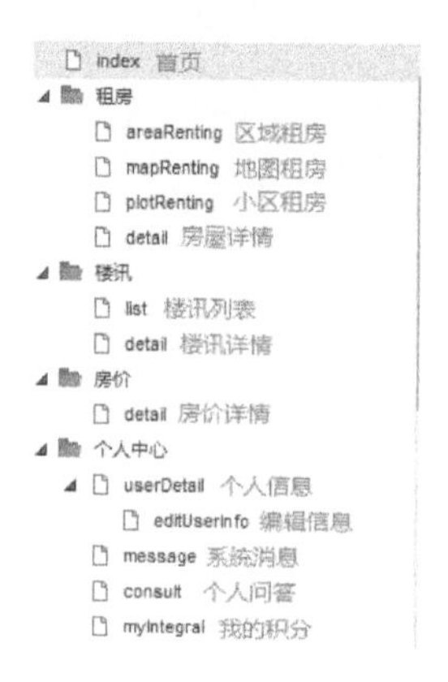

图 13-67 网站页面树

13.3.1 首页

首页主要包括首页幻灯、登录注册快捷入口、全局搜索区域、精选租房房源区域、租房小区排行区域和热门楼讯区域。首页页面 index 需要拖入 bottomMaster 母版。

1. 步骤一：准备母版

（1）准备页面顶部 headMaster 母版

headMaster 母版的主要元件如图 13-68 所示。headMaster 母版的主要元件属性，如表 13-5 所示。

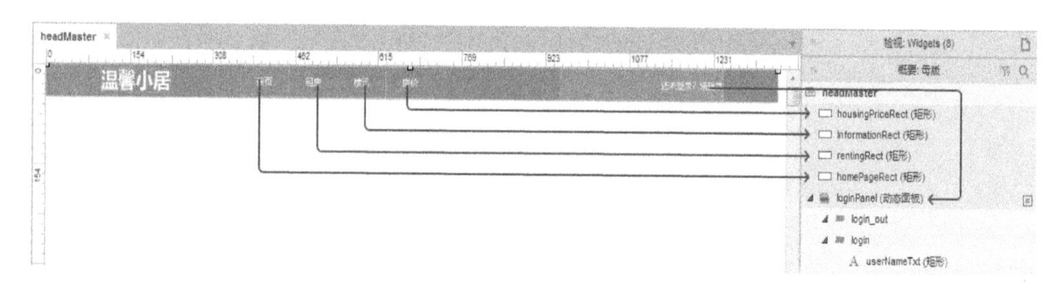

图 13-68 headMaster 母版的主要元件

表 13-5 headMaster 母版的主要元件属性

元件名称	元件种类	坐标	尺寸	备注	可见性
homePageRect	矩形	X360;Y0	W90;H50	填充颜色# FF6600；边框无；字体颜色白色	Y
rentingRect	矩形	X450;Y0	W90;H50	填充颜色# FF6600；边框无；字体颜色白色	Y
informationRect	矩形	X540;Y60	W90;H50	填充颜色# FF6600；边框无；字体颜色白色	Y
housingPriceRect	矩形	X630;Y0	W90;H50	填充颜色# FF6600；边框无；字体颜色白色	Y
loginPanel	动态面板	X0;Y0	W300;H50	包括 login_out 和 login 两个状态，login 为用户登录时状态；login_out 为未登录时状态	Y
userNameTxt	文本标签	X0;Y17	W163;H16	位于面板 loginPanel 的 login 状态下，单击可进入个人信息页面	Y

（2）页面底部 bottomMaster 母版准备

网页底部的母版，为了简化，只标识了“温馨小居”，其他元素没有添加。

（3）主菜单效果设置

同时选中 homePageRect、rentingRect、informationRect、housingPriceRect 4 个元件，右击“设置选项组”，设置选项组名称为“menuGroup”，如图 13-69 所示；右击选择“交互样式”，设置在“选中”状态下，填充颜色为# FF3300，如图 13-70 所示。

图 13-69　设置菜单选项元件为同一选项组

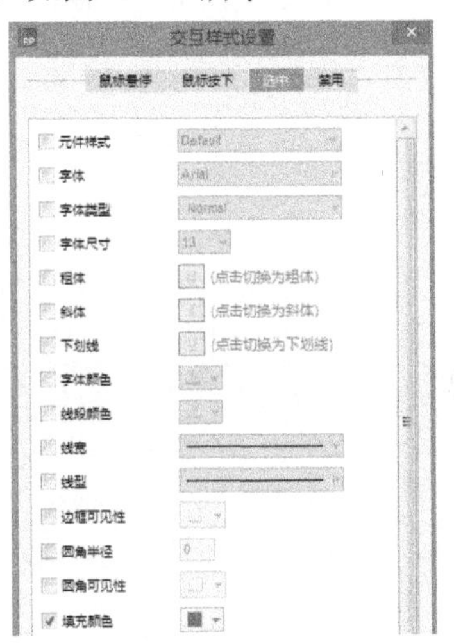

图 13-70　设置菜单选项元件的选中时样式

分别在上述元件的“鼠标单击时”事件，设置链接到不同的页面：homePageRect 链接到首页 index，rentingRect 链接到租房 areaRenting，informationRect 链接到楼讯列表 list 页面，housingPriceRect 链接到房价详情页面 detail，如图 13-71 所示。

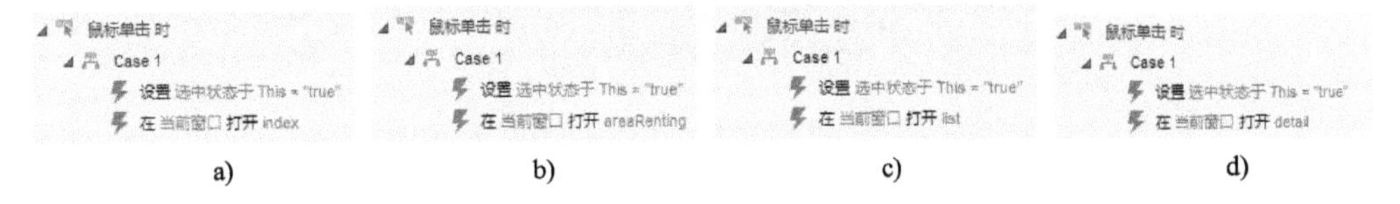

图 13-71　菜单元件的鼠标单击时事件

a) 链接到 index　b) 链接到 areaRenting　c) 链接到 List　d) 链接到 detail

（4）动态面板 loginPanel 设置

首先添加一个全局变量，选择主菜单“项目”→“全局变量”，添加全局变量 userName，默认为空，如图 13-72 所示。

选中 loginPanel 动态面板元件，在“载入时”事件，在 Case1 用例中设置条件全局变量的值为空时，在该条件下设置 loginPanel 元件的状态为 login_out（未登录状态）；在 Case2 设置条件全局变量的值不为空时，在该条件下设置动态面板 loginPanel 的状态为登录状态 login，然后添加“设置文本”动作，设置文本标签 userNameTxt 的值等于 userName 全局变量的值，如图 13-73 所示。

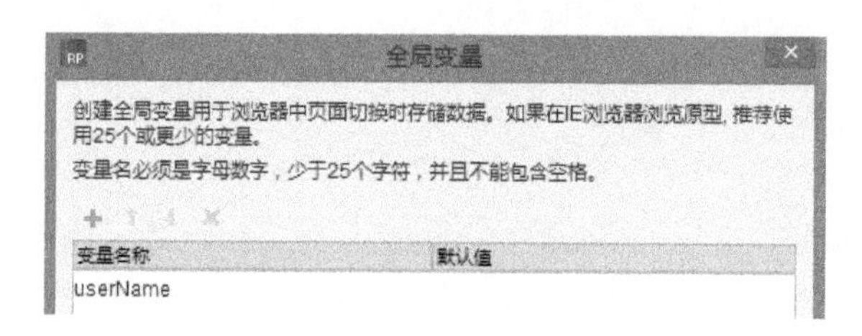

图 13-72　添加 userName 全局变量

图 13-73　loginPanel 元件的载入时事件

2. 步骤二：准备首页 index 元件

index 首页页面的主要元件，如图 13-74 所示。index 首页页面的主要元件属性如表 13-6 所示。

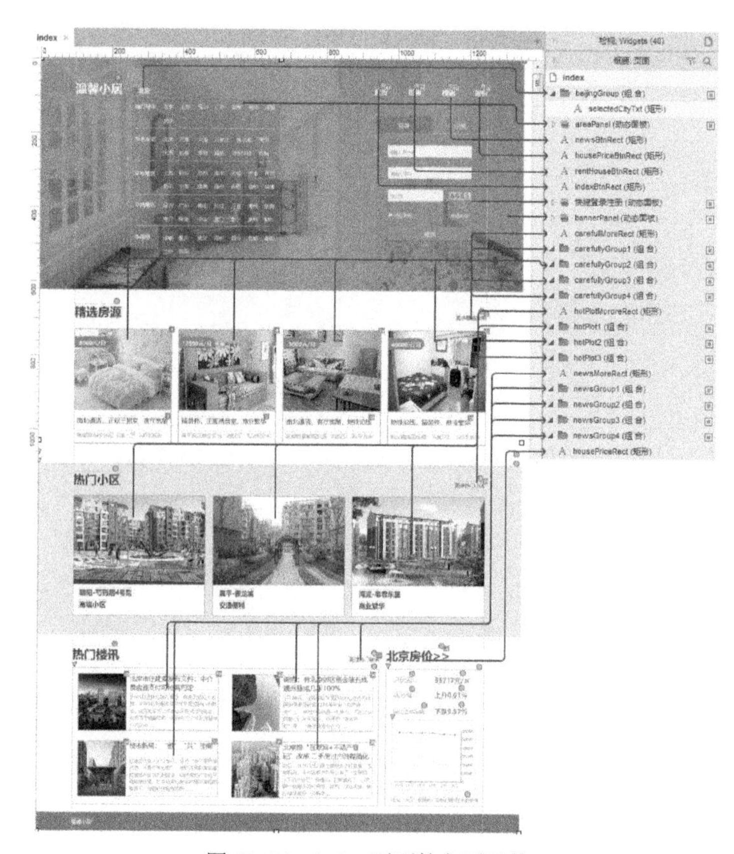

图 13-74　index 页面的主要元件

表 13-6　index 页面的主要元件属性

元件名称	元件种类	坐标	尺寸	备注	可见性
beijingGroup	组合	X253;Y75	W56;H22	当前坐标图标和区域名的组合	Y
selectedCityTxt	文本标签	X272;Y75	W37;H22	区域名	Y
newsBtnRect	矩形	X1121;Y75	W37;H22	链接到“楼讯列表”页面 list 的菜单按钮	Y

（续）

元件名称	元件种类	坐标	尺寸	备注	可见性
housePriceBtnRect	矩形	X1211;Y75	W37;H22	链接到“房价”页面 detail 的菜单按钮	Y
rentHouseBtnRect	矩形	X1028;Y75	W37;H22	链接到“租房”页面 areaRenting 的菜单按钮	Y
indexBtnRect	矩形	X934;Y75	W37;H22	链接到“首页”页面 index 的菜单按钮	Y
areaPanel	动态面板	X253;Y107	W420;H433	全局区域面板，包含 1 个状态 State1	Y
快捷登录注册	动态面板	X936;Y150	W314;H390	快捷登录注册面板，包含两个状态：login 和 register	Y
bannerPanel	动态面板	X0;Y0	W1349;H624	首页 banner 面板，包含 5 个状态：State1、State2、State3、State4、State5，分别放置 5 个 banner 图片	Y
carefulllyGroup1	组合	X100;Y731	W273;H309	房屋精选组合 1	Y
carefullyGroup2	组合	X393;Y731	W273;H309	房屋精选组合 2	Y
carefullyGroup3	组合	X685;Y731	W273;H309	房屋精选组合 3	Y
carefullyGoup4	组合	X977;Y731	W273;H309	房屋精选组合 4	Y
carefullMoreRect	矩形	X1164;Y684	W85;H16	更多房屋精选按钮，链接到“租房”页面 areaRenting	Y
hotPlot1	组合	X100;Y1155	W370;H325	热门小区组合 1	Y
hotPlot2	组合	X490;Y1155	W370;H325	热门小区组合 2	Y
hotPlot3	组合	X879;Y1155	W370;H325	热门小区组合 3	Y
hotPlotMoreRect	矩形	X1164;Y1111	W393;H153	更多热门小区按钮，链接到“租房”页面 plotRenting	Y
newsGroup1	组合	X117;Y1636	W393;H153	热门楼讯组合 1	Y
newsGroup2	组合	X548;Y1636	W393;H153	热门楼讯组合 2	Y
newsGroup3	组合	X117;Y1817	W393;H153	热门楼讯组合 3	Y
newsGroup4	组合	X548;Y1817	W393;H153	热门楼讯组合 4	Y
newsMoreRect	矩形	X873;Y1548	W393;H153	更多热门楼讯按钮，链接到“楼讯”页面 list	Y
housePriceRect	矩形	X977;Y1563	W167;H37	链接到“房价”页面 detail	Y

3. 步骤三：准备快捷登录注册面板元件

快捷登录注册面板 login 状态的主要元件如图 13-75 所示，register 状态的主要元件如图 13-76 所示。

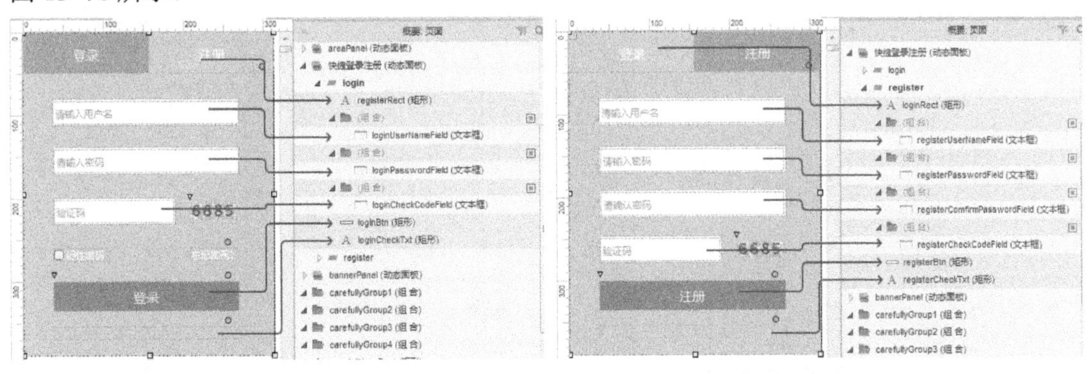

图 13-75　快捷登录注册面板 login 状态主要元件　　图 13-76　快捷登录注册面板 register 状态主要元件

快捷登录注册面板 login 状态的主要元件属性，如表 13-7 所示。

表 13-7　快捷登录注册面板 login 状态主要元件属性

元件名称	元件种类	坐标	尺寸	备注	可见性
registerRect	矩形	X157;Y0	W157;H50	填充颜色无；边框无；字体颜色白色	Y
loginUserNameField	文本框	X37;Y83	W232;H28	边框无；用户名输入框	Y
loginPasswordField	文本框	X38;Y143	W231;H28	边框无；登录密码输入框	Y
loginCheckCodeField	文本框	X38;Y202	W150;H28	边框无；验证码输入框	Y
loginBtn	矩形	X37;Y300	W232;H36	填充颜色# FF6600；边框无；字体颜色白色	Y
loginCheckTxt	文本标签	X27;Y354	W232;H16	登录提示标签	Y

register 状态的主要元件属性，如表 13-8 所示。

表 13-8　快捷登录注册面板 register 状态主要元件属性

元件名称	元件种类	坐标	尺寸	备注	可见性
loginRect	矩形	X0;Y0	W157;H50	填充颜色无；边框无；字体颜色白色	Y
registerUserNameField	文本框	X37;Y83	W232;H28	边框无；用户名输入框	Y
registerPasswordField	文本框	X39;Y141	W228;H28	边框无；密码输入框	Y
registerComfirmPasswordField	文本框	X39;Y194	W228;H28	边框无；确认密码输入框	Y
registerCheckCodeField	文本框	X38;Y249	W150;H28	边框无；验证码输入框	Y
registerBtn	矩形	X37;Y100	W232;H36	填充颜色# FF6600；边框无；字体颜色白色	Y
registerCheckTxt	文本标签	X37;Y354	W233;H16	注册提示标签	Y

4. 步骤四：设置全局搜索区域

在面板 areaPanel 的 State1 中，包含了 1 线到 3 线的城市，选中所有的城市文本标签，右击“设置选项组”，设置选项组名称为 areaGroup 如图 13-77 所示；右击选择“交互样式”，设置在“鼠标悬停”“鼠标按下”“选中”状态下，字体颜色为# FF6600，并且设为粗体，如图 13-78 所示。

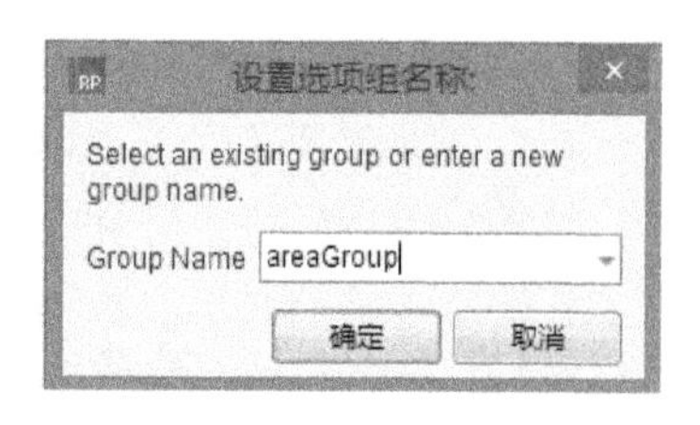

图 13-77　设置所有城市文本标签为同一选项组

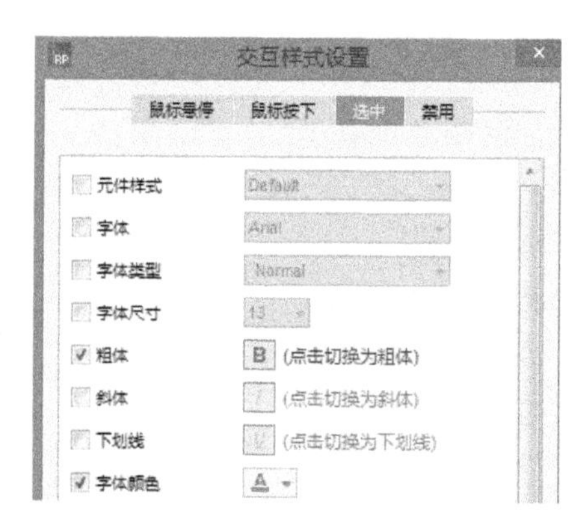

图 13-78　设置所有城市文本标签的选中时样式

每个区域按钮在“鼠标单击时”事件，添加“选中”动作，选中当前按钮，并且设置文本标签 selectedCityTxt 的值等于当前区域按钮的值，如图 13-79 所示。

5. 步骤五：设置精选房源、热门小区、热门楼讯区域

1）在精选房源、热门小区、热门楼讯区域，分别为图片和标题的“鼠标单击时”事件设置链接动作。精选房源的图片和标题链接到“租房”areaRenting 页面；热门小区的图片和标题链接到“租房”plotRenting 页面；热门楼讯的图片和标题链接到“楼讯”list 页面。

2）选中“更多精选房源”元件 carefullMoreRect，在“鼠标单击时”事件添加“当前窗口”→“链接”动作，链接到“租房”areaRenting 页面；选中“更多小区”元件 hotPlotRect，在“鼠标单击时”事件添加“当前窗口”→“链接”动作，链接到“租房”plotRenting 页面；选中“更多热门楼讯”元件 newsMoreRect，在“鼠标单击时”事件添加“当前窗口”→“链接”动作，链接到“租房”list 页面，如图 13-80 至图 13-82 所示。

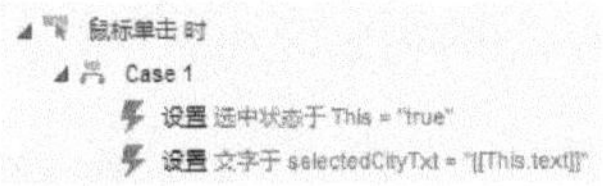

图 13-79　区域文本按钮的鼠标单击时事件

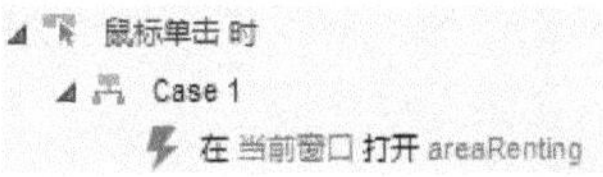

图 13-80　carefullMoreRect 元件的鼠标单击事件

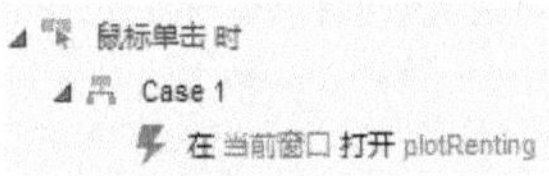

图 13-81　hotPlotRect 元件的鼠标单击时事件

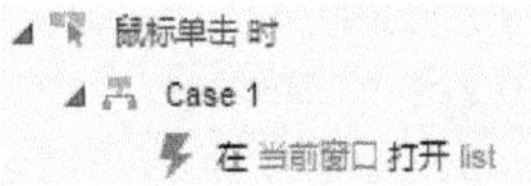

图 13-82　newsMoreRect 元件的鼠标单击时事件

6. 步骤六：设置快捷登录注册

（1）登录和注册状态切换

选中面板 login 状态下的 registerRect 元件，在“鼠标单击时”事件，添加“设置面板状态”动作，切换面板状态为 register，如图 13-83 所示；选中面板 register 状态下的 loginRect 元件，在“鼠标单击时”事件，添加“设置面板状态”动作，切换面板状态为 login，如图 13-84 所示。

图 13-83　registerRect 元件的鼠标单击时事件

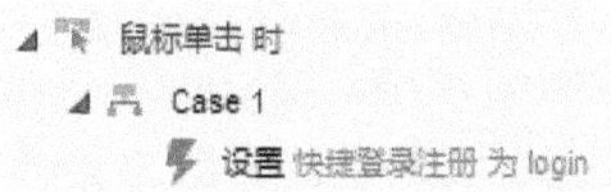

图 13-84　loginRect 元件的鼠标单击时事件

（2）登录验证

单击登录按钮 loginBtn，需要验证用户名、密码、验证码是否为空，验证码是否输入正确，如图 13-85 所示。

（3）注册验证

单击注册按钮 registerBtn，需要验证用户名、密码、验证码是否为空，两次密码是否输入一致，验证码是否输入准确，如图 13-86 所示。

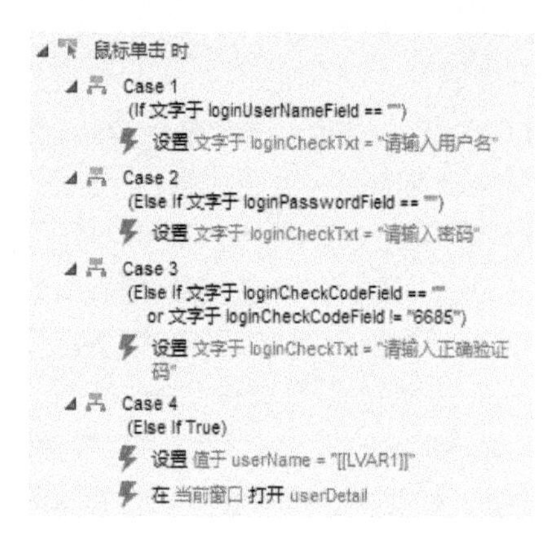

图 13-85　loginBtn 元件的鼠标单击时事件

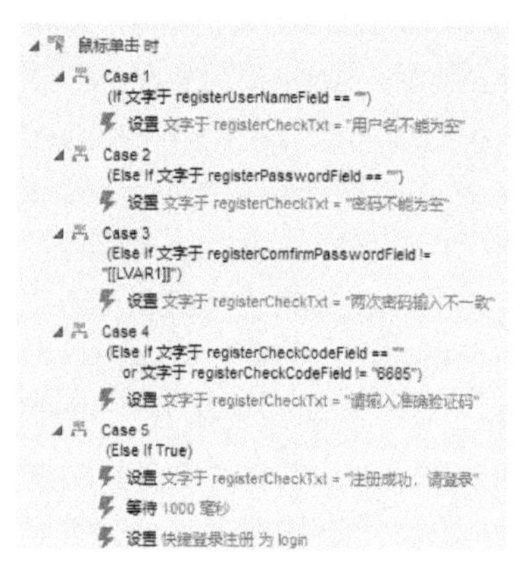

图 13-86　registerBtn 元件的鼠标单击时事件

13.3.2　租房

租房的所有页面都得拖入 headMaster 和 bottomMaster 母版。所有页面的“页面载入时”事件，都添加“选中”动作，选中 headMaster 母版中的 rentingRect 元件，设置“页面载入时”事件如图 13-87 所示。

1. 步骤一：准备“租房”页面 areaRenting 元件

areaRenting 页面的主要元件，如图 13-88 所示。areaRenting 页面的主要元件属性，如表 13-9 所示。

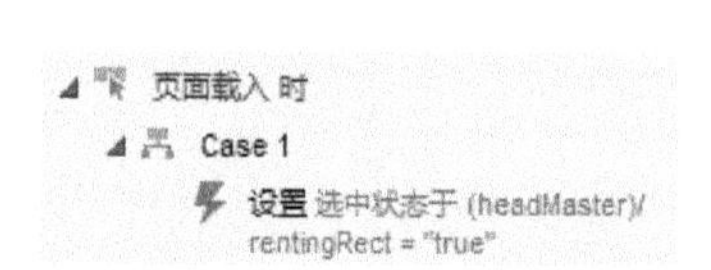

图 13-87　rentingRect 元件的页面载入时事件

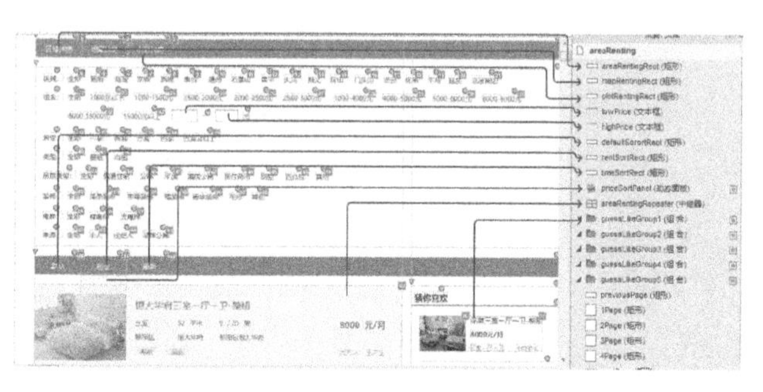

图 13-88　areaRenting 页面的主要元件

表 13-9　areaRenting 页面的主要元件属性

元件名称	元件种类	坐标	尺寸	备注	可见性
areaRentingRect	矩形	X100;Y100	W100;H40	填充颜色#FF6600；边框无；字体颜色白色	Y
mapRentingRect	矩形	X200;Y100	W100;H40	填充颜色#FF6600；边框无；字体颜色白色	Y
plotRentingRect	矩形	X300;Y100	W100;H40	填充颜色#FF6600；边框无；字体颜色白色	Y
lowPrice	文本框	X396;Y250	W55;H25		Y

（续）

元件名称	元件种类	坐标	尺寸	备注	可见性
hignPrice	文本框	X490;Y250	W50;H25		Y
defaultSortRect	矩形	X100;Y560	W100;H40	填充颜色#FF6600；边框无；字体颜色白色	Y
rentSortRect	矩形	X200;Y560	W100;H40	填充颜色#FF6600；边框无；字体颜色白色	Y
timeSortRect	矩形	X300;Y560	W100;H40	填充颜色#FF6600；边框无；字体颜色白色	Y
priceSortPanel	动态面板	X200;Y600	W100;H70	租金排序面板，包含一个状态 State1	N
areaRentingRepeater	中继器	X100;Y620	-		Y
guessLikeGroup1	组合	X939;Y939	W266;H75	猜你喜欢组合 1	Y
guessLikeGroup2	组合	X939;Y800	W275;H75	猜你喜欢组合 2	Y
guessLikeGroup3	组合	X939;Y920	W261;H75	猜你喜欢组合 3	Y
guessLikeGroup4	组合	X939;Y1040	W250;H75	猜你喜欢组合 4	Y
guessLikeGroup5	组合	X939;Y1165	W257;H75	猜你喜欢组合 5	Y
previousPage	矩形	X330;Y1570	W90;H40	向前一页	Y
1Page	矩形	X430;Y1570	W40;H40	第一页	Y
2Page	矩形	X479;Y1570	W40;H40	第二页	Y
3Page	矩形	X529;Y1570	W40;H40	第三页	Y
4Page	矩形	X578;Y1570	W40;H40	第四页	Y
nextPage	矩形	X628;Y1570	W90;H40	下一页	Y

2. 步骤二：设置区域租房列表的中继器 areaRentingRepeater

（1）设置中继器 areaRentingRepeater 属性

选中中继器 areaRentingRepeater，设置中继器布局为垂直布局，每页项目数为 5 个，行间距为 20，添加 18 个字段：IMAGE（图片）、NAME（标题）、HOUSE_TYPE（房型）、SIZE（平米）、IN_FLOOR（所在楼层）、ALL_FLOOR（总楼层）、PLOT_NAME（小区名称）、ADDRESS（地址）、IN_TYPE（整租/合租）、PRICE（租金）、OROENTATION（朝向）、AREA_REGION（所区）、FITMENT（装修）、IS_ELEVATOR（是否有电梯 true/fault）、RESOURCE（经纪人/个人/品牌公寓）、PUBLISH_TIME（发布时间）、PUBLISHER（发布人）、PLOT_TYPE（小区类型），如图 13-89 所示。

（2）筛选中继器 areaRentingRepeater

选中所有筛选项的文本按钮，右击选择“交互样式”，设置在“鼠标悬停”“鼠标按下”“选中”状态下，字体颜色为#FF6600，并且添加下划线，如图 13-90 所示。

选中所有区域的筛选文本按钮，右击选择“设置选项组”，设置选项组名称为 rentingAreaGroup。同时选中“全部”按钮，给每个按钮的“鼠标单击时”事件添加“选中”动作。选中当前按钮，添加“中继器”→“移除筛选”动作，移除筛选 areaRenting；继续添加“中继器”→“添加筛选”动作，添加筛选 areaRenting，设置条件为[[Item.AREA_REGION == This.text]]，如图 13-91 所示。请注意，一定要取消勾选“移除全部筛选”。

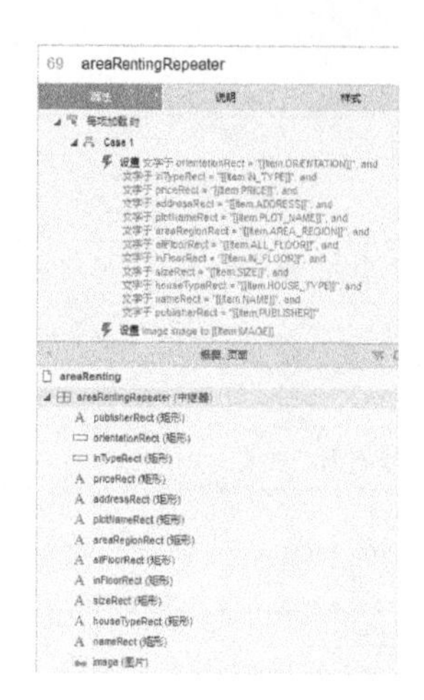

图 13-89　areaRentingRepeater 中继器的属性

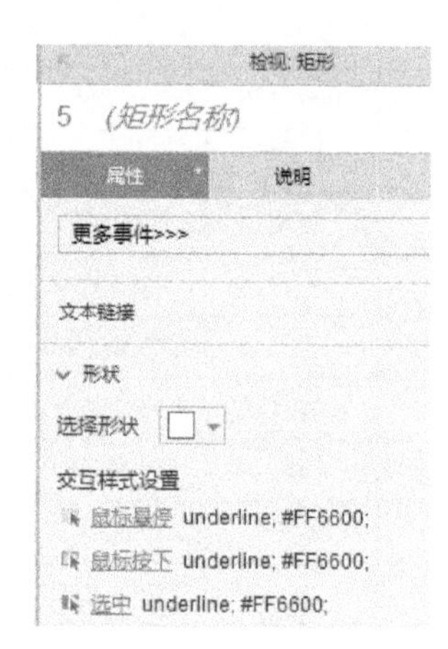

图 13-90　设置筛选项文本的交互样式

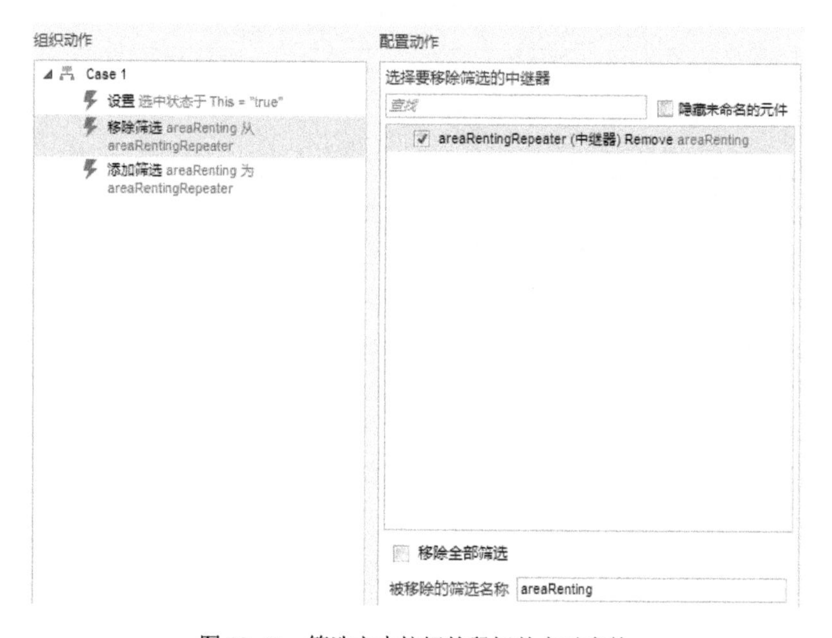

图 13-91　筛选文本按钮的鼠标单击时事件

选中所有租金的筛选文本按钮，右击选择“设置选项组”，设置选项组名称为 priceGroup。同时选中“全部”按钮，给每个按钮的“鼠标单击时”事件添加“选中”动作。选中当前按钮，添加“中继器”→“移除筛选”动作，移除筛选 priceRenting；继续添加“中继器”→“添加筛选”动作，添加筛选 priceRenting，设置 Item.PRICE 相对应的条件，请注意，一定要取消勾选“移除全部筛选”。例如 1500～2000 元，条件为[[Item.PRICE <= 1500 && Item.PRICE < 2000]]，如图 13-92 所示。

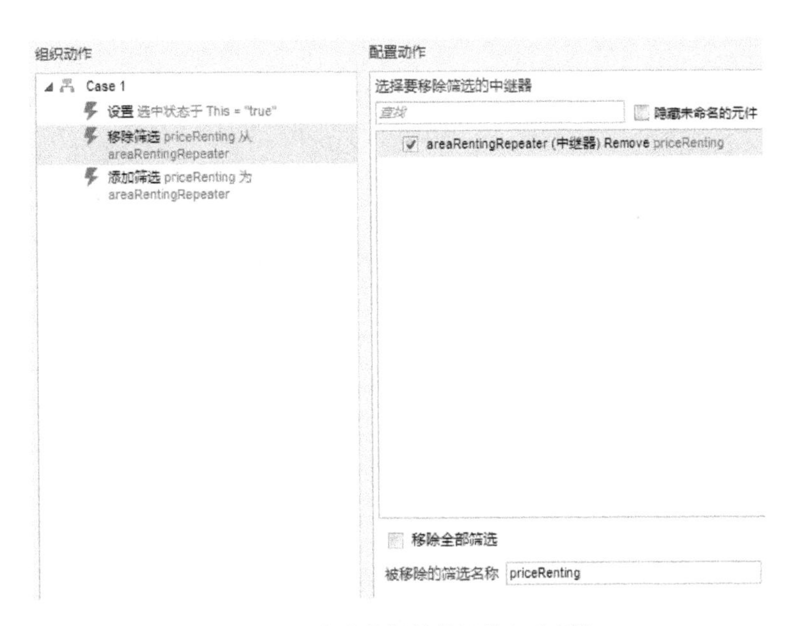

图 13-92　租金按钮的鼠标单击时事件

选中所有房型的筛选文本按钮，右击选择“设置选项组”，设置选项组名称为 houseTyoeGroup。同时选中“全部”按钮，给每个按钮的“鼠标单击时”事件添加“选中”动作。选中当前按钮，添加“中继器”→“移除筛选”动作，移除筛选 houseTypeRenting；继续添加“中继器”→“添加筛选”动作，添加筛选 houseTypeRenting，设置 Item.HOUSE_TYPE 相对应的条件，请注意，一定要取消勾选“移除全部筛选”，如图 13-93 所示。

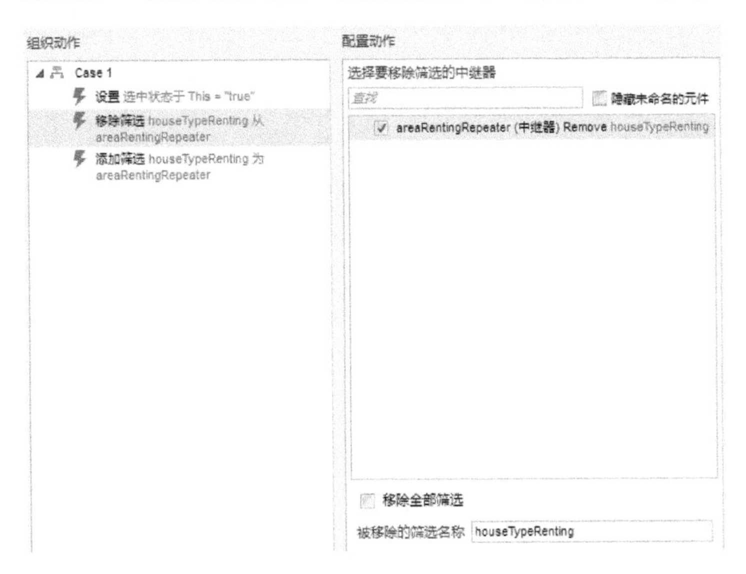

图 13-93　房型按钮的鼠标单击时事件

选中所有类型的筛选文本按钮，右击选择“设置选项组”，设置选项组名称为

inTypeGroup。同时选中“全部”按钮，给每个按钮的“鼠标单击时”事件添加“选中”动作。选中当前按钮，添加“中继器”→“移除筛选”动作，移除筛选 inTypeRenting；继续添加“中继器”→“添加筛选”动作，添加筛选 inTypeRenting，设置 Item.IN_TYPE 相对应的条件，请注意，一定要取消勾选“移除全部筛选”，如图 13-94 所示。

图 13-94　类型按钮的鼠标单击时事件

选中所有房屋类型的筛选文本按钮，右击选择“设置选项组”，设置选项组名称为 plotTypeGroup。同时选中“全部”按钮，给每个按钮的“鼠标单击时”事件添加“选中”动作。选中当前按钮，添加“中继器”→“移除筛选”动作，移除筛选 plotTypeRenting；继续添加“中继器”→“添加筛选”动作，添加筛选 plotTypeRenting，设置 Item.PLOT_TYPE 相对应的条件。请注意，一定要取消勾选“移除全部筛选”，如图 13-95 所示。

图 13-95　房屋类型按钮的鼠标单击时事件

选中所有装修的筛选文本按钮，右击选择“设置选项组”，设置选项组名称为fitmentGroup。同时选中“全部”按钮，给每个按钮的“鼠标单击时”事件添加“选中”动作。选中当前按钮，添加“中继器”→“移除筛选”动作，移除筛选 fitmentRenting；继续添加“中继器”→“添加筛选”动作，添加筛选 fitmentRenting，设置 Item.FITMENT 相对应的条件。请注意，一定要取消勾选“移除全部筛选”，如图 13-96 所示。

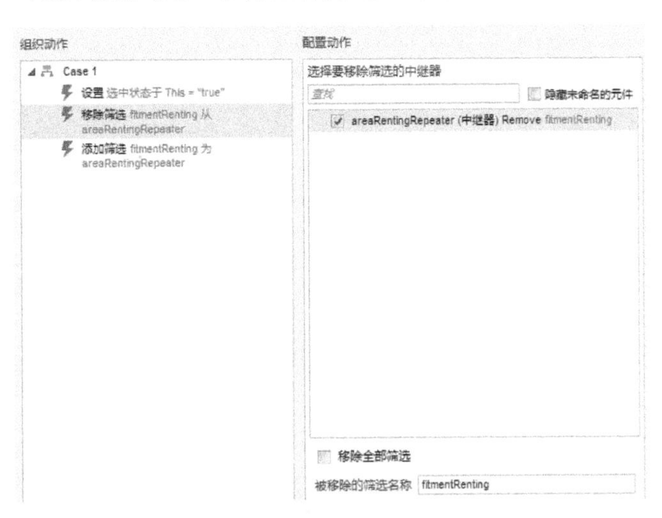

图 13-96 装修按钮的鼠标单击时事件

选中所有电梯的筛选文本按钮，右击选择“设置选项组”，设置选项组名称为isElevatorGroup。同时选中“全部”按钮，给每个按钮的“鼠标单击时”事件添加“选中”动作。选中当前按钮，添加“中继器”→“移除筛选”动作，移除筛选 isElevatorRenting；继续添加“中继器”→“添加筛选”动作，添加筛选 isElevatorRenting，设置 Item.IS_ELEVATOR 相对应的条件。请注意，一定要取消勾选“移除全部筛选”，如图 13-97 所示。

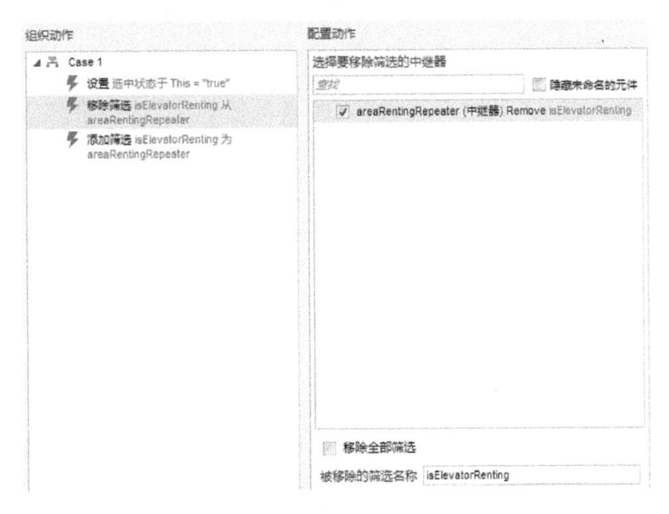

图 13-97 电梯按钮的鼠标单击时事件

选中所有来源的筛选文本按钮，右击选择“设置选项组”，设置选项组名称为resourceGroup。同时选中“全部”按钮；给每个按钮的“鼠标单击时”事件添加“选中”动作。选中当前按钮，添加“中继器”→“移除筛选”动作，移除筛选 resourceRenting；继续添加“中继器”→“添加筛选”动作，添加筛选 resourceRenting，设置 Item.RESOURCE 相对应的条件。请注意，一定要取消勾选“移除全部筛选”，如图 13-98 所示。

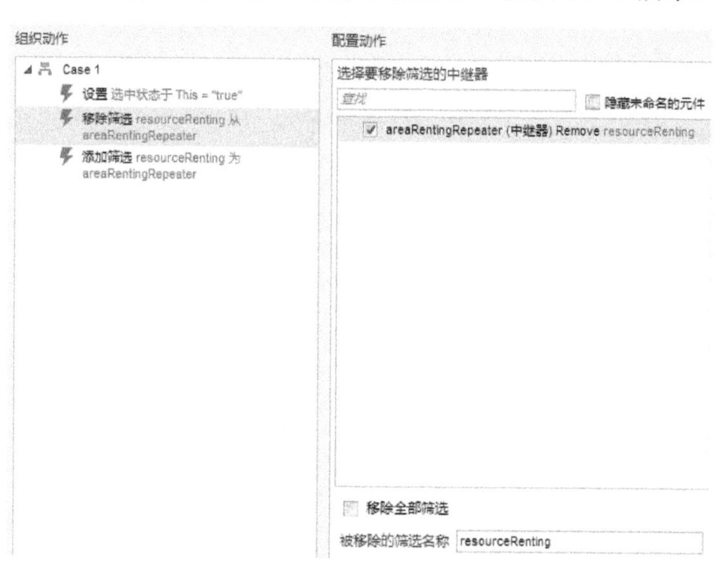

图 13-98　来源按钮的鼠标单击时事件

以上所有类型的筛选，在单击“全部”按钮时，其“鼠标单击时”事件，设置选中当前按钮，移除相对应的筛选即可，不可移除所有筛选，如图 13-99 所示。

图 13-99　“区域”的“全部”按钮的鼠标单击时事件

（3）中继器 areaRentingRepeater 排序

选中 defaultSortRect 矩形元件，在“鼠标单击时”事件，设置选中当前按钮，添加“中继器”→“移除排序”动作，移除所有排序，如图 13-100 所示。

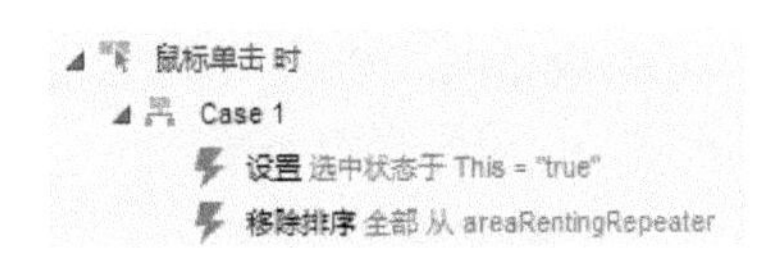

图 13-100　defaultSortRect 元件的鼠标单击时事件

选中 timeSortRect 矩形元件，在“鼠标单击时”事件，设置选中当前按钮，添加“中继器”→“添加排序”动作，添加排序 timeSort，如图 13-101 和图 13-102 所示。

图 13-101　timeSortRect 元件的鼠标单击时事件

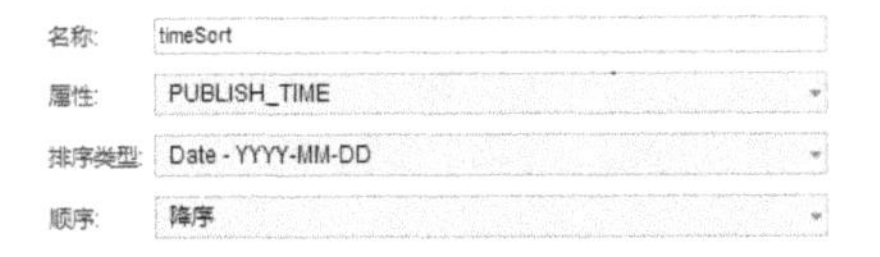

图 13-102　timeSort 排序的属性

选中 rentSortRect 矩形元件，在“鼠标移入时”事件，设置显示面板 priceSortPanel，如图 13-103 所示。在面板 priceSortPanel 的 State1 的状态下，设置“租金从低到高”为升序排序，设置“租金从高到低”为降序排序，如图 13-104 至图 13-106 所示。

图 13-103　rentSortRect 元件的鼠标移入时事件

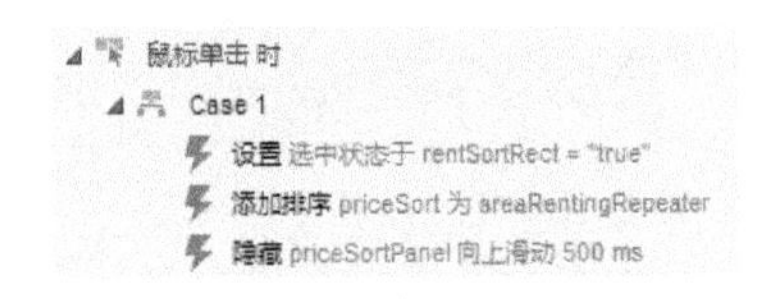

图 13-104　租金排序的鼠标单击时事件

图 13-105　租金升序排序属性

图 13-106　租金降序排序属性

（4）areaRentingRepeater 中继器的页面切换

关于 1Page、2Page、3Page、4Page 元件的“鼠标单击时”事件，如图 13-107 所示。

图 13-107　1Page、2Page、3Page、4Page 元件的鼠标单击时事件

“上一页”按钮因为和 1Page、2Page、3Page、4Page 元件的选中状态有关，所以需要添加多个触发条件来分别处理。如果当前选中的页数按钮为 4Page，当点击“上一页”按钮时，要将 3Page 元件设置为选中状态。如果当前选中的按钮为 3Page，当点击“上一页”按钮时，就要将 2Page 元件设置为选中状态，以此类推，“上一页”按钮 previousPage 元件的“鼠标单击时”事件如图 13-108 所示。

“下一页”按钮与“上一页”按钮类似，如果当前选中的页数按钮为 1Page，当单击“下一页”按钮时，要将 2Page 元件设置为选中状态，其余情况以此类推，“下一页”按钮 previousPage 元件的“鼠标单击时”事件如图 13-109 所示。

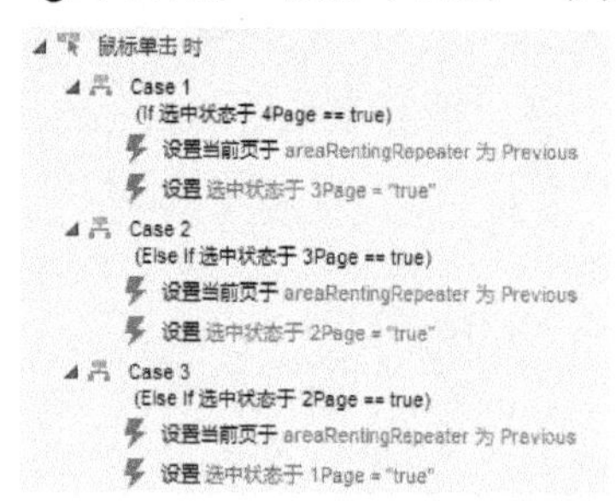

图 13-108 “上一页”previousPage 元件的鼠标单击时事件

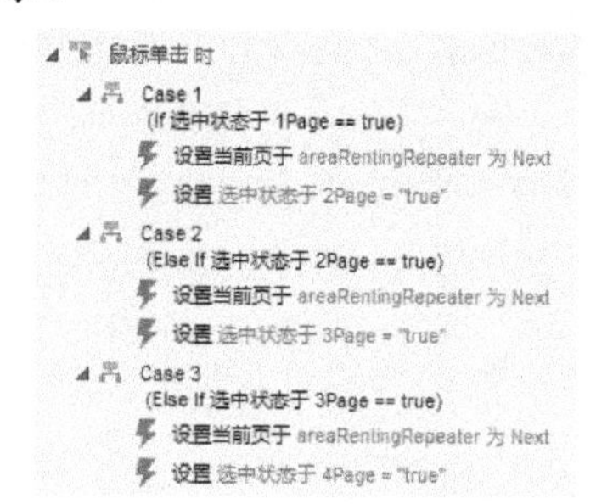

图 13-109 “下一页”nextPage 元件的鼠标单击时事件

3. 步骤三：准备“租房”页面 plotRenting 元件

plotRenting 页面的主要元件，如图 13-110 所示。plotRenting 页面的主要元件属性，如表 13-10 所示。

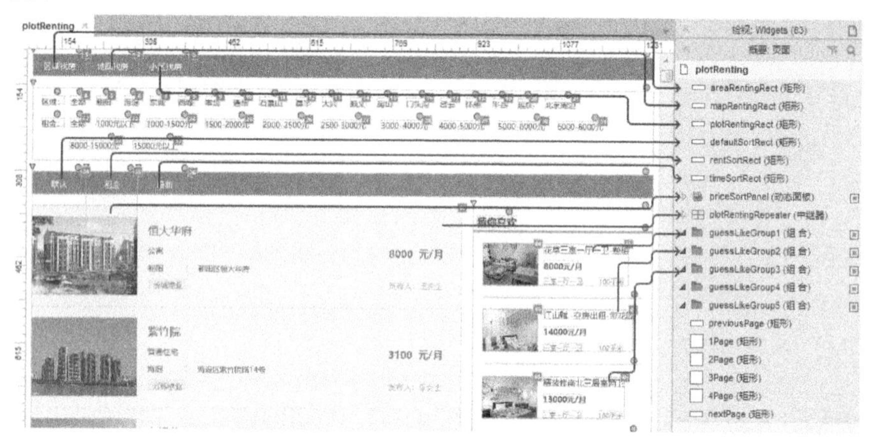

图 13-110 页面 plotRenting 主要元件

表 13-10 plotRenting 页面的主要元件属性

元件名称	元件种类	坐标	尺寸	备注	可见性
areaRentingRect	矩形	X100;Y100	W100;H40	填充颜色#FF6600；边框无；字体颜色白色	Y
mapRentingRect	矩形	X200;Y100	W100;H40	填充颜色#FF6600；边框无；字体颜色白色	Y
plotRentingRect	矩形	X300;Y100	W100;H40	填充颜色#FF6600；边框无；字体颜色白色	Y
defaultSortRect	矩形	X100;Y310	W100;H40	填充颜色#FF6600；边框无；字体颜色白色	Y
rentSortRect	矩形	X200;Y310	W100;H40	填充颜色#FF6600；边框无；字体颜色白色	Y
timeSortRect	矩形	X300;Y310	W100;H40	填充颜色#FF6600；边框无；字体颜色白色	Y
priceSortPanel	动态面板	X200;Y350	W100;H70	租金排序面板，包含一个状态 State1	N
plotRentingRepeater	中继器	X100;Y370	-		Y

（续）

元件名称	元件种类	坐标	尺寸	备注	可见性
guessLikeGroup1	组合	X939;Y433	W266;H75	猜你喜欢组合 1	Y
guessLikeGroup2	组合	X939;Y550	W275;H75	猜你喜欢组合 2	Y
guessLikeGroup3	组合	X939;Y670	W261;H75	猜你喜欢组合 3	Y
guessLikeGroup4	组合	X939;Y790	W250;H75	猜你喜欢组合 4	Y
guessLikeGroup5	组合	X939;Y915	W257;H75	猜你喜欢组合 5	Y
previousPage	矩形	X330;Y1320	W90;H40	向前一页	Y
1Page	矩形	X430;Y1320	W40;H40	第一页	Y
2Page	矩形	X479;Y1320	W40;H40	第二页	Y
3Page	矩形	X529;Y1320	W40;H40	第三页	Y
4Page	矩形	X578;Y1320	W40;H40	第四页	Y
nextPage	矩形	X628;Y1320	W90;H40	下一页	Y

4. 步骤四：设置小区租房列表的中继器 plotRentingRepeater

选中中继器 areaRentingRepeater，设置中继器布局为垂直布局，每页项目数为 5 个，行间距为 20，添加 9 个字段：IMAGE（图片）、PLOT_NAME（小区名称）、ADDRESS（地址）、IN_TYPE（物业类型）、PRICE（租金）、AREA_REGION（所区）、PUBLISH_TIME（发布时间）、PUBLISHER（发布人）、PLOT_TYPE（小区类型）。如图 13-111 所示。

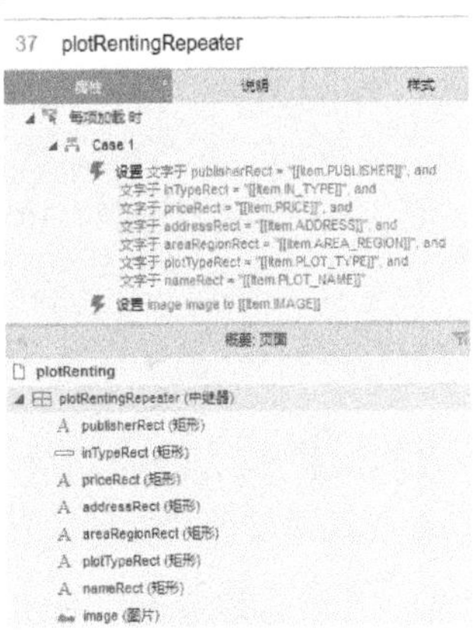

图 13-111 plotRentingRepeater 中继器的属性

该中继器的筛选、排序、页签切换和区域列表的中继器 areaRentingRepeater 类似，这里不再赘述。

5. 步骤五：准备“租房”页面 mapRenting 元件

mapRenting 页面的主要元件，如图 13-112 所示。mapRenting 页面的主要元件属性，如表 13-11 所示。

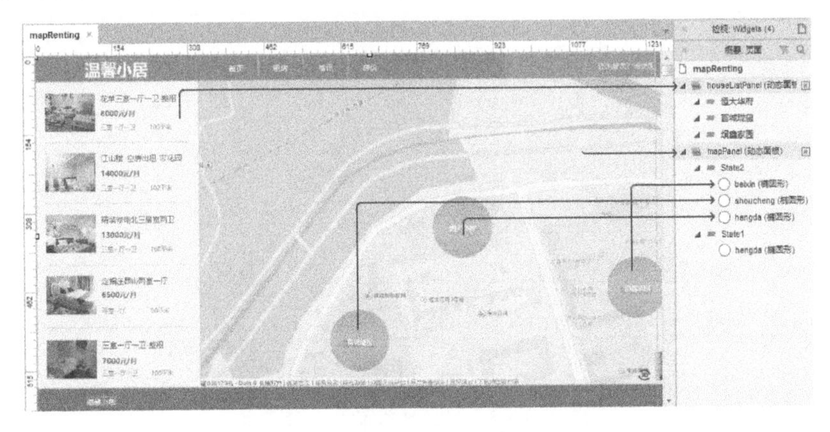

图 13-112 mapRenting 页面的主要元件

表 13-11 mapRenting 页面的主要元件属性

元件名称	元件种类	坐标	尺寸	备注	可见性
houseListPanel	动态面板	X0;Y50	330;H600	展示不同小区的房子列表，包括 3 个状态：恒大华府、首城珑玺、坝鑫家园	Y
mapPanel	动态面板	X0;Y50	W330;H600	两个状态：State1 和 State2，放置不同的地图	Y
beixin	椭圆	X1150;Y350	W120;H120	边框无；填充颜色渐变透明	Y
shoucheng	椭圆	X590;Y450	W120;H120	边框无；填充颜色渐变透明	Y
hengda	椭圆	X800;Y230	W120;H120	面板 mapPanel 的 State2 下的元件；边框无；填充颜色渐变透明	Y
hengda	椭圆	X750;Y230	W120;H120	面板 mapPanel 的 State1 下的元件；边框无；填充颜色渐变透明	Y

6. 步骤六：设置“租房”页面 mapRenting 页面事件

分别设置 mapPanel 不同状态下 hengda 椭圆元件的“鼠标单击时”事件，添加“设置面板状态”动作，切换面板 houseListPanel 的状态为“恒大华府”；选中 shoucheng 椭圆元件，在“鼠标单击时”事件添加“设置面板状态”动作，切换面板 houseListPanel 的状态为“首城珑玺”；选中 beixin 椭圆元件，在“鼠标单击时”事件添加“设置面板状态”动作，切换面板 houseListPanel 的状态为“坝鑫家园”。

在页面的“窗口向上滚动时”事件，添加“设置面板状态”动作，切换面板 mapPanel 的状态为 State1；在页面的“窗口向下滚动时”事件，添加“设置面板状态”动作，切换面板 mapPanel 的状态为 State2，如图 13-113 所示。

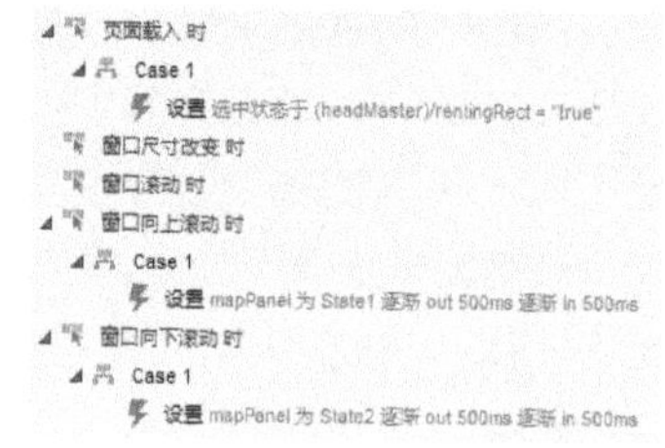

图 13-113 mapRentingd 的页面事件

7. 步骤七：准备“租房”详情页面 detail 元件

detail 详情页面的主要元件，如图 13-114 所示。detail 详情页面的主要元件属性，如表 13-12 所示。

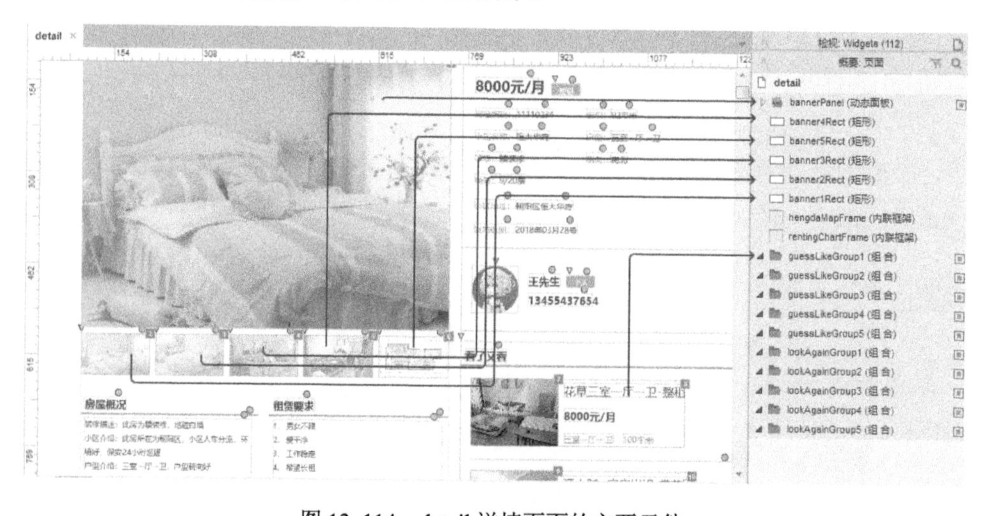

图 13-114 detail 详情页面的主要元件

表 13-12　detail 详情页面的主要元件属性

元件名称	元件种类	坐标	尺寸	备注	可见性
bannerPanel	动态面板	X100;Y120	W640;H450	图片照片 banner，包括 5 个状态，分别放置 5 个不同的房屋照片	Y
banner4Rect	矩形	X490;Y580	W120;H70	填充颜色# FFFFFF，透明度 57%；边框无	Y
banner5Rect	矩形	X620;Y580	W120;H70	填充颜色# FFFFFF，透明度 57%；边框无	Y
banner3Rect	矩形	X360;Y580	W120;H70	填充颜色# FFFFFF，透明度 57%；边框无	Y
banner2Rect	矩形	X230;Y580	W120;H70	填充颜色# FFFFFF，透明度 57%；边框无	Y
banner1Rect	矩形	X100;Y580	W120;H70	填充颜色# FFFFFF，透明度 57%；边框无	Y
hengdaMapFrame	内联框架	X100;Y1090	W640;H320	链接到生成的地图 html 文件	Y
rentingChartFrame	内联框架	X100;Y1970	W640;H302	链接到生成的折线图 html 文件	Y
guessLikeGroup1	组合	X779;Y1490	W368;H113	猜你喜欢组合 1	Y
guessLikeGroup2	组合	X779;Y1644	W368;H113	猜你喜欢组合 2	Y
guessLikeGroup3	组合	X779;Y1802	W368;H113	猜你喜欢组合 3	Y
guessLikeGroup4	组合	X779;Y1957	W368;H113	猜你喜欢组合 4	Y
guessLikeGroup5	组合	X779;Y2113	W368;H113	猜你喜欢组合 5	Y
lookAaginGroup1	组合	X779;Y650	W368;H113	看了又看组合 1	Y
lookAaginGroup1	组合	X779;Y804	W368;H113	看了又看组合 2	Y
lookAaginGroup1	组合	X779;Y962	W368;H113	看了又看组合 3	Y
lookAaginGroup1	组合	X779;Y1117	W368;H113	看了又看组合 4	Y
lookAaginGroup1	组合	X779;Y1273	W368;H113	看了又看组合 5	Y

8. 步骤八：设置“租房”详情页面事件

（1）banner 房屋图片

选中所有 bannerRect1～5，右击“设置选项组”，设置选项组名称为 bannerGroup，如图 13-115 所示；右击选择“交互样式”，设置在“选中”下，填充颜色为无，如图 13-116 所示。

图 13-115　设置 bannerRect1～5 为同一选项组

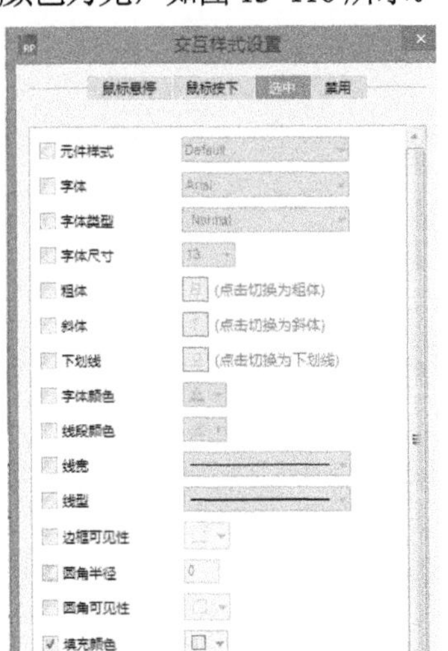

图 13-116　设置 bannerRect1～5 选中时样式

选中 bannerPanel 元件，在“载入时”事件中设置状态 3s 循环切换，如图 13-117 所示；在“状态改变时”事件，不同状态情况下，选中不同的 bannerRect，如图 13-118 所示。

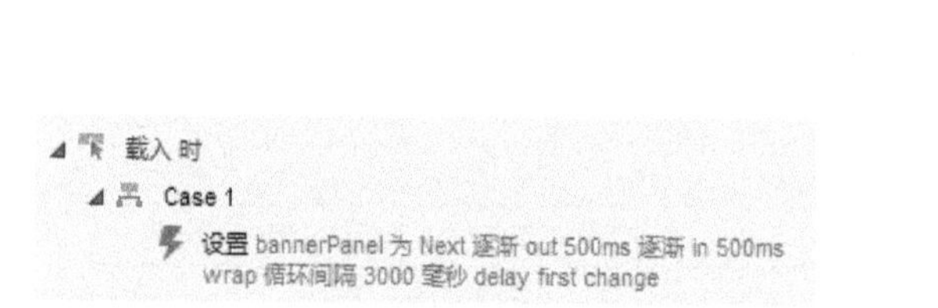

图 13-117　bannerPanel 元件的载入时事件

状态改变时
Case 1
(If 面板状态于 This == State1)
设置 选中状态于 banner1Rect = "true"
Case 2
(Else If 面板状态于 This == State2)
设置 选中状态于 banner2Rect = "true"
Case 3
(Else If 面板状态于 This == State3)
设置 选中状态于 banner3Rect = "true"
Case 4
(Else If 面板状态于 This == State4)
设置 选中状态于 banner4Rect = "true"
Case 5
(Else If 面板状态于 This == State5)
设置 选中状态于 banner5Rect = "true"

图 13-118　bannerPanel 元件的状态改变时事件

选中 bannerRect1 矩形元件，在“鼠标移入时”事件，切换 bannerPanel 的状态为 State1，如图 13-119 所示。以此类推，bannerRect2 切换状态为 State2；bannerRect3 切换状态为 State3；bannerRect4 切换状态为 State4；bannerRect5 切换状态为 State5。

（2）小区地址（地图显示）

地图的显示可以试着在内联框架 hengdaMapFrame 嵌入百度地图，实际就是自己导出一份 html 代码的文件，引入到框架中。

打开百度地图开发平台（http://lbsyun.baidu.com/），在菜单“开发文档”选择“地图生成器”，如图 13-120 所示。以“朝阳区恒大华府”为中心点，设置地图宽度为 640 像素，高度为 320 像素，如图 13-121 所示。

图 13-119　bannerRect1 元件的鼠标移入时事件

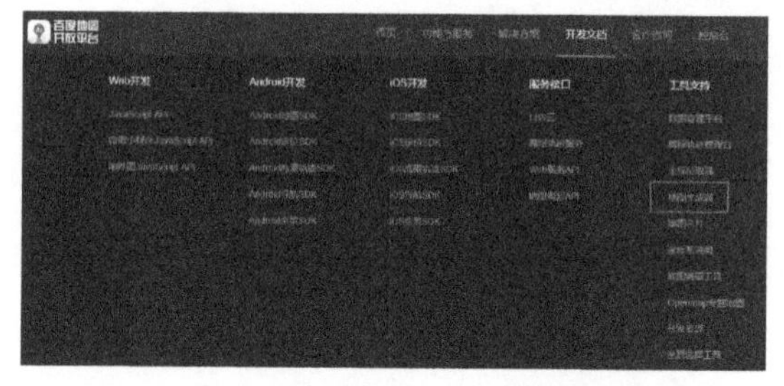

图 13-120　“开发文档”→“地图生成器”

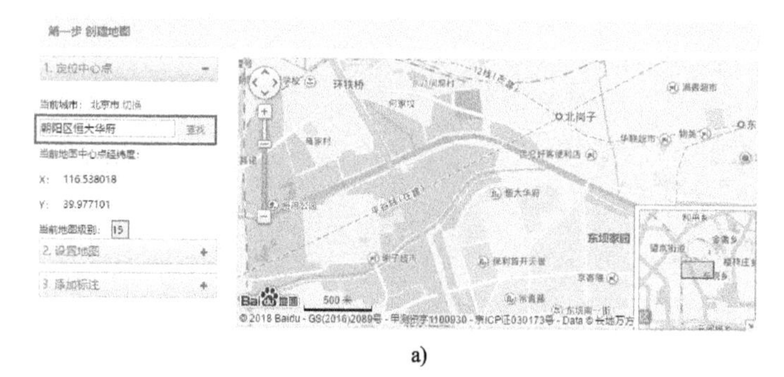

a)

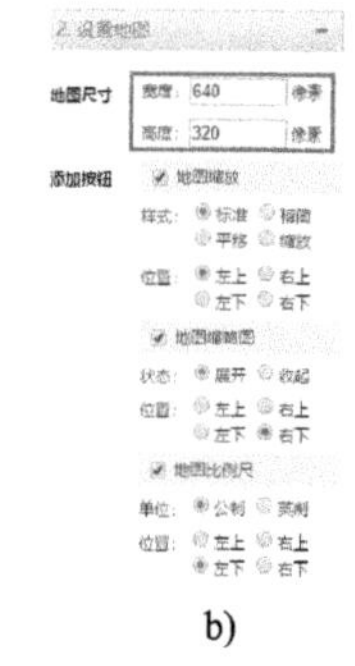

b)

图 13-121　地图设置

a) 恒大华府　b) 设置地图

单击“获取代码”，会生成该地图的代码，如图 13-122 所示。但是使用该代码，还得写入地图的 API 的密匙，单击“申请密匙”，进行申请（怎么申请，可以自行了解）。

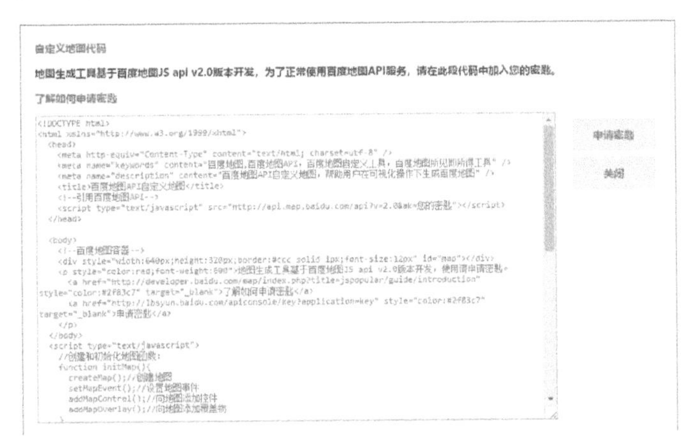

图 13-122 生成地图代码

如果拥有密匙，复制生成代码至文本文档，写入密匙，存为 html 文件，然后引入内联框架中，嵌入百度地图就完成了。

在本案例的 RP 文件中，因为密匙的问题，所以在内联框架上放的仅仅是地图的截图。

（3）租金走势

租金走势的显示，其实跟嵌入百度地图类似，借助于 echarts 这样的前端框架生成折线图的代码，然后引入至内联框架即可。

打开 echarts2 的折线图在线生成工具，在代码输入框中，更换所需的数据，如图 13-123 所示（在线生成：http://echarts.baidu.com/echarts2/doc/example/line1.html）。

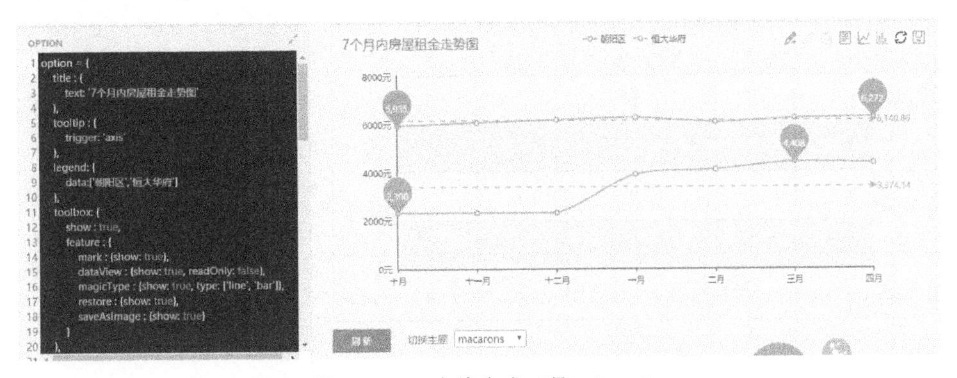

图 13-123 在线生成工具 echarts2

将生成的代码 option 的值保存为 html 文件，引入内联框架 rentingChartFrame。

```
<!DOCTYPE html>
<html>
<head>
    <meta charset="UTF-8">
    <title>租金走势</title>
```

```
        <script src="http://echarts.baidu.com/build/dist/echarts.js"></script>
    <script>
            require.config({
                paths: {
                    echarts: 'http://echarts.baidu.com/build/dist'
                }
            });
            require(
                [
                    'echarts',
                    'echarts/chart/line'
                ],
                function (ec) {
                    var myChart = ec.init(document.getElementById('main'));
                    var option = {
                  };
                    myChart.setOption(option);
                }
            );
     </script>
    </head>
    <body>
        <div id="main" style="width: 640px;height: 300px;"></div>
    </body>
    </html>
```

13.3.3 楼讯

楼讯的部分，只需创建两个页面 list（楼讯列表）和 detail（楼讯详情）页面。每个页面都需要加入 headMaster 和 bottomMaster 母版。

1. 步骤一：准备楼讯列表 list 页面元件

楼讯列表 list 页面，主要分两个区域，楼讯列表和热门楼讯。楼讯列表主要运用中继器 newsRepeater 实现，“热门楼讯”主要包括楼讯的图片和标题，如图 13-124 所示。

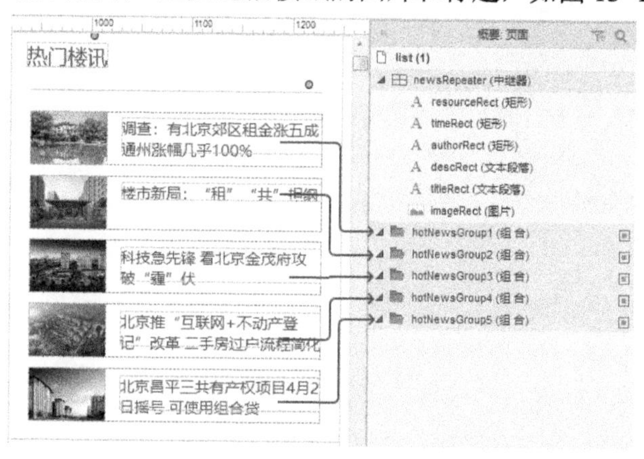

图 13-124 “热门楼讯”的主要元件

“楼讯列表”的页签元件准备，如图 13-125 所示。

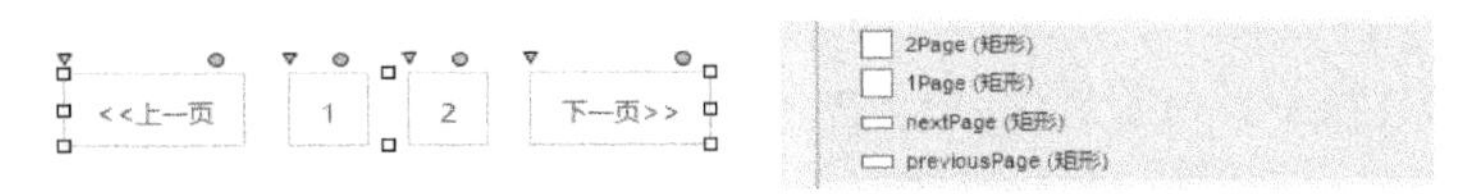

图 13-125　“楼讯列表”页签主要元件

2. 步骤二：准备楼讯详情 detail 页面元件

楼讯详情 detail 页面，主要也分为两个区域，楼讯详细内容和热门楼讯。热门楼讯复制 list 页面中的所有元件即可。

3. 步骤三：设置页面 list 和 detail 的页面载入时事件

分别在页面 list 和 detail 的“页面载入时”事件添加“选中”动作，选中网页 headMaster 顶部母版中的 informationRect 矩形元件，如图 13-126 所示。

4. 步骤四：设置楼讯列表 newsRepeater

楼讯列表运用中继器 newsRepeater 实现，设置布局为垂直布局，每页项目数为 5，行间距为 20，添加 6 个字段：IMAGE（图片）、TITLE（标题）、DESC（简要）、AUTHOR（作者）、TIME（发布时间）、RESOURCE（来源），如图 13-127 所示。

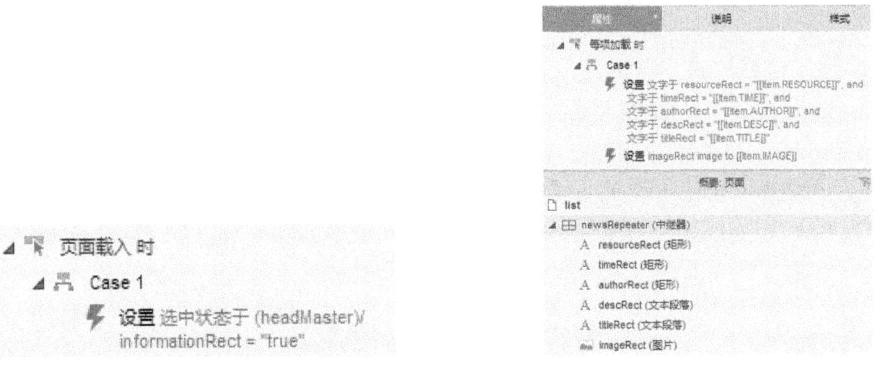

图 13-126　list 和 detail 页面的载入时事件　　　图 13-127　newsRepeater 中继器的属性

5. 步骤五：设置中继器 newsRepeater 页面切换效果

同时选中 1Page 和 2Page 元件，右击“设置选项组”，设置选项组名为 pageGroup。

选中 1Page 元件，在“鼠标单击时”事件，添加“选中”动作，选中当前元件，再添加“中继器”→“设置当前显示页面” 动作，显示页面为第一页，如图 13-128 所示。

选中 2Page 元件，在“鼠标单击时”事件，添加“选中”动作，选中当前元件，再添加“中继器”→“设置当前显示页面”动作，显示页面为第二页，如图 13-129 所示。

图 13-128　1Page 元件的鼠标单击时事件　　　图 13-129　2Page 元件的鼠标单击时事件

选中 previousPage 元件，在“鼠标单击时”事件，在 Case1 设置条件，如果 2Page 元件为“选中”状态，在该条件下，添加“中继器”→“设置当前显示页面”动作，显示页面为 Previous，并且将 1Page 元件设置为“选中”状态，如图 13-130 所示。

选中 nextPage 元件，为“鼠标单击时”事件下的 Case1 设置条件，如果 1Page 元件为选中状态，在该条件下，添加“中继器”→“设置当前显示页面”动作，显示页面为 Next，并且将 2Page 元件设置为“选中”状态，如图 13-131 所示。

图 13-130　previousPage 元件的鼠标单击时事件

鼠标单击时
Case 1
(If 选中状态于 1Page == true)
设置当前页于 newsRepeater 为 Next
设置 选中状态于 2Page = "true"

图 13-131　nextPage 元件的鼠标单击时事件

6. 步骤六：设置“热门楼讯”组合元件

将“热门楼讯”区域相对应的图片和标题组合，在该组合元件的“鼠标单击时”事件，设置在当前窗口打开 detail 页面，如图 13-132 所示。

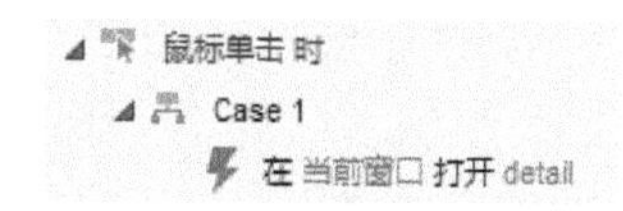

图 13-132 “热门楼讯”组合元件的鼠标单击时事件

13.3.4　房价

房价主要包括区域房价走势和北京热门小区房价走势图。房间页面需要拖入 headMaster 和 bottomMaster 母版，在页面的“页面载入时”事件，添加“选中”动作，选中 headMaster 母版中的 housingPriceRect 元件，如图 13-133 所示。

1. 步骤一：准备“房价”页面 detail 元件

detail“房价”页面的主要元件，如图 13-134 所示。detail“房价”页面的主要元件属性，如表 13-13 所示。

页面载入时
Case 1
设置 选中状态于 (headMaster)/housingPriceRect = "true"

图 13-133　页面载入时事件

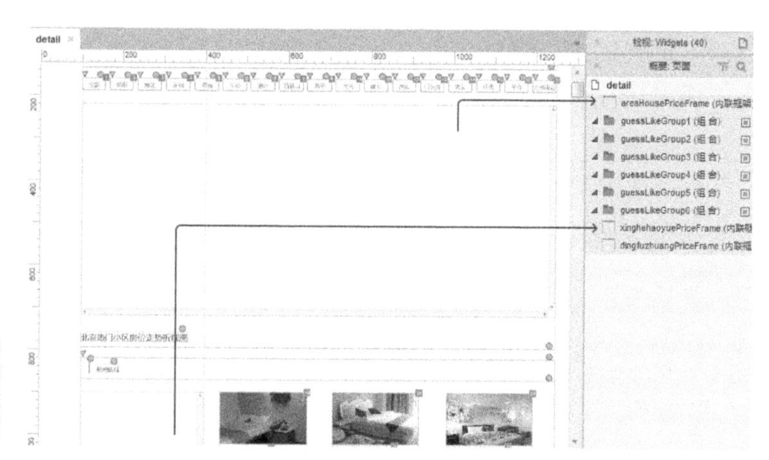

图 13-134　detail“房价”页面的主要元件

表 13-13 “房价”detail 页面的主要元件属性

元件名称	元件种类	坐标	尺寸	备注	可见性
areaHousePriceFrame	内联框架	X100;Y220	W1149;H500	默认链接到生成的总区域折线图 html 文件	Y
xinghehaoyuePriceFrame	内联框架	X100;Y900	W300;H200	默认链接到生成的星河皓月折线图 html 文件	Y
dingfuzhuangPriceFrame	内联框架	X100;Y1230	W300;H200	默认链接到生成的定福庄折线图 html 文件	Y
guessLikeGroup1	组合	X439;Y900	W210;H200	热门租房组合 1	Y
guessLikeGroup2	组合	X710;Y900	W210;H200	热门租房组合 2	Y
guessLikeGroup3	组合	X986;Y900	W210;H200	热门租房组合 3	Y
guessLikeGroup4	组合	X439;Y1230	W210;H200	热门租房组合 4	Y
guessLikeGroup5	组合	X710;Y1230	W210;H200	热门租房组合 5	Y
guessLikeGroup6	组合	X986;Y1230	W210;H200	热门租房组合 6	Y

2. 步骤二：引入文件 areaLine-all.html

在“北京区域房价走势图”区域，因为包含了 17 个选项，所以需要获取 17 个对应的折线图代码，保存至 html 文件。单击不同的按钮，内联框架 areaHousePriceFrame 引入的文件也不同，如图 13-135 所示。

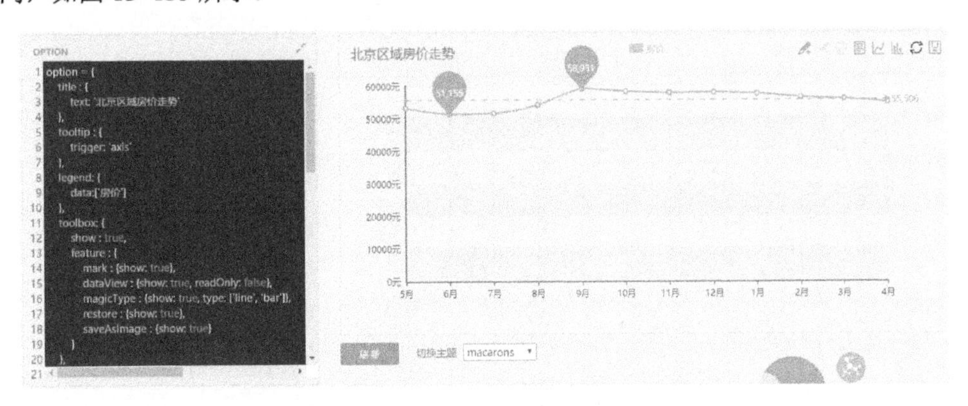

图 13-135 获取总区域房价代码

3. 步骤三：引入热门小区 html 文件

在“热门房价走势”区域，为了简化起见，只引入了“星河皓月”和“定福庄”两个小区。同样地，用在线工具中生成代码，保存至 html 文件，然后引入即可。

13.3.5 个人中心

个人中心主要包括个人资料、系统消息、个人问答、我的积分这几个模块。本案例关于个人中心主要创建了 5 个页面：userDetail（个人资料）、editUserInfo（编辑资料）、message（系统消息）、consult（个人问答）、myIntegral（我的积分）。其中，每个页面都需要加入 headMaster、bottomMaster 和 userMenuMaster 母版。

1．步骤一：准备个人中心菜单 userMenuMaster 母版元件

userMenuMaster 个人中心菜单母版的主要元件，如图 13-136 所示。userMenuMaster 个人中心菜单母版主要元件属性，如表 13-14 所示。

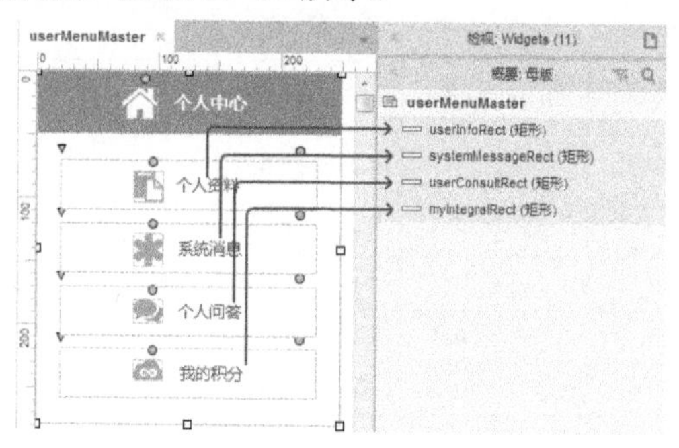

图 13-136　userMenuMaster 的主要元件

表 13-14　userMenuMaster 的主要元件属性

元件名称	元件种类	坐标	尺寸	备注	可见性
userInfoRect	矩形	X20;Y70	W210;H40	填充颜色无；边框无；字体颜色# 333333	Y
systemMessageRect	矩形	X20;Y120	W210;H40	填充颜色无；边框无；字体颜色# 333333	Y
userConsultRect	矩形	X20;Y170	W210;H40	填充颜色无；边框无；字体颜色# 333333	Y
myIntegralRect	矩形	X20;Y220	W210;H40	填充颜色无；边框无；字体颜色# 333333	Y

2．步骤二：设置 userMenuMaster 母版菜单的事件

同时选中 4 个矩形菜单，右击“设置选项组”，设置选项组名称为 userMenuGroup；再次右击设置“交互样式”，在“鼠标悬停”“鼠标按下”“选中”状态下，设置字体颜色为 # FF6600（橙色），填充颜色为# E4E4E4（灰色），如图 13-137 所示。

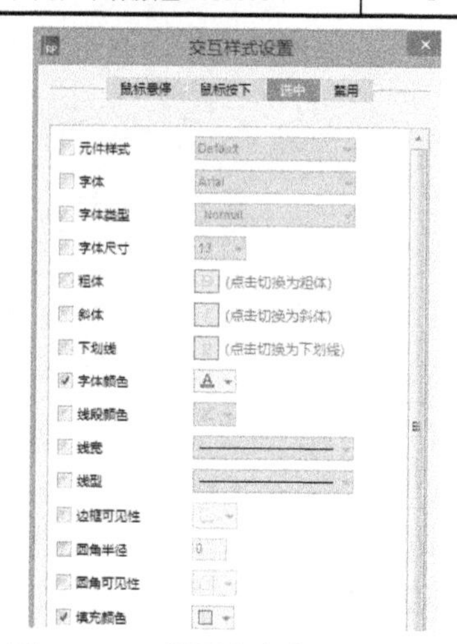

图 13-137　设置个人中心菜单元件的交互样式

选中矩形 userInfoRect，在“鼠标单击时”事件，添加“当前窗口”→“链接”动作，单击该按钮，链接到 userDetail 页面。类似地，分别给矩形 systemMessageRect、userConsultRect、myIntegralRect“鼠标单击时”事件，链接到个人中心的 message 页面、consult、myIntegral，如图 13-138 示。

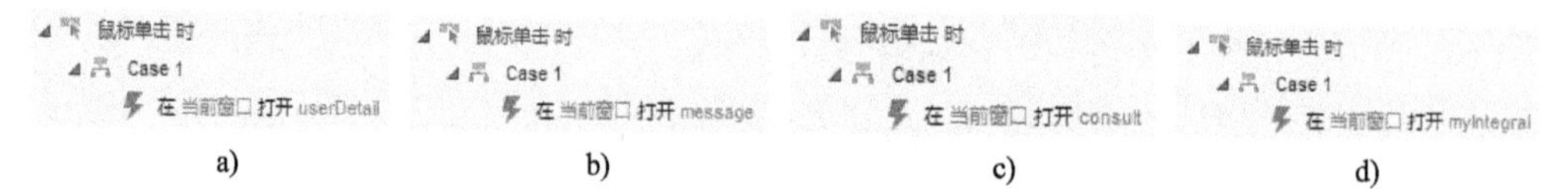

a)　b)　c)　d)

图 13-138　userMenuMaster 母版中的菜单事件

a) 链接到 userDetail 页面　b) 链接到 message 页面　c) 链接到 consult 页面　d) 链接到 myIntegral 页面

3. 步骤三：设置个人资料 userDetail 页面

userDetail 个人资料页面的效果图，如图 13-139 所示。

选中“编辑信息”按钮，在“鼠标单击时”事件，设置在当前窗口打开 editUserInfo 页面，如图 13-140 所示。

图 13-139　userDetail 页面效果图

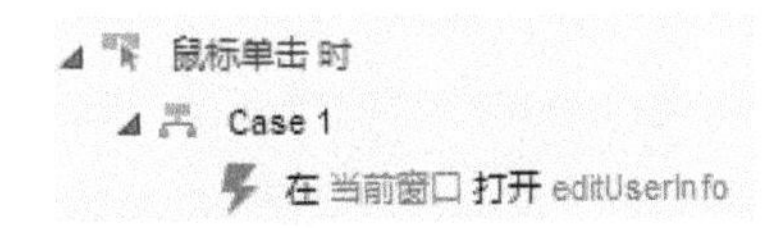

图 13-140　编辑按钮的鼠标单击时事件

需要设置用户名那一栏 userNameTxt 的值等于全局变量 userName 的值，并且在页面加载时，选中母版中的菜单 userInfoRect 元件。在“页面载入时”事件，添加“选中”动作，选中母版中的 userInfoRect 矩形元件；再次添加“设置文本”动作，将全局变量 userName 的值赋给文本标签 userNameTxt，如图 13-141 所示。

4. 步骤四：设置 editUserInfo 编辑资料页面

编辑资料 editUserInfo 页面的效果图，如图 13-142 所示。

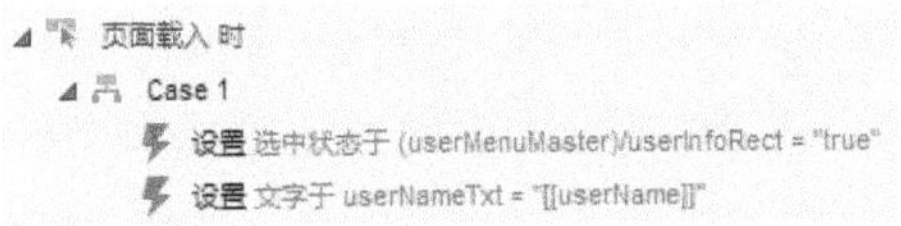

页面载入时
Case 1
设置 选中状态于 (userMenuMaster)/userInfoRect = "true"
设置 文字于 userNameTxt = "[[userName]]"

图 13-141　userDetail 页面的页面载入时事件

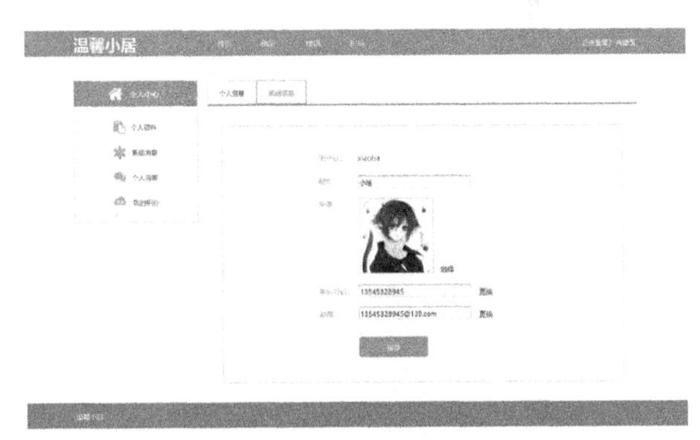

图 13-142　editUserInfo 页面的效果图

选中“个人信息”，在“鼠标单击时”事件，设置链接到 userDetail 页面，如图 13-143 所示。

同样在 editUserInfo 页面加载时，需要选中 userMenuMaster 母版中的矩形元件 userInfoRect，并且使得该页面用户名那一栏的文本标签 userNameTxt 的值等于全局变量 userName 的值，如图 13-144 所示。

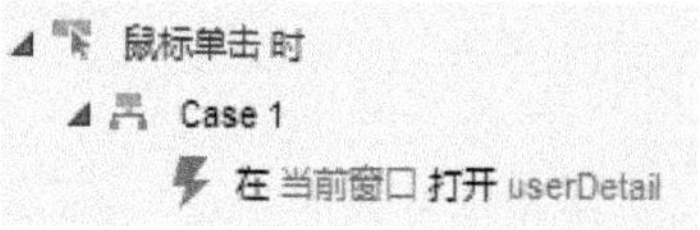

图 13-143　个人信息按钮的鼠标单击时事件

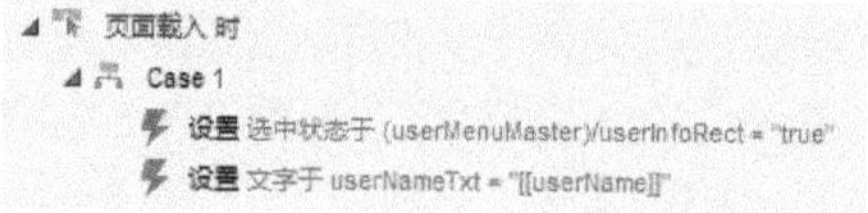

图 13-144　editUserInfo 页面的载入时事件

5. 步骤五：设置 message 系统消息页面

message 系统消息页面的效果图，如图 13-145 所示。

在“页面载入时”事件，添加“选中”动作，选中 userMenuMaster 母版中的 systemMessageRect 矩形元件，如图 13-146 所示。

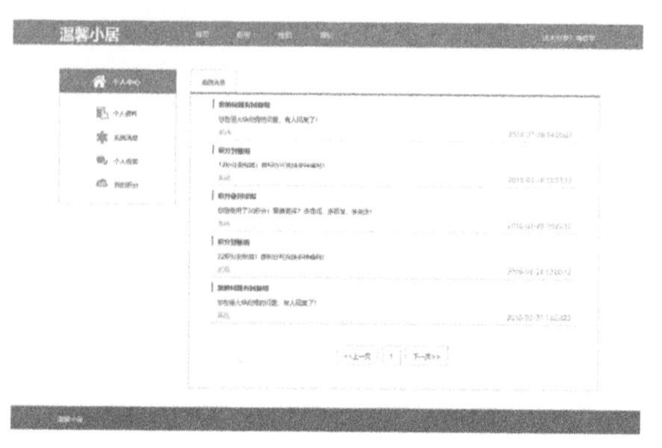

图 13-145　message 页面的效果图

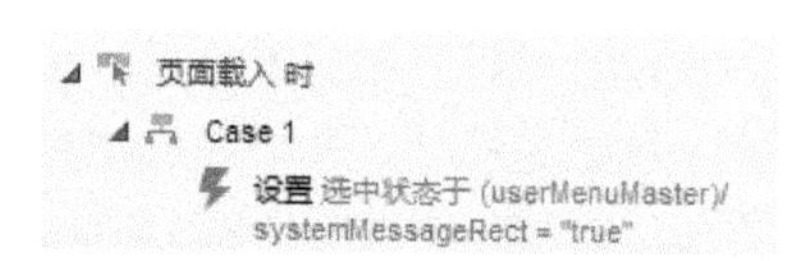

图 13-146　message 页面的载入时事件

关于消息列表是通过中继器 messageRepeater 实现的，设置中继器布局为垂直布局，每页项目数为 5，包含字段有 4 个：TIME（消息发送时间）、SENDER（发送人）、CONTENT（内容）、TITLE（主题），如图 13-147 所示。

6. 步骤六：设置 consult 个人问答页面

consult 个人问答页面的效果图，如图 13-148 所示。

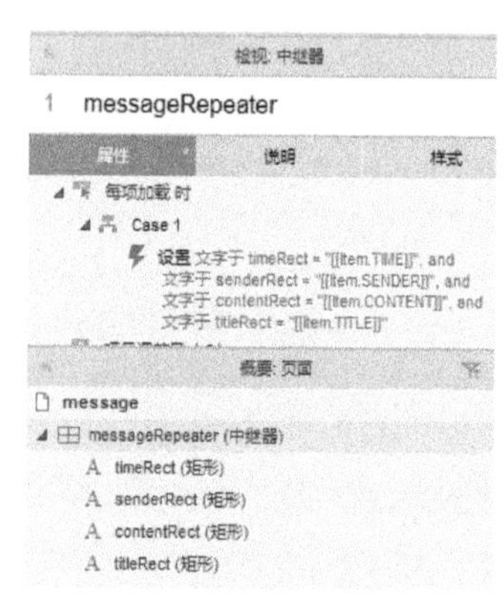

图 13-147　messageRepeater 中继器的属性

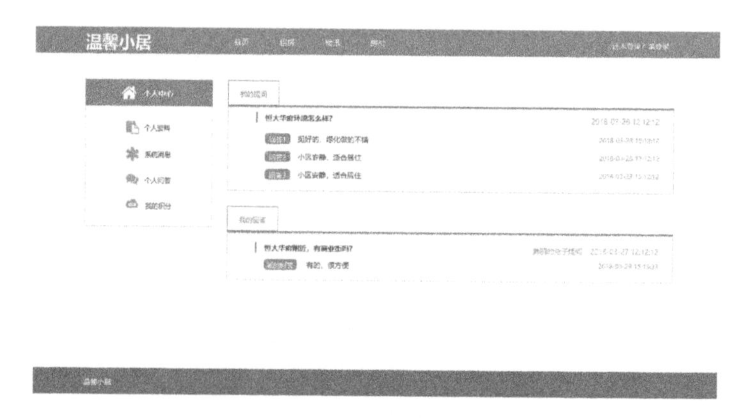

图 13-148　consult 页面的效果图

在“页面载入时”事件，添加“选中”动作，选中 userMenuMaster 母版中的 userConsultRect

矩形元件，如图 13-149 所示。

观察效果图，将“我的提问”和“我的回答”分为上下两个区域展示，需求中的题目、回答内容、时间都展现得很清楚。

7. 步骤 7：设置 myIntegral 我的积分页面

myIntegral 我的积分页面的效果图，如图 13-150 所示。

页面载入 时
Case 1
设置 选中状态于 (userMenuMaster)/
userConsultRect = "true"

图 13-149　consult 页面的载入时事件

图 13-150　myIntegral 页面的效果图

无一例外，还是需要在“页面载入时”事件，添加“选中”动作，选中 userMenuMaster 母版中的 myIntegral 矩形元件，如图 13-151 所示。

积分列表是运用中继器 myIntegralRepeater 实现的，设置中继器布局为垂直布局，每页项目数为 5，包含字段有 4 个：REASON（积分来源/用途）、CHANGE（积分变化）、TIME（时间）、REMARK（备注），如图 13-152 所示。

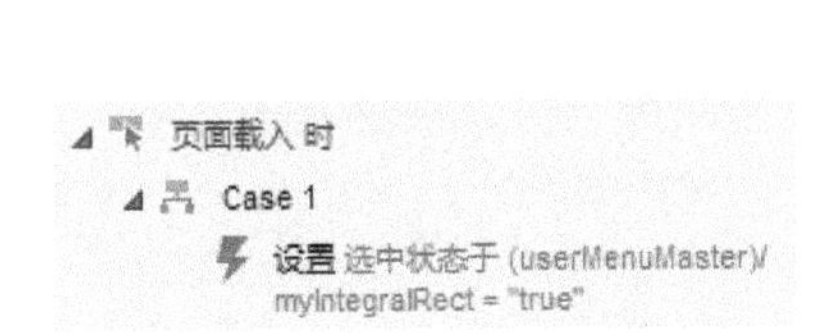

图 13-151　myIntegral 页面的载入时事件

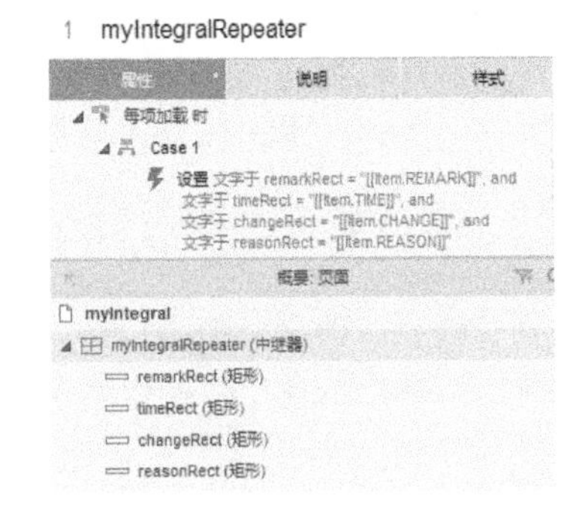

图 13-152　myIntegralRepeater 中继器的属性

13.4　本章小结

本章以一个整站设计的原型综合案例——温馨小居为案例，详细讲解如何使用 Axure RP 设计带有网站和 App 的产品原型。本章重温了基础元件、高级元件和元件交互的内容，相信大家通过本章介绍的这个整站综合案例，能快速上手完成实际项目中的整站设计。

附录 A 答疑解惑

大家在使用 Axure RP 的过程中，不管是新手还是老手，总有这样那样的疑问，本章将这些常见问题汇总，给大家集中答疑解惑。

问题 1：Axure RP 8 专业版、团队版和企业版之间的区别是什么？

1）专业版：所有原型设计功能、文档输出功能、官方 Axure Share。

2）团队版：所有原型设计功能、文档输出功能、官方 Axure Share、团队协作功能。

3）企业版：所有原型设计功能、文档输出功能、官方 Axure Share、团队协作功能、本地部署版 Axure Share。

本书使用的是 Axure RP 8 团队版。

问题 2：Axure“已停止工作”闪退频繁发生，如何解决？

“已停止工作”导致闪退在 Axure RP 7 中发生的概率比较大，在这种情况下，只能关闭后重新启动，错误信息如图 A-1 所示。

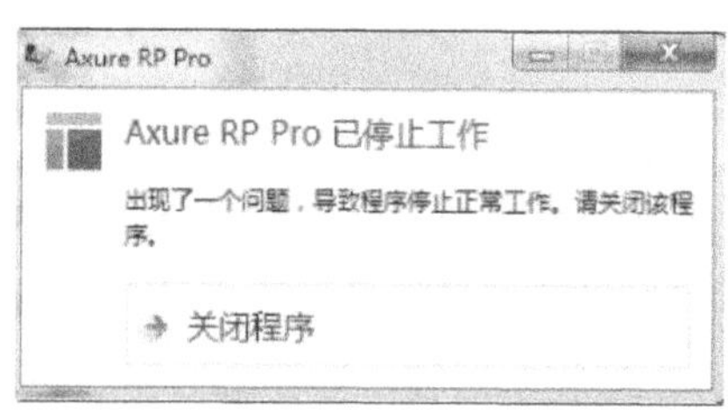

图 A-1　Axure“已停止工作”闪退发生场景

几种情况的解决办法如下。

1）首先要检查.Net Framework 4.0 环境是否安装好，可以在“控制面板”的“添加/删除软件”中先把它删除，然后再重新安装。

2）可能是某个文件被替换后导致 Axure 无法运行。

解决办法：检查是否更换了“International.dll”文件，如果是，恢复为原来的该文件。

3）如果上面两种办法都无法解决，可以尝试：

删除下面目录下的的文件（请在此之前确保项目已成功保存）：

C:\Users\[用户名]\AppData\Local\Temp\Axure- 7.0

删除该目录下的配置文档：

C:\Users\[用户名]\AppData\Local\Axure

这两个路径是隐藏的，先设置其为可见，删除后再重启 Axure RP 应该就能解决问题。

问题 3：全局变量和局部变量的差异是什么？

首先需要理解全局变量和局部变量的作用范围，全局变量在整个项目所有页面内有效，而局部变量作用范围很小，只能在某个用例的某个动作内有效。因此，全局变量一般用在不同页面间做赋值载体，而局部变量主要作为存储动作内的中间值，例如将某个文本框元件的值自增 1，就可以将当前的值放入局部变量，给新的值设置为等于该局部变量的值加 1。

问题 4：如何制作出页面自适应的元件？

Axure RP 8 可以根据不同的设备自适应；当在手机上显示，元件大小为手机上显示大小；如果在平板或计算机上显示，显示成不同的形式，要达到这个效果，可以借助于自适应视图实现，举一个案例，首先在页面中添加两个按钮、1 个矩形元件和 1 个图片元件，如图 A-2 所示。

接着，在“检视”面板的“属性”选项卡勾选“自适应”属性的“启用”，并设置“页面设计”面板的“影响所有视图”为勾选状态，如图 A-3 所示。单击该图“页面设计”面板的“ ”（管理自适应视图）按钮，分别设置手机、平板和计算机分辨率的范围，如图 A-4 所示。

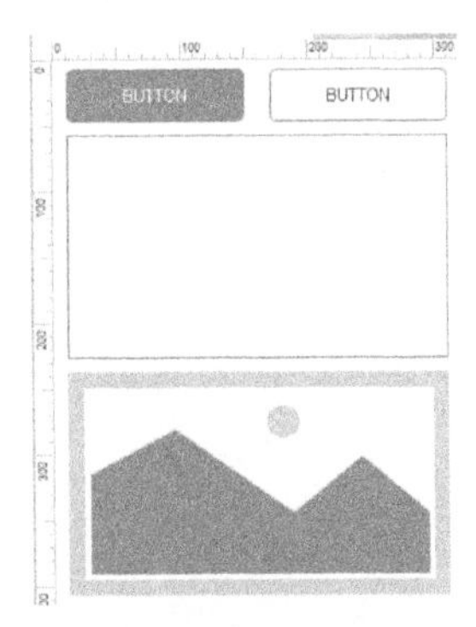

图 A-2 自适应页面的基本元件

图 A-3 设置页面的自适应属性

这时“页面设计”面板上显示出不同分辨率界面，然后预览该界面，如图 A-5 所示。

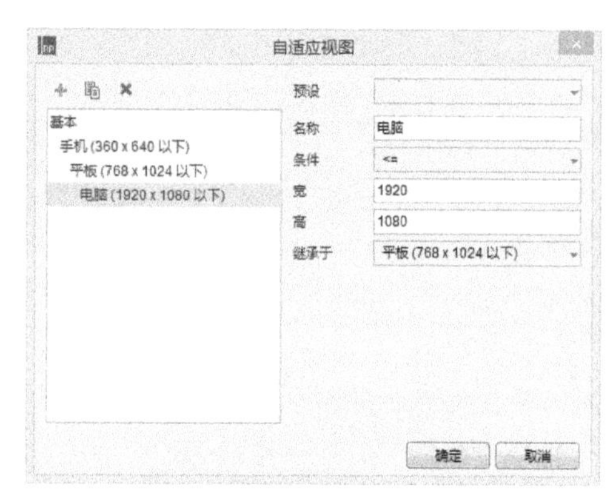

图 A-4　设置不同宽度和高度的自适应视图

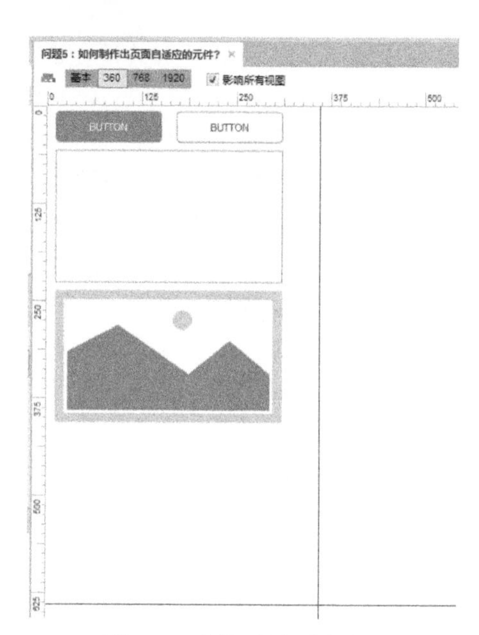

图 A-5　预览不同视图页面

问题 5：如何引入多样化报表？

在 Axure RP 中，并没有提供报表功能，但是，大家完全可以借助于 echarts 这些报表插件将报表制作好，在产品原型文件中使用内联框架元件引入外部文件的方式将其引入。下面的案例中，提前准备好了两个使用了 echarts 报表插件制作的 HTML 页面：report1.html（饼图报表）和 report2.html（柱状图报表）。

其中，report1.html 的代码如下：

```
<!DOCTYPE html>
 <html>
 <head>
      <meta charset="UTF-8">
      <title>pie example</title>
      <style>
           #pie1{
                width:400px;
                height:400px;
                margin: 20px auto;
           }
      </style>
      <script src="js/echarts.js"></script>
 </head>
 <body>
      <div id="pie1"></div>
 <script>
```

```
var myCharts1 = echarts.init(document.getElementById('pie1'));
option1 = {
        backgroundColor: '#2c343c',

        title: {
            text: 'Customized Pie',
            left: 'center',
            top: 20,
            textStyle: {
                color: '#ccc'
            }
        },

        tooltip : {
            trigger: 'item',
            formatter: "{a} <br/>{b} : {c} ({d}%)"
        },

        visualMap: {
            show: false,
            min: 80,
            max: 600,
            inRange: {
                colorLightness: [0, 1]
            }
        },
        series : [
            {
                name:'访问来源',
                type:'pie',
                radius : '55%',
                center: ['50%', '50%'],
                data:[
                    {value:335, name:'直接访问'},
                    {value:310, name:'邮件营销'},
                    {value:274, name:'联盟广告'},
                    {value:235, name:'视频广告'},
                    {value:400, name:'搜索引擎'}
                ].sort(function (a, b) { return a.value - b.value; }),
                roseType: 'radius',
                label: {
                    normal: {
                        textStyle: {
                            color: 'rgba(255, 255, 255, 0.3)'
                        }
                    }
                },
                labelLine: {
                    normal: {
                        lineStyle: {
```

```
                                        color: 'rgba(255, 255, 255, 0.3)'
                                    },
                                    smooth: 0.2,
                                    length: 10,
                                    length2: 20
                                }
                            },
                            itemStyle: {
                                normal: {
                                    color: '#c23531',
                                    shadowBlur: 200,
                                    shadowColor: 'rgba(0, 0, 0, 0.5)'
                                }
                            },

                            animationType: 'scale',
                            animationEasing: 'elasticOut',
                            animationDelay: function (idx) {
                                return Math.random() * 200;
                            }
                        }
                    ]
                };
            myCharts1.setOption(option1);
    </script>
    </body>
</html>
```

report2.html 的代码如下：

```
<!DOCTYPE html>
 <html>
 <head>
        <meta charset="UTF-8">
        <title>bar example</title>
        <style>
            #bar1{
                width:400px;
                height:400px;
                margin: 20px auto;
            }
        </style>
        <script src="js/echarts.js"></script>
 </head>
 <body>
        <div id="bar1"></div>
 <script>
        var myCharts1 = echarts.init(document.getElementById('bar1'));
        var option1 = {
            title: {
```

```
            text: '世界人口总量',
            subtext: '数据来自网络'
        },
        tooltip: {
            trigger: 'axis',
            axisPointer: {
                type: 'shadow'
            }
        },
        legend: {
            data: ['2016 年', '2017 年']
        },
        grid: {
            left: '3%',
            right: '4%',
            bottom: '3%',
            containLabel: true
        },
        xAxis: {
            type: 'value',
            boundaryGap: [0, 0.01]
        },
        yAxis: {
            type: 'category',
            data: ['巴西','印尼','美国','印度','中国','世界人口(万)']
        },
        series: [
            {
                name: '2016 年',
                type: 'bar',
                data: [18203, 23489, 29034, 104970, 131744, 630230]
            },
            {
                name: '2017 年',
                type: 'bar',
                data: [19325, 23438, 31000, 121594, 134141, 681807]
            }
        ]
    };
    myCharts1.setOption(option1);
</script>
</body>
</html>
```

接着，在本章的原型文件中创建一个新页面“问题 5：如何引入多样化报表？”，从“元件库”面板拖动两个内联框架元件到“页面设计”面板，上下排列，去掉边框，分别命名为 pieFrame 和 barFrame，宽度都为 728 像素，高度都为 356 像素。

接着，双击 pieFrame 元件，内联框架元件的“链接属性”对话框设置为“链接到 URL

或文件”，链接地址指定为超链接：“C:/amigoxie/工作之外/2、技术和博客写作/6.机械工业出版社《Axure RP 8 产品原型设计实践》/图书书稿/附录：答疑解惑/report1.html”（读者请根据 report1.html 的存储路径设置）。“链接属性”对话框如图 A-6 所示。

barFrame 元件的链接属性设置与 pieFrame 元件类似，链接地址为：“C:/amigoxie/工作之外/2、技术和博客写作/6.机械工业出版社《Axure RP 8 产品原型设计实践》/图书书稿/附录：答疑解惑/report1.html”（读者请根据 report1.html 的存储路径设置），如图 A-7 所示。

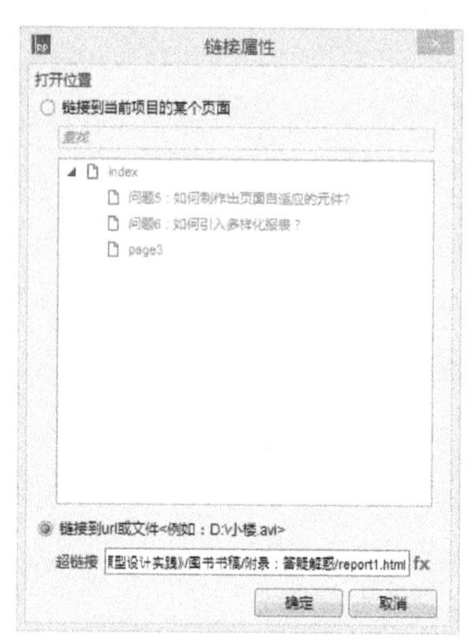

图 A-6　pieFrame 元件的“链接属性”对话框

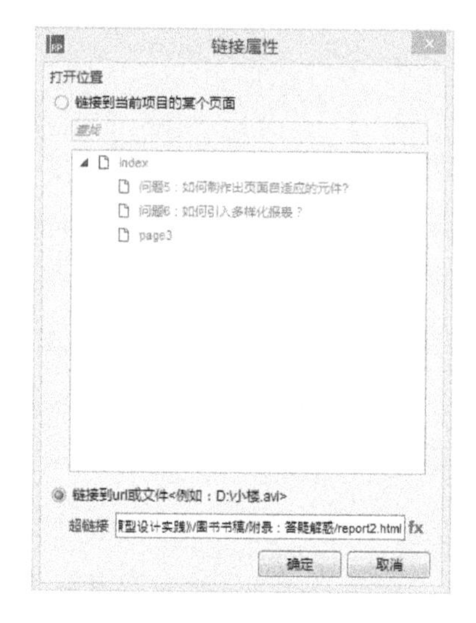

图 A-7　barFrame 元件的“链接属性”对话框

此时，如果按〈F5〉快捷键预览该页面，发现根本没有看到饼图和柱状图，这种引入外部文件的方式需要生成 HTML 文件，才能正常预览，选择菜单栏的“发布”→“生成 HTML”命令，生成后打开 start.html 进行本地浏览，报表效果如图 A-8 所示。

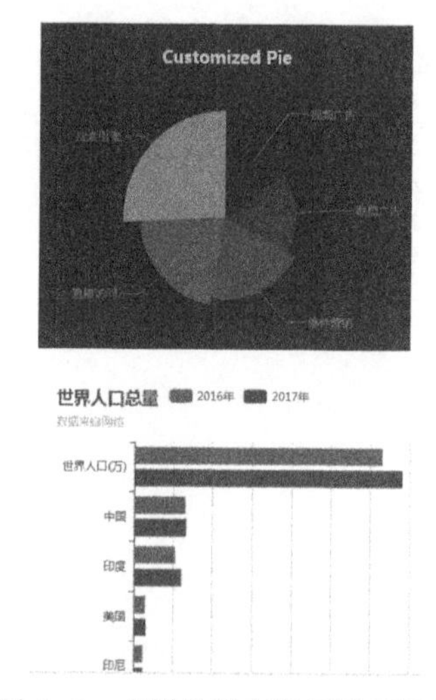

图 A-8　多样化报表案例演示效果

问题 6：无法在浏览器预览生成的 HTML 文件怎么办？

在谷歌浏览器上，如果没有安装扩展文件或安装的扩展文件被损坏时，打开生成的 HTML 文件无法正常浏览，提示信息如图 A-9 所示。

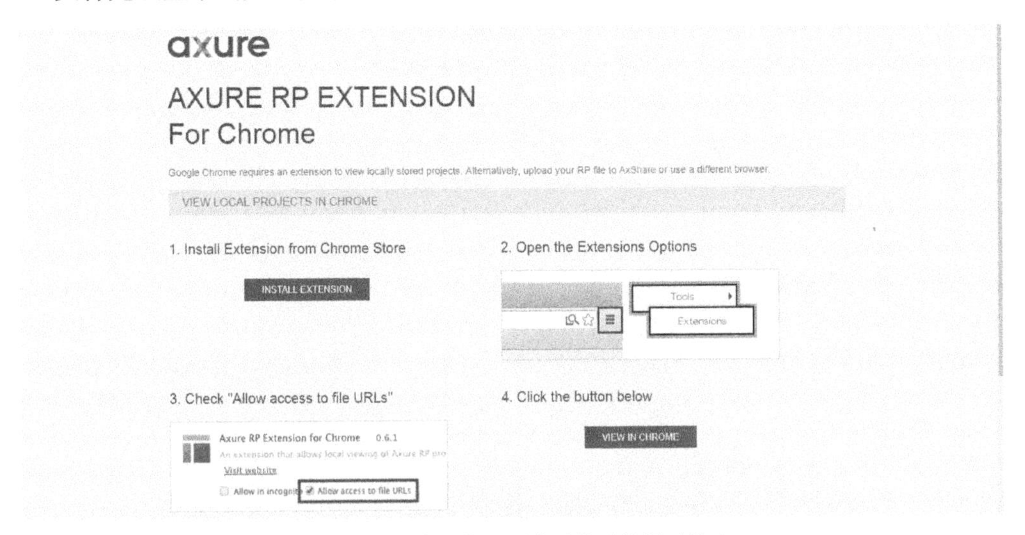

图 A-9　谷歌浏览器无法浏览时的提示信息

单击“INSTALL EXTENSION”（安装扩展）按钮安装扩展文件即可解决该问题。

问题 7：生成的 HTML 文件可以进行部署，提供给用户访问吗？

Axure RP 的产品原型文件并不可以提供给开发人员后在此基础上做二次开发，但是是否可以将其部署到例如 Tomcat 等应用服务器呢？笔者就遇到过这样一个情况，体验中心想上线我们的一个系统提供给用户参观查看，但是，该产品的 Demo 版本还没有完成，项目开发还没开始启动，只有一个原型文件，直接访问 Axure Share 速度又不理想，需要将原型文件直接部署到公司的服务器提供给用户。

当时采取的快速解决办法是：将产品原型生成 HTML 文件，和其他工程一起，直接部署到公司服务器上的 Tomcat 应用服务器，不过，如果页面名称带有中文，会有乱码情况，改成英文页面名称即可。

问题 8：如何生成全面、实用性强的 PRD 文档？

前面章节提到，可以添加“文档说明”“产品概述”“功能架构图”“核心业务流程”等页面或文件夹进行详细说明。另外，在需要说明的页面，例如表单页面，说明各元件的交互动作和字段限制等。

问题 9：如何设置合理大小的页面尺寸？

网页的尺寸受限于两个因素：一个是显示器屏幕（显示器现在种类很多，17 寸为主流，正在朝 19 寸及宽屏的方向发展，但目前也有为数不少的 15 寸显示器），另一个是浏览器软件（常用的 IE、谷歌、火狐和 360 浏览器等）

页面高度是可以向下延展的，所以一般对高度不限制。

网页页面宽度参见分辨率使用情况，以前 1024×768、1440×900 占比较大，不过，近来 1366×768、1440×900 的比例越来越高，所以页面宽度可以照顾 1024×768，不要拖滚动条就好，当然，能自适应就更好，移动终端页面宽度可按照各主流手机或平板型号分辨率设计。

问题 10：内联框架元件一般用在哪儿？

内联框架元件可用于引入外部页面或当前项目另一个页面的整个页面，或页面的某一部分的内容，例如引入一个外部的报表页面、优酷的视频页面，或携程的订票区域等。

问题 11：动态面板元件的典型应用有哪些？

动态面板元件是超级好用的一个高级元件，因其可设置多种状态，而且根据自己的需要切换状态，所以，得到了非常广泛的使用。典型的应用如下。

1）首页幻灯：多张图片定时轮播，不同图片放置在动态面板元件的不同状态，当单击切换小图标时，使用设置动态面板元件的“设置面板状态”动作进行状态切换。

2）多选项卡的切换：例如某个页面包括“我的荣誉”和“讲师荣誉体系”两个选项卡，当单击不同的选项卡时，选项卡显示的内容各有不同，此时，可以将两个选项卡的显示内容包装到 1 个动态面板元件，包含“我的荣誉”和“讲师荣誉体系”两个状态，当单击上方的选项卡时，对应使用动态面板元件的“设置面板状态”动作进行状态切换。

问题 12：中继器元件的典型应用有哪些？

中继器元件也是非常强大的一个高级元件，使用场景也非常多，几乎所有的多行多列的列表和表格都可以使用中继器来表示，例如商品列表、活动列表等。

在前面章节的案例中，实战案例“美丽说的产品搜索结果页”和“实现充值模拟效果”都使用了中继器元件，这两个案例的特点在于产品搜索结果是多个具有同样属性的数据，充值结果记录也与此类似。

中继器元件的强大之处在于：可以设置表格列，而且可以动态设置行数据，还可以动态对数据进行排序、筛选、设置当前显示页面、设置每页显示项目数量、添加行、编辑行、取消标记、更新行和删除行的操作。

问题 13：都有哪些 Axure RP 的常用函数

Axure RP 8 常用的函数如表 A-1 所示。

表 A-1　Axure RP 8 常用函数

函数名称	函数说明	分类	备注
x	获取元件的 X 坐标	元件函数	单位：像素
y	获取元件的 X 坐标		单位：像素
This	获取当前元件		单位：像素
width	获取元件的宽度		单位：像素
height	获取元件的高度		单位：像素
Window.width	获取窗口的宽度	窗口函数	单位：像素
Window.height	获取窗口的高度		单位：像素
Window.scrollX	窗口在 X 轴滚动的距离		单位：像素
Window.scrollY	窗口在 Y 轴滚动的距离		单位：像素
Cursor.x	鼠标光标的 X 坐标	鼠标指针函数	单位：像素
Cursor.y	鼠标光标的 Y 坐标		单位：像素
DragX	本次拖动事件元件沿 X 轴拖动的距离	鼠标指针函数	每发生一次“拖动时”事件
DragY	本次拖动事件元件沿 Y 轴拖动的距离		每发生一次“拖动时”事件
TotalDragX	元件沿 X 轴拖动的总距离		在一次“拖动开始时”和“拖动结束时”事件之间
TotalDragY	元件沿 Y 轴拖动的总距离		在一次“拖动开始时”和“拖动结束时”事件之间
toFixed	将数字转换为小数点后有指定位数的字符串	数字函数	
toPrecision	将数字格式化为指定的长度		
length	返回指定字符串的字符长度	字符串函数	
concat	连接两个或多个字符串		
replace	将字符串中的某些字符替换为另外的字符		
split	将字符串按照一定规则分割成字符串组		
substr、substing	字符串截取函数		
trim	删除字符串的首尾空格		
abs	返回数值的绝对值	数学函数	
random	返回 0 到 1 的随机数		
now	返回计算机系统设定的日期时间的当前值	日期函数	
getHours	返回 Date 对象的小时数		可为 0～23
getMinutes	返回 Date 对象的分钟数		可为 0～59
getSeconds	返回 Date 对象的秒数		可为 0～59
getMonth	返回 Date 对象的月份		可为 0～11

问题 14：Axure RP 常用的页面事件有哪些？

Axure RP 8 常用的页面事件如表 A-2 所示。

表 A-2　Axure RP 8 常用页面事件列表

事件名称	事件说明
页面加载时事件	页面加载时事件
窗口尺寸改变时事件	浏览器窗口改变大小时事件。在调整浏览器窗口时发生，可多次发生
窗口滚动时事件	浏览器窗口滚动时事件
窗口向上滚动时事件	浏览器窗口向上滚动时事件
窗口向下滚动时事件	浏览器窗口向下滚动时事件
页面鼠标单击时事件	页面单击时事件。在空白区域，或者在没有添加“鼠标单击时”事件的元件上进行鼠标单击操作时，将会发生该事件

问题 15：Axure RP 常用的元件事件有哪些？

Axure RP 8 常用的元件事件如表 A-3 所示。

表 A-3　Axure RP 8 常用元件事件列表

事件名称	事件说明
鼠标单击时事件	内联框架元件、中继器元件不包括该事件
鼠标移入时事件	内联框架元件、中继器元件、提交按钮元件、树、表格、菜单元件不包括该事件
鼠标移出时事件	内联框架元件、中继器元件、提交按钮元件、树、表格、菜单元件不包括该事件
鼠标双击时事件	内联框架元件、中继器元件、提交按钮元件、树、表格、菜单元件不包括该事件
移动时事件	中继器、树、表格、菜单元件不包括该事件
显示时事件	显示元件时事件，中继器、树、表格、菜单元件不包括该事件
隐藏时事件	隐藏元件时事件，中继器、树、表格、菜单元件不包括该事件
文本值改变时事件	文本框元件和多行文本框元件包括该事件
选项改变时事件	下拉列表和列表元件包括该事件
选中改变时事件	选中状态改变时事件，复选框和单选按钮元件包括该事件
状态改变时事件	只有动态面板元件包括该事件
滚动时事件	动态面板元件发生水平或垂直滚动时事件，只有动态面板元件包括该事件，类似的事件还有“向上滚动时”和“向下滚动时”事件
尺寸改变时事件	调整元件的大小时发生的事件，或者设置为自适应内容属性的动态面板元件更换状态导致尺寸改变时发生

问题 16：都有哪些常用的动作？

Axure RP 8 常用的动作如表 A-4 所示。

表 A-4　Axure RP 8 常用动作列表

分类	动作名称	动作说明
链接	打开链接	直接打开链接，包括四种情况：支持直接在当前窗口打开页面或外部链接（“链接”→“当前窗口”），以新窗口或新标签打开页面或外部链接（“链接”→“新窗口/新标签”），在弹出窗口中打开页面或外部链接（“链接”→“弹出窗口”），以及在父级窗口打开页面或外部链接（“链接”→“父级窗口”）
	关闭窗口	关闭当前窗口
元件	显示/隐藏	可对元件进行显示或隐藏操作
	设置面板状态	设置某个动态面板元件的状态，并能设置状态切换的动态效果
	设置文本	可指定当前获得焦点的某个元件，或页面的某个元件的文本值，可设置为：值、变量值、变量值长度、元件文字、焦点元件文字、元件文字长度、被选项和富文本等
	设置选中	设置矩形元件、单选按钮元件、复选框元件、图片元件、动态面板元件为选中、取消选中或切换选中状态
	移动	在 X 轴或 Y 轴上将某个元件相对当前位置移动若干像素，或者将某个元件移动到绝对的 X 坐标或 Y 坐标
全局变量	设置变量值	可以选择默认全局变量、已创建的全局变量，也可在“配置动作”区域使用“添加全局变量”创建新的全局变量
中继器	添加排序	添加排序条件，可添加多个
	添加筛选	添加过滤条件，可添加多个
	数据集	对中继器的数据集进行设置，可进行“添加行”“标记行”“取消标记”“更新行”和“删除行”操作
其他	等待	页面等待多少毫秒，常用于模拟操作过程，或者使用在时钟中

问题 17：管理团队项目时，如何避免冲突？

两个人或者更多的人同时强行选择了“签出”操作，然后在上面都进行了修改后，其中一个首先做了提交，另一个后提交的人“签入”的时候就会发生冲突，冲突发生后，该页面变更为“■”（红色小矩形）状态。

为了避免冲突，如果发现该页面已经签出，尽量不要做签出操作。

问题 18：管理团队项目时，如何处理冲突？

当冲突已经发生时，一般有两种解决方法。

1）撤销签出：慎用，选择菜单栏的“团队”→“撤销签出 xxx”命令可撤销 xxx 页面回到历史版本，选择菜单栏的“团队”→“撤销签出”命令可撤销所有的更改回到历史版本。

2）解决冲突：同时修改的多个人互相商量，看选择哪一个版本，是选择个人还是团队人员修改的内容，可以将之前改过的内容更新到准备新提交的页面。单击“提交变更”或“签入”后，解决冲突对话框如图 A-10 所示。

如果选择“Use Mine”或“Use Mine for All”，表示使用的是当前提交人的版本，“Use Team”或“Use Team for All”表示使用的是团队人员的版本。

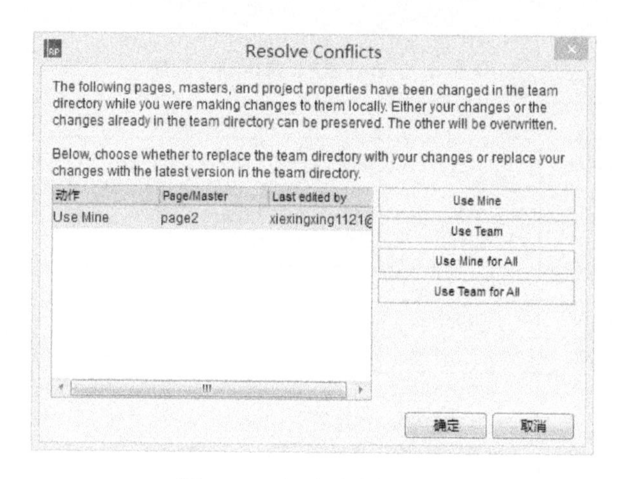

图 A-10　解决冲突对话框

问题 19：管理团队项目时，其他人更新页面并已“签入”，如何获取最新页面？

在菜单栏选择“团队”→“从团队目录获取全部变更”命令，或从“页面”面板选择某个页面，右击选择“获取变更”将页面更新到最新版本。

问题 20：管理团队项目时，如何强行签出？

在“页面”面板选择某个已经被团队其他用户签出的页面或母版，如 page2 页面，右击选择“签出”菜单项，弹出对话框询问用户是否做强制签出，如图 A-11 所示。

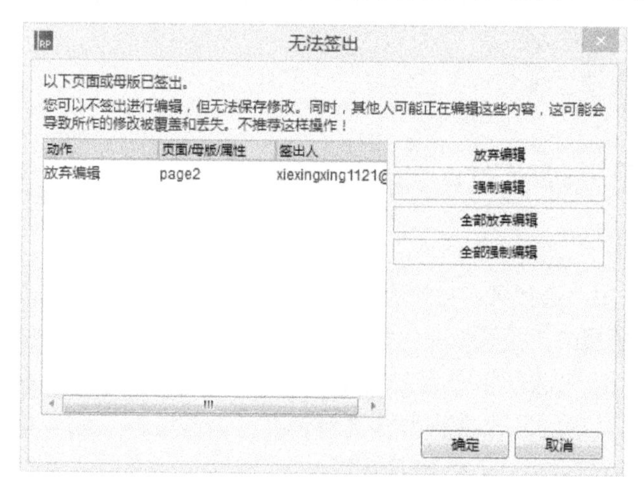

图 A-11　无法签出对话框

在图 A-11 中，选择左侧 page2 页面后，单击“强制编辑”，而后单击“确定”按钮，完成该页面的强制编辑操作。此时，该页面变更为黄色三角形表示当前为黄色非安全签出状态。

问题 21：管理团队项目时，如何强行签入？

参见“问题 18：管理团队项目时，如何处理冲突的第二种解决方法。

问题 22：管理团队项目时，当项目地址变更时，是否需要重新获取项目？

当团队共享项目的目录发生了变化，导致的结果就是项目更新不了，也无法进行下载操作。例如 SVN 服务器变更了访问地址，此时，可以选择菜单栏“团队”→“重新指向移动位置的团队目录…”命令，接着，单击“确定”按钮完成变更操作。

问题 23：管理团队项目时，如何将共享项目保存为不影响共享项目的本地文件？

在已经打开的团队共享项目中，选择菜单栏的“文件”→“导出团队项目到文件”命令即可将当前的共享项目另存为 rp 文件。选择导出文件名称到指定目录成功后，弹出图 A-12 的“打开文件”对话框。

图 A-12　“打开文件”对话框

在图 A-12 中，单击“是”按钮打开保存到的目录的 rp 原型文件（团队项目后缀为.rpprj）。

问题 24：管理团队项目时，如何修改团队项目名称？

如果是使用 Axure Share 保存团队项目时，可登录 Axure Share 共享网站（http://share.axure.com），进入对应的目录，如图 A-13 所示。

我们使用的还是第 8 章“团队项目”章的团队 Axure Share 共享项目，文件名称为“第 8 章 团队项目”，单击该行右边的“⚙·”（配置）按钮，选择“File + Settings”选项，打开该团队项目的文件和配置界面，如图 A-14 所示。

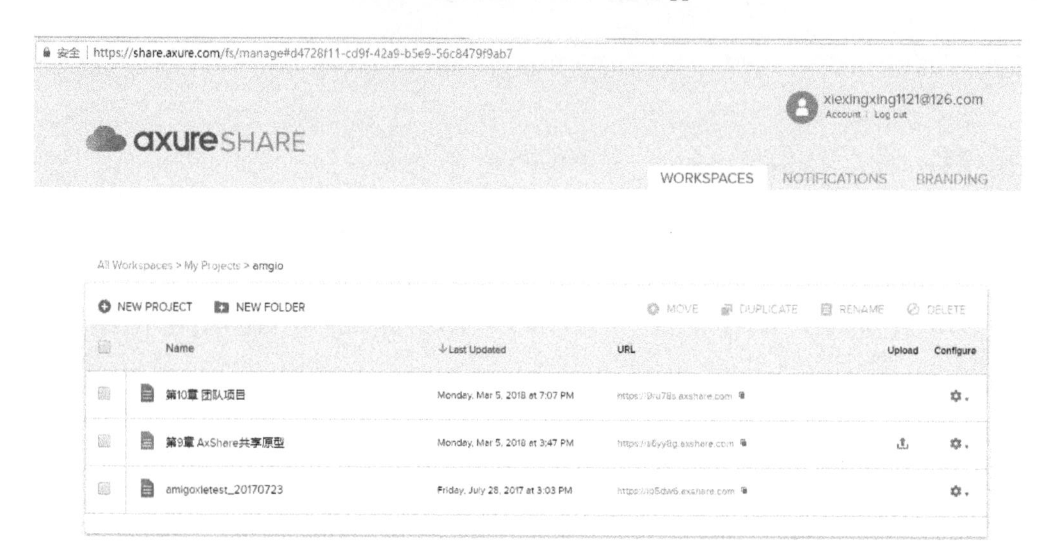

图 A-13　Axure Share 文件列表页面

图 A-14　Axure Share 团队项目的文件配置界面

单击“NAME”的“ ”（更改名称）按钮，打开更改文件名称界面，如图 A-15 所示。

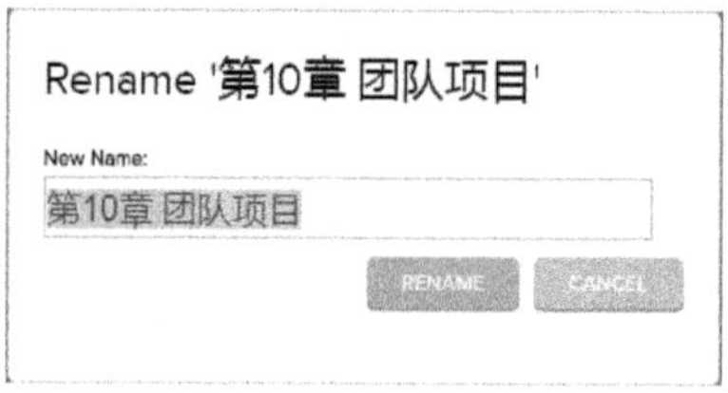

图 A-15　Axure Share 修改团队项目名称

在图 A-15 中，修改为新的名称，单击“ ”（重命名）按钮即可。修改名称成功后，客户端不需要做任何修改。

如果使用的是 SVN 的团队项目，在 SVN 客户端进行修改即可。